SCHÄFFER
POESCHEL

Sven Grote/Simone Kauffeld/Ekkehart Frieling (Hrsg.)

Kompetenzmanagement

Grundlagen und Praxisbeispiele

2., überarbeitete Auflage

2012
Schäffer-Poeschel Verlag Stuttgart

Herausgeber:

Prof. Dr. Sven Grote, Fachhochschule für angewandtes Management, Erding
sowie selbständiger Unternehmensberater, Braunschweig
Prof. Dr. Simone Kauffeld, Institut für Psychologie, TU Braunschweig
Prof. Dr. Ekkehart Frieling, emeritiert, zuvor Vizepräsident an der Universität Kassel

Die 1. Auflage der Veröffentlichung »Kompetenzmanagement. Grundlagen und Praxisbeispiele« entstand im Rahmen des Forschungs- und Entwicklungsprogramms »Lernkultur Kompetenzentwicklung«. Das Programm wurde gefördert aus den Mitteln des Bundesministeriums für Bildung und Forschung sowie aus Mitteln des Europäischen Sozialfonds.

Bibliografische Information der Deutschen Nationalbibliothek
Die Deutsche Nationalbibliothek verzeichnet diese Publikation in der Deutschen Nationalbibliografie; detaillierte bibliografische Daten sind im Internet über http://dnb.d-nb.de abrufbar.

Gedruckt auf säure- und chlorfreiem, alterungsbeständigem Papier.

ISBN 978-3-7910-2956-6

www.schaeffer-poeschel.de
info@schaeffer-poeschel.de

Einbandgestaltung: Willy Löffelhardt/Melanie Frasch
Satz: typopoint GbR, Ostfildern
Druck und Bindung: CPI – Ebner & Spiegel, Ulm
Printed in Germany
April 2012

Schäffer-Poeschel Verlag Stuttgart
Ein Tochterunternehmen der Verlagsgruppe Handelsblatt

Geleitwort

Was will man mehr?

Sechs Jahre sind eine lange Zeit. Im Verlagsgeschäft. Im Wirtschaftsleben.

Vor sechs Jahren erschien dieses Buch zum ersten Mal.

Die hier vorgelegte zweite Auflage stellt eigentlich ein neues Buch dar: Mehr als die Hälfte der einbezogenen Unternehmen ist neu, darunter sind so bekannte wie Audi, Daimler, Ströer oder die Deutsche Gesellschaft für Internationale Zusammenarbeit (GIZ), aber auch eine große deutsche Universität (Universität zu Köln). Themen, die sich in der ersten Auflage nur andeuteten, wie das Talentmanagement, das Leader und das Employer Branding haben sich als Bereiche des Managements von Humanressourcen voll etabliert und finden hier angemessen Berücksichtigung.

Die Bedeutung des Buches auf diese Volumen- und Inhaltsneuerungen zu konzentrieren hieße jedoch, seine wirkliche Wirksamkeit sehr zu reduzieren.

Das erste Jahrzehnt des neuen Jahrhunderts erlebte in Bezug auf die Wahrnehmung, die Berücksichtigung und schließlich die Nutzung von Kompetenzen und Kompetenzentwicklung eine kaum zu überschätzende dramatische Wende.

War am Beginn des Jahrzehnts noch weitgehend umstritten, ob Kompetenzen im Bereich der Wirtschaft überhaupt einmal wichtig und nützlich werden würden, begannen in der Mitte des Jahrzehnts mutige und zukunftssichtige Unternehmen groß angelegte Experimente, um Kompetenzdenken und Kompetenzentwicklung in das Management ihrer Humanressourcen einzubeziehen. Ein eigenständiges Kompetenzmanagement entstand. Das Buch von Grote, Kauffeld und Frieling kann es sich als bleibenden Verdienst anrechnen, schon damals diese neue Situation neuartig reflektiert und gefördert zu haben. Der Schäffer-Poeschel Verlag brachte mit dem Buch einen der ersten gewichtigen Beiträge zum Thema nicht nur in die wissenschaftliche, sondern auch in die wirtschaftliche, praktisch handelnde Öffentlichkeit. Flankiert von Titeln zur Kompetenzmessung und zum Kompetenztraining gelang es dem Verlag wie keinem anderen, den Siegeszug des modernen Kompetenzdenkens aktiv zu begleiten und zu fördern:

- Das *Handbuch Kompetenzmessung* versammelte die wesentlichen, in Deutschland gängigen Methoden der Kompetenzerfassung, welche nicht nur hinreichend theoretisch begründet, sondern auch praktisch, teils sogar schon im Masseneinsatz, ausgewiesen waren. Einbezogen waren anerkannte, Vorhersagen gestattende, empirisch gut abgesicherte Feststellungsverfahren, darunter quantitative (z. B. Kompetenztests und Kompetenzratings), qualitative (z. B. Kompetenzpässe und Kompetenzbiografien) und direkt beobachtende (z. B. Simulationen und Arbeitsproben).[1]
- Der Band *Kompetenztraining* stellte anhand von ausgewählten Trainings die Kompetenzentwicklung in unterschiedlichen Bereichen in den Mittelpunkt. Vorrangig in Unternehmen, als zunehmend wichtige Aufgabe der Personalentwicklung. Dann als Aufgabe beruflich-betrieblicher Aus-, Fort- und Weiterbildung, die mehr und mehr versuchte, Kompetenzen statt bloßer Qualifikationen in den Lernenden zu verankern. Auch moderne Universitäten setzten zunehmend an Stelle der bloßen Stoffübermittlung die Kompetenzentwicklung der Studierenden. Schließlich hatten zahlreiche Schulen nach dem »Pisa«-Schock begonnen, Kompetenzvermittlung statt bloßer Wissensvermittlung in den

Mittelpunkt zu rücken. In allen diesen Bereichen rückte Kompetenzentwicklung immer weiter in den Vordergrund. Dafür versuchte der Band, ohne Vollständigkeit anzustreben, Informationen, Anregungen und Gestaltungsvorschläge für entsprechende Förder- und Entwicklungsaufgaben zusammenzutragen.[2]
- Folgerichtig widmete sich der dritte Band dem *Kompetenzmanagement*, gab Grundlagen und Praxisbeispiele, grenzte es sowohl gegen die herkömmliche Weiterbildung als auch gegen einzelne, notwendige aber insgesamt nicht hinreichende Maßnahmen der Kompetenzentwicklung ab. Die Autorin und die Autoren waren schon lange mit der Kompetenzentwicklung in Deutschland verbunden. Sie entwickelten eines der originellsten Kompetenzmessverfahren, das »Kasseler Kompetenzraster«, sie begleiteten erfolgreich zahlreiche Kompetenzentwicklungsvorhaben in größeren und kleineren Unternehmen und waren auf dieser Basis in der Lage, Kompetenzmessung und -entwicklung in ihre Analysen des Kompetenzmanagements einzuschmelzen.[3]

Der Siegeszug des Kompetenzdenkens ist unaufhaltsam. Er ist ein Signum der deutschen Wirtschaft am Beginn des neuen Jahrzehnts. Deutsche Facharbeiter, Ingenieure, Entwickler und Manager sind anderen nicht überlegen, weil sie besser qualifiziert sind, sondern weil sie über höhere Kompetenzen verfügen:
- Nahezu alle großen Unternehmen nutzen heute eigene, sorgfältig ausgearbeitete, in ihrer Personalauswahl und -entwicklung fest verankerte Kompetenzmodelle. In einer neuen Arbeit *Kompetenzmodelle großer Unternehmen*, die ebenfalls in diesem Verlag erscheinen wird, stellen u. a. Airbus, die Bundesagentur für Arbeit, Daimler, Porsche, Audi, Siemens AG, Siemens Healthcare, DB BAHN, Deloitte, Telekom, Esterházy, Globus Baumarkt, Münchener Rückversicherungs-Gesellschaft, Salzgitter AG, SOS Kinderdörfer, Universität St. Gallen und Steinbeis-University ihre Modelle brillant vor. Weitere 50 Modelle von Unternehmen gleicher Größenordnung werden summarisch zusammengefasst.[4] Die Kompetenzmodelle sind in der Regel in ein umfassend ausgearbeitetes Kompetenzmanagement eingebunden. Zunehmend entwickeln auch mittlere und kleine Unternehmen ein eigenes Kompetenzmanagement.[5] Manche Unternehmen benutzen lieber das Label Talentmanagement. Bedenkt man aber, dass es vor allem die Kompetenzseite des Talents ist, die genutzt und trainiert werden kann, werden Kompetenz- und Talentmanagement nahezu identisch.[6]

Während also die erste Auflage den Konsolidierungsprozess des Kompetenzdenkens in Unternehmen widerspiegelte, begleitet die zweite den Siegeszug des Kompetenzdenkens.

Damit wird über alle interessanten und wissenswerten Details hinweg klar, worin die fundamentalen Leitlinien des Werks bestehen. Für uns lassen sie sich einer prozess- und einer produktorientierten Leitlinie zuordnen.

Die prozessorientierte Leitlinie analysiert, wie die Konstruktionen der unterschiedlichsten Kompetenzmodelle zustande kommen. Solche Modelle haben eine durchaus vergleichbare Gestalt: Sie wählen und definieren, ausgehend von zukünftigen Unternehmensaufgaben, einen Kern von 10, 20 oder mehr Schlüsselkompetenzen. Sie werden für das Gesamtunternehmen, zumindest für große Teilbereiche, als verbindlich gesetzt. Sie werden möglicherweise durch Teilkompetenzen »untersetzt«. Sie werden unternehmensspezifisch definiert und auf Jobgruppen bezogen differenziert. So lassen sich im Prinzip die Kompetenzanforderungen für jeden einzelnen Mitarbeiter formulieren – auch wenn das noch häufig auf Leitungsebenen beschränkt bleibt. So lassen sich die Kompetenzen der Mitarbeiter einschätzen, wenn man sich zu einem sachnahen, meist ratingartigen Einschätzungsverfahren durchringt.[7]

Die produktorientierte Leitlinie macht die bereits beschriebene Beobachtung, dass die großen Unternehmen des Landes nahezu ausnahmslos über je eigene Kompetenzmodelle verfügen, zu einer normativen Forderung. Wie immer Prozesse des Kompetenzmanagements angelegt sind und verlaufen, mit welchen Wunsch- und Zielvorstellungen sie auch verbunden werden: Sie laufen fast immer auf Kompetenzmodelle hinaus, die sich strukturell und inhaltlich einander ähneln, die grundlegend miteinander verglichen werden können. Das errichtet auch einen Schutz gegen praktizistische Beliebigkeit, die alles ins Kompetenzmanagement eingemeindet, wo nur die Begriffe Kompetenz und Management oft genug aufscheinen.

Der hier in zweiter Auflage vorgelegte Band erfüllt noch vollkommener die selbstgesetzte Strategie, dem Theoretiker Anregungen und dem Praktiker umsetzbare Materialien an die Hand zu geben, interessante, zukunftsorientierte und tragfähige Themenbereiche für eine breite Fachleserschaft bereitzuhalten, einen hohen Nutzwert einzubringen sowie den heutigen Wissens- und Arbeitsstand zu repräsentieren.

Kompetenzmanagement wird von Grote, Kauffeld und Frieling so verstanden, dass eine Organisation bei der Erreichung herausfordernder Ziele, der Umsetzung neuer Strategien und in Veränderungsprozessen unterstützt wird, indem organisationales Lernen, Gruppenlernen und individuelles Lernen verknüpft werden.

Ein Kompetenzmanagementsystem umfasst ein betriebliches Kompetenzmodell, die Möglichkeit individueller Kompetenzerfassung sowie auf das Kompetenzmodell ausgerichtete Personalinstrumente.

Kompetenzmodelle stellen eine Art Kristallisationspunkte dar, welche die Konsistenz, die Effektivität und die Transparenz der Personalarbeit für Mitarbeiter, Führungskräfte und HR-Verantwortliche erhöhen. Der Bezug auf Kompetenzmodelle – also auf die Modellierung der zusammenwirkenden Selbstorganisationsdispositionen der Mitarbeiter eines Unternehmens angesichts vielgestaltiger entscheidungs- und handlungsoffener »Pfade« in die Zukunft – ist unserer Überzeugung nach unumgänglich angesichts der Komplexität betrieblicher Prozesse und der großen Herausforderungen, denen sich Unternehmen in Folge steigender Wettbewerbs-, Innovations- und Flexibilitätsanforderungen heute ausgesetzt sehen. Einem systematischen, anforderungsorientierten und strategisch ausgerichteten Management von Kompetenzen kommt deshalb eine große Bedeutung zu. Kompetenzmanagement, so wird hier begründet und dokumentiert, ist in der Tat die Antwort im nationalen wie internationalen Wettbewerb.

Für die Systematik der Implementierung von Kompetenzmanagementsystemen sowie für die kurze, aber inhaltsreiche Zusammenfassung der aktuellen, vielfältigen Ansätze im englisch- wie im deutschsprachigen Raum wird jeder heute mit Kompetenzerfassung, Kompetenzentwicklung und Kompetenzmanagement Befasste den Autoren danken. Sie gibt, zum einen dem Praktiker ein leicht auffassbares und umsetzbares Instrumentarium für die Implementierung eigener Systeme an die Hand; die vier Phasen Klärung, Planung, Gestaltung und Umsetzung sind handlungsleitend und handlungserleichternd zugleich, auch wenn sie ihm die Gestaltung eines eigenen Kompetenzmodells und eigener HR-Instrumente natürlich nicht abnehmen können. Zum anderen liefert die Systematik ein hervorragendes Raster, um die Kompetenzmanagementansätze in Unternehmen unterschiedlicher Branchen und unterschiedlicher Größen zu ordnen, ohne die realen, ganz unterschiedlichen Implementationsschritte alle über einen Leisten zu schlagen. Die Systematik sichert vielmehr, dass alle Fallbeispiele des Buchs einer einheitlichen Struktur folgen, was eine gute Lesbarkeit und Verständlichkeit sowie eine leichte Rezeption des enthaltenen Erfahrungswissens und der Beispiele sichert.

Erst damit wird die Bandbreite der Fallbeispiele vom Mittelständler bis zum Konzern aus unterschiedlichsten Branchen möglich, die das je eigene betriebliche Kompetenzmanagement und seine Umsetzung umfasst. Dass der Leser dabei hoch renommierten Unternehmensnamen begegnet, spricht nicht nur für die Herausgeberin und die Herausgeber, deren überzeugende Leistungen offensichtlich die entsprechenden Türen öffneten. Es spricht auch für die beispielgebenden Unternehmen, die den Ernst der Wettbewerbslage und die Unumgänglichkeit eines darauf antwortenden Kompetenzmanagements bereits in der Mitte des Jahrzehnts voll erkannt und in praktischen Einführungsschritten umgesetzt haben. Dass in der neuen Auflage so viele Unternehmen hinzu kamen zeigt, dass der Siegeszug des Kompetenzdenkens inzwischen von fast allen großen und vielen mittelständischen und sogar kleinen Unternehmen getragen wird.

Schließlich ist erneut auf die Breite und Vielfalt der analysierten Methoden hinzuweisen. Sie reichen vom einfachen papiergestützten Verfahren bis zum EDV-basierten Skillmanagement. Zugleich stellen die Erfahrungen der Unternehmen bei der Konzeption und Einführung des jeweiligen Systems – sie werden in einem eigenen Kapitel bilanziert – und die Analyse der zentralen Spannungsfelder des Kompetenzmanagements eine wichtige Erfahrungsquelle für Leser und Nutzer dar. Da gibt es viel zu lernen, aus offensichtlichen Fehlern und aus offensichtlichen Erfolgen.

Wer dieses Buch liest, weiß, was Kompetenzmanagement ist. Warum es so wichtig geworden ist. Warum es auch in Zukunft und für die Zukunft wichtig bleibt. Was will man mehr?

Berlin und München im Februar 2012

John Erpenbeck *Lutz von Rosenstiel*

Literatur

1 Erpenbeck, J. & v.Rosenstiel, L. von (2003; 2. Aufl. 2007). *Handbuch Kompetenzmessung. Erkennen, verstehen und bewerten von Kompetenzen in der betrieblichen, pädagogischen und psychologischen Praxis*. Stuttgart: Schäffer-Poeschel.
2 Heyse, V. & Erpenbeck, J. (2004; 2. Aufl. 2008). *Kompetenztraining. 64 Informations- und Trainingsprogramme*. Stuttgart: Schäffer-Poeschel.
3 Kauffeld, S., Grote, S. & Frieling, E. (2006; 2. Aufl. 2012). *Kompetenzmanagement. Grundlagen und Praxisbeispiele*. Stuttgart: Schäffer-Poeschel.
4 Erpenbeck, J., Rosenstiel, L. von & Grote, S. (Hrsg.) (2012). *Kompetenzmodelle großer Unternehmen*. Stuttgart: Schäffer-Poeschel.
5 Geldermann, B. (2011). *Kompetenzmanagement im Mittelstand*. Bielefeld: Bertelsmann.
6 Steinweg, S. (2009). *Systematisches Talentmanagement*. Stuttgart: Schäffer-Poeschel.
7 Das KODE®X-Verfahren hat eine solchen Aufbau eines Kompetenzmodells systematisiert, in nachvollziehbare Teilschritte zerlegt und, fußend auf einem so genannten Kompetenz-Atlas, auch kleinen und mittleren Unternehmen zugänglich gemacht. Vgl. Heyse, V. (2007). Strategien – Kompetenzanforderungen – Potenzialanalysen. In: V. Heyse & J. Erpenbeck (Hrsg.), *Kompetenzmanagement*. Münster/New York/München/Berlin: Waxmann.

Inhaltsverzeichnis

Sven Grote/Simone Kauffeld/Ekkehart Frieling[*]

Einleitung: Vom Wettbewerb zur Kompetenz

* Prof. Dr. *Sven Grote*, Fachhochschule für angewandtes Management, Erding.
Prof. Dr. *Simone Kauffeld*, Institut für Psychologie der TU Braunschweig.
Prof. Dr. *Ekkehart Frieling*, emeritiert, zuvor Vizepräsident an der Universität Kassel.

Es lässt sich schwer ein Unternehmen finden, das seine Mitarbeiter nicht als eine der wichtigsten Ressourcen für den Erfolg beschreibt. Kaum eine Unternehmensdarstellung, kaum ein Leitbild, in dem nicht die Mitarbeiter und deren Kompetenzen hervorgehoben werden. »Wir fördern das Wissen und die Erfahrungen unserer Mitarbeiter als wichtigste Ressource. Unseren Erfolg verdanken wir dem Wissen und den Erfahrungen unserer Mitarbeiter.« ist ein typisches Zitat aus einem Unternehmensleitbild. In ihrem verbalen Bekenntnis zu den Mitarbeitern als ihrer wichtigsten Ressource unterscheiden sich viele Unternehmen kaum voneinander, jedoch erheblich darin, wie sie tatsächlich mit ihren Mitarbeitern umgehen und was sie für die Kompetenz der Mitarbeiter tun: Unternehmen unterscheiden sich darin, wie systematisch sie die Kompetenzen der Mitarbeiter analysieren, entwickeln und managen. Seit einigen Jahren erscheint das Thema »Kompetenzmanagement« auf der Agenda von Unternehmen und Wissenschaftlern.

Doch was genau ist Kompetenzmanagement? Wie kann es zu herkömmlicher Weiterbildung abgegrenzt werden? (1) Bevor der Aufbau des vorliegenden Buchs dargestellt wird, soll zunächst der Frage nach der Definition des Kompetenzmanagements nachgegangen werden. Um zur Begriffsklärung beizutragen, wird im ersten Schritt das Verständnis von Kompetenzmanagement erläutert. (2) Wenn sich nicht alle Unternehmen gleichermaßen intensiv mit den Kompetenzen ihrer Mitarbeiter beschäftigen, stellt sich die Frage, welche Veränderungen es sind, die Unternehmen veranlassen, sich mit dem Thema auseinander zu setzen. Impulse für das Thema, die von verschiedenen Managementtrends ausgehen, werden überblicksartig dargestellt. (3) Die Entwicklung vom externen zum internen Wettbewerb, genauer vom externen zum internen *und* externen Wettbewerb, als Auslöser für das Kompetenzmanagement wird kurz skizziert. (4) Es geht um die Frage, inwiefern die Entwicklung von Kompetenzen eine Antwort auf erhöhten Wettbewerb darstellen kann. (5) Schließlich wird der Aufbau des vorliegenden Bandes dargelegt.

1 Kompetenzmanagement: Verständnis im vorliegenden Band

Wie genau kann man Kompetenzmanagement in Abgrenzung zu herkömmlicher Weiterbildung und Personalentwicklung beschreiben? Es existieren bereits einige Vorschläge zur Definition des betrieblichen Kompetenzmanagements (vgl. Tabelle 1). Aus unserer Sicht sind drei wesentliche Aspekte hervorzuheben, deren Darstellung sich an den drei Bestandteilen des Begriffes *Kompetenzmanagementsystem* orientiert (vgl. Breitner, 2005): Zunächst geht es um *Kompetenz* als Gegenstand, und damit die standardisierte Beschreibung von Kompetenzen in Form eines unternehmensbezogenen Kompetenzmodells (1.1). Mit Blick auf den zweiten Begriffsbestandteil (1.2) wird das *Management von Kompetenzen* betont, womit Elemente der Planung, der Realisierung und der Kontrolle angesprochen sind (vgl. Breitner, 2005). Mit dem dritten Bestandteil dem *System*, wird die Anwendung oder *Systematisierung von HR-Instrumenten* im Sinne einer inhaltlichen und sprachlich-formellen Ausrichtung auf ein unternehmensbezogenes Kompetenzmodell thematisiert (1.3).

– »Kompetenzmanagement ist ein integriertes dynamisches System der Personalrekrutierung, des Personaleinsatzes und der Personalentwicklung. Es führt eine kontinuierliche Anpassung der Kompetenzen an die neuen Aufgaben durch und berücksichtigt dabei strategische und organisatorische Veränderungen.« (Cell Consulting, 2002).
– »Kompetenzmanagement integriert und systematisiert Prozesse der Personalgewinnung, des Personaleinsatzes und der Personalentwicklung unter Zuhilfenahme von Kompetenzmodellen. Im Vordergrund steht dabei das systematische, werkzeuggestützte Handeln von Personalexperten und Führungskräften. Funktionierendes Kompetenzmanagement setzt jedoch individuelle, gruppenbezogene und organisationale Lernprozesse voraus. Durch individuelles oder gruppenbezogenes Lernen entwickeln Mitarbeiter ihre Kompetenzen. Das Kompetenzmanagement kann hierzu Werkzeuge und Orientierungshilfen bieten, die Lernprozesse selbst kann es nicht ersetzen.« (Sonntag & Stegmaier, 2005, 22).

Tab. 1: Definitionen betrieblichen Kompetenzmanagements

1.1 Kompetenzmodelle als Grundlage des Kompetenzmanagements

Mit einem Kompetenzmanagementsystem erfolgt eine inhaltliche Ausrichtung der Personalarbeit auf *Kompetenzen*. Auch wenn in der Literatur nicht von einem einheitlichen Kompetenzverständnis gesprochen werden kann (vgl. Kapitel 2), geht es um operationalisierbare Konstrukte menschlicher Leistung, die transparent, beobachtbar und messbar sein müssen (Sonntag & Schmidt-Rathjens, 2004; vgl. Kauffeld, 2006). Die Beschäftigung mit und die Definition von Kompetenzen mündet üblicherweise in ein unternehmensbezogenes Kompetenzmodell. Damit soll ein einheitlicher Sprachgebrauch zu Kompetenzen über Organisationseinheiten und Bereiche hinweg sichergestellt werden. Ein Unternehmensvertreter formuliert es so: »Competencies give us a common language with which to communicate what needs to be emphasized and de-emphasized« (zit. aus Briscoe & Hall, 1999, 39). Ein unternehmensbezogenes Kompetenzmodell überwindet dezentrale Lösungen, oftmals als »Insellösungen« bezeichnet, und zielt auf eine einheitliche, standardisierte Beschreibung der Anforderungen ab. Dies schließt die Möglichkeit von Ergänzungen, z. B. für abteilungsspezifische Fachkompetenzen, nicht aus (vgl. Ofenloch, Schmitt & Venzke, in diesem Band).

1.2 Management von Kompetenzen

Management enthält die Elemente Planung, Realisierung und Kontrolle (vgl. Breitner, 2005): Damit sind die Möglichkeiten von Soll-Ist-Vergleichen und der Steuerung angesprochen. Im Sinne des Zitats »If you can't measure it you can't manage it« ist in der *Ist-Erfassung* oder *Messung* von Kompetenzen ein notwendiges Kriterium für ein Kompetenzmanagementsystem zu sehen. In manchen Kompetenzmodellen ist bereits direkt ein Modus beschrieben, wie die jeweilige Kompetenz der Mitarbeiter einzustufen ist (z. B. Oberhauser, in diesem Band). In anderen Managementsystemen ist in den Personalinstrumenten die Möglichkeit der Kompetenzmessung vorgesehen, wie z. B. beim 360-Grad-Feedback-Verfahren für Führungskräfte (z. B. Kahlert & Kolmerer, 2006). Als weitere Kriterien – zusätzlich zur Erfassung von Ist-Profilen – sind die Möglichkeiten der Gegenüberstellung von Soll-

Profilen sowie der Ableitung von Maßnahmen aus resultierenden Soll-Ist-Abweichungen zu nennen. Insofern lässt sich ein Kompetenzmodell bzw. -managementsystem gegen ein Unternehmensleitbild oder ein Führungsleitbild abgrenzen. In Leitbildern sind im Regelfall keine personbezogenen Messungen oder Einschätzungen vorgesehen. Zwar finden sich dort Leitsätze, die handlungsleitend für die Mitarbeiter sein sollen und mit denen das Selbstverständnis des Unternehmens, dessen Verhältnis zur Umwelt, dessen Umgang mit Kunden und Mitarbeitern dokumentiert wird. Jedoch ist hier keine individuelle Messung für einzelne Mitarbeiter vorgesehen, inwieweit sie die Prinzipien des Unternehmensleitbildes erfüllen.

1.3 Systematik durch Integration von HR-Instrumenten

Der Begriff des Systems verweist auf den Anspruch oder die Notwendigkeit der Systematisierung von HR-Instrumenten beim Aufbau eines Kompetenzmanagementsystems. Die standardisierte und präzise Definition von heute und zukünftig notwendigen Kompetenzen ist kein Selbstzweck. Ein Kompetenzmodell stellt für sich genommen noch kein Kompetenzmanagementsystem dar, sondern bedarf dazu erst der Anwendung. »Don't let the means become the end: Apply your model«, wie Briscoe und Hall es formulieren (1999, 50). Ein Kompetenzmanagementsystem ist durch die Übereinstimmung von Personalinstrumenten mit einem unternehmensbezogenen Kompetenzmodell gekennzeichnet. Anforderungsprofile, Stellenbeschreibungen, Einarbeitungspläne und Stellenanzeigen müssen sowohl inhaltlich gleiche Anforderungen als auch formell einheitliche Formulierungen verwenden (vgl. z.B. Cell Consulting, 2002). Ein unternehmensbezogenes Kompetenzmodell wird als integrierendes Moment zur Überwindung von Insellösungen verstanden. Insofern sind nicht die Instrumente an sich neu, wie Stellenbeschreibungen, Anforderungsprofile, Ist-Soll-Profilabgleiche, Assessment Center etc. Der Unterschied liegt vielmehr in der systematisierten, an einem Kompetenzmodell ausgerichteten Verwendung.

2 Impulse für das Kompetenzmanagement

Was sind die Gründe für Unternehmen, sich dem Thema Kompetenz und Kompetenzmanagement intensiver zuzuwenden? In den meisten aktuellen Managementkonzepten steht der Zugriff auf das Leistungs- und Problemlösevermögen, das Engagement, die Flexibilität und die Selbststeuerungsfähigkeiten der Mitarbeiter im Vordergrund. Ob Dezentralisierungsstrategien, ob Projektarbeit, Total Quality Management (TQM) oder Total Productive Maintenance (TPM) – die gängigen Konzepte setzen nicht nur die dezentrale Kompetenz der Mitarbeiter voraus, es ist ihr konstituierendes Element, Kompetenzen zu fördern und nutzbar zu machen. Vom TQM (Ishikawa, 1983; Juran, 1993) über das Kaizen (Imai, 1986), die Lean Organization (Womack, Jones & Roos, 1990), das Business Reengineering (Hammer & Champy, 1994), die Lernende Organisation (Senge, 1996), zum Wissensmanagement (Probst, Raub & Romhardt, 1997) reicht die unvollständig skizzierte Bandbreite der Organisations- und Managementkonzepte. Mit der Balanced Scorecard

(Kaplan & Norton, 1997) und dem EFQM-Modell (z. B. Zink, 1995) gilt es, die Mitarbeiterperspektive und ihre Kompetenzen zu bewerten. Es werden die Übertragung von Verantwortung und der Abbau von Hierarchien propagiert, um die Wettbewerbsfähigkeit des Unternehmens zu sichern. Aus ökonomischer Sicht ist unstrittig, dass Human-Ressourcen nicht nur einen entscheidenden Beitrag zum wirtschaftlichen Wachstum der Volkswirtschaft leisten, sondern auch zur Sicherung und zur Verbesserung der Wettbewerbsfähigkeit von Unternehmen beitragen (Weiß, 1999).

Entscheidende Impulse erhielt das Thema Kompetenzmanagement auf Organisationsebene durch Prahalad und Hamel (1990; 1991), die mit der Frage nach den Kernkompetenzen von Unternehmen eine bis heute anhaltende Diskussion auslösten. Ein Kernproblem wurde in der unhinterfragten Dezentralisierung von Geschäftseinheiten (»The Tyranny of the SBU«; Strategic Business Unit) und deren vorwiegende Steuerung anhand von finanzbezogenen Kennzahlen gesehen. Während sich die kurzfristige Wettbewerbsfähigkeit anhand aktueller Kennzahlen kennzeichnen lasse, so sei die langfristige Wettbewerbsfähigkeit anhand der Fähigkeit zu beschreiben, unternehmensbezogene Kernkompetenzen zu definieren und auszubauen. »Cultivating core competence does not mean outspending rivals on R&D or getting businesses to become more vertically integrated« (Prahalad & Hamel, 1990, 83). Kernkompetenzen werden verstanden als unternehmensspezifische Stärken, wie z. B. einzigartige Technologien und exklusives Know-how, deren Bündelung und Nutzung als strategischer Erfolgsfaktor das Überleben des Unternehmens sichert. Als deren Vorteil heben sie hervor: »Unlike physical assets, competencies do not deteriorate as they are applied and shared. They grow« (Prahalad & Hamel, 1990, 82). Die Autoren kritisieren das Missverhältnis des Engagements von Führungskräften im Hinblick auf den Budgetierungsprozess einerseits und auf die unternehmensspezifischen Kernkompetenzen andererseits: »We find it ironic that top management devotes so much attention to the capital budgeting process yet typically has no comparable mechanism for allocating the human skills that embody core competencies« (Prahalad & Hamel, 1990, 87). Prahalad und Hamel (1990) entwickeln Vorschläge, wie Mitarbeiter als Träger von Kernkompetenzen in den Geschäftseinheiten identifiziert, über Job-Rotation-Programme weiterentwickelt und an das Unternehmen gebunden werden können. Diese Überlegungen münden direkt in das Thema des Managements von Kompetenzen.

Ebenfalls auf Organisationsebene setzte Lawler (1994) an: »From job-based to competency-based organizations« (Lawler, 1994, 3). Er plädiert für einen Paradigmenwechsel der Organisation im Kontext radikalen Wandels und Wettbewerbs von klassisch stellen- und funktionsbezogenen hin zu kompetenz- und teambasierten Organisationsformen. Ein Schlüssel wird in der Überwindung funktionaler Organisationen hin zu funktionsübergreifenden Teams gesehen. Der Gefahr, die funktionale und fachbezogene Kompetenz in funktionsübergreifenden Einheiten zu verlieren, soll – anstatt mit einer Matrix-Organisation – mit der kompetenzbasierten Organisation begegnet werden. Mit einer Reihe veränderter Personalinstrumente, wie der kompetenzbasierten Mitarbeiterauswahl, der kompetenzbasierten Vergütung, neuen Trainingsbedingungen und Karrierepfaden, soll die funktionale Kompetenz in den »cross-funktionalen« Teams in Produktion und Verwaltung aufgebaut und erhalten werden.

3 Vom externen zum internen Wettbewerb

Nicht allein Unternehmen sehen sich einem erhöhten externen Wettbewerb ausgesetzt, auch Standorte, Werke, Bereiche, Abteilungen, Gruppen und die einzelnen Mitarbeiter innerhalb eines Unternehmens stehen oft in einem steigenden internen Wettbewerb untereinander (Voß & Pongratz, 1998; vgl. Tabelle 2).

Betrachtungsebene	Von ... →	Zu ...
Werke/Standorte einer Unternehmensgruppe	Einheit	Konkurrierenden Standorten
Bereich	Funktionalen Bereichen	Profitcentern bzw. Fraktalen Unternehmen
Abteilung	Optimierung innerhalb	Outsourcing
Gruppe	Einzelarbeit	Gruppenarbeit
Mitarbeiter	Kontrakt: Loyalität gegen Beschäftigung	Arbeitskraftunternehmer
Führungskonzept	Verhaltenssteuerung	Ergebnissteuerung, z. B. durch Zielvereinbarungen

Tab. 2: Veränderungen innerhalb, an den Grenzen und außerhalb von Organisationen (Voß & Pongratz, 1998)

- **Werke.** Werke und Standorte, die sich früher in einer Unternehmensgruppe oder einem Konzern ergänzten oder eine Einheit bildeten, werden als Mitbewerber innerhalb der eigenen Organisation positioniert.
- **Bereiche.** Ehemals funktionale Bereiche werden zu Segmenten, Cost-Centern oder Fraktalen Unternehmen (Warnecke, 1992), die sich über Aufträge aus dem Unternehmen auslasten müssen.
- **Abteilungen.** Abteilungen, wie z. B. für Personalentwicklung und Weiterbildung, werden ausgegliedert und müssen – oft im Wettbewerb mit externen Anbietern – Kunden für ihre Dienstleistungen innerhalb des Unternehmens finden. Die Dienstleistungen werden dann wie bei Externen mit Tagessätzen verrechnet.
- **Gruppen.** Teilautonome Arbeitsgruppen werden ergebnisbezogen anhand von Kennzahlen gesteuert und vergütet. Sie stehen nicht selten bei der Produktion von weniger komplexen oder wenig unternehmensspezifischen Bauteilen, Baugruppen und Dienstleistungen im Wettbewerb zu externen Anbietern (vgl. Voß & Pongratz, 1998).
- **Mitarbeiter.** So wettbewerbsfähig Produkte und Dienstleistungen auf dem externen Markt sein müssen, so wettbewerbsfähig sollen die Arbeitnehmer auf dem unternehmensinternen Markt sein. Hiermit korrespondiert, dass man von der Beschäftigungsfähigkeit (»Employability«) von Mitarbeitern spricht, die als Wettbewerbsfähigkeit übersetzt werden kann. Diese erhöhte unternehmerische Verantwortung von Mitarbeitern findet begrifflich ihre Entsprechung, wenn von ihnen als »Unternehmer im Unternehmen« (Pinchot, 1988), als »Portfolio Worker« (Gross, 1993), als »Owner of the career«

(York, 1994), als »Unternehmer-ihrer-selbst« (Zielcke, 1996), als »Unternehmer der eigenen Talente« (Sattelberger, 1997), als »Arbeitskraftunternehmer« (Voß & Pongratz, 1998), als »Gründer einer Selbst GmbH« (z.B. Then, 2000) oder als »Mikro-Unternehmer« (Henning, 2001) die Rede ist (vgl. Grote, 2002). Zwar bleibt anzumerken, dass der Begriff der »Ich-AG«, der sich hier einreihen ließe, von der »Sprachkritischen Aktion Unwort des Jahres« zum Unwort des Jahres 2002 gekürt worden ist, weil Menschen auf wirtschaftliche Belange reduziert werden, jedoch finden sich viele der genannten Begriffe in der Personalliteratur wieder.
- **Führungskonzepte.** Auf Ebene der Führungskonzepte werden verschiedene Human-Ressource-Konzepte seit den 70er- und 80er-Jahren, insbesondere der Wechsel von der Verhaltens- zur Ergebnissteuerung, also zum Führen durch Zielvereinbarung (»Management by Objectives«), als Vorläufer einer Entwicklung gedeutet, die den Mitarbeitern mehr Übernahme von Verantwortung abverlangt.

Was ist allen Veränderungen gemein? Werke, Bereiche, Abteilungen, Gruppen und einzelne Mitarbeiter müssen sich intern positionieren, eigene Kernkompetenzen definieren, den internen Markt für eigene Leistungen im Blick haben, andere Abteilungen als (interne) Kunden begreifen, sich gut »verkaufen« und nach außen darstellen etc. Kurzum: der Markt hält Einzug in das Unternehmen (Voß & Pongratz, 1998).

4 Kompetenz als Antwort im Wettbewerb

Welcher Zusammenhang besteht zwischen dem hier beschriebenen, zunehmenden Wettbewerb einerseits und dem Thema Kompetenz andererseits? Hierzu sei auf den englischen Begriff »competition« verwiesen: Der Begriff bedeutet auch, dass Kompetenzen einer Person (Gruppe, Abteilung etc.) in Wettbewerbssituationen ihren Erfolg als wahrscheinlich erscheinen lassen (Hof, 2002). Das Ausmaß des Erfolges im Wettbewerb wird im Zusammenhang mit der Kompetenz einer Person (Gruppe, Abteilung etc.) gesehen (vgl. ausführlich Kauffeld, 2006). Nachhaltigen Schutz vor Wettbewerb kann ein System dann erreichen, wenn es ihm gelingt, einzigartige, systemspezifische Ressourcen zu entwickeln und zu nutzen. Damit tatsächlich Wettbewerbsvorteile resultieren, müssen Ressourcen knapp (1.), wertvoll (2.), dauerhaft (3.), begrenzt imitierbar (4.), schlecht transferierbar (5.) und beschränkt substituierbar (6.) sein (Thom & Zaugg, 2001). Kauffeld (2006) argumentiert, dass Mitarbeiterkompetenzen diese Forderungen in vielerlei Hinsicht erfüllen (vgl. Tabelle 3).

1. **Knapp.** Kompetenzen können als knappes Gut bezeichnet werden, weil sie einerseits begrenzt verfügbar sind und sich nicht innerhalb kurzer Frist aufbauen lassen und weil sie andererseits nachgefragt werden.
2. **Wertvoll.** Kompetente Mitarbeiter sind als wertvoll zu betrachten, weil deren Kompetenzen z.B. zu einer höheren Produkt- und Dienstleistungsqualität beitragen sollten, was wiederum eine Grundlage des Unternehmenserfolges darstellt.
3. **Dauerhaft.** Kompetenzen müssen kontinuierlich abgerufen, genutzt und ausgebaut werden, dann lassen sie sich als dauerhaft kennzeichnen.

4. **Begrenzt imitierbar.** Je mehr Kompetenzen situations- und unternehmensspezifisch entwickelt wurden und je mehr sie sich durch Verflechtungen auszeichnen, desto spezifischer sind die Kompetenzen der Mitarbeiter und desto weniger sind sie durch ein anderes Unternehmen kopierbar (beschränkte Imitierbarkeit). Es wird in Zeiten turbulenter Veränderungen nicht mehr genau definiert, welcher Mitarbeiter was zu tun hat. Vielmehr werden Kompetenzmodelle aus den Strategien, Zielen und Werten des Unternehmens abgeleitet, mit denen das Verhalten und die Entwicklung der Mitarbeiter geleitet werden sollen.
5. **Schlecht transferierbar.** Auch wenn Mitarbeiter zunehmend mehr die von vielen Unternehmen geforderte Flexibilität und Mobilität zeigen und damit »transferierbar« sind, so müssen sie doch ihre Kompetenz in einer neuen Unternehmung zuerst den spezifischen Gegebenheiten anpassen. Der Vorteil der mangelnden Transferierbarkeit für das Unternehmen kann zumindest teilweise gewahrt bleiben.
6. **Beschränkt substituierbar.** Die geringe Substituierbarkeit von Kompetenzen zeigt sich darin, dass es insbesondere bei hochqualifizierten Mitarbeitern und einem großen Ausmaß kontinuierlicher unternehmensinterner Kompetenzentwicklung kaum andere Ressourcenbündel gibt, die die Unternehmensleistung auf gleichwertige Weise erbringen können. Dies wird in den nächsten Jahrzehnten besonders vor dem Hintergrund der demografischen Entwicklung bzw. Überalterung in den hoch industrialisierten Ländern und der daraus folgenden nachhaltigen Verknappung qualifizierter Arbeitskräfte transparent werden (vgl. Wunderer & Jaritz, 1999).

Tab. 3: Kompetenzen als Schutz im Wettbewerb (Kauffeld, 2006)

Jedoch lassen sich weitere Gründe für die Notwendigkeit von Kompetenzentwicklung und systematischer Weiterbildung in Unternehmen finden (vgl. Kauffeld, 2010):

- **Technologische Veränderungen.** Die fortschreitende Technologiesierung in Unternehmen zieht steigende Anforderungen an die Mitarbeiter, deren Kompetenzen und kognitive Fähigkeiten nach sich. Einfache, operative und vorhersehbare Aufgaben werden ersetzt durch komplexe Anforderungen wie das schlussfolgernde Denken, das Stellen von Diagnosen, das Treffen von Beurteilungen und Entscheidungen – dies alles erfordert sehr gut ausgebildete Fachkräfte. Der Bedarf an gering qualifizierten Arbeitnehmern nimmt folglich ab, hingegen steigt der Bedarf an gut qualifizierten Arbeitnehmern (Allmendinger & Ebner, 2006). Es ist die Rede von der Verschiebung von der Industrie- zur Wissensgesellschaft. Ein zentraler Wettbewerbsfaktor liegt somit in der permanenten Kompetenzentwicklung der Mitarbeiter.
- **Demographische Entwicklung.** Mit dem sog. »Demographischen Wandel« geht ein stetig sinkendes Angebot an jungen Arbeitskräften einher. Erstaunlich erscheint, dass nur 31,3 % der Betriebe sich vom Problem des demographischen Wandels in Deutschland betroffen sehen. Immerhin 43 % der befragten Betriebe geben an, mehr jüngere Mitarbeiter einzustellen. Weitere 17,5 % der untersuchten Betriebe geben an, sich von älteren Mitarbeitern durch Frühverrentung zu trennen (BIBB, 2008). Als Folge der Verjüngung finden sich in 41 % der untersuchten Unternehmen keine Beschäftigten über 50 Jahre (Bellmann, 2002; von Eckardstein, 2005). Jüngere, hoch qualifizierte Mitarbeiter werden spätestens ab 2015 knapp.
- **»War for Talents«.** Nicht allein in Folge des demographischen Wandels sind dem externen Einkauf von Mitarbeitern Grenzen gesetzt. Der »War for Talents« wird in Umfragen regelmäßig als eine der größten Herausforderungen für Unternehmen bzw. HR-Verantwortliche beschrieben. Einerseits bemühen sich Unternehmen in Folge dessen um ihre

Außendarstellung als attraktive Arbeitgeber, um so für »High Potentials« interessant zu erscheinen. Andererseits kommt es vor, dass das Interesse von Unternehmensseite in dem Moment erlischt, in dem Bewerber als neue Mitarbeiter in das Unternehmen eintreten (Kieser, 1999). Eine zu hohe wahrgenommene Diskrepanz zwischen einer positiven Außendarstellung als Arbeitgeber zum Einen und den tatsächlichen Aktivitäten im Bereich der Kompetenzentwicklung muss kontraproduktiv wirken. »Wahre Schönheit kommt von innen« (Hauser, 2008), erinnern Personalexperten in Anlehnung an den Werbeslogan eines Kosmetikprodukts aus den 80er Jahren (Kauffeld, 2010).

- **Maximale Ausschöpfung vorhandener Arbeitnehmerpotenziale.** Mit dem Rückgang der Erwerbsbevölkerung rückt eine bessere Ausschöpfung vorhandener Arbeitnehmerpotenziale in den Fokus. Über ältere Mitarbeiter hinaus geht es um Frauen und Beschäftigte mit geringerem Bildungsniveau. Die Fähigkeit von Unternehmen, möglichst viele Mitglieder der Gesellschaft sinnvoll und effektiv einzusetzen, wird zu einem Wettbewerbsfaktor. Hierzu bedarf es des Zugangs aller Arbeitnehmergruppen zu betrieblicher Weiterbildung. Bislang scheint das Matthäus-Prinzip zu gelten »Wer hat, dem wird gegeben« (nach Bellmann & Leber, 2005, S. 34). Je höher das Bildungsniveau, der Berufsabschluss und der Berufsstatus, desto höher die Chance, an beruflicher Weiterbildung teilzunehmen. Zudem nehmen Erwerbstätige mehr an beruflicher Weiterbildung teil als Nichterwerbstätige, Deutsche ohne Migrationshintergrund viel eher als Deutsche mit Migrationshintergrund, Männer eher als Frauen (von Rosenbladt & Bilger, 2008).
- **Beschäftigungsfähigkeit statt Dauerbeschäftigung.** Seit Jahren wird beschrieben, dass die klassische sog. »Normalbiographie«, im Sinne einer langfristigen Vollzeitbeschäftigung in ein und demselben beruflichen Tätigkeitsbereich, seltener wird. Stattdessen geht die Entwicklung hin zu einem »Mix« unterschiedlicher Erwerbsbeschäftigungen wie kurzfristigen Erwerbsverhältnissen, Telearbeit, Leiharbeit, befristeten Verträgen, Teilzeitarbeit oder temporärer Projektarbeit. In der Folge wird die Aktualisierung der eigenen Qualifizierung zu einer unternehmerischen Aufgabe für Erwerbstätige. Diese werden in die Verantwortung für ihre Beschäftigungsfähigkeit genommen. Jemand, der vier Jahre nicht im erlernten Beruf tätig war, gilt wieder als ungelernt (Jülicher, 2005). Ständiges Hinzulernen, Umlernen und Neulernen wird unabdingbar, wenn der Wechsel von Arbeitsplatz, Betrieb und Beruf sowie Nichterwerbsarbeit Normalität werden (vgl. ausführlich Kauffeld, 2010).

Zusammenfassend können technologische Veränderungen, die demographische Entwicklung, der »Krieg um Talente«, das Bemühen um maximale Ausschöpfung vorhandener Arbeitnehmerpotenziale sowie die Orientierung auf permanente Beschäftigungsfähigkeit statt auf Dauerbeschäftigung exemplarisch als »zwingende Anlässe« für Unternehmen beschrieben werden, sich mit dem systematischen Kompetenzmanagement, der gezielten Kompetenzentwicklung sowie der nachhaltigen Weiterbildung ihrer Mitarbeiter zu beschäftigen (vgl. ausführlich Kauffeld, 2010).

5 Aufbau des vorliegenden Bandes

Wenn es die Kernkompetenzen eines Unternehmens sind (Prahalad & Hamel, 1990; 1991), verstanden als unternehmensspezifische Stärken, deren Bündelung und Nutzung als strategischer Erfolgsfaktor das Überleben des Unternehmens sichern, dann gilt es, diese nicht dem Zufall zu überlassen, sondern im Unternehmen zu sichern und gezielt zu »managen«. Wenn darüber hinaus der Markt Einzug in das Unternehmen hält, dann gibt es nicht nur für Unternehmen, sondern in Übertragung dieser Idee für Mitarbeiter, Teams, Abteilungen, Bereiche, Werke im Unternehmen gute Gründe, sich mit dem systematischen Management der eigenen Kompetenzen zu beschäftigen.

In Unternehmen muss es demnach um ein systematisches, anforderungsorientiertes, strategisch ausgerichtetes und zukunftsorientiertes Management von Kompetenzen gehen. Neben bestehenden Managementsystemen, wie z.B. dem Ideen-, dem Qualitäts-, dem Fehler-, dem Gesundheits-, dem Wissens-, dem Umwelt-, dem Projekt-, dem Kundenbeziehungs- oder dem Risikomanagement kommt seit einigen Jahren das Thema »Kompetenzmanagement« auf die Agenda von Unternehmen und Wissenschaftlern. Ziel eines unternehmensbezogenen Kompetenzmanagementsystem ist es, die Betrachtungsebenen miteinander zu verknüpfen: Es gilt, einerseits Unternehmens- und Abteilungsziele und andererseits die Mitarbeiterwünsche abzugleichen und in Einklang zu bringen. Der Schwerpunkt der Darstellung liegt im vorliegenden Band auf dem Kompetenzmanagement aus Unternehmenssicht.

Welcher Logik folgt der vorliegende Band? Zunächst werden im Kapitel 2 (Kompetenzen und deren Management: ein Überblick) Meilensteine des Kompetenzmanagements skizziert. In Kapitel 3 (Implementierung eines Kompetenzmanagementsystems) geht es um die Phasen und die zu treffenden Entscheidungen im Rahmen der Einführung eines Kompetenzmanagementsystems. In den Kapiteln 4 bis 13 stellen insgesamt zehn Unternehmen ihre Kompetenzmanagementsysteme dar. Die Fallbeispiele folgen derselben Struktur, von (a) der Beschreibung des Unternehmens und der relevanten Bereiche, über (b) die Ziele des Kompetenzmanagementsystems, (c) das Vorgehen bei der Implementierung des Systems, (d) das Kompetenzmanagementsystem an sich, (e) die heutige Situation, (f) die Erfolgsfaktoren für die Implementierung, bis zu (g) dem Ausblick und den Perspektiven. In Kapitel 14 werden die Perspektiven des Themas Kompetenzmanagement aus Sicht der Autoren aufgezeigt (vgl. Tabelle 4).

Kapitel 2	**Kapitel 3**
Kompetenzen und deren Management: ein Überblick. Kompetenzmanagement im englischsprachigen Raum Kompetenzmanagement im deutschsprachigen Raum	*Implementierung eines Kompetenzmanagementsystems: Phasen, Vorgehen und Stolpersteine.* Das Kapitel orientiert sich an den Phasen der Implementierung: 1. Klärung der Ausgangssituation 2. Planung des Vorgehens 3. Gestaltung des Kompetenzmodells 4. Umsetzung in HR-Instrumente, Erprobung und Evaluation.

Kapitel 4–13	
Schilderung der Fallbeispiele (in alphabetischer Reihenfolge).	
Folgende Unternehmen (und Autoren) beschreiben ihre Kompetenzmanagementsysteme:	
Kapitel 4	Audi AG (Eichler & Anić)
Kapitel 5	AXA Konzern Deutschland (Kahlert & Kolmerer)
Kapitel 6	Commerzbank AG (Ofenloch, Schmitt & Venzke)
Kapitel 7	Daimler AG (Petersen & Limpächer)
Kapitel 8	GIZ (Rasel & Seeliger)
Kapitel 9	iwis (Bodensteiner & Neininger)
Kapitel 10	Postbank/BHW (Hennecke)
Kapitel 11	Ströer Out-of-Home Media AG (Casper & Schönhofer)
Kapitel 12	Universität zu Köln (Jackmuth-Scheele & Sonntag)
Kapitel 13	Unternehmensgruppe Theo Müller (Oberhauser)
Die Beschreibung der Fallbeispiele folgt derselben Struktur: (a) Beschreibung des Unternehmens und der relevanten Bereiche (b) Ziele des Kompetenzmanagementsystems (c) Vorgehen bei der Implementierung des Systems (d) Beschreibung des Kompetenzmanagementsystems an sich (e) Die heutige Situation: Was wurde erreicht und was steht noch aus? (f) Erfolgsfaktoren für die Implementierung (g) Ausblick und Perspektiven des Themas Kompetenzmanagement im Unternehmen	
Kapitel 14	
Perspektiven des Kompetenzmanagements. Welche Perspektiven ergeben sich für das Kompetenzmanagement? Wohin entwickelt sich das Thema Kompetenzmanagement? Welche Herausforderungen gilt es, aus Unternehmenssicht zu bewältigen?	

Tab. 4: Übersicht über die Struktur des Buches

Literatur

Allmendinger, J. & Ebner, C. (2006). Arbeitsmarkt und demografischer Wandel. Die Zukunft der Beschäftigung in Deutschland. *Zeitschrift für Arbeits- und Organisationspsychologie, 50* (4), 227–239.

Bellmann, L. (2002). Das IAB-Betriebspanel. Konzeption und Anwendungsbereiche. *Allgemeines Statistisches Archiv, 86*,177–188.

Bellmann, L. & Leber, U. (2005). *Berufliche Weiterbildungsforschung – Datenlage, Forschungsfragen und ausgewählte Ergebnisse.* Report, 2, 29–40.

BIBB – Bundesinstitut für Berufsbildung (2008). *Betriebliche Weiterbildung in Deutschland. Erste ausgewählte Ergebnisse der CVTS3-Zusatzerhebung.* Verfügbar unter http://www.bibb.de/dokumente/pdf/CVTS3__30_09_2008_.pdf [03.10.2008].

Bodensteiner, S. & Neininger, A. (2012). iwis – Kompetenzmanagement in einem mittelständischen Unternehmen der Automobilzuliefererindustrie: Lernkultur als Erfolgsfaktor. In: S. Grote, S. Kauffeld & E. Frieling (Hrsg.), *Kompetenzmanagement. Grundlagen und Praxisbeispiele* (2. Aufl.). Stuttgart: Schäffer-Poeschel.

Breitner, M. H. (2005). *Kompetenzmanagement: Aktuelle Konzepte und Methoden. Kompetenzmanagement als Schlüssel integrierter wertschöpfender Verfahren.* Tagung der bureau42 GmbH und des Fraunhofer Instituts für Angewandte Informationstechnik (FIT): 3. Symposium »Zukunft betrieblichen Wissens«: Kompetenzmanagement und Business Value Chain. Schloss Birlinghoven, Sankt Augustin/Bonn, 07.09–08.09.2005.

Briscoe, J. & Hall, D. (1999). Grooming and picking leaders using competency frameworks: Do they work? An alternative approach and new guidelines for practice. *Organizational Dynamics, 28*, 37–52.

Casper, V. & Schönhofer, M. (2012). Kompetenzmanagement in der Ströer Out-of-Home Media AG. In: S. Grote, S. Kauffeld & E. Frieling (Hrsg.), *Kompetenzmanagement. Grundlagen und Praxisbeispiele* (2. Aufl.). Stuttgart: Schäffer-Poeschel.

Cell Consulting AG (2002). *Kompetenzmanagement Studie 2002*. Verfügbar unter: http://www.edusys.ch/media/studie_kompetenzmanagement.pdf [07.02.2006].

Eckardstein, D. von. (2005). *Konzepte und Gestaltungsinstrumente des Personalmanagements*. Verfügbar unter: http://www.wu.ac.at/inst/pw/Arbeitsunterlagen.html [12.11.2009].

Eichler, D. & Anić, D. (2012). Kompetenzmanagement bei Audi: Analyse, Entwicklung und Einsatz von Kompetenzen. In: S. Grote, S. Kauffeld & E. Frieling (Hrsg.), *Kompetenzmanagement. Grundlagen und Praxisbeispiele* (2. Aufl.). Stuttgart: Schäffer-Poeschel.

Gross, P. (1993). Dissonanz der Lebenszyklen. Zwischen Produktlebenszyklen und Lebensportfolio. *GDI Impuls, 1*, 39–47.

Grote, S. (2002). *Der flexible Mitarbeiter*. München: Herbert Utz.

Hammer, M. & Champy, J. (1994). *Business Reengineering. Die Radikalkur für das Unternehmen* (4. Aufl.). Frankfurt a. M.: Campus.

Hauser, F. (2008). *Wahre Schönheit kommt von innen. Internes Employer Branding als Erfolgsfaktor*. HR-Symposium 2008 – attracting, engaging and retaining people. Verfügbar unter: http://www.psychonomics.de/article/articleview/168/1/58 [24.09.2008].

Hennecke, M. (2012). Ganzheitliche Kompetenzentwicklung in der Ausbildung bei der Postbank Gruppe: Ein strategischer Ansatz, um den demografischen Herausforderungen zu begegnen. In: S. Grote, S. Kauffeld & E. Frieling (Hrsg.), *Kompetenzmanagement. Grundlagen und Praxisbeispiele* (2. Aufl.). Stuttgart: Schäffer-Poeschel.

Henning, K. (2001). *Integration von Lernen und Arbeit als Grundbedingung der Zukunftsfähigkeit hochentwickelter Industriegesellschaften*. Vortrag auf dem 3. Zukunftsforum Arbeiten und Lernen, Lernkultur Kompetenzentwicklung und Innovative Arbeitsgestaltung vom 31.01.–02.02.2001 in Berlin.

Hof, C. (2002). (Wie) lassen sich soziale Kompetenzen bewerten? In: U. Clement & R. Arnold (Hrsg.), *Kompetenzentwicklung in der beruflichen Bildung* (S. 153–166). Opladen: Leske & Budrich.

Imai, M. (1986). *Kaizen. The key to Japan's competitive success*. New York: Mac Graw-Hill.

Ishikawa, K. (1983). Qualität und Qualitätsmanagement. In: G. J. B. Probst (Hrsg.), *Qualitätsmanagement – ein Erfolgspotential* (S. 85–93). Bern: Haupt.

Jackmuth-Scheele, A. & Sonntag, H. (2012). Kompetenzmanagement an der Universität zu Köln. In: S. Grote, S. Kauffeld & E. Frieling (Hrsg.), *Kompetenzmanagement. Grundlagen und Praxisbeispiele* (2. Aufl.). Stuttgart: Schäffer-Poeschel.

Jülicher, P. (2005). *Strategien zur Verbesserung der Beschäftigungsfähigkeit Älterer. Länderbeispiel*. Bundesministerium für Wirtschaft und Arbeit. Verfügbar unter: http://pdf.mutual-learning-employment.net/pdf/thematic%166Literatur20reviews%2005/april%2005/thematic%20apr05%20GER%20de.pdf [21.02.2009].

Juran, J. M. (1993). *Der neue Juran: Qualität von Anfang an*. Landsberg: Moderne Industrie.

Kahlert, B. & Kolmerer, H. (2012). Implementierung des Kompetenzmanagementsystems im AXA Konzern. In: S. Grote, S. Kauffeld & E. Frieling (Hrsg.), *Kompetenzmanagement. Grundlagen und Praxisbeispiele* (2. Aufl.). Stuttgart: Schäffer-Poeschel.

Kaplan, R. S. und Norton, D. P. (1997). *Balanced Scorecard: Strategien erfolgreich umsetzen*. Dt. Übersetzung von Prof. Dr. Péter Horváth. Stuttgart: Schäffer-Poeschel.

Kauffeld, S. (2006). *Kompetenzen messen, bewerten, entwickeln*. Stuttgart: Schäffer-Poeschel.

Kauffeld, S. (2010). *Nachhaltige Weiterbildung. Betriebliche Seminare und Trainings entwickeln, Erfolge messen, Transfer sichern*. Heidelberg: Springer.

Kieser, A. (1999). Einarbeitung neuer Mitarbeiter. In: L. von Rosenstiel, E. Regnet & M. Domsch (Hrsg.), *Führung von Mitarbeitern. Schriften für Führungskräfte* (Band 20, S. 161–171). Stuttgart: Schäffer-Poeschel.

Lawler, E. E. (1994). From job-based to competency-based organizations. *Journal of Organizational Behaviour, 15*, 3–16.
Oberhauser, B. (2012). Kompetenzmanagement in der Unternehmensgruppe Theo Müller. In: S. Grote, S. Kauffeld & E. Frieling (Hrsg.), *Kompetenzmanagement. Grundlagen und Praxisbeispiele*. (2. Aufl.). Stuttgart: Schäffer-Poeschel.
Ofenloch, C., Schmitt, D. & Venzke, D. (2012). Skillmanagement – das Instrument zur systematischen Entwicklungs- und Qualifizierungsplanung in der Commerzbank. In: S. Grote, S. Kauffeld & E. Frieling (Hrsg.), *Kompetenzmanagement. Grundlagen und Praxisbeispiele* (2. Aufl.). Stuttgart: Schäffer-Poeschel.
Petersen, C.-M. & Limpächer, S. (2012). Kompetenzmanagement bei der Daimler AG, Konzernforschung und Mercedes-Benz Cars Entwicklung. In: S. Grote, S. Kauffeld & E. Frieling (Hrsg.), *Kompetenzmanagement. Grundlagen und Praxisbeispiele* (2. Aufl.). Stuttgart: Schäffer-Poeschel.
Pinchot, G. (1988). *Intrapreneuring – Mitarbeiter als Unternehmer*. Wiesbaden: Gabler.
Prahalad, C. K. & Hamel, G. (1990). The Core Competence of the Corporation. *Harvard Business Review, May-June*, 79–91.
Prahalad, C. K. & Hamel, G. (1991). Nur Kernkompetenzen sichern das Überleben. *Harvard Manager, 2*, 66–78.
Probst, G., Raub, S. & Romhardt, K. (1997). *Wissen managen: wie Unternehmen ihre wertvollste Resource optimal nutzen*. Wiesbaden: Gabler.
Rasel, K. & Seeliger, P. (2012). Kompetenzmanagement in der GIZ. In: S. Grote, S. Kauffeld & E. Frieling (Hrsg.), *Kompetenzmanagement. Grundlagen und Praxisbeispiele* (2. Aufl.). Stuttgart: Schäffer-Poeschel.
Rosenbladt, B. von & Bilger, F. (2008). Weiterbildungsbeteiligung in Deutschland. Eckdaten zum BSW-AES 2007. Verfügbar unter: http://www.bmbf.de/pub/weiterbildungsbeteiligung_in_deutschland.pdf [02.10.2008].
Sattelberger, T. (1997). Freiheit mit Risiko: Vom Ende klassischer Karriere-Muster. Interview von J.E. Feuchthofen & A. Kaiser mit T. Sattelberger. *GdWZ, 8*, 200–204.
Senge, P. M. (1996). *Die fünfte Disziplin: Kunst und Praxis der lernenden Organisation* (3. Aufl.). Stuttgart: Klett-Cotta.
Sonntag, Kh. & Schmidt-Rathjens, C. (2004). Kompetenzmodelle – Erfolgsfaktoren im HR-Management? *Personalführung, 10*, 18–26.
Sonntag, Kh. & Stegmaier, R. (2005). Lernkulturen verstehen, gestalten und messen. *Personalführung, 1*, 22–29.
Then, W. (2000). Die Selbst GmbH – eine Welt von Unternehmern. *Personalwirtschaft, 3*, 38–48.
Thom, N. & Zaugg, R. J. (2001). *Excellence durch Personal- und Organisationskompetenz*. Bern: Haupt.
Voß, G. G. & Pongratz, H. J. (1998). Der Arbeitskraftunternehmer. *Kölner Zeitschrift für Soziologie und Sozialpsychologie, 1*, 131–158.
Warnecke, H.-J. (1992). *Revolution der Unternehmenskultur. Das fraktale Unternehmen*. Berlin: Springer.
Weiß, R. (1999). Erfassung und Bewertung von Kompetenzen – empirische und konzeptionelle Probleme. In: Arbeitsgemeinschaft Qualifikations-Entwicklungs-Management (Hrsg.), *Kompetenzentwicklung ´99: Aspekte einer neuen Lernkultur* (S. 433–493). Münster: Waxmann.
Womack, J. P., Jones, D. T. & Roos, D. (1990). *The Machine That Changed the World: The Story of Lean Production*. New York: Harper Perennial.
Wunderer, R. & Jaritz, A. (1999). *Unternehmerisches Personalcontrolling. Evaluation der Wertschöpfung im Personalmanagement*. Neuwied, Kriftel: Luchterhand.
York, B. (1994). During difficult times invest in people. *MCE Yearbook*.
Zielcke, A. (1996). Der neue Doppelgänger. Die Wandlung des Arbeitnehmers zum Unternehmer – Eine zeitgemäße Physiognomie. *Frankfurter Allgemeine Zeitung, 167*, 15.
Zink, K. (1995). *TQM als integratives Managementkonzept. Das Europäische Qualitätsmodell und seine Umsetzung*. München: Hanser.

Sven Grote/Simone Kauffeld/Katrin Denison/
*Melanie Billich-Knapp/Ekkehart Frieling**

Kompetenzen und deren Management: ein Überblick

* Prof. Dr. *Sven Grote*, Fachhochschule für angewandtes Management, Erding.
Prof. Dr. *Simone Kauffeld*, Institut für Psychologie der TU Braunschweig.
Dr. *Katrin Denison*, Unternehmensberaterin, Frankfurt a. M.
Melanie Billich-Knapp, wissenschaftliche Mitarbeiterin an der Universität Kassel.
Prof. Dr. *Ekkehart Frieling*, emeritiert, zuvor Vizepräsident an der Universität Kassel.

Ziel dieses Kapitels ist es, eine überblicksartige Antwort auf die Frage zu geben, woher das Thema Kompetenz bzw. Kompetenzmanagement kommt. Zunächst geht es um die Betrachtung von Meilensteinen im internationalen Raum, dann um wichtige Stationen im deutschsprachigen Raum. In einem Fazit werden Gemeinsamkeiten und Unterschiede der Ansätze kurz skizziert.

1 Kompetenzen und deren Management im internationalen Raum

Kompetenz statt Intelligenz. Als erster Meilenstein der Kompetenzforschung wird die Studie von McClelland (1973) »Testing for Competence rather than for Intelligence« gesehen (vgl. z.B. Briscoe & Hall, 1999; Kauffeld, 2006; Sarges, 2001; Sonntag & Schmidt-Rathjens, 2004). McClelland (1973) kam zu dem Ergebnis, dass klassische Eignungs-, Wissens- und Intelligenztests für sich genommen nicht die Leistung bei der erfolgreichen Aufgabenbewältigung im Beruf vorhersagen. McClelland (1973) plädierte für den Paradigmenwechsel von allgemeinen Intelligenztests hin zu tätigkeitsspezifischen und verhaltensbezogenen Analysen der jeweils notwendigen Kompetenzen. Wer wissen wolle, was einen guten Polizisten auszeichne, müsse sich in dessen Tätigkeitsfeld hineinbegeben und sich mit dessen konkreten Tätigkeiten und Herausforderungen auseinandersetzen, anstatt Polizeibewerber anhand von Zahlenreihen und Sprachanalogien auszuwählen. McClelland (1973) hat auf die Notwendigkeit eines tätigkeitsspezifischen, verhaltensbezogenen und veränderbaren Konstruktes hingewiesen und somit Kompetenzen als Begriff geprägt. Durch die Gründung der Unternehmensberatung »McBer« hat McClelland gemeinsam mit dem Psychologen Berlew zur Verbreitung des Kompetenzkonstrukts in der Praxis beigetragen.

Der kompetente Manager. Einen großen Schritt in Richtung des organisationalen Kontextes machte Boyatzis (1982): Standen bei McClelland (1973) zunächst weitergehende gesellschaftliche Aspekte der Chancengleichheit und Fairness von Auswahlverfahren im Kontext von Zugangschancen zu Bildungseinrichtungen für Schüler, Studenten und Arbeitssuchende unterschiedlicher sozialer Schichten im Vordergrund, so fokussiert Boyatzis (1982) mit »The Competent Manager« den betrieblichen Kontext von Führungskräften. Er untersuchte verschiedene Stichproben von McBer, die in unterschiedlichsten Organisationen gesammelt wurden, empirisch nach Zusammenhängen zwischen Charakteristika von Managern einerseits und Leistungsunterschieden andererseits. Auf der Suche nach einem allgemeinen Kompetenzmodell für Führungskräfte nimmt Boyatzis eine Einteilung der Kompetenz in Kompetenzarten als deren »Oberflächenstruktur« (1.) und ihre jeweils zu Grunde liegenden Merkmale als »Tiefenstruktur« (2.) vor (vgl. Tabelle 1).

Kompetenz in der Arbeit. Spencer und Spencers (1993) »Competence at work« gilt als wichtige Station des betrieblichen Kompetenzmanagements (z.B. Briscoe & Hall, 1999; Kauffeld, 2006; Sonntag & Schmidt-Rathjens, 2004). Sie unterscheiden – ähnlich der Tiefenstruktur von Boyatzis (1982) – fünf Elemente der Kompetenz: »Motives«, »Traits«, »Self-Concept«, »Knowledge« und »Skills«. Kompetenzen werden primär nach veränderbaren

1. *»Oberflächenstruktur«.*
   Im Hinblick auf die Kompetenzarten sortiert Boyatzis 19 führungsrelevante Kompetenzen mittels Clusteranalysen zu fünf Bereichen:
   (a) Goal and Action Management (z. B. Effizienzorientierung, Proaktivität),
   (b) Leadership (z. B. Selbstvertrauen, logisches Denken),
   (c) Human Resource Management (z. B. Anerkennung, Steuerung von Gruppen prozessen),
   (d) Directing Subordinates (z. B. Weiterentwicklung anderer),
   (e) Focus on Others (z. B. Bemühen um enge Beziehungen).
2. *»Tiefenstruktur«.*
   Kompetenzen spiegeln sich auf unterschiedlichen Ebenen wider, z. B. auf Ebene der Motive (»motives«), der Persönlichkeit (»traits«), des Selbstbildes (»self-image«), der sozialen Rolle (»social role«) und auf Ebene der Fähigkeiten (»skills«).

Tab. 1: Kompetenzmodell für Führungskräfte von Boyatzis (1982)

und überdauernden Personenmerkmalen unterschieden. »Knowledge and skill competencies tend to be visible and relatively surface characteristics of people. Self-concept, trait and motive competencies are more hidden, ›deeper‹, and central to personality« (Spencer & Spencer, 1993, 11). »A characteristic or credential that makes no difference in performance is not a competency and should not be used to evaluate people« (Spencer & Spencer, 1993, 12). Die Autoren liefern in ihrem Buch eine Fülle von Erfahrungen, plastischen Beispielen und Vorgehensweisen für die Entwicklung von Kompetenzmodellen. Das zentrale Instrument zur Erfassung relevanter Kompetenzen, das Behavioral Event Interview (vgl. Tabelle 2) wird beschrieben.

Es werden Empfehlungen für Personalverantwortliche, die ein Kompetenzmodell konzipieren, zum Umgang mit schwierigen Situationen im Interview gegeben. Problematische Interviewstrategien im Prozess der Erhebung von Kompetenzen werden zugespitzt und personifiziert dargestellt: Der Interviewer als »Faktensucher«, als »Therapeut«, als »Theore-

1. *Einführung und Erläuterung.*
   Sich vorstellen und den Zweck und den Aufbau des Interviews erläutern.
   Option: *Karrierepfad (Career Path).* Fragen nach der Ausbildung und Arbeitserfahrungen des Gesprächspartners.
2. *Verantwortungen im Beruf.*
   Die wichtigsten Aufgaben und Verantwortungen des Befragten beschreiben lassen.
3. *»Behavioral Events«.*
   Den Gesprächspartner bitten, die fünf oder sechs wichtigsten Situationen, die er in seinem Beruf erfahren hat, detailliert zu beschreiben – zwei oder drei Höhepunkte oder größte Erfolge und zwei oder drei Tiefpunkte oder Misserfolge.
4. *Anforderungen der Tätigkeit.*
   Den Gesprächspartner bitten, zu beschreiben, was man seiner Meinung nach benötigt, um seinen Job gut auszuführen.
5. *Fazit und Zusammenfassung.*
   Dem Gesprächspartner für die Zeit, die er zur Verfügung gestellt hat, danken und die Hauptereignisse (»key incidents«) und Ergebnisse zusammenfassen.

Tab. 2: Schritte im Behavioral Event Interview (BEI; aus Spencer & Spencer, 1993, 119)

tiker«, als »Wahrsager« oder als »Verkäufer« der eigenen Vorstellungen (vgl. Tabelle 3). Zudem werden Ergebnisse eigener Untersuchungen zu Kompetenzmodellen für unterschiedliche Berufsgruppen, wie technische Fachkräfte, Vertriebsmitarbeiter, helfende und soziale Berufe, Manager und Unternehmer, dargestellt.

Typen von Kompetenzmodellen. Eine neuartige Klassifizierung für Kompetenzmodelle schlägt Mansfield (1996) vor: Die Einteilung erfolgt in Single-Job-Modelle, in denen relevante Kompetenzen für *einzelne Tätigkeiten* beschrieben werden und One-Size-fits-all-Kompetenzmodelle, in denen für eine *größere Anzahl von Tätigkeiten* die relevanten Kompetenzen beschrieben sind. Als Kombination beider Ansätze wird der Multiple-Job-approach beschrieben, bei dem ein Set allgemeiner Kompetenzen definiert wird und fachliche Kompetenzen je nach Erfordernis ergänzend erhoben werden. Shippmann et al. (2000) sprechen sich für eine Kombination organisationsweiter, übergreifender Kompetenzen einerseits und bereichsbezogenen, fachlichen (und überfachlichen) Kompetenzen andererseits aus.

Kompetenzmanagement in der Anwendung. Lucia und Lepsinger (1999) schildern Vorgehensweisen, Planungsschritte, Fallbeispiele, Vorteile, Tipps zur Kommunikation im Unter-

Der »Faktensucher« (»The Fact Finder«) fragt nach konkreten Informationen über den Hintergrund des Gesprächspartners (z.B. »Für wie viele Mitarbeiter waren Sie verantwortlich? Welche Art von Kursen haben Sie konzipiert?«). Das Problem hier ist, dass man wenig über die Motive, Werte, Selbstkonzepte oder kognitiven Fähigkeiten des Gesprächspartners erfährt. Mit der faktensuchenden Variante werden die Antworten des Befragten kontrolliert, jedoch sagen diese wenig über wirklich wichtige Kompetenzen aus oder wie sich jemand in kritischen Situationen verhält.
Der »Therapeut« (»The Therapist«) fragt nach zu Grunde liegenden Gefühlen, Einstellungen und Motiven der Gesprächspartner (z.B. »Erzählen Sie mir etwas über sich ...« oder »In dieser Situation fühlten Sie sich also ...«). Die Ergebnisse hängen stark von der Interpretation des Interviewers ab und sagen wenig über Fähigkeiten aus. Bei manchen Aufgaben fühlt man sich unwohl, kann sie dennoch gut ausführen, da man hochmotiviert oder gut ausgebildet ist. Umgekehrt gibt es den Fall, dass man sich bei einer Aufgabe wohl fühlt und sich überschätzt.
Der »Theoretiker« (»The Theorist«) fragt nach Überzeugungen und Werten des Gesprächspartners (z.B. »*Warum* haben Sie ... gemacht?«). Das Problem ist, dass man als Interviewer hier Theorien oder Rationalisierungen bezüglich des gezeigten Verhaltens als Antwort erhält. Die Frage konzentriert sich nicht auf das Verhalten selbst, sondern auf das, was der Befragte *glaubt*, warum er so gehandelt hat. Hier können sich erhebliche Diskrepanzen auftun. Äußerungen wie »Mein grundsätzlicher Management-Ansatz (oder ähnliches) ist ...« sollten kritisch hinterfragt werden.
Der »Wahrsager« (»The Fortune-Teller«) fragt die Gesprächspartner, was sie in Zukunft (oder in hypothetischen Situationen) tun würden (z.B. »Was würden Sie tun, wenn ...«). Die Vorstellung dessen, was man in Zukunft tun würde ist ebenso unzuverlässig wie die Vorstellung dessen, was man in der Vergangenheit gemacht hat. Clevere Gesprächspartner orientieren sich mit ihren Antworten an dem, was der Interviewer hören will.
Der »Verkäufer« (»The Salesperson«) versucht die Gesprächspartner für seine eigene Sicht zu gewinnen (»Glauben Sie nicht, dass dies der beste Weg ist, um das zu erreichen?«). Die Fragen liefern dem Interviewpartner die Antwort gleich mit. Die Ergebnisse spiegeln am Ende die Meinung des Interviewers, jedoch nicht die des Interviewten wider.

Tab. 3: Problematische Interviewstrategien im Prozess der Erhebung von Kompetenzen (aus Spencer & Spencer, 1993, 117–118)

nehmen sowie Ergebnisse von Kompetenzmodellierungsprojekten, wie z. B. Kompetenzmodelle für Führungskräfte und für Mitarbeiter in den Bereichen Vertrieb und Finanzen. Sie stehen damit in der Tradition von Spencer und Spencer (1993), die ebenfalls – neben Hinweisen zur Entwicklung von unternehmensbezogenen Kompetenzmodellen (auch »Kompetenzmodellierung«; vgl. Sonntag & Schmidt-Rathjens, 2004) – über Ergebnisse der Umsetzung von Projekten berichten. Die Überprüfung und Anpassung von Kompetenzmodellen mittels einfacher schriftlicher Befragung und Fokus-Gruppen werden ebenso geschildert wie Schritte zu einer Validierung: Dazu wird vorgeschlagen, das Kompetenzmodell in ein 360-Grad-Feedback umzusetzen und die erhobenen Kompetenzen von Mitarbeitern unterschiedlicher Leistungskategorien statistisch zu untersuchen. Die Anwendung wird am Beispiel kompetenzbasierter Auswahlinstrumente, Trainingsprogramme, Beurteilungssysteme und Laufbahnplanung beschrieben.

Perspektiven bei der Kompetenzmodellierung. Die Frage, inwieweit im Prozess der Entwicklung eines unternehmensbezogenen Kompetenzmodells, Praxisverfahren oder wissenschaftliche Verfahren zum Einsatz kommen, wird in einer Studie von Briscoe und Hall (1999) thematisiert. Die Autoren vergleichen in einer qualitativen Studie von 31 überwiegend US-amerikanischen Unternehmen, welche unterschiedlichen Ansätze praktiziert werden, um die unternehmensspezifischen, relevanten Kompetenzen abzubilden. Sie differenzieren bei der Kompetenzmodellierung im Wesentlichen drei Perspektiven: Bei dem *wertebasierten* Ansatz (1.) stellt die Betrachtung der Normen und Werte des Unternehmens den Ausgangspunkt der Kompetenzmodellierung dar. Bei dem *forschungsbasierten* Ansatz (2.) werden erfolgreiche, aktuelle Verhaltensweisen von Führungskräften, z. B. mittels Behavioral Event Interview, erhoben. Bei dem *strategiebasierten* Ansatz (3.) werden Anforderungen an Mitarbeiter und Führungskräfte anhand der Unternehmensstrategie und der antizipierten Erfordernisse der geplanten Unternehmensentwicklung abgeleitet (vgl. Tabelle 4).

Kompetenzmodellierung oder Arbeitsanalyse? An der Frage der Perspektive bei der Kompetenzmodellierung setzt eine Studie von Shippmann et al. (2000) an. Wie verhalten sich Arbeitsanalyse- und Kompetenzmodellierungsprojekte zueinander? Sind beides vollkommen unterschiedliche Ansätze oder haben sie Gemeinsamkeiten? Diesen Fragen ging eine von der Society for Industrial and Organizational Psychology (SIOP) initiierte Arbeitsgruppe (»Job Analysis and Competency Modeling Task Force«; JACMTF) verschiedener Unternehmen und Universitäten im Rahmen eines zweijährigen Projektes nach (Shippmann et al., 2000). Sämtliche Teilnehmer bewerteten Arbeitsanalyse- einerseits und Kompetenzmodellierungsprojekten andererseits anhand der methodologischen Strenge. Das Ergebnis lautet in Kürze, dass Arbeitsanalyseverfahren zumeist, also im Hinblick auf neun von zehn erhobenen Kriterien, höheren methodologischen Ansprüchen genügen. Kompetenzmodellierungsprojekte hingegen weisen eine höhere Ausprägung in der Ankopplung an die Unternehmensziele und -strategien auf. Das zugespitzte Fazit der Arbeitsgruppe lautet: Arbeitsanalysen sind methodisch präziser, jedoch nur gegenwartsbezogen. Kompetenzmodellierungsprojekte sind hingegen methodisch schwächer. Sie weisen jedoch den Vorteil auf, intensiver an die Strategie des Unternehmens anzuknüpfen und mehr zukunftsbezogene Anforderungen zu berücksichtigen.

1. *Wertebasierter Ansatz (»Values Based Approach«).*
   - Die Betrachtung der Normen und Werte des Unternehmens stellt den Ausgangspunkt bei der Kompetenzmodellierung dar.
   - Dieser Ansatz wird von Unternehmen im Vergleich zum forschungsbasierten Ansatz als motivierend beschrieben.
   - Die Begrenzung liegt im weniger wissenschaftlichen, weniger systematischen Erhebungsprozess, so dass die Ergebnisse zum einen stärker von einzelnen Mitgliedern des Top-Managements geprägt werden und zum anderen weniger verhaltensnah ausfallen können.
2. *Forschungsbasierter Ansatz (»Research-Based Competency Approach«).*
   - Erfolgreiche, aktuelle Verhaltensweisen der Führungskräfte werden z. B. mittels Behavioral Event Interview (BEI) erhoben. Es wird nach Zusammenhängen zwischen bestimmten Kompetenzmerkmalen einerseits und besonderen Leistungen und erfolgreichem Verhalten andererseits gesucht.
   - Als Vorteil wird die Verankerung der Kompetenzen in aktuellem Verhalten und zum anderen die höhere »Legitimierung« (»Air of legitimacy«) genannt.
   - Ein Nachteil ist, dass die bisherigen erfolgskritischen Kompetenzen nicht zwingend für die Zukunft relevant sein müssen. Die sorgfältige Erfassung gegenwärtiger Anforderungen und Kompetenzen ist wenig informativ, wenn sich das unternehmerische Umfeld sehr rasant ändert und mehrdeutig ist.
3. *Strategiebasierter Ansatz (»Strategy Based Approach«).*
   - Anforderungen an Mitarbeiter und Führungskräfte werden anhand der Unternehmensstrategie, der antizipierten Erfordernisse der geplanten Unternehmensentwicklung abgeleitet.
   - Als Vorteil dieses Ansatzes gilt, dass Erfahrungen der Vergangenheit und der Gegenwart nicht einfach fortgeschrieben werden, sondern Kompetenzen aus den Erfordernissen der Zukunft abgeleitet werden.
   - Als Nachteile werden die dem Ansatz inhärenten Fehlerquellen benannt: Einerseits können zukünftige Entwicklungen falsch eingeschätzt werden, andererseits können – aufgrund einer richtig vorhergesagten Zukunft – falsche Kompetenzen abgeleitet werden, da die Erhebungsmethoden nicht so präzise und valide wie bei der Analyse schon vorhandener Tätigkeiten sind (Briscoe & Hall, 1999).

Tab. 4: Perspektiven im Prozess der Kompetenzmodellierung (Briscoe & Hall, 1999)

1.1 Aktuelle Themen des Kompetenzmanagements im internationalen Raum

Wenn in stabilen Zeiten auf Arbeitsanalysen und in Zeiten beschleunigten Wandels auf das wissenschaftlich weniger strenge Konzept der Kompetenzmodellierung zurückgegriffen wird, bleibt die Frage, was passiert, wenn sich das betriebliche Umfeld noch schneller ändert und noch unvorhersehbarer wird. Lawler (1994) merkt zu der Herausforderung für Organisationen, die eigenen wettbewerbssichernden Kernkompetenzen zu identifizieren und in HR-Systeme umzusetzen, an, dass viele Fragen aufgeworfen werden: »Perhaps the most basic is whether this is practical in rapidly changing environments« (Lawler, 1994, 12). Drei Aspekte, die kurz geschildert werden, sind die Identifikation von Metakompetenzen (1.1.1), organisationsübergreifendes Kompetenzmodell (1.1.2) und kompetenzbasierte Aus- und Weiterbildung bzw. Competency-Based Training (1.1.3).

1.1.1 Metakompetenzen

Briscoe und Hall (1999) sehen in Zeiten beschleunigten Wandels eine Chance in den sog. »Metakompetenzen«. Diese sollen den Erwerb anderer Kompetenzen ermöglichen. Als Beispiele werden die Identität (»Identity«) und die Anpassungsfähigkeit (»Adaptability«) genannt. Unter Identität wird die Fähigkeit verstanden, sich mit persönlichem Feedback zu versorgen, zu angemessenen Selbsteinschätzungen zu gelangen und wenn nötig das eigene Selbstkonzept zu korrigieren. Zur Anpassungsfähigkeit werden Kompetenzen wie Flexibilität, Exploration, Offenheit gegenüber neuen Leuten und Ideen etc. verstanden. Beide werden unmittelbar aufeinander bezogen, so dass sie sich im Zusammenwirken gegenseitig ausbalancieren: »Adaptability without identity can be mindless reaction to the environment, with no self-direction. Identity changes without adaptability would be very self-aware inaction. With adaptability and identity change, the person has learned how to learn.« (Briscoe & Hall, 1999, 49). Neben der Idee einer über Metakompetenzen verfügenden Person hinaus wird auch das Bild von metakompetenten Organisationen entworfen. Diese Unternehmen oder Institutionen zeichnen sich durch eine besondere Entwicklungsfähigkeit und Flexibilität im Umgang mit unvorhergesehenen und innovativen Aufgaben aus (Bergmann, Daub & Meurer, 2006).

Als Praxisbeispiel für ein unternehmensbezogenes Kompetenzmodell *mit Metakompetenzen* wird das AT&T-Kompetenzmodell (Ausschnitt in Abbildung 1) beschrieben (vgl. Briscoe & Hall, 1999). Analog zur Identität wird die Fähigkeit zur Selbsteinschätzung (»Self Awareness«) definiert, inwieweit z.B. jemand über ein realistisches und zutreffendes Selbstbild verfügt. Analog zur Anpassungsfähigkeit wird die Offenheit zu lernen, d.h. inwieweit

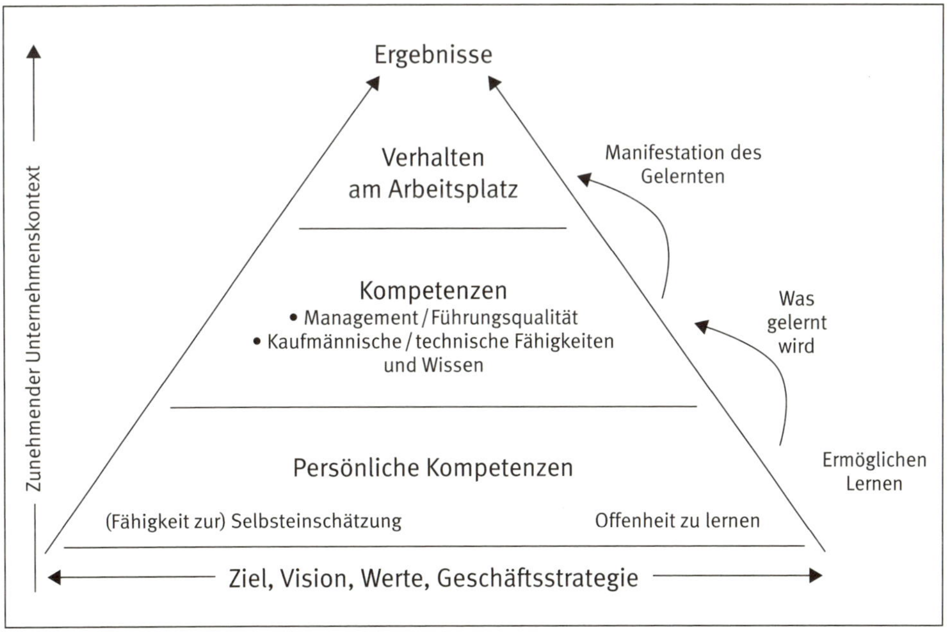

Abb. 1: AT&T-Leadership Modell (aus Briscoe & Hall, 1999, 47)

jemand offen für neue Ideen, neue Informationen und unterschiedliche Perspektiven ist, als Metakompetenz definiert. Metakompetenzen dienen als Grundlage für den Erwerb der »herkömmlichen« Kompetenzen, die wiederum das Verhalten am Arbeitsplatz wesentlich beeinflussen. Es bleibt anzumerken, dass mit der Entwicklung dieser beiden Metakompetenzen zwei Konstrukte beschrieben werden, die im deutschsprachigen Raum unter dem Aspekt der Selbstkompetenz gehandelt werden. Dies bezieht sich zum einen auf selbstreflexive Kompetenzen, also die Fähigkeit, sich und seine Fähigkeiten gut einzuschätzen. Zum anderen sind aktivitäts- und veränderungsbezogene Selbststeuerungskompetenzen berührt, also die Bereitschaft, Neues zu lernen (vgl. Kauffeld, 2006). Je nach Definition und Schwerpunktsetzung sind dies Kompetenzen, die am ehesten persönlichkeitsnahe Konstrukte betreffen (vgl. Sonntag & Schmidt-Rathjens, 2004).

1.1.2 Unternehmensübergreifende Kompetenzmodelle

Verschiedene Unternehmensberatungen bieten eigene Kompetenzmodelle an, die weniger »ad hoc« im Kontext der Anforderungen eines Unternehmens entwickelt wurden, sondern einen erweiterten Geltungsbereich beanspruchen (vgl. Sarges, 2001). Exemplarisch soll hier das Kompetenzmodell von Kurz und Bartram (2002) der SHL Group plc aus England dargestellt werden. Auf der Suche nach der »Sparsamkeit« und Struktur eines theoretischen Modells einerseits und der Anwendungsfähigkeit eines praktischen Modells andererseits stellen Kurz und Bartram (2002) ein dreistufiges, hierarchisches Modell vor. Auf oberster Ebene finden sich acht »Competency Factors«, (a) die »Big Five« der Persönlichkeitsforschung, Extraversion, Emotionale Stabilität, Offenheit für neue Erfahrung, Gewissenhaftigkeit und Verträglichkeit, (b) Intelligenz und (c) die zwei Motivationsfaktoren Leistungsmotivation und Machtmotivation. Auf der zweiten Aggregationsebene finden sich 20 »Competency Dimensions«, wie sie sich in verschiedenen unternehmensbezogenen Kompetenzmodellen oder als Grundlage von Auswahl- und Entwicklungs-Assessment Centern wiederfinden. (3) Schließlich gibt es 110 Kompetenzelemente (»Component Competencies«), die aus wissenschaftlichen und praktischen Modellen abgeleitet wurden und nicht veröffentlicht werden (vgl. Tabelle 5).

Ein Beispiel für ein über den Kontext eines einzelnen Unternehmens hinausgehendes Modell ist das O*NET, das Occupational Information Network (Peterson et al., 2001). Dabei handelt es sich um ein nationales, US-amerikanisches, internetbasiertes Informationssystem zur Beschreibung u.a. von Berufsmerkmalen und Anforderungen an Berufsgruppen. Ziel- und Nutzergruppen sind Berufsberater, Arbeitsvermittler, Arbeitssuchende etc. Organisationsübergreifende, tätigkeits- und berufsspezifische Merkmale und Anforderungen an die Beschäftigten werden – in Abgrenzung zum vorherigen System, dem Dictionary of Occupational Titles (DOT) – anhand einheitlicher Merkmale und Taxonomien beschrieben, um so – analog zu einem unternehmensbezogenen Kompetenzmodell – zu einer gemeinsamen Sprache zu gelangen (vgl. Peterson et al., 2001).

1.1.3 Kompetenzbasierte Aus- und Weiterbildung

Beim »Competency-Based Training« handelt es sich um eine vor allem in anglo-amerikanischen, zunehmend aber auch in Entwicklungs- und Transformationsländern verbreiteten

8 »Competency Factors«	20 »Competency Dimensions«	
Leading & Deciding Need for Power & Control	Deciding & Initiating Action	110 »Component Competencies«
	Providing Leadership & Supervision	
Supporting & Co-operating Agreeableness	Team Working & Supporting	
	Serving Customers & Clients	
Interacting & Presenting Extraversion	Relating & Networking	
	Persuading & Influencing	
	Communicating & Presenting	
Analysing & Interpreting	Writing & Reporting	
	Applying Expertise & Technology	
	Problem Solving	
Creating & Conceptualizing Openness	Learning & Researching	
	Creating & Innovating	
	Forming Strategies & Concepts	
Organising & Executing Conscientiousness	Planning & Organising	
	Delivering Quality	
	Complying & Persevering	
Adapting & Coping Emotional Stability	Adapting & Responding to Change	
	Coping with Pressures & Setbacks	
Enterprising & Performing Need for Achievement	Achieving Results & Developing Career	
	Enterprising & Commercial Thinking	

Tab. 5: Beziehungen zwischen der ersten und zweiten Ebene des SHL-Kompetenzmodells (aus Kurz & Bartram, 2002, 233)

Form der beruflichen Aus- und Weiterbildung, die aus dem Bedarf heraus entstand, vornehmlich schulisch orientierte Berufsausbildungen praxisbezogener zu gestalten (Edelmann & Tippelt, 2007). Im Gegensatz zum Kompetenzbegriff im deutschsprachigen Raum (s. Abschnitt 2.1) werden Kompetenzen in diesem Zusammenhang als eng definierte, praktische Kenntnisse, Fertigkeiten und Verhaltensweisen aufgefasst, die unter realen Bedingungen am jeweiligen Arbeitsplatz zu beherrschen sind (Edelmann & Tippelt, 2007). Das Kriterium für den Ausbildungserfolg ist das Erreichen der festgelegten und standardisierten Kompetenzen (Tippelt, 2009). Eine weitere Grundidee von Competency-Based Trainings stellt die Unabhängigkeit von »Lernerfahrungen, die vorher im formellen Bildungssystem erworben wurden« (Tippelt, 2009, 261) dar. Die Kompetenzentwicklung und -definition findet dabei über arbeits- und curriculumanalytische Ansätze statt.

Einer dieser Ansätze ist die DACUM-Methode (»Developing a Curriculum«, Norton, 1997; 2000), die sich in zahlreichen Ländern durchgesetzt hat (Edelmann & Tippelt, 2007; Tippelt & Edelmann, 2009). Diese beruht auf mehreren Annahmen (Norton, 1997):

- Erfahrene Fachkräfte können ihren Beruf und die damit verbundenen Tätigkeiten besser beschreiben als Außenstehende.
- Beschreibungen sind dann effektiv, wenn sie möglichst aufgabengetreu sind.
- Alle Aufgaben erfordern ein bestimmtes Maß an Wissen, Fertigkeiten, Rüstzeug und Arbeitsverhalten.

Die Definition und Herausarbeitung von Kompetenzen mit der DACUM-Methode (s. Abbildung 2) geschieht im Rahmen eines zweitätigen DACUM-Workshops, für den fünf bis zwölf geeignete Facharbeiter und -angestellte (»expert workers«) ausgewählt werden und unter Anleitung eines ausgebildeten Moderators (»facilitator«) gemeinschaftlich ein Ergebnis entwickeln (Norton, 1997). Dieses Ergebnis besteht aus einer Liste (»DACUM-Chart«) von arbeitsbezogenen Verantwortungsbereichen (»duties«) und Tätigkeiten (»tasks«) (Edelmann & Tippelt, 2007), die anschließend der Entwicklung kompetenzbasierter Aus- und Weiterbildungscurricula oder als Grundlage für Leistungsbeurteilungen, Rekrutie-

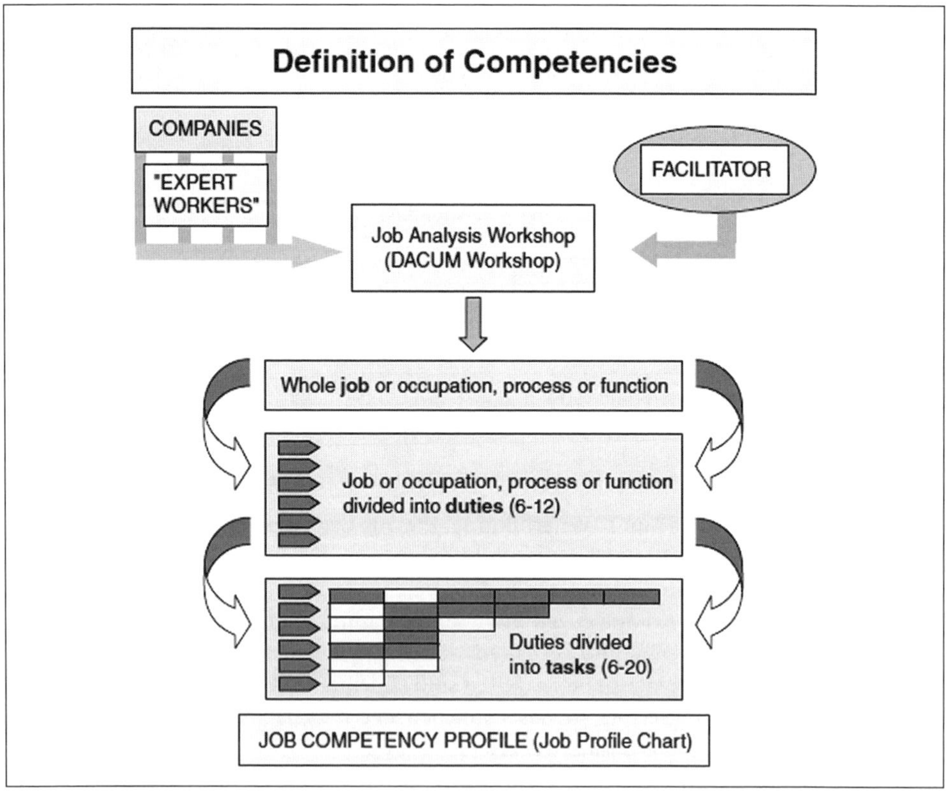

Abb. 2: Definition und Kompetenzen mit der DACUM-Methode (aus Edelmann & Tippelt, 2007, 136; nach Norton, 1997)

rung oder Berufs- und Laufbahnberatung dienen kann (Norton, 2000). Als Vorteile der DACUM-Methode werden ihre Schnelligkeit und Einfachheit und zudem die geringen Kosten sowie die Zuverlässigkeit der Ergebnisse aufgrund der von Fachleuten durchgeführten Analyse genannt (Tippelt & Edelmann, 2009). Zu kritisieren ist jedoch, dass die Ergebnisse subjektiv geprägt sind und somit stark von den Teilnehmern des DACUM-Workshops abhängen. Insgesamt besteht somit die Gefahr, dass die in diesem Sinne kompetenzbasierten Berufsbilder zu eng gefasst werden (Edelmann & Tippelt, 2007).

2 Kompetenz und Kompetenzmanagement im deutschsprachigen Raum

Die Diskussion im deutschsprachigen Raum um den Kompetenzbegriff und das Thema Kompetenzmanagement hat sich recht unabhängig von der englischsprachigen Entwicklung, insbesondere in den USA, vollzogen.

2.1 Zum Kompetenzbegriff im deutschsprachigen Raum

In der aktuellen deutschsprachigen Literatur steht das Prinzip der Selbstorganisation im Fokus (Bergmann, 1999; Bullinger & Gidion, 1994; Erpenbeck, 1997; Erpenbeck & von Rosenstiel, 2003; Geißler, 1994; Grootings, 1994; Heidack, 1993; Heyse & Erpenbeck, 1997; Kauffeld, 2006; Nyhan, 1991; Sauter, 1994; Sonntag & Schaper, 1992). Kompetenzen werden von Erpenbeck (1997) interpretiert als Dispositionen (Anlagen, Fähigkeiten, Bereitschaften), selbstorganisiert zu handeln. »Mit der Fähigkeit zur Selbstorganisation ist gemeint, dass das Individuum selbst Ziele setzt, Pläne und Strategien zu ihrer Verwirklichung erprobt und aus dabei entstehenden Erfahrungen lernt« (Bergmann, 1999, 32). Selbst organisiert werden »in der Regel Handlungen, deren Ergebnisse auf Grund der Komplexität des Individuums, der Situation oder des Verlaufs (System, Systemumwelt, Systemdynamik) nicht oder nicht vollständig voraussagbar sind« (Erpenbeck & Heyse, 1999, 157). Bei selbstorganisierten Handlungen ist an (1) geistige Handlungen, wie z. B. Problemlösungsprozesse, kreative Denkprozesse, Wertungsprozesse, an (2) physische Handlungen, wie z. B. manuelle Verrichtungen, Arbeitstätigkeiten, Produktionsaufgaben, an (3) kommunikative Handlungen, wie z. B. Gespräche oder Verkaufstätigkeiten, sowie an (4) reflexive Handlungen, wie z. B. Selbsteinschätzungen oder -veränderungen, zu denken (Erpenbeck & Heyse, 1999).

Zur Beschreibung des Selbstorganisationsbegriffs wird auf die Synergetik von Haken (1995) Bezug genommen, in der beeinflussbare und planbare Randbedingungen und Ordnungsparameter berücksichtigt werden (Erpenbeck, 2000). Wenn Kompetenz die Fähigkeit zur Selbstorganisation beschreibt, dann wird die Fähigkeit des Umgangs mit Komplexität oder vereinfachend gesagt das Verhalten unter unbekannten, intransparenten Bedingungen betont. Sonntag und Schmidt-Rathjens (2004) kommen zu dem Schluss, dass – unabhängig von der jeweiligen theoretischen Position und Definition – die unterschiedlichen Ansätze von einem gemeinsamen Verständnis von Kompetenzen als operationalisierbare Konstrukte menschlicher Leistung ausgehen, die transparent, beobachtbar und messbar sein müssen.

Berufliche Handlungskompetenz: Alle Fähigkeiten, Fertigkeiten, Denkmethoden und Wissensbestände des Menschen, die ihn bei der Bewältigung konkreter sowohl vertrauter als auch neuartiger Arbeitsaufgaben selbstorganisiert, aufgabengemäß, zielgerichtet, situationsbedingt und verantwortungsbewusst – oft in Kooperation mit anderen – handlungs- und reaktionsfähig machen und sich in der erfolgreichen Bewältigung konkreter Arbeitsanforderungen zeigen.
Fachkompetenz: Organisations-, prozess-, aufgaben- und arbeitsplatzspezifische berufliche Fertigkeiten und Kenntnisse sowie die Fähigkeit, organisationales Wissen sinnorientiert einzuordnen und zu bewerten, Probleme zu identifizieren und Lösungen zu generieren.
Methodenkompetenz: Situationsübergreifend und flexibel einzusetzende kognitive Fähigkeiten, zum Beispiel zur Problemstrukturierung oder Entscheidungsfindung.
Sozialkompetenz: In sozialen Interaktionssituationen kommunikativ und kooperativ selbstorganisiert handeln, um Ziele und Pläne erfolgreich zu entwickeln und zu realisieren.
Selbstkompetenz: Sich selbst einschätzen und Bedingungen schaffen, um sich im Rahmen der Arbeit zu entwickeln. Die Offenheit für Veränderungen, das Interesse aktiv zu gestalten und mitzuwirken und die Eigeninitiative, sich Situationen und Möglichkeiten dafür zu schaffen.

Tab. 6: Berufliche Handlungskompetenz und ihre Unterteilung in Fach-, Methoden-, Sozial- und Selbstkompetenz (vgl. Kauffeld, 2006)

Zwar wird darauf verwiesen, dass noch nicht von einem einheitlichen Begriffsverständnis ausgegangen werden kann, es finden sich jedoch typische gemeinsame Elemente, wie die Anforderungsorientierung im Hinblick auf die betriebliche Situation, die Handlungsorientierung, die Zielgerichtetheit des Handelns und die Verantwortungsübernahme durch den Einzelnen (Kauffeld, 2006).

Kompetenz lässt sich pragmatisch in die vier Kompetenzbereiche Fach-, Methoden-, Sozial- und Selbstkompetenz unterteilen (vgl. Faulstich, 1997; Gairing, 1999; Heyse & Erpenbeck, 1997; Kauffeld, 2006; Sonntag & Schaper, 1999). Diese Unterteilung (vgl. Tabelle 6) hat sich in der Praxis weitgehend durchgesetzt (vgl. Kauffeld, 2006; Sonntag, 2004; Sonntag & Schaper, 1999; Sonntag & Schmidt-Rathjens, 2004). Was im Einzelnen unter die vier Kompetenzfacetten gefasst wird, kann je nach theoretischen Prämissen und praktischen Erfordernissen variieren. Vergleichsweise mehr Übereinstimmung lässt sich bei der Fach- und Methodenkompetenz finden, während die Ansätze bei der Sozial- und Selbstkompetenz divergieren (vgl. ausführlich Kauffeld, 2006).

Ausgehend von diesen vier als »*grundlegende* Taxonomie von Kompetenzen« (Erpenbeck & von Rosenstiel, XXIV) bezeichneten Kompetenzbereichen ermittelten Heyse und Erpenbeck (z.B. Heyse, 2007a; 2007b) einen umfangreichen KompetenzAtlas von insgesamt 64 Begriffen zur Bezeichnung von Teilkompetenzen, die jeweils einer oder einer Kombination der vier Grundkompetenzen zugeordnet werden (vgl. Abbildung 3).

2.2 Zum Kompetenzmanagement im deutschsprachigen Raum

In der Edition QUEM, Qualifikations-Entwicklungs-Management, und der Arbeitsgemeinschaft Betriebliche Weiterbildungsforschung e. V. wurden seit den neunziger Jahren jährlich in den »Kompetenzbänden« verschiedene Grundsatzfragen der betrieblichen Kompe-

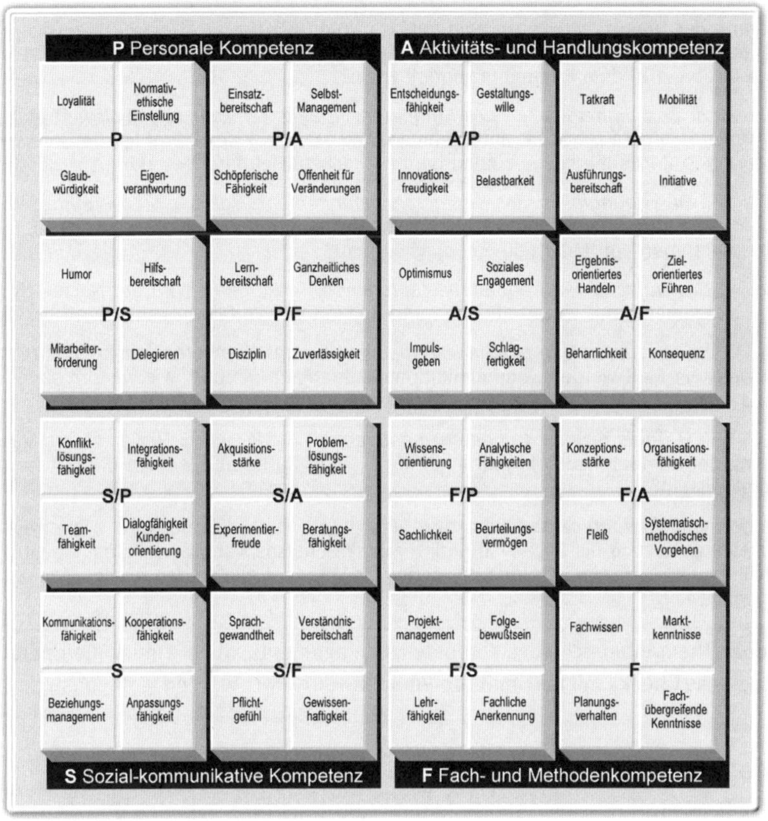

Abb. 3: KompetenzAtlas (aus: Heyse, 2007a, 27)

tenzentwicklung bearbeitet (1996; 1997; 1998; 1999; 2000a; 2001; 2002; 2003; 2004; 2005). Zwei weitere Erscheinungen seien – ohne Anspruch auf Vollständigkeit – für den betrieblichen Kontext hervorgehoben. Der Band »Kompetenzen entwickeln – Veränderungen gestalten« (2000b) zeigt vielfältige Aspekte des individuellen und gruppenbasierten Lernens auf. Eine Reihe von Messinstrumenten für Mitarbeiter und Führungskräfte wird im Kontext betrieblichen Wandels beschrieben. Der Band »Kompetenzentwicklung und Innovation« (2002) der Bochumer Arbeitsgruppe um Staudt und Kriegesmann legt den Fokus auf die Kompetenz der Mitarbeiter als »kritische Größe« in betrieblichen Innovationsprozessen. Insbesondere die Rolle der Weiterbildung wird kritisch hinterfragt.

Als »Startschuss« für den Begriff Kompetenzmanagement mit empirischem Hintergrund kann hier die Studie der Unternehmensberatung Cell Consulting (2002) gelten. Es wurden die Verantwortlichen für Personalentwicklung von 101 Unternehmen befragt. Die durchschnittliche Mitarbeiterzahl von 51.400 und der durchschnittliche Umsatz von 11,6 Mrd. Euro der befragten Unternehmen weisen darauf hin, dass es sich überwiegend um Konzerne handelt. Diese stammen aus 13 verschiedenen Branchen (Automobil, Versicherungen, Medien, Technologie etc.). Die Befragung erfolgte in sieben als erfolgskritisch eingeschätzten

1. *Vernetzung der Unternehmensstrategie mit dem Kompetenzmodell (15 Punkte)*: Wie gut ist die Vernetzung des Kompetenzmanagements mit der Unternehmensstrategie? Wie spiegelt sich die Strategie in dem Kompetenzmodell wider?
2. *Praktikabilität und Einheitlichkeit des Kompetenzmodells (20 Punkte)*: Inwieweit gibt es ein einheitliches Kompetenzmodell, unternehmensweit standardisierte Profile, die Unterscheidung von Ist- und Soll-Profilen sowie eindeutige und nachvollziehbare Methoden zur Handhabung?
3. *Effizienz und Durchgängigkeit des Kompetenzmanagement-Prozesses (20 Punkte)*: Wie sind andere Personalprozesse mit dem Kompetenzmanagement verknüpft? Finden z. B. Ist-Soll-Abgleiche im Rahmen von Mitarbeitergesprächen statt?
4. *Monitoring des Nutzens von Kompetenzmanagement (5 Punkte)*: Wird der Nutzen des Kompetenzmanagements mit wirtschaftlichen und qualitativen Verfahren gemessen?
5. *Akzeptanz der relevanten Gruppen im Unternehmen für das Kompetenzmanagement (15 Punkte)*: In welchem Maß werden Kommunikationsmaßnahmen genutzt, wie werden sie eingebunden und wie hoch ist die resultierende Akzeptanz im Unternehmen?
6. *Nutzung von IT-Tools für das Kompetenzmanagement (15 Punkte)*: Gibt es eine IT-gestützte Erfassung der Kompetenzdaten, gibt es anonymisierte Daten und werden die Daten im Intranet bereitgestellt?
7. *Integration von Kompetenzmanagement in das Unternehmen (10 Punkte)*: Wie ist das Kompetenzmanagement in die Organisation integriert? Geht das Kompetenzmanagement über alle Hierarchiestufen, und gibt es eindeutig definierte Verantwortlichkeiten für das Kompetenzmanagement?

Tab. 7: Sieben Themenbereiche des Kompetenzmanagements, die in einem »Competence Readiness Check« mit maximal 100 Punkten verrechnet werden (Cell Consulting, 2002)

Themenbereichen des Kompetenzmanagements. Diese wurden in einem »Competence Readiness Check« mit maximal 100 Punkten verrechnet (vgl. Tabelle 7).

Die Unternehmensberatung kam zu dem Schluss, dass systematisches Kompetenzmanagement in Deutschland oft noch deutliche Mängel zeigt (vgl. Cell Consulting, 2002). Zwar genieße das Thema hier hohe Aufmerksamkeit, doch wurden Verbesserungsmöglichkeiten bei der Umsetzung vor allem in den ersten vier Themenbereichen gesehen (vgl. Tabelle 7): In der Umsetzung der Unternehmensstrategie im operativen Geschäft (1.), in der Konzeption eines einheitlichen Kompetenzmodells (2.), in der Etablierung eines durchgängigen Kompetenzmanagement-Prozesses (3.) und in dem Monitoring des Kompetenzmanagements (4.). Im Unternehmensvergleich wird festgestellt, dass »international agierende Unternehmen solchen, die ihr Kerngeschäft in Deutschland haben, zunehmend den Rang ablaufen« (Cell Consulting, 2002). Technologieunternehmen haben nach dieser Studie das am weitesten entwickelte Kompetenzmanagement, ohne dass dieses Ergebnis näher spezifiziert wird. Auch in neueren Studien wird festgestellt, dass die Möglichkeiten des Kompetenzmanagements noch nicht ausgeschöpft sind (z. B. Schenk, Schnauffer & Staiger, 2005).

Sonntag und Schmidt-Rathjens (2004) bilanzieren so: »Vielfältig sind die in der Literatur aufgeführten und in der Praxis umgesetzten Ansätze, unterschiedlich die Zielstellungen, intransparent die Entwicklungsprozeduren, unscharf und vage die Kompetenzdefinitionen. Dennoch ist unstrittig, dass Kompetenzmodelle das Mittel der Wahl darstellen, um sowohl das strategische Management als auch das operative Tagesgeschäft in der Personalauswahl und -entwicklung effektiv zu unterstützen« (Sonntag & Schmidt-Rathjens, 2004, 18).

3 Kompetenzbilanzierung

3.1 Was sind Kompetenzbilanzen?

Bei einer Kompetenzbilanz geht es um die Erfassung, Bewertung und Anerkennung von Kompetenzen, die eine Person im Laufe von formalen, aber auch nonformalen und informellen Lernprozessen erworben hat (Bjornavold, 2004; Edelmann & Tippelt, 2007). Dazu zählen z.B. Kompetenzen aus Haus- und Familienarbeit oder aus ehrenamtlichem bzw. freiwilligem Engagement (vgl. Erler, Gerzer-Sass, Nußhart & Sass, 2007). Die Kompetenzbilanzierung soll den Zugang zu weiterführenden Bildungsangeboten, die (Wieder-)eingliederung in den Arbeitsmarkt sowie die geographische und berufliche Mobilität ermöglichen (Bjornavold, 2004).

Als Rahmen für die Kompetenzbilanzierung können im europäischen Raum die Bestrebungen zur Vergleichbarkeit unterschiedlicher beruflicher Qualifikationen betrachtet werden, die in Initiativen wie dem Europäischen Qualifikationsrahmen (EFQ; Kommission der Europäischen Gemeinschaft, 2006) oder in einem europäischen Leistungspunktesystem für die Berufliche Bildung (ECVET) resultierten (vgl. Edelmann & Tippelt, 2007). Es wird hervorgehoben, dass noch Entwicklungsarbeit für Ansätze, die eine valide Kompetenzbilanzierung ermöglichen, nötig ist (Edelmann & Tippelt, 2007).

In Deutschland und im europäischen Raum werden etliche Verfahren zur Kompetenzerfassung im Rahmen von Kompetenzbilanzierungen angewandt. Zu den prominenten Beispielen zählen z.B. unter den deutschen Verfahren der ProfilPass, KODE® und KODE®X (vgl. Edelmann & Tippelt, 2007; Erpenbeck & von Rosenstiel, 2007; Preißer & Völzke, 2007). Europäische, in der Literatur häufig vertretene, Beispiele sind das Schweizer Qualifikationsprogramm CH-Q, die französische »bilan de compétences« oder das modularisierte »National Vocational Qualifications«-System in Großbritannien (vgl. Edelmann, 2009; Erpenbeck & von Rosenstiel, 2007; Tippelt & Edelmann, 2007).

Stehen bei Kompetenzbilanzen vorwiegend nonformal erworbene Kompetenzen im Vordergrund, so widmet sich die National Educational Panel Study (NEPS, Weinert et al., 2011) zusätzlich auch der Erfassung von bildungsrelevanten Kompetenzen über die gesamte Lebensspanne. So werden Bedingungen für die Entwicklung domänenspezifischer Kompetenzen, wie beispielsweise mathematische oder Lesekompetenz, und ihre Entfaltung über die Schule hinaus im Erwerbsleben und in weiteren Bildungskontexten untersucht. Zudem soll ein Beitrag zur validen quantitativen Erfassung dieser Kompetenzen geleistet werden (Weinert et al., 2011).

3.2 Kompetenzerfassung – aber wie?

Im Kontext der Diskussion um Kompetenzmodelle, -erfassung und -bilanzen geht es immer wieder um die Frage der Art der Kompetenzerfassung. Zur Erfassung von Kompetenzen im Rahmen der Kompetenzbilanzierung stehen zahlreiche Methoden zur Verfügung. Diese können den formativen, eher nicht-standardisierten und biographiebezogenen, oder summativen Ansätzen zugerechnet werden, die vorwiegend quantitativ ausgerichtet sind und die dem Zweck dienen, die vorhandenen Kompetenzen einer Person für ein gegebenes Ziel zu erfassen und sich beispielsweise in Anforderungsprofilen niederschlagen (Preißer & Völzke, 2007). Nach Erpenbeck (2012) können in eine Bilanz Kompetenzen eingehen, die über eine quantitative Messung bzw. Kompetenztests, durch qualitative Charakterisierungen, wie einen Kompetenzpass, über komparative Beschreibungen in Form der Kompetenzbiographie, aber auch mittels Kompetenzsimulationen oder durch Beobachtung in der Kompetenzsituation erfasst wurden.

Vor dem Hintergrund der Diskussion um quantitative vs. qualitative Forschung erörtert Erpenbeck (2012) die Notwendigkeit eines hybriden Ansatzes in der Kompetenzerfassung: Das Hybridmodell kombiniert quantitative und qualitativer Vorgehensweisen zur Erfassung von Kompetenzen mit dem Ziel ihrer späteren Weiterentwicklung. Die Notwendigkeit hybrider Ansätze wird anhand des Gegensatzes von Kompetenzen und Persönlichkeitseigenschaften illustriert, wonach sich Kompetenzen im Gegensatz zu Persönlichkeitseigenschaften schnell und sprungartig verändern können und deutliche Überschneidungsbereiche untereinander aufweisen. Zudem sind Kompetenzen im Gegensatz zu Persönlichkeitseigenschaften von einem Handlungskontext abhängig. Diesen gilt es daher auch beispielsweise im Rahmen biografischer oder Handlungsprozesse verfolgender Untersuchungen zu charakterisieren. Neben der inhaltlichen Plausibilität, die einem hybriden Ansatz zugesprochen werden kann, führt Erpenbeck weitere Argumente auf, die für eine Verzahnung qualitativer und quantitativer Zugänge bei der Kompetenzerfassung sprechen. So ist gemäß den deutschen Zentren für Kompetenzbilanzierung (CeKom, vgl. Erpenbeck, 2012) in einer Kompetenzbilanz ein Mindestanzahl an Verfahren und Instrumenten zu gewährleisten, das sich aus qualitativen Verfahren und quantitativen Tests und Fragebögen zusammensetzt. Als Voraussetzung müssen diese Verfahren jedoch strengen Qualitätskriterien entsprechen (Erpenbeck, 2012).

4 Fazit

Wie können die Aktivitäten im englischsprachigen Raum und im deutschsprachigen Raum resümiert werden?

Zwei Sprachräume – zwei getrennte Forschungsbereiche: Wenn Sarges (2001) eine »Competency-Euphorie« konstatiert, ist zu fragen: Wer genau ist eigentlich euphorisch? Aus unserer Sicht sind Aktivitäten zu dem Thema im deutschsprachigen Raum auf eine schwer zu bestimmende Anzahl von Unternehmen beschränkt. »Kompetenzmanagement – Wenn die Praxis die Theorie überholt …« – so wird eine Veranstaltung von der bureau42 GmbH und dem Fraunhofer Institut für Angewandte Informationstechnik im Jahr 2005 übertitelt. Dies mag zutreffen für Deutschland. Die englischsprachige Entwicklung des »Competency«-Ansatzes und die deutschsprachige Auseinandersetzung um den Kompetenzbegriff, die bis heute sehr stark durch die Diskussion um Kompetenz als Selbstorganisationsdisposition (z.B. Erpenbeck & Heyse, 1999) geprägt ist, finden weitgehend unabhängig voneinander statt. Die Forschungsgrenze läuft oftmals entlang der Sprachgrenze, denn kaum einer nimmt Kenntnis vom anderen: Bis auf Ausnahmen (z.B. Kauffeld, 2006; Sarges, 2001; Sonntag & Schmidt-Rathjens, 2004) beziehen sich kaum deutschsprachige auf englischsprachige Autoren. Umgekehrt lassen sich kaum Anhaltspunkte dafür finden, dass die deutschsprachige Diskussion um den Selbstorganisationsbegriff im englischsprachigen Raum nennenswert registriert wird.

Competencies und Kompetenz – der »Blick über den Tellerrand« könnte weiterführen: Welche Zusammenhänge ergeben sich zwischen den im englischsprachigen Raum verwendeten Competencies einerseits und der im deutschsprachigen Raum geführten Diskussion um die Kompetenz als Selbstorganisationsfähigkeit andererseits? Zunächst zum »deutschsprachigen Kompetenzbegriff«: Der als Fähigkeit zur Selbstorganisation ausgelegte Kompetenzbegriff ist nicht ohne Kritik geblieben. Die Kritik setzte vor allem an der »Steuerungsproblematik« an: »Der Neuausrichtung der Personal- und Organisationsentwicklung fehlen Fixpunkte, die durch Worthülsen zur Selbstorganisation nicht ersetzt werden können, sondern in ihrem Verwertungszusammenhang erst durch eine Integration von Personal-, Organisations-, Unternehmens- und Regionalentwicklung hergestellt werden. (...) Auch Selbstregulation für individuelle oder Unternehmensentwicklung braucht einen Handlungsrahmen« (Staudt & Kriegesmann, 2002, 119). »Das Münchhausendilemma soll durch das Herausziehen aus dem Sumpf am eigenen Zopf aufgelöst werden« (Sauer & Kriegesmann, 2002, 2). Wenn einerseits klassische Weiterbildung im Kontext betrieblichen Wandels – hier verstanden als *zentrales* Steuerungsmoment – chronisch zu spät kommt und als veraltet beschrieben wird (Staudt & Kriegesmann, 2002) und der Selbstorganisation – hier verstanden als *dezentrales* Selbststeuerungsmoment – aufgrund der ungelösten Steuerungsproblematik der Handlungsrahmen fehlt, dann kann ein Blick auf den englischsprachigen Competency-Ansatz lohnen: Gerade die von Staudt und Kriegesmann (2002) geforderte Integration von Personal- und Unternehmensentwicklung wird als typisches Ziel von Competency-Projekten beschrieben. In der Bilanz erscheint der Competency-Ansatz sehr pragmatisch: Es wird nach Ursachen für Leistungsunterschiede gefragt. Das Verhalten und die Kompetenzentwicklung der Mitarbeiter werden auf die Ziele und Strategien des Unternehmens ausgerichtet. Eine Öffnung der deutschsprachigen Diskussion des Kompetenzbegriffs als Selbstorganisationsdisposition um die Perspektive des englischsprachigen Competency-Ansatzes könnte hier neue Impulse bringen.

Kompetenzbilanzen – Ein Instrument zum Kompetenzmanagement im betrieblichen Kontext? Kompetenzbilanzen werden im Zuge der Öffnung des europäischen Arbeitsmarktes und der steigenden beruflichen Mobilität als wichtiges Instrument gesehen, die Vergleichbarkeit von Kompetenzen über einzelne Ländergrenzen hinaus zu gewährleisten. Auf europäischer und nationaler Ebene werden diese Bestrebungen politisch unterstützt (z. B. EQR). Dennoch scheinen Kompetenzbilanzierungen unter Einbeziehung informell erworbener Kompetenzen in der Personalentwicklung von Unternehmen noch keine große Rolle zu spielen und sich nicht in den betrieblichen Kompetenzmodellen niederzuschlagen. Zwar wird im Zusammenhang einzelner Kompetenzerfassungsverfahren vom erfolgreichen Einsatz in Unternehmen berichtet (z. B. KODE®, Erpenbeck, 2007), andere Verfahren scheinen jedoch im betrieblichen Kontext wenig akzeptiert zu sein. So wird beispielsweise im Zusammenhang mit der französischen »bilan de compétences« gar von einem »Stigmatisierungseffekt« (Edelmann, 2009, 318) berichtet, der Personen, die einen Bilanzierungsprozess durchlaufen haben, berufliche Probleme zuschreibt, wohl auch, da Arbeitgeber keine Informationen über die Ergebnisse erhalten (Edelmann, 2009).

Literatur

Arbeitsgemeinschaft Qualifikations-Entwicklungs-Management (Hrsg.) (1996). *Kompetenzentwicklung ›96. Strukturwandel und Trends in der betrieblichen Weiterbildung.* Münster: Waxmann.

Arbeitsgemeinschaft Qualifikations-Entwicklungs-Management (Hrsg.) (1997). *Kompetenzentwicklung ›97. Berufliche Weiterbildung in der Transformation – Fakten und Visionen.* Münster: Waxmann.

Arbeitsgemeinschaft Qualifikations-Entwicklungs-Management (Hrsg.) (1998). *Kompetenzentwicklung ›98. Forschungsstand und Forschungsperspektiven.* Münster: Waxmann.

Arbeitsgemeinschaft Qualifikations-Entwicklungs-Management (Hrsg.) (1999). *Kompetenzentwicklung ›99. Aspekte einer neuen Lernkultur. Argumente, Erfahrungen, Konsequenzen.* Münster: Waxmann.

Arbeitsgemeinschaft Qualifikations-Entwicklungs-Management (Hrsg.) (2000a). *Kompetenzentwicklung 2000. Lernen im Wandel – Wandel durch Lernen.* Münster: Waxmann.

Arbeitsgemeinschaft Qualifikations-Entwicklungs-Management (Hrsg.) (2000b). *Kompetenzen entwickeln – Veränderungen gestalten.* Münster: Waxmann.

Arbeitsgemeinschaft Qualifikations-Entwicklungs-Management (Hrsg.) (2001). *Kompetenzentwicklung 2001. Tätigsein – Lernen – Innovation.* Münster: Waxmann.

Arbeitsgemeinschaft Qualifikations-Entwicklungs-Management (Hrsg.) (2002). *Kompetenzentwicklung 2002. Auf dem Weg zu einer neuen Lernkultur. Rückblick – Stand – Ausblick.* Münster: Waxmann.

Arbeitsgemeinschaft Qualifikations-Entwicklungs-Management (Hrsg.) (2003). *Kompetenzentwicklung 2003. Technik – Gesundheit – Ökonomie.* Münster: Waxmann.

Arbeitsgemeinschaft Qualifikations-Entwicklungs-Management (Hrsg.) (2004). *Kompetenzentwicklung 2004. Lernförderliche Strukturbedingungen.* Münster: Waxmann.

Arbeitsgemeinschaft Qualifikations-Entwicklungs-Management (Hrsg.) (2005). *Kompetenzentwicklung 2005. Kompetente Menschen – Voraussetzung für Innovationen.* Münster: Waxmann.

Bergmann, B. (1999). *Training für den Arbeitsprozess – Entwicklung und Evaluation aufgaben- und zielgruppenspezifischer Trainingsprogramme.* Zürich: vdf.

Bergmann, G., Daub, J. & Meurer, G. (2006). *Metakompetenzen und Kompetenzentwicklung. QUEM-report, Schriften zur beruflichen Weiterbildung, Heft 95, Teil II.* Berlin.

Bjornavold, J. (2004). *Gemeinsame Europäische Grundsätze für die Validierung des nichtformalen und des informellen Lernens.* Brüssel: Europäische Kommission.

Boyatzis, R. E. (1982). *The competent manager: A model for effective performance.* New York: John Wiley & Sons.

Briscoe, J. & Hall, D. (1999). Grooming and picking leaders using competency frameworks: Do they work? An alternative approach and new guidelines for practice. *Organizational Dynamics, 28,* 37–52.

Bullinger, H. J. & Gidion, G. (1994). *Zukunftsfaktor Weiterbildung. Neue Konzepte und Perspektiven.* Stuttgart: Teubner.

Cell Consulting AG (2002). *Kompetenzmanagement Studie 2002.* Verfügbar unter: http://www.edusys.ch/media/studie_kompetenzmanagement.pdf [07.02. 2006].

Edelmann, D. (2009). Messung und Zertifizierung von Kompetenzen in der Weiterbildung. In: R. Tippelt & A. v. Hippel (Hrsg.), *Handbuch Erwachsenenbildung/Weiterbildung* (S. 309–329). Wiesbaden: VS-Verlag.

Edelmann, D. & Tippelt, R. (2007). Kompetenzentwicklung in der beruflichen Bildung und Weiterbildung. *Zeitschrift für Erziehungswissenschaft, Sonderheft 8,* 129–146.

Erler, W., Gerzer-Sass, A., Nußhart, C. & Sass, J. (2007). Die Kompetenzbilanz – Ein Instrument zur Selbsteinschätzung und beruflichen Entwicklung. In: J. Erpenbeck & L. von Rosenstiel (Hrsg.), *Handbuch Kompetenzmessung – Erkennen, verstehen und bewerten von Kompetenzen in der betrieblichen, pädagogischen und psychologischen Praxis* (S. 373–387). Stuttgart: Schäffer-Poeschel.

Erpenbeck, J. (1997). Selbstgesteuertes, selbstorganisiertes Lernen. In: Quem (Hrsg.), *Kompetenzentwicklung '97* (S. 310–316). Münster: Waxmann.

Erpenbeck, J. (2000). Zertifizierung von Kompetenzen in Analogie zu Qualifikationen? *Personalführung, 1*, 22–29.

Erpenbeck, J. (2007). KODE® – Kompetenz-Diagnostik und -Entwicklung. In: J. Erpenbeck & L. von Rosenstiel (Hrsg.), *Handbuch Kompetenzmessung – Erkennen, verstehen und bewerten von Kompetenzen in der betrieblichen, pädagogischen und psychologischen Praxis* (S. 489–503). Stuttgart: Schäffer-Poeschel.

Erpenbeck, J. (2012). Zwischen exakter Nullaussage und vieldeutiger Beliebigkeit. Hybride Kompetenzerfassung als künftiger Königsweg. In: J. Erpenbeck (Hrsg.), *Der Königsweg zur Kompetenzerfassung. Grundlagen eines qualitativ-quantitativen (hybriden) Kompetenzzugangs.* Münster: Waxmann.

Erpenbeck, J. & Heyse, V. (1999). *Die Kompetenzbiographie. Strategien der Kompetenzentwicklung durch selbst organisiertes Lernen und multimediale Kommunikation* (Edition QUEM, Bd. 10). Münster: Waxmann.

Erpenbeck, J. & Rosenstiel, L. von (2007). Einführung. In: J. Erpenbeck & L. von Rosenstiel (Hrsg.), *Handbuch Kompetenzmessung – Erkennen, verstehen und bewerten von Kompetenzen in der betrieblichen, pädagogischen und psychologischen Praxis* (S. XVII–XLVI). Stuttgart: Schäffer-Poeschel.

Europäische Kommission (2008). *Der Europäische Qualifikationsrahmen für Lebenslanges Lernen (EQR).* Luxemburg: Amt für amtliche Veröffentlichungen der Europäischen Gemeinschaften.

Faulstich, P. (1997). Kompetenz-Zertifikate-Indikatoren. In: Arbeitsgemeinschaft QUEM (Hrsg.), *Kompetenzentwicklung`97: Berufliche Weiterbildung in der Transformation – Fakten und Visionen* (S. 141–197). Münster: Waxmann.

Gairing, F. (1999). *Organisationsentwicklung als Lernprozess von Menschen und Systemen.* Weinheim: Deutscher Studienverlag.

Geißler, H. (1994). *Grundlagen des Organisationslernens.* Weinheim: Deutscher Studienverlag.

Grootings, P. (1994). Von Qualifikation zu Kompetenz. Wovon reden wir eigentlich? *Europäische Zeitschrift Berufsbildung, 1*, 5–9.

Haken, H. (1995). *Erfolgsgeheimnisse der Natur. Synergetik: Die Lehre vom Zusammenwirken.* Reinbek: Rowohlt.

Heidack, C. (1993). Kooperative Selbstqualifikation als geistige Wertschöpfungskette im Prozess der Organisationsentwicklung eines ganzheitlichen, wechselseitigen Lernprozesses. In: C. Heidack (Hrsg.), *Lernen der Zukunft. Kooperative Selbstqualifikation – die effektivste Form der Aus- und Weiterbildung im Betrieb* (2. überarb. u. erw. Aufl., S. 21–42). München: Lexika.

Heyse, V. (2007a). Strategien – Kompetenzanforderungen – Potentialanalyse. In: V. Heyse & J. Erpenbeck (Hrsg.), *Kompetenzmanagement. Methoden, Vorgehen, KODE® und KODE®X im Praxistest* (S. 11–180). Münster: Waxmann.

Heyse, V. (2007b). KODE®X – Kompetenz-Explorer. In: J. Erpenbeck & L. von Rosenstiel (Hrsg.), *Handbuch Kompetenzmessung – Erkennen, verstehen und bewerten von Kompetenzen in der betrieblichen, pädagogischen und psychologischen Praxis* (S. 504–514). Stuttgart: Schäffer-Poeschel.

Heyse, V. & Erpenbeck, J. (1997). *Der Sprung über die Kompetenzbarriere: Kommunikation, selbstorganisiertes Lernen und Kompetenzentwicklung von und in Unternehmen.* Bielefeld: Bertelsmann.

Kauffeld, S. (2006). *Kompetenzen messen, bewerten, entwickeln. Ein prozessanalytischer Ansatz für Gruppen.* Stuttgart: Schäffer-Poeschel.

Kurz, R. & Bartram, D. (2002). Competency and Indvidual Performance: Modelling the World of Work. In: I.T. Robertson, M. Callinan & D. Bartram (Hrsg.), *Organizational Effectiveness: The Role of Psychology* (S. 227–255). London: John Wiley & Sons, Ltd.

Lawler, E. E. (1994). From job-based to competency-based organizations. *Journal of Organizational Behaviour, 15*, 3–16.

Lucia, A. D. & Lepsinger, R. (1999). *The Art and Science of Competency Models: Pinpointing Critical Success Factors in Organizations.* San Francisco: Jossey-Bass/Pfeiffer.

Mansfield, R. S. (1996). Building competency models: Approaches for HR professionals. *Human Resource Management, 35*, 7–18.

McClelland, D. C. (1973). Testing for competence rather than for »intelligence«. *American Psychologist, 12*, 134–156.

Norton, R. E. (1997). *DACUM Handbook*. Columbus: Ohio State University.
Norton, R. E. (2000). DACUM: Curriculum for the High Performance Workplace. In: G. Kohn, J. Rützel, H.-G. Schröter & S. Ziehm (Hrsg.), *Compatibility of Vocational Qualification Systems* (S. 180–193). Berlin: Overall-Verlag.
Nyhan, B. (1991). *Developing Peoples Ability to Learn*. Brüssel: Academic Press.
Peterson, N. G., Mumford, M. D., Borman, W. C., Jeanneret, P. R., Fleishman, E. A., Levin, K. Y., Campion, M. A., Mayfield, M. S., Morgeson, F. P., Pearlman, K., Gowing, M. K., Lancaster, A. R., Silver, M. B. & Dye, D. M. (2001). Understanding work using the occupational information network (o*net): Implications for practice and research. *Personnel Psychology, 54*, 451–492.
Preißer, R. & Völzke, R. (2007). Kompetenzbilanzierung – Hintergründe, Verfahren, Entwicklungsnotwendigkeiten. *Report, 30*(1), 62–71.
Sarges, W. (2001). Competencies statt Anforderungen – nur alter Wein in neuen Schläuchen? In: H.-Chr. Riekhof (Hrsg.), *Strategien der Personalentwicklung* (S. 285–300). Wiesbaden: Gabler.
Sauer, J. & Kriegesmann, B. (2002). Innovation: Von der Weiterbildung zur Lernkultur. *Quem-Bulletin, 05*, 1–4. Berlin: Arbeitsgemeinschaft betriebliche Weiterbildungsforschung (ABWF) e. V. Verfügbar unter: http://www.abwf.de/content/main/ publik/bulletin/2002/B-05-02.pdf [07.02.2006].
Sauter, W. (1994). *Vom Vorgesetzten zum Coach der Mitarbeiter*. Weinheim: Deutscher Studienverlag.
Schenk, M., Schnauffer, H.-G. & Staiger, M. (2005). Expertenbefragung zeigt: Anspruch und Umsetzung klaffen oft auseinander. *Personalmanager, 1*, 19–21.
Shippmann, J. S., Ash, R. A., Hesketh, B., Pearlman, K., Battista, M., Eyde, L. D., Kehoe, J. & E. P. Prien (2000). The Practice of Competency Modelling. *Personnel Psychology, 53*, 703–740.
Sonntag, Kh. (2004). Personalentwickung. In: H. Schuler (Hrsg.), *Enzyklopädie der Psychologie; Themengebiet D: Praxisgebiete. Serie III: Wirtschafts-, Organisations- und Arbeitspsychologie. Band 3: Organisationspsychologie- Grundlagen und Personalpsychologie* (S. 827–890). Göttingen: Hogrefe.
Sonntag, Kh. & Schaper, N. (1992). Förderung beruflicher Handlungskompetenz. In: Kh. Sonntag (Hrsg.), *Personalentwicklung in Organisationen* (S. 187–210). Göttingen: Hogrefe.
Sonntag, Kh. & Schaper, N. (1999). Personale Verhaltens- und Leistungsbedingungen. In: D. Frey, C. G. Hoyos & D. Stahlberg (Hrsg.), *Lehrbuch der Angewandten Psychologie. Arbeits-, Betriebs- und Organisationspsychologie* (S. 298–312). Weinheim: Psychologie-Verlags-Union.
Sonntag, Kh. & Schmidt-Rathjens, C. (2004). Kompetenzmodelle – Erfolgsfaktoren im HR-Management? *Personalführung, 10*, 18–26.
Spencer, L. M. & Spencer, S. (1993). *Competence at work: Models for superior performance*. New York: John Wiley & Sons.
Staudt, E., Kailer, N., Kottmann, M., Kriegesmann, B., Meier, A. J., Muschik, C., Stephan, H. & Ziegler, A. (2002). *Kompetenzentwicklung und Innovation. Die Rolle der Kompetenz bei Orgaisations-, Unternehmens- und Regionalentwicklung*. Münster: Waxmann.
Staudt, E. & Kriegesmann, B. (2002). Weiterbildung: Ein Mythos zerbricht (nicht so leicht!). In: E. Staudt u. a. (Hrsg.), *Kompetenzentwicklung und Innovation* (S. 71–126). Münster: Waxmann.
Tippelt, R. (2009). Bildung in Entwicklungsländern und internationale Bildungsarbeit. In: R. Tippelt & B. Schmidt (Hrsg.), *Handbuch Bildungsforschung* (S. 249–273). Wiesbaden: VS Verlag für Sozialwissenschaften.
Tippelt, R. & Edelmann, D. (2007). DACUM (Developing a Curriculum). In: J. Erpenbeck & L. von Rosenstiel (Hrsg.), *Handbuch Kompetenzmessung – Erkennen, verstehen und bewerten von Kompetenzen in der betrieblichen, pädagogischen und psychologischen Praxis* (S. 737–757). Stuttgart: Schäffer-Poeschel.
Weinert, S., Artelt, C., Prenzel, M., Senkbeil, M., Ehmke, T. & Carstensen, C. H. (2011). Development of competencies across the life span. *Zeitschrift für Erziehungswissenschaft, 14*, 67–86.

*Sven Grote/Simone Kauffeld/Melanie Billich-Knapp/
Laurens Lauer/Ekkehart Frieling**

Implementierung eines Kompetenzmanagementsystems: Phasen, Vorgehen und Stolpersteine

* Prof. Dr. *Sven Grote*, Fachhochschule für angewandtes Management, Erding.
Prof. Dr. *Simone Kauffeld*, Institut für Psychologie der TU Braunschweig.
Melanie Billich-Knapp, wissenschaftliche Mitarbeiterin an der Universität Kassel.
Laurens Lauer, Student der Universität Wien.
Prof. Dr. *Ekkehart Frieling*, emeritiert, zuvor Vizepräsident an der Universität Kassel.

Zur Implementierung eines Kompetenzmanagementsystems wurden bereits einige Vorgehensweisen berichtet (z.B. Cell Consulting, 2002; Lucia & Lepsinger, 1999; Schenk, Schnauffer & Staiger, 2005; Sonntag & Schmidt-Rathjens, 2004). Im Folgenden wird das Vorgehen der Autoren beschrieben (vgl. Tabelle 1). Ausgehend von (1) der Klärung der Ausgangssituation werden (2) das Vorgehen bei der Kompetenzmodellierung, (3) die Gestaltung des Kompetenzmodells und (4) die Umsetzung in HR-Instrumente geschildert. Die Darstellung ist strukturgebend für die Fallbeispiele in den nachfolgenden Kapiteln.

1 Klärung der Ausgangssituation

Die Klärung der Ausgangssituation umfasst die Definition der Ziele (1.1), die Klärung der Anlässe für die Einführung des Systems (1.2) sowie im dritten Abschnitt (1.3) die Bestandsaufnahme der bisher im Personalbereich verwendeten Instrumente (vgl. Tabelle 1).

1.1 Ziele des Kompetenzmanagementsystems

Es gibt eine Vielfalt unterschiedlicher Zielsetzungen für das Thema Kompetenzmanagement, wie die vorliegenden Fallbeispiele veranschaulichen. Die strikte Eingrenzung der mit dem Kompetenzmanagement zu erreichenden Zielsetzungen wird als wesentlicher Erfolgsfaktor beschrieben (z.B. Nienaber, 2001; 2005). Dabei sollten nicht die technischen Möglichkeiten einer Software, sondern die unternehmensspezifische Ausgangs- und Problemlage den entscheidenden Einfluss auf die Zieldefinition haben. Eine Gefahr besteht darin, über die technischen Möglichkeiten einer vorgefertigten IT-Lösung den Blick für die aktuellen Erfordernisse und Probleme des Unternehmens zu verlieren (z.B. Nienaber, 2001; 2005). Im Folgenden werden die recht unterschiedlichen Ziele von Unternehmen, die bei der Implementierung eines Kompetenzmanagementsystems im Vordergrund stehen können, geschildert.

- **Gemeinsame Sprache zu Anforderungen an Führungskräfte, Mitarbeiter und Auszubildende.** Kompetenzmanagement hat oft eine *systematisierte* und *standardisierte* Beschreibung von Kompetenzen zum Ziel. Bei Diskussionen über Kompetenzen im Unternehmen kann so eine gemeinsame Sprache gesprochen werden. Oftmals stellt die Unterstützung des Führungsprozesses, z.B. durch ein Zielvereinbarungssystem oder Stellenbeschreibungen, den Ausgangspunkt für das Thema Kompetenzmanagement dar (z.B. Bodensteiner & Neininger, in diesem Band). Für Mitarbeiter und Führungskräfte soll *in systematisierter Form* ein einheitliches Verständnis von Kompetenzen und deren Entwicklung sichergestellt werden (Petersen & Limpächer, in diesem Band). Analog hierzu können veränderte Anforderungen an Auszubildende hin zu mehr Eigenverantwortung und Selbständigkeit den Ausgangspunkt für die Entwicklung eines Kompetenzmanagementsystems darstellen (vgl. Hennecke, in diesem Band).
- **Transparenz und Komplexitätsreduktion.** Vereinfachte und standardisierte Kompetenzbeschreibungen führen zu Transparenz im Unternehmen. Dadurch wird klar, welche Kompetenzen standortübergreifend verfügbar sind und welche nicht. Führungs-

Phase	Tätigkeiten
1 Klärung der Ausgangssituation	1.1 Ziele des Kompetenzmanagementsystems 1.2 Anlässe für dessen Einführung 1.3 Bestandsaufnahme der bisher verwendeten Instrumente
2 Vorgehen bei der Kompetenzmodellierung	2.1 Perspektive des Ansatzes 2.2 »Bottom-Up« oder »Top-Down« 2.3 Mit oder ohne externe Unterstützung
3 Gestaltung des Kompetenzmodells	3.1 Kompetenzmodelltyp 3.2 Kompetenzverständnis und Modellstruktur 3.3 Überfachliche und bzw. oder fachliche Kompetenzen 3.4 Vollständige oder Abbildung kritischer Kompetenzen 3.5 »Überzeichnung« von Kompetenzen
4 Umsetzung des Kompetenzmodells in HR-Instrumente sowie weitere Einführung	4.1 Instrumente zur Kompetenzmessung 4.2 Instrumente zur Kompetenzentwicklung 4.3 IT-basierte Unterstützung 4.4 Praktische, pilotartige Erprobung und Evaluation sowie weitere Einführung

Tab. 1: Phasen sowie jeweilige Tätigkeiten bzw. Schritte der Entwicklung und Umsetzung eines Kompetenzmanagementsystems

kräfte und Mitarbeiter der Personalabteilung können sich mittels IT-basierter Systeme über die in ihrem Verantwortungsbereich verfügbaren Mitarbeiterpotenziale und Kompetenzen Überblick verschaffen (Ofenloch, Schmitt & Venzke, in diesem Band; Petersen & Limpächer, in diesem Band). Beim Skillmanagement geht es nach Gillies (2004) nicht mehr darum, Wissen in einer Datenbank zu erfassen, sondern vielmehr die Wissensträger. In projektbezogen organisierten Unternehmen, wie z.B. bei IT-Dienstleistern, Unternehmensberatungen etc., kann es interessant sein, das Kompetenzmanagement mit der Kapazitätsplanung zu verknüpfen: Inwieweit sind Mitarbeiter mit bestimmten Kompetenzen für Projekte verfügbar? Analog hierzu geht es bei der Gestaltung von unternehmensweit einheitlichen Tätigkeitsfamilien (auch Job-Familien) und Kompetenzprofilen um Komplexitätsreduktion (Petersen & Limpächer, in diesem Band).

- **Mitarbeiterbindung.** Ausgehend von der Überlegung, dass ein systematisches und strategisch ausgerichtetes Kompetenzmanagement insbesondere für Leistungsträger attraktiv sein sollte, nutzen Unternehmen Kompetenzmanagement als Instrument der Mitarbeiterbindung. Die Mitarbeiter bekommen z.B. über IT-unterstützte Kompetenzmanagementsysteme Klarheit über ihre persönlichen Entwicklungs- und Einsatzchancen und die Möglichkeit, ihre eigene Karriereplanung aktiv mitzugestalten (Ofenloch, Schmitt & Venzke, in diesem Band; Eichler & Anić, in diesem Band). Insbesondere in Zeiten flacher Hierarchien werden neue Karrierepfade benötigt, um Mitarbeiter zu binden (Mansfield, 1996). Ein einheitliches Kompetenzmodell, in dem auch fachliche Kompetenzen berücksichtigt werden, unterstützt die Zuordnung und Bindung von Mitarbeitern und Stellen (Hennecke, in diesem Band).

- **Qualifizierungsplanung.** Systematisierte Kompetenzen dienen oft als Grundlage, Qualifizierungsaktivitäten zu strukturieren. Bei einem einheitlichen Verständnis der relevanten Kompetenzen können Personalentwicklungsaktivitäten bereichs- und standortübergreifend fokussiert und gesteuert werden (vgl. z.B. Bodensteiner & Neininger, in diesem Band; Jackmuth-Scheele & Sonntag, in diesem Band). Einheitlich beschriebene Kompetenzen können über verschiedene Unternehmensbereiche hinweg die Mehrfachkonzeption und -durchführung von ähnlichen Seminaren ersparen und eine systematische Planung des Entwicklungsbudgets ermöglichen (vgl. Petersen & Limpächer, in diesem Band). Optimierte Personalrekrutierung und einheitliche Personalentwicklung stellen auch bei der GIZ ein wesentliches Ziel dar (Rasel & Seeliger, in diesem Band).
- **Von seminaristischer Weiterbildung zu arbeitsintegrierter Kompetenzentwicklung.** Seit Jahren wird angesichts der Komplexität betrieblicher Prozesse und steigender Wettbewerbs-, Innovations- und Flexibilitätsanforderungen die Enge des Weiterbildungsbegriffes kritisiert (z.B. Kauffeld, 2010). Hohe Streuverluste und mangelnde Verwertungsmöglichkeiten prägen als Begriffe die Diskussion um Effekte der Weiterbildung. Nicht nur das Forschungsinteresse hat sich vom Weiterbildungsbegriff zugunsten des anforderungs- und handlungsorientierten Kompetenzbegriffes verschoben (z.B. Staudt & Kriegesmann, 1999; Kauffeld, 2010). Ebenso viele Unternehmen erkennen die Chancen in der arbeitsnahen Kompetenzentwicklung. Der Wechsel von seminaristischer Weiterbildung zu arbeitsnaher Kompetenzentwicklung stellt oftmals einen Anlass für die Beschäftigung mit dem Kompetenzmanagement dar (vgl. Bodensteiner & Neininger, in diesem Band).

1.2 Anlässe für die Einführung eines Kompetenzmanagementsystems

Welche Veränderungen in Unternehmen oder deren Umfeld sind es, die einen Anlass darstellen, sich dem Thema Kompetenzmanagement zuzuwenden? Über die genannten Ziele hinaus erscheint – im Sinne einer Auftragsklärung – auch ein Verständnis der Unternehmenssituation für die Implementierung eines Kompetenzmanagementsystems von Bedeutung. Im Folgenden werden exemplarisch einige Situationen beschrieben, die für Unternehmen als Ausgangspunkt für das Kompetenzmanagement dienen:

- **Unterstützung des Neuanlaufs einer Fabrik.** Ein Beispiel für einen organisatorischen Umbruch mit neuen Anforderungen kann im Neuanlauf einer Fabrik oder Produktionsstätte mit neuen Technologien gesehen werden. Die Nutzung eines Kompetenzmanagementsystems zur Unterstützung des Neuanlaufs einer Pharma-Fabrik wird von Schäfer, Fölsch und Sauerwald (2006) berichtet.
- **Unterstützung bei Veränderungsprozessen.** Fragen nach den Kompetenzen der Mitarbeiter und Führungskräfte tauchen weniger in einer stabilen Organisation, sondern mehr in Veränderungsprozessen auf: Welche Kompetenzen werden benötigt, um eine Reorganisation erfolgreich zu bewältigen? Den Einsatz eines Kompetenzmanagementsystems zur Unterstützung eines umfassenden Umstrukturierungsprozesses schildern Kahlert und Kolmerer (in diesem Band). Kompetenzprofile werden dabei auch genutzt, um den Mitarbeitern Transparenz im Hinblick auf neue Anforderungen und Positionen gewähr-

leisten zu können. Bei der GIZ werden neue Aufgabenbereiche und Anforderungen sowie Umstrukturierungen innerhalb der Organisation unterstützt (Rasel & Seeliger, in diesem Band). Die Universität zu Köln unterstützt mit ihrem Kompetenzmanagement einen kulturellen Change-Prozess (Jackmuth-Scheele & Sonntag, in diesem Band)
- **Unterstützung bei Unternehmenswachstum und Integration von Unternehmen.** In Unternehmen, die die Herausforderung zügigen Wachstums oder die Integration von anderen Unternehmen zu bewältigen haben, gilt es, einheitliche Anforderungen an die Mitarbeiter und Führungskräfte zu kommunizieren. Ein einheitliches Kompetenzmodell nach starkem Wachstum, welches mit Blick auf das Leitbild und die strategischen Unternehmensziele entwickelt wurde, stand bei Ströer im Vordergrund (Casper & Schönhofer, in diesem Band). Die Gestaltung von Beurteilungsprozessen und Bewertungsentscheidungen, die für Mitarbeiter und Führungskräfte in unterschiedlichen Unternehmensteilen nachvollziehbar und vergleichbar erscheinen, erhält insbesondere im Rahmen der Rekrutierung und des Wechsels von Mitarbeitern innerhalb eines Unternehmensverbundes oder Konzerns Bedeutung (vgl. Oberhauser, in diesem Band).

1.3 Bestandsaufnahme der bisherigen Personalinstrumente

Eine Kernidee des Kompetenzmanagements besteht in der Systematisierung der HR-Instrumente. Nicht die Instrumente, wie Anforderungsprofile, Stellenbeschreibungen etc., an sich sind neu, sondern deren systematisierte Ausrichtung auf ein Kompetenzmodell. Deswegen ist die Bestandsaufnahme der bisher genutzten HR-Instrumente des Unternehmens als typischer Bestandteil eines Projektes zum Kompetenzmanagement zu sehen. Anforderungsprofile, Stellenbeschreibungen, Einarbeitungspläne etc. werden gesichtet, um einen Überblick zu erhalten, welche Instrumente in welcher Form die Personalpraxis des Unternehmens in der Vergangenheit geprägt haben. Beispiele für Fragen, die in der Bestandsaufnahme eine Rolle spielen können, sind:
- Welche Überzeugungen lagen der bisherigen Personalpraxis zu Grunde?
- Welche Probleme gingen damit einher?
- Welche positiven Erfahrungen wurden gemacht?
- Welche Kompetenzen wurden bislang berücksichtigt?
- Welche Kompetenzen sind nach wie vor aktuell?
- Welche Kompetenzen haben zukünftig weniger Bedeutung?
- Welche Kompetenzen werden an Bedeutung gewinnen?

Bei iwis wurden im Zuge der Konzeption des Skillmanagements die erforderlichen Kompetenzen der Mitarbeiter anhand von Stellenbeschreibungen und Qualifikationsspiegeln abgeleitet (Bodensteiner & Neininger, in diesem Band). Bei der GIZ wurde im Rahmen der Entwicklung ihres Kompetenzmodells auf vorhandene Entwicklungsinstrumente unter Berücksichtigung der Werteorientierung und des Leitbildes zurückgegriffen (Rasel & Seeliger, in diesem Band). Ebenso nimmt die Universität zu Köln bei der Entwicklung des Kompetenzmodells starken Bezug auf ihr Leitbild (Jackmuth-Scheele & Sonntag, in diesem Band). Für die Postbank/BHW wird die Bestandsaufnahme der bisherigen Ausbildungsinhalte und -formen sowie die Identifizierung von Kernkompetenzen geschildert (Hennecke, in diesem Band).

2 Vorgehen bei der Kompetenzmodellierung

Welche Fragen werden in Forschung und Praxis diskutiert, um den Prozess der unternehmensspezifischen Kompetenzmodellierung erfolgreich zu gestalten? Drei Aspekte werden im Folgenden exemplarisch dargestellt: Im ersten Abschnitt (2.1) geht es um die Frage, wie und mit welcher Perspektive die relevanten Kompetenzen erhoben werden (vgl. Briscoe & Hall, 1999). Ferner muss geklärt werden, wer im Unternehmen bei der Entwicklung des Kompetenzmodells mit einbezogen wird (2.2). Inwieweit wird ein »Bottom-Up-« oder ein »Top-Down-Ansatz« verwirklicht? Schließlich geht es darum, ob Externe bei der Einführung eines Kompetenzmanagementsystems hinzugezogen werden (2.3).

2.1 Perspektiven im Prozess der Kompetenzmodellierung

Welche Entscheidung steht hier aus Unternehmenssicht an? Bei der Kompetenzmodellierung werden drei Perspektiven unterschieden: eine werte-, eine forschungs- und eine strategiebasierte (Briscoe & Hall, 1999; vgl. Kapitel 2). Die Gegenüberstellung der werte- und der strategiebasierten Perspektive erinnert an zwei wichtige Perspektiven der Unternehmensführung, die der ressourcenbasierten Strategieansätze (Prahalad & Hamel, 1991) und die der Wettbewerbsstrategien (Porter, 1999): Bei den ressourcenbasierten Strategieansätzen (Prahalad & Hamel, 1991) stellen die vorhandenen Kernkompetenzen den Ausgangspunkt bei der Strategieformulierung dar (Perspektive »von innen nach außen«). Diese Perspektive weist Parallelen zum wertebasierten Ansatz auf. Bei den Wettbewerbsstrategien (Porter, 1999) steht die marktbezogene Positionierung des eigenen Unternehmens im Verhältnis zu Mitbewerbern bei der Strategieformulierung im Vordergrund (Perspektive »von außen nach innen«), was mit dem strategiebasierten Ansatz der Kompetenzmodellierung korrespondiert.

Die Unternehmen des vorliegenden Bandes nutzen unserer Einschätzung nach zumeist strategiebasierte Ansätze. Als Beispiel ist die Unterstützung von organisatorischen Veränderungsprozessen mit Instrumenten des Kompetenzmanagements zu nennen (z. B. Kahlert & Kolmerer, in diesem Band; Casper & Schönhofer, in diesem Band; Eichler & Anić, in diesem Band). Bei Praxisvertretern wie bei Wissenschaftlern findet sich Übereinstimmung, dass Kompetenzmodelle konsequent an der zukünftigen Unternehmensstrategie auszurichten seien (z. B. Cell Consulting, 2002; Schenk, Schnauffer & Staiger, 2005; Sonntag & Schmidt-Rathjens, 2004).

2.2 Top-Down versus Bottom-Up-Ansatz

Aus Unternehmenssicht steht hier die Entscheidung an, inwieweit eher »top-down« vorgegangen oder ob Führungskräfte und Mitarbeiter bei der Entwicklung und Umsetzung eines Kompetenzmanagementsystems »bottom-up« eingebunden werden sollen. Die Unterstützung durch das Top-Management erscheint unumgänglich und wird als zentraler Erfolgsfaktor für die Implementierung herausgestellt (z. B. Lucia & Lepsinger, 1999; Sonntag & Schmidt-Rathjens, 2004). Ebenso wird die intensive Einbindung des Betriebsrates von Beginn an als bedeutsam eingestuft (Ofenloch, Schmitt & Venzke, in diesem Band; Eichler &

Anić, in diesem Band). Zu entscheiden ist darüber hinaus, wie konsequent die zukünftigen Anwender bei der Entwicklung eines Kompetenzmanagementsystems eingebunden werden. Als Vorteil einer umfassenden Einbindung ist die mögliche Akzeptanzsteigerung der zukünftigen Nutzer, also der Mitarbeiter und Führungskräfte, zu sehen (z. B. Nienaber, 2001). Nachteil einer zu weiten Einbindung der Nutzer kann einerseits der Abstimmungsaufwand zwischen Personalabteilung und den Linienbereichen sein. Andererseits kann dies zu einem zu umfassenden Modell führen. Standardisierungsanforderung und Komplexitätsreduktion auf der einen sowie der Wunsch nach praxisnahen und passenden Anforderungen auf der anderen Seite verweisen auf das Erfordernis, eine Balance zu suchen (vgl. Kahlert & Kolmerer, in diesem Band). Ein Top-Down-Vorgehen kann zu einem stringenteren und klarer strukturierten Modell führen, weil Kompetenzen eindeutig und klar zugeordnet werden.

In der Praxis lässt sich eine große Bandbreite von Vorgehensweisen finden. Bei der Unternehmensgruppe Theo Müller haben Unternehmensführung, Personalentwicklung und ein externer Berater das Kompetenzmodell auf der Grundlage eines qualitativen Bildes des Unternehmens »top-down« entwickelt (vgl. Oberhauser, in diesem Band). Bei AXA Deutschland (Kahlert & Kolmerer, in diesem Band) wird die Durchführung als Top-Down-Prozess beschrieben, der mit dem Ziel der standortübergreifenden Standardisierung u. a. des Kompetenzmanagementsystems zentral von der Abteilung PE/OE gesteuert wird. Die Daimler AG wählt im Bereich der Entwicklung und Forschung einen Top-Down-Prozess auf Basis der Aufgabenbeschreibung von Entgeltgruppen (Petersen & Limpächer, in diesem Band). Bei iwis entwickelten Führungskräfte verschiedene Instrumente des Kompetenzmanagementsystems in drei unterschiedlichen Projektgruppen (vgl. Bodensteiner & Neininger, in diesem Band). Eine umfassende Einbindung von Vorstand, Führungskräften und Kunden wird bei Ströer Media beschrieben (Casper & Schönhofer, in diesem Band). Audi wählt hingegen einen Ansatz, der eigene Kompetenzmanagementberater und Bildungsexperten des Audi Bildungswesens und der Audi Akademie einschließt (vgl. Eichler & Anić, in diesem Band). Die Beteiligung der Mitarbeiter und Mitarbeiterinnen an der Entwicklung der Kompetenzmatrix, einer Anwendung des Kompetenzmodells, erfolgt bei der GIZ in Form eines Teilprojekts (vgl. Rasel & Seeliger, in diesem Band). Das Kompetenzmodell der Universität zu Köln entstand in gemeinsamer Arbeit aller Führungskräfte in der Verwaltung (Jackmuth-Scheele & Sonntag, in diesem Band).

2.3 Externe Begleitung: ja oder nein?

Bei der Umsetzung eines Kompetenzmanagementprojektes steht man vor der Entscheidung, ob dieses ausschließlich intern oder mit externer Unterstützung abgewickelt werden soll. Erfahrungsgemäß werden Externe oftmals in den ersten Phasen, in denen es um Konzeptarbeit geht, hinzugezogen. Spätere Phasen, in denen es um die Umsetzung und betriebliche Detailfragen geht, werden mit Internen umgesetzt. Interne sind zumeist Mitarbeiter der Personalabteilung, der Personal- oder der Organisationsentwicklung. Vorteile der Kooperation mit Externen können z. B. im Zugewinn an Erfahrung aus vergleichbaren Projekten, in der konzeptionellen Kompetenz oder in der Ergänzung der Innensicht durch eine Außenperspektive liegen. Als mögliche Nachteile sind höhere Kosten und der erhöhte Koordinationsaufwand aufzuführen. Entscheidet man sich für externe Unterstützung, besteht u. a. die Möglichkeit der Kooperation mit Unternehmensberatungen oder mit Universitäten,

Forschungseinrichtungen etc. Im Prozess der Entwicklung eines Kompetenzmanagementsystems ist man dem Spannungsfeld zwischen Pragmatismus und wissenschaftlicher Fundierung ausgesetzt. Ein Vorteil der Kooperation mit einer Forschungseinrichtung wird in der wissenschaftlichen Legitimierung beschrieben (vgl. Briscoe & Hall, 1999). Unternehmensberatungen wird oftmals mehr Praxisnähe als Forschungseinrichtungen zugeschrieben. Aus Unternehmenssicht ist zu klären, inwieweit im Prozess der Kompetenzmodellierung pragmatische Aspekte oder die »wissenschaftliche Tragfähigkeit« der getroffenen Aussagen im Vordergrund stehen sollen.

Was lässt sich in der Praxis finden? Mehrere Unternehmen des vorliegenden Bandes berichten, dass sie ihr Kompetenzmanagement gemeinsam mit Unternehmensberatungen einführen, wie z.B. phasenweise die GIZ (Rasel & Seeliger, in diesem Band), Ströer (Casper & Schönhofer, in diesem Band) oder die Unternehmensgruppe Theo Müller, hier insbesondere bei Zusammenstellung der geeigneten Einzelkompetenzen (vgl. Oberhauser, in diesem Band). Für eine wissenschaftliche Evaluation im Zuge der Pilotierungsphase hat sich z.B. die Commerzbank entschieden (vgl. Ofenloch, Schmitt & Venzke, in diesem Band). iwis greift sowohl auf externe Berater zurück, wie z.B. bei der Zusammenführung von Projektgruppen, als auch auf Forschungskooperation, wie z.B. bei der Anwendung des Kasseler-Kompetenz-Rasters im Bereich der gewerblichen Gruppenarbeit (vgl. Bodensteiner & Neininger, in diesem Band).

3 Gestaltung des Kompetenzmodells

Welche Entscheidungen stehen bei der inhaltlichen Gestaltung eines Kompetenzmodells an? Dieser Frage wird anhand von fünf Aspekten nachgegangen: Es wird unterschieden zwischen einem unternehmensbezogenen Universalmodell und tätigkeitsspezifischen Kompetenzmodellen (3.1). Zudem geht es um das zu Grunde liegende Kompetenzverständnis (3.2), die Berücksichtigung überfachlicher und fachlicher Kompetenzen (3.3), die Abbildung der kritischen oder möglichst aller Kompetenzen (3.4) sowie die Überzeichnung von Kompetenzen (3.5).

3.1 Kompetenzmodelltyp

Inwieweit gibt es ein unternehmensbezogenes Universalmodell oder tätigkeitsspezifische Kompetenzmodelle bzw. die Möglichkeit, z.B. abteilungs- oder tätigkeitsspezifische Anpassungen und Ergänzungen vorzunehmen? Mansfield (1996) teilt Kompetenzmodelle ein in (1) »Single-Job-Modelle«, in denen relevante Kompetenzen für einzelne Tätigkeitsbilder beschrieben werden, und (2) »One-Size-fits-all-Kompetenzmodelle«, in denen für eine größere Anzahl von Tätigkeiten die relevanten Kompetenzen beschrieben sind. Als Vorteil der Single-Job-Modelle wird die gute und präzise Abbildung von Kompetenzen für eine Tätigkeit beschrieben. Als Nachteil gilt die schlechte Vergleichbarkeit der Anforderungen über verschiedene Tätigkeitsbilder hinweg. Umgekehrt gewährleistet ein generelles Kompetenzmodell (»One-Size-fits-all«) die Vergleichbarkeit von Tätigkeiten, jedoch werden tätigkeitsspezifische Anforderungen nicht präzise abgebildet. Ein universelles Standardmodell für alle Mitarbeitergruppen in einem Unternehmen birgt die Gefahr, »auf einem allzu abstrakten Niveau ohne Bedeutung für die alltägliche Arbeit hängen zu bleiben oder aber eine dermaßen umfangreiche Kompetenzliste zu generieren, dass sie für Mitarbeiter und Führungskräfte nicht mehr handhabbar wird« (Nienaber, 2001, 81). Als Kombination beider Ansätze wird (3) der »Multiple-job-approach« beschrieben: Dabei werden typischerweise 20 bis 40 überfachliche Kompetenzen mit jeweils 5 bis 15 Verhaltensmerkmalen definiert. Je nach Tätigkeit und Erfordernis werden fachliche Kompetenzen ergänzt (Mansfield, 1996).

In der Praxis wird offenbar der dritte Ansatz – also der Multi-Job-Ansatz – favorisiert, wie die Beiträge des Bandes zeigen: Audi zielt im fachlichen Bereich auf verschiedene Tätigkeitsgruppen, während die überfachlichen Kompetenzen eine standardisierte Form aufweisen (Eichler & Anić, in diesem Band). Die Commerzbank AG erfasst im Skillmanagement fachliche Kompetenzen, bei denen bis zu 20 % der Tätigkeiten und Kompetenzen durch die Anwender ergänzt werden können. Das Kompetenzmodell der Daimler AG im Bereich der Forschung und Entwicklung weist im Gegensatz dazu einen »Single-Job-Charakter« auf: Hier werden Einzelkompetenzen zu Kompetenzfamilien zusammengefasst und darauf aufbauend Anforderungsprofile für alle Mitarbeitergruppen abgeleitet (Petersen & Limpächer, in diesem Band). Bei der Unternehmensgruppe Theo Müller (Oberhauser, in diesem Band) haben die Fachbereiche die Möglichkeit, das unternehmensbezogene Kompetenzmodell durch fachliche Kompetenzen zu ergänzen. Das Ströer-Kompetenzmodell zielt überwiegend auf überfachliche Kompetenzen, die alle Bereiche ansprechen und verzichtet aufgrund der Vielfältigkeit der Fachkompetenzen in den verschiedenen Bereich auf die Klassifikation von »Jobfamilies« (Casper & Schönhofer, in diesem Band). Die GIZ weist ein Kompetenzmodell auf, welches für alle Mitarbeiter in den verschiedenen Positionen und Funktionsebenen – mit Ausnahme der Führungskompetenz – relevant ist (Rasel & Seeliger, in diesem Band).

3.2 Kompetenzverständnis und Modellstruktur

Welches Verständnis von Kompetenz wird gewählt und wie werden die Kompetenzen strukturiert? Ein *pragmatisches* Kompetenzverständnis kann den Vorteil haben, dass die resultierende Strukturierung des Kompetenzmodells sehr gut zu den Erfordernissen der Unternehmenssituation passt, weil die Vorstellungen der Beschäftigten aufgenommen werden. Eine Strukturierung nach dem angelsächsischen »KSA-Ansatz« (Knowledge, Skills, Abilities) wird oft von Unternehmen verwendet, die einen Großteil der Belegschaft, und damit der Anwender, im englischsprachigen Raum haben. Der »KSA-Ansatz« ist im englischsprachigen Raum stark verbreitet und bedarf dort der geringsten Erläuterung. Der Bezug auf Kompetenz als Selbstorganisationsfähigkeit und auf die in der deutschsprachigen Literatur verbreitete Einteilung in Fach-, Methoden-, Sozial- und Selbstkompetenz (z. B. Kauffeld, 2006; 2010; Sonntag & Schmidt-Rathjens, 2004) bzw. Fach- und Methodenkompetenz, Soziale, Personale und Aktivitätskompetenzen (z. B. Erpenbeck & Heyse, 1999) kann den Austausch mit anderen Unternehmen und Forschungseinrichtungen erleichtern, weil diese Ansätze im deutschsprachigen Raum weit verbreitet sind.

In der Praxis findet sich eine Bandbreite von Zugängen und Modellstrukturen (vgl. Tabelle 2):

Fachkompetenz	Methodenkompetenz	Sozialkompetenz	Selbstkompetenz	Führungskompetenz
AXA Konzern Deutschland				
– Wirtschaft, Recht, Personal – Produkte	– Präsentation – Arbeitstechniken	– Sozialverhalten – Kundenorientierung		– Führungskompetenzen
Postbank/BHW (für Auszubildende)				
– Fehlerfreiheit – Zeitaufwand	– Auffassungsgabe – Organisationsvermögen	– Auftreten – Kritikfähigkeit	– Arbeitsinteresse – Ausdauer	
Commerzbank AG				
– Schul-/Berufsausbildung – Qualifikationen	– Organisationsmethoden – Präsentation	– Soziale Fähigkeiten der Selbstorganisation	– Persönliche Fähigkeiten der Selbstorganisation	
GIZ				
– Nutzung von Fachwissen – IZ-, EZ- und GIZ-Wissen – Veränderungsmanagement	– Strategiegestaltung – Orientierung auf Unternehmenserfolg – Managementfähigkeit	– Persönliche Kompetenzen – Kooperationsfähigkeit und Interkulturelle Kompetenz – Überzeugungsfähigkeit		– Mitarbeiterführung – Nutzung der Mitarbeiterpotenziale – Zusammenarbeit
iwis				
– Maschinen und Anlagen – Automatisierungstechnik	– Arbeitsmethoden, z. B. Moderations- und Präsentationstechniken – Arbeitsorganisation, z. B. Material beschaffen, Mitarbeiter unterweisen	– Zusammenarbeit und Kommunikation, z. B. Hilfestellung leisten, Mitverantwortung tragen	– Elemente des Kasseler-Kompetenz-Rasters (KKR) zur Mitwirkung in Gruppenarbeit	– Schaffung von Orientierung – Delegationsvermögen/-bereitschaft
Unternehmensgruppe Theo Müller				
– Projektmanagement – Fachwissen – Bereichsübergreifendes Denken		– Teamfähigkeit – Sicheres Auftreten	– Personale Kompetenz: z. B. Loyalität – Aktivitätskompetenz: z. B. Ergebnisorientiertes Handeln	– Aktivitätskompetenz: z. B. Führungsfähigkeit

Tab. 2: Inhalte der Kompetenzmodelle und -kataloge aufgeschlüsselt nach Fach-, Methoden-, Sozial- und Selbstkompetenz (jeweils exemplarische Inhalte der Modelle)

(1) Pragmatische, an den Instrumenten und Erfordernissen des Unternehmens ausgerichtete Kompetenzmodelle finden sich bei dem AXA Konzern Deutschland (vgl. Kahlert & Kolmerer, in diesem Band) und der Commerzbank mit einem auf die Erfordernisse der individuellen Karriereplanung ausgelegten Skillmanagement (vgl. Ofenloch, Schmitt & Venzke, in diesem Band).

(2) Andere Unternehmen beziehen sich auf Modelle aus der wissenschaftlichen Literatur, wie z.B. die Unternehmensgruppe Theo Müller (Oberhauser, in diesem Band). In Anlehnung an Heyse und Erpenbeck (1997) werden Kompetenzen als Selbstorganisationsfähigkeiten aufgefasst. Kompetenz wird als Fähigkeit zum Umgang mit Komplexität und mit unbekannten, intransparenten Bedingungen definiert. Die Einteilung erfolgt in Fach- und Methodenkompetenz, Personale Kompetenz, Aktivitätskompetenz sowie Sozialkompetenz. Die Postbank/BHW nimmt mit Bezug u.a. auf Kauffeld (2006) eine Einteilung in Fach-, Methoden-, Sozial- und Selbstkompetenz vor (vgl. Hennecke, in diesem Band).

Als Fazit lässt sich feststellen, dass die Unternehmen mit recht unterschiedlichen Kompetenzmodellen arbeiten, die teils pragmatisch und teils an wissenschaftlichen Modellen orientiert sind. Insgesamt wird der Logik und Struktur des Kompetenzmodells häufig keine entscheidende Rolle beigemessen. Dies gilt insbesondere im Vergleich zu anderen Faktoren, die sich auf den Prozess der Einführung, der Information etc. beziehen.

3.3 Überfachliche und fachliche Kompetenzen

Bei der Kompetenzmodellierung ist zu klären, ob neben überfachlichen auch fachliche Kompetenzen Berücksichtigung finden sollen. Mansfield (1996) plädiert – in Widerspruch zu Spencer und Spencer (1993) – für die Integration fachlicher Kompetenzen. Diese Frage ist nicht abstrakt, sondern im Zusammenhang mit den Zielen des Kompetenzmanagementsystems zu beantworten. Z.B. für ein Skillmanagementsystem, bei dem es um die Zuordnung von offenen Stellen und Mitarbeitern geht, ist die Abbildung fachlicher Kompetenzen zwingend (z.B. Petersen & Limpächer, in diesem Band).

Einen Zugang zur Beschreibung fachlicher Kompetenzen stellen Teiltätigkeitslisten dar (vgl. Frieling, Grote & Kauffeld, 2003; vgl. Kauffeld, 2006). Diese orientieren sich an den »Task Analysis-Methodiken«, die im Wesentlichen auf Wissenschaftler der US-Air Force und der US-Army in den fünfziger, sechziger und siebziger Jahren des 20. Jahrhunderts zurückgehen (vgl. Duncan, 1974; Gael, 1988; Kirwan & Ainsworth, 1999; Meister, 1985; Miller, 1953): Anforderungen an einzelne Beschäftigte, Gruppen, Abteilungen werden in Form von Handlungen bzw. kognitiven Prozessen beschrieben. Die Anwendungen lagen z.B. im Bereich der Arbeitssystem- und der Trainingsgestaltung. Für den deutschsprachigen Raum finden sich Beispiele zur umfassenden Anwendung von Teiltätigkeitslisten im Rahmen von Organisationsentwicklungsprojekten z.B. in einer Regionalbezirksstelle einer Gewerkschaft (IG BCE) sowie in einer Weiterbildungseinrichtung bei Frieling, Cristante und Le Mouillour (2002). Beispiele von gewerblichen Gruppen im Bereich der Türenvormontage eines Automobilunternehmens finden sich bei Frieling und Sonntag (1999). Eine weitere methodologische Einordnung der Task-Analysis-Methodiken findet sich bei Sonntag (1999).

Im Hinblick auf den vorliegenden Band greift die Daimler AG bei der Entwicklung von Kompetenzprofilen auf die Aufgabenbeschreibung der Entgeltgruppen zurück (Petersen &

Limpächer, in diesem Band). In Zusammenarbeit des Personalbereichs mit der IT-Beratung, Know-how-Managern, Bildungsanbietern und Trainern wurden die erforderlichen Kompetenzen bestimmt. Bei iwis wurde zur Umsetzung des Skillmanagements unter Verwendung von SAP HR in der Produktion ebenfalls fachliche Kompetenzen, und zwar in vergleichbarer Form von Teiltätigkeiten erfasst (Bodensteiner & Neininger, in diesem Band). Rasel und Seeliger (in diesem Band) integrieren die fachliche Dimension ebenfalls in ihr Kompetenzmodell.

3.4 »Vollständige« oder Abbildung »kritischer« Kompetenzen

Bei der Gestaltung eines Kompetenzmodells gelangt man unweigerlich zu der Frage, ob man alle denkbaren Kompetenzen vollständig erfasst oder ob man sich auf die wesentlichen, d.h. »kritischen« (Flanagan, 1954), erfolgsrelevanten Kompetenzen konzentriert. Dem Anspruch der möglichst vollständigen Abbildung aller Kompetenzen steht das Erfordernis gegenüber, ein handhabbares und praktikables Instrument zu schaffen, das im Unternehmen tatsächlich angewendet und akzeptiert wird. Einerseits kann man sich von den Linienfunktionen eines Unternehmens der Forderung nach Ergänzung z.B. um fachliche und methodische Inhalte ausgesetzt sehen. Andererseits kann ein schlankes und anwenderfreundliches Kompetenzmanagementsystem höhere Akzeptanz bei den zukünftigen Nutzern erzielen (vgl. Mansfield, 1996). Dabei handelt es sich um zwei Extrempositionen, die je nach betrieblicher Situation auszubalancieren sind. Der Personalabteilung kann im Einführungsprozess die Rolle eines »Gatekeepers« zukommen. Ihre Aufgabe ist es, darauf zu achten, dass durch die Fachbereiche nicht zu viele neue Kompetenzen ergänzt werden und das Kompetenzmodell unübersichtlich und nicht mehr handhabbar wird. Zitat eines Unternehmensvertreters: »The shorter the competency inventory, the more likely the competencies are to be used« (zit. aus Briscoe & Hall, 1999, 46).

Maßgebend ist hier die Verwendung des Modells: Ofenloch, Schmitt und Venzke (in diesem Band) schildern eine recht umfassende Abbildung der fachlichen Kompetenzen, wie sie für ein Skillmanagementsystem typisch und erforderlich ist (vgl. auch Unternehmensbeispiel iwis von Bodensteiner & Neininger, in diesem Band). Ebenso die Daimler AG verfolgt eine vollständige Abbildung aller notwendigen Kompetenzen für den jeweiligen Aufgabenbereich (Petersen & Limpächer, in diesem Band). Hingegen wird bei der Unternehmensgruppe Theo Müller bewusst auf »Vollständigkeit« verzichtet: Von Führungskräften wird z.B. bei der Beurteilung die Beschränkung auf wesentliche Kompetenzen gefordert, um so eine Priorisierung von Kompetenzentwicklungsmaßnahmen zu forcieren (Oberhauser, in diesem Band). Analog hierzu wurden bei Ströer die 20 wichtigsten Kompetenzen in das Modell integriert (Casper & Schönhofer, in diesem Band). Bei der Universität zu Köln standen die wesentlichen bzw. erfolgkritischen Kompetenzen für die jeweiligen Führungsaufgaben im Vordergrund (Jackmuth-Scheele & Sonntag, in diesem Band).

3.5 »Überzeichnung« von Kompetenzen

Ein weiteres Merkmal, nach dem sich die vorhandenen Kompetenzmanagementansätze klassifizieren lassen, besteht darin, inwieweit ein »klassisches« Kompetenzkonzept zu Grunde liegt oder inwieweit die Möglichkeit der »Überzeichnung« von Kompetenzen berücksichtigt wird. Den meisten Ansätzen, Modellen, Konzepten und Instrumenten zum Thema Kompetenz liegt ein »linearer« Wirkzusammenhang zu Grunde, d.h., »je mehr Kompetenz ein Stelleninhaber aufweist, desto besser ist es«. Hingegen sehen einige Konzepte die Möglichkeit einer »Überzeichnung« von Kompetenzen vor, d.h., dass es nicht nur zu wenig, sondern auch zu viel Kompetenz geben kann. Die Grundidee besteht darin, dass man von jeder Kompetenz übermäßig Gebrauch machen kann. Analytische Fähigkeiten z.B. sind grundsätzlich positiv zu bewerten, ihre übertriebene Anwendung könnte jedoch in Detailverliebtheit oder Problemorientierung münden. Durchsetzungsfähigkeit wird von Führungskräften gefordert, eine zu hohe Orientierung auf Durchsetzung kann jedoch zu Akzeptanzverlust bei den Mitarbeitern und Isolation führen etc. Die Idee der Überzeichnung von Orientierungen und Kompetenzen findet sich bereits bei Fromm (1954), Atkins und Katcher (1989), Erpenbeck (2003) sowie Schulz von Thun (1999), die in unterschiedlichen Kontexten argumentieren, dass sich der übertriebene Einsatz von Kompetenzen und Stärken in Schwächen umkehren kann. In unternehmensbezogenen Kompetenzmodellen lässt sich das Konzept der Überzeichnung von Kompetenzen bislang selten finden. Ausnahmen stellen hier Oberhauser (in diesem Band) und Casper und Schönhofer (in diesem Band) dar, welche Überzeichnung von Kompetenzen explizit in ihrem Modell einbinden.

4 Umsetzung des Kompetenzmodells in HR-Instrumente

Kompetenzmanagementsysteme fokussieren Instrumente der Personalarbeit inhaltlich und reduzieren so Komplexität. Ein unternehmensbezogenes Kompetenzmodell gilt als Fundament für die Personalarbeit (Lucia & Lepsinger, 1999), wenngleich dieses für sich allein noch kein Kompetenzmanagementsystem darstellt. Erst mit dessen Anwendung und Umsetzung in Personalinstrumente kann von einem Managementsystem gesprochen werden. Doch wie können Kompetenzmodelle genutzt und in der Praxis umgesetzt werden? Zunächst werden Instrumente zur Kompetenzmessung und -einschätzung (4.1), dann Instrumente zur Kompetenzentwicklung beschrieben (4.2). Danach wird ein kurzer Überblick gegeben, welche Varianten der IT-Unterstützung von den Unternehmen berichtet werden (4.3). Abschließend geht es um die praktische, pilotartige Erprobung, die Evaluation und weitere Einführung eines Kompetenzmanagementsystems (4.4).

4.1 Instrumente zur Kompetenzmessung

Die Möglichkeit der *Ist-Erfassung* oder *Messung* von Kompetenzen ist eingangs als notwendiges Kriterium für ein Kompetenzmanagementsystem beschrieben worden (vgl. Kapitel 1). Generell lassen sich Messverfahren danach unterscheiden, inwieweit (a) sie über die Kompetenzen einheitlich oder uneinheitlich strukturiert sind, (b) sie numerisch und verbal oder auch verhaltensverankert sind und (c) nach welcher Logik sie aufgebaut sind (vgl. Tabelle 3). Die hier berichtenden Unternehmen verwenden durchgängig Einstufungsverfahren, von denen einige exemplarisch in Tabelle 4 dargestellt sind. Ausschließlich freie Eindrucks-

(a) *Einheitliche oder uneinheitliche Skalen:* Mansfield (1996) empfiehlt die Verwendung einheitlicher Skalen über alle Kompetenzen eines Modells. Dies korrespondiert mit den meisten Lösungen der Unternehmen, die in diesem Band berichtet werden. Zumeist finden sich durchgängige Skalierungen, nicht zuletzt, weil die Vergleichbarkeit der Einschätzungen über Kompetenzen hinweg von Bedeutung ist.
(b) *Numerisch und verbal oder verhaltensverankerte Einstufungsskalen:* Üblicherweise werden die Stufen jeweils verbal und zumeist numerisch verankert (z. B. 1=hoch ausgeprägt, 2=mittel etc.). Zusätzlich gibt es die Möglichkeit, die einzelnen Kategorien zusätzlich mit Verhaltensankern zu unterlegen (vgl. Schuler & Höft, 2004).
(c) *Logik der Skalierung:* Die aufgeführten Verfahren folgen bei der Kompetenzeinschätzung unterschiedlichen Logiken. So wird z. B. Kompetenz erfasst, indem für einen Beurteilten eingestuft wird, (1) wie *viel* Erfahrung und Kompetenz er hat bzw. wie stark diese *ausgeprägt* ist, (2) wie *sicher* er diese nutzt, (3) wie viel *Unterstützung* er benötigt oder selbst geben kann, (4) wie einfach bzw. *komplex* die Situationen sind, in denen er seine Kompetenz nutzen kann, (5) wie hoch seine Ausprägung *im Verhältnis* zu einer Vergleichsgruppe ist, (6) inwieweit er den Kompetenzfacetten zu Grunde liegende Methoden und Instrumente *weiterzuentwickeln* vermag oder (7) wie seine *Reputation* bei anderen ist. Oft wird nicht nur ein Aspekt oder Kriterium verwendet, sondern es werden mehrere kombiniert (vgl. Tabelle 4).

Tab. 3: Unterscheidungsmerkmale der verwendeten Skalen

schilderungen, Kennzeichnungs- und Auswahlverfahren oder Rangordnungsverfahren (vgl. Schuler & Höft, 2004) kommen hier nicht zum Einsatz. Instrumente zur Kompetenzmessung werden im Folgenden exemplarisch anhand von Stellenbeschreibungen, Stellenanforderungen, Funktionsprofilen, Kompetenzprofilen (4.1.1), Job-Familien oder Tätigkeitsfamilien (4.1.2), Assessment Center (4.1.3) sowie dem 360°-Feedback dargestellt (4.1.4).

4.1.1 Stellenbeschreibungen, Stellenanforderungen, Funktionsprofile, Kompetenzprofile

Kompetenzmanagementsysteme sehen im Regelfall die Möglichkeit vor, Anforderungsprofile, Stellenbeschreibungen, Stellenanforderungen, Funktionsprofile oder Kompetenzprofile für Mitarbeiter abzuleiten. Ziel dieser Instrumente ist es, Führungskräfte darin zu unterstützen, den Mitarbeitern die gegenwärtigen und kurzfristigen Anforderungen, d. h. bezogen in der Regel auf max. ein Jahr, zu verdeutlichen. Die Instrumente mögen von Unternehmen zu Unternehmen unterschiedlich strukturiert sein, enthalten jedoch in der Regel ähnliche Elemente, wie Tätigkeitsbeschreibungen, Verantwortlichkeiten und notwendige überfachliche Anforderungen und Kompetenzen. Gegenwärtige und zukünftige Anforderungen an die Mitarbeiter werden oft in Form von Soll-Profilen konkretisiert. Demgegenüber wird in Ist-Profilen beschrieben, wie gut ein Mitarbeiter die Anforderungen tatsächlich umsetzt. Die Gegenüberstellung von Soll- und Ist-Profil ermöglicht die Ableitung des Kompetenzentwicklungsbedarfs eines Mitarbeiters. Zumeist sind Linienvorgesetzte für die inhaltliche Ausgestaltung innerhalb ihres Bereichs verantwortlich. Den Mitarbeitern der Personalabteilung kommt die Rolle von Prozessverantwortlichen zu, die z. B. auf die abteilungsübergreifende Vergleichbarkeit der Ergebnisse achten (z. B. Kahlert & Kolmerer, in diesem Band).

AXA Konzern Deutschland			
1 Besitzt grundlegende/ erste Erfahrungen in dieser Kompetenz in Standardsituationen	2 Hat Übung in der Umsetzung dieser Kompetenz in Standardsituationen, kann schwierige und komplexe Situationen mit Unterstützung meistern	3 Ist sicher in der Umsetzung dieser Kompetenz auch in schwierigen und komplexen Situationen	4 Hat umfassende Expertise in der Umsetzung dieser Kompetenz auch in schwierigen und komplexen Situationen, kann andere coachen und trainieren

Postbank/BHW							
8 0–40 % erfüllt die durchschnittliche Ausprägung insgesamt überhaupt nicht	7 41–50 % erfüllt die durchschnittliche Ausprägung insgesamt nicht	6 51–60 % erfüllt die durchschnittliche Ausprägung mit sehr starken Einschränkungen	5 61–70 % erfüllt die durchschnittliche Ausprägung mit Einschränkungen	4 71–80 % erfüllt die durchschnittliche Ausprägung	3 81–85 % übertrifft die durchschnittliche Ausprägung in Teilbereichen	2 86–90 % übertrifft die durchschnittliche Ausprägung insgesamt	1 91–100 % übetrifft die durchschnittliche Ausprägung insgesamt deutlich

Commerzbank					
Grundkenntnisse	Anwendungskenntnisse	sichere Anwendung	umfassende Erfahrung	Experte	Tutor/ Referent

iwis			
Beispiel: Arbeitsorganisation			
1 Kennen der Methode	2 Kennen der Methode erfolgt eingeschränkt	3 Anwenden der Methode erfolgt in vollem Umfang	4 Setzt Methode umfangreich ein und entwickelt diese weiter

Ströer Out-of-Home Media AG		
Kompetenz/Verhaltensausprägung in zu geringer Ausprägung	Kompetenz/Verhaltensausprägung in gewünschter Ausprägung	Kompetenz/Verhaltensausprägung in zu hoher Ausprägung

Unternehmensgruppe Theo Müller						
1 weniger ausgeprägt	2 teilweise ausgeprägt	3 ausgeprägt	4 deutlich ausgeprägt	5 stark ausgeprägt	6 sehr stark ausgeprägt	7 übermäßig stark ausgeprägt

Tab. 4: Beispiele für Skalen zur Kompetenzeinschätzung (in alphabetischer Reihenfolge)

Welche Beispiele werden von den Unternehmen berichtet? Bodensteiner und Neininger (in diesem Band) schildern Stellenanforderungen aus dem Bereich der gruppenarbeitsbasierten Fertigung und deren Abbildung als Soll-Ist-Profile mittels SAP HR. Die Commerzbank favorisiert ein SAP-basiertes Skillmanagementsystem, bei dem die Mitarbeiter die Möglichkeit haben, ihre Kompetenzen auf Grundlage detaillierter Kataloge einzuschätzen. Anforderungen an Positionen werden mit Stellenprofilen abgebildet, so dass das eigene Mitarbeiterprofil unterschiedlichen Profilen gegenübergestellt und möglicher Qualifizierungsbedarf abgeleitet werden kann (vgl. Ofenloch, Venzke & Schmitt in diesem Band; Petersen & Limpächer, in diesem Band). Die Einbindung von Kompetenzprofilen bzw. von Suchrastern im Rahmen der Rekrutierung von externen Bewerbern und internen Kandidaten stellen bei der GIZ einen wichtigen Bestandteil des Kompetenzmanagements dar (Rasel & Seeliger, in diesem Band).

4.1.2 Job-Familien oder Tätigkeitsfamilien

Überfachliche Kompetenzen lassen sich erfahrungsgemäß in einem einheitlichen Kompetenzmodell für alle Berufsgruppen eines Unternehmens abbilden. Anpassungen und Ergänzungen für die verschiedenen Funktionen und Abteilungen werden im Bereich der fachspezifischen Kompetenzen erforderlich. Dabei wird empfohlen, fachlich zusammenhängende Tätigkeiten, wie z. B. Informationstechnologie (IT), Vertrieb, Forschung und Entwicklung etc., als Job-Familien oder Tätigkeitsfamilien zu bündeln (vgl. Nienaber, 2001). Aus unserer Sicht kommt der Ansatz am ehesten für Großunternehmen in Frage, die über eine größere Anzahl ähnlicher Tätigkeiten verfügen. Das Kompetenzmodell der Daimler AG für den Bereich Forschung und Entwicklung fasst z. B. 98 Kompetenzkriterien zu Kompetenzfamilien für Gruppen zusammen und erstellt insgesamt 82 Kompetenzprofile, die alle Berufsbilder mit den dazugehörigen Tätigkeiten und Aufgaben abbilden (von Sekretariatfunktionen bis hin zu Entwicklungsingenieuren). Analog hierzu werden im Skillmanagementsystem der Commerzbank neben übergreifenden Qualifikationen und Kenntnissen, die für alle Mitarbeiter einheitlich sind (z. B. Fremdsprachenkenntnisse, Organisationsmethoden), *bereichsspezifische* Teilkategorien (z. B. IT, Privatkundengeschäft, Kreditgeschäft) unterschieden. Diese sind nur für einige Mitarbeitergruppen relevant. Die Inhalte werden ihnen zielgruppenspezifisch – abhängig von ihrer aktuellen Position – angezeigt, wenn sie z. B. ihr Ist-Profil anlegen (vgl. Ofenloch, Schmitt & Venzke, in diesem Band).

4.1.3 Assessment Center

Kompetenzmodelle werden als Basis des gesamten Personalmarketing-, des Personalauswahl- und des Personalentwicklungsprozesses beschrieben. Somit sollen auch Assessment Center auf Kompetenzen basieren. Kompetenzbasierte Assessment Center sollen dazu beitragen, dass Unternehmen das Humankapital haben, das sie benötigen (Woodruffe, 2000). Die Notwendigkeit von Anforderungsanalysen und deren Einbettung in die Unternehmensstrategie wird unterstrichen: So sieht Obermann (2002) in unterlassenen Anforderungsanalysen die Gefahr der einseitigen Ausrichtung von Assessment Centern z. B. auf Sozialkompetenz zu Lasten von unternehmerischer Kompetenz.

Über welche Lösungen im Zusammenhang mit dem Kompetenzmanagement berichten die Unternehmen im vorliegenden Band? iwis hat auf Basis seines Kompetenzkatalogs das »iwis-Competence-Center«, ein Assessment Center zur Potenzialanalyse für den Führungsnachwuchs, entwickelt (Bodensteiner & Neininger, in diesem Band). BHW hat im Rahmen von Trainingsbausteinen für die Ausbildung, angelehnt an das Instrument des Assessment Centers, die Module »Self-Assessment-Training« und »Kompetenz-Check« eingeführt, die sich an dem BHW-Kompetenzmodell orientieren (Hennecke, in diesem Band). Generell wird darauf geachtet, dass Auswahl- und Entwicklungsverfahren für Fach- und Führungskräfte auf den Kompetenzen des jeweiligen Modells basieren (z. B. Kahlert & Kolmerer, in diesem Band).

4.1.4 360°-Feedback

Ein Instrument, das ebenfalls regelmäßig im Kontext des Kompetenzmanagements diskutiert wird, ist das 360°-Feedback. Im Gegensatz zu traditionellen Assessment Centern, bei denen externe Beobachter die Rolle von Beurteilern einnehmen, werden beim 360°-Feedback die Bewertungen von Mitgliedern des persönlichen Arbeitsumfeldes vorgenommen (Seeger & van der Woude, 2005). Vorgesetzte, Mitarbeiter und Kollegen sowie weitere Gruppen, wie z. B. Kunden oder Projektpartner, geben Bewertungen für die erbrachte Leistung einer Fokusperson, um ein umfangreiches Bild von dieser zu erhalten (Weinert, 2004). Diese Fremdbeurteilungen werden mit der Selbstbeurteilung der Fokusperson abgeglichen. Oftmals wird dieser Vergleich ergänzt durch den Abgleich mit Soll-Profilen. Einerseits werden allgemeine, unternehmens*unspezifische* Verfahren, die in der Durchführung an die jeweilige Unternehmenskultur anzupassen sind, und andererseits unternehmens*spezifische* Instrumente unterschieden. Letztere werden inhaltlich sowie sprachlich direkt an das Unternehmensleitbild oder das Kompetenzmodell angelehnt (vgl. Betz & Wienecke, 2005; Kaul & Krapoth, 2005; Scherm, 2005; Unterbrink & Unterbrink, 2005). In den Unternehmen des vorliegenden Bandes haben 360°-Verfahren im Kontext des Kompetenzmanagements teilweise Bedeutung: Der AXA Konzern Deutschland nutzt das 360°-Feedback für Führungskräfte auf Grundlage des Kompetenzmodells (Kahlert & Kolmerer, in diesem Band). Das Komptenzmodell der Ströer Media greift auf ein 270°-Feedback zurück, d. h. die Führungskräfte werden durch ihre Vorgesetzten und Mitarbeiter beurteilt und es wird eine Selbsteinschätzung vorgenommen (Casper & Schönhofer, in diesem Band). Bei Audi erfolgt die Ermittlung des Ist-Kompetenzstandes durch den Vorgesetzten und den Mitarbeiter im Rahmen eines jährlichen Mitarbeitergesprächs (vgl. Eichler & Anić, in diesem Band). Analog dazu, legt die Universität zu Köln einen Schwerpunkt auf Feedback im Rahmen eines Mitarbeitergespräches (Jackmuth-Scheele & Sonntag, in diesem Band).

4.2 Instrumente zur Kompetenzentwicklung

Die Beschreibung der Instrumente zur Förderung und Entwicklung von Kompetenzen bezieht sich auf kompetenzbasierte Trainings und Trainingsprogramme (4.2.1), arbeitsnahe und -integrierte Maßnahmen zur Kompetenzentwicklung (4.2.2) sowie langfristig auf die Laufbahn- und Karriereplanung (4.2.3).

4.2.1 Kompetenzbasierte Trainings und Trainingsprogramme

Personalverantwortliche geraten zunehmend unter Druck, da sie in die Pflicht genommen werden, den Nachweis der Wirksamkeit und des Nutzens ihrer Seminarreihen zu erbringen. Kompetenzen können hier eine Schnittstelle zwischen dem internen Auftraggeber und der Personalentwicklung darstellen: Der Auftraggeber für ein Seminar kann Probleme im Tagesgeschäft, die Notwendigkeit zu Veränderungen und Erfordernisse für ein Trainingsprogramm auf Verhaltensebene und anhand von (fehlenden) Kompetenzen verdeutlichen. Ein unternehmensbezogenes Kompetenzmodell stellt eine gemeinsame Sprache sicher, so dass alle Beteiligten dasselbe Begriffsverständnis haben. Der Personalentwickler kann dieselben Kompetenzen zum Gegenstand seiner Fragen zur Auftragsklärung machen, z. B. »Wann und in welchen Situationen fehlen Kompetenzen?«, »Wann taucht das Problem auf?«, »Was wurde bisher unternommen, um das Problem fehlender Kompetenzen zu lösen?«. Kompetenzen können so als Ausgangspunkt bei der Seminargestaltung dienen (vgl. Lucia & Lepsinger, 1999). Insgesamt 64 an Kompetenzen ausgerichtete Trainingsprogramme zeigen Heyse und Erpenbeck (2004).

Was berichten die Unternehmen des Bandes zu kompetenzbasierten Trainingsverfahren? Im Kompetenzmodell der Unternehmensgruppe Theo Müller finden sich für die Verhaltensbeispiele aller Kompetenzfacetten Vorschläge für Seminare des Schulungskatalogs (vgl. Oberhauser, in diesem Band). Die Universität zu Köln bietet für jedes Kompetenzfeld ein 2-tägies Grundlagentraining und weitere Maßnahmen nach Bedarf an (Jackmuth-Scheele & Sonntag, in diesem Band). Bei iwis findet sich ein ausführliches Beispiel zu einem – am Kompetenzprofil eines Gruppensprechers ausgerichteten – Seminar: Dabei kommt dem Lerntransfer hier besondere Bedeutung zu (Bodensteiner & Neininger, in diesem Band).

4.2.2 Arbeitsnahe und -integrierte Maßnahmen zur Kompetenzentwicklung

Der Perspektivwechsel von der seminaristischen Weiterbildung zu arbeitsnahen und -integrierten Maßnahmen der Kompetenzentwicklung ist oft ein Ausgangspunkt für das Thema Kompetenzmanagement: Bodensteiner und Neininger (in diesem Band) berichten, wie Mitarbeiter, Gruppensprecher sowie direkte Führungskräfte auf neue Anforderungen der Gruppenarbeit mit arbeitsnahen Maßnahmen zur Kompetenzentwicklung vorbereitet werden, wie z. B. durch Lernen am Arbeitsplatz, An- und Einweisung durch Vorgesetzte, Gruppensprecher oder Kollegen, Übernahme neuer Aufgaben oder zusätzlicher Verantwortung. Daimler und Audi beschreiben den Einsatz von »Off-the-Job« und »On-the-Job« Programmen, letztere bei intensiver Einbindung von internen Referenten (Eichler & Anić, in diesem Band; Petersen & Limpächer, in diesem Band). Bei Ströer findet sich eine sehr große Bandbreite von Maßnahmen, welche dem Prinzip der arbeitsnahen Kompetenzentwicklung folgen (Casper & Schönhofer, in diesem Band). Rasel und Seeliger (in diesem Band) betonen ebnfalls die Bedeutung von arbeitsnahen Maßnahmen. Hennecke (in diesem Band) schildert – im Zusammenhang mit der Überwindung der Vermittlung fachlicher Inhalte zu Gunsten einer auf die Selbstorganisationsfähigkeit des Einzelnen ausgerichteten Ausbildung – die Nutzung von Übungsfirmen, Außendienst-Einsätzen, Messe-, Promotioneinsätze, Projektarbeiten, Outdoor-Wochen, Planspielen sowie den Einsatz einer Auszubildenden-IT-Arbeitsgruppe als interne IT-Consulting Firma.

4.2.3 Laufbahn- und Karriereplanung

Insbesondere in Zeiten flacher Hierarchien werden neue Karrierewege benötigt, um Mitarbeiter zu binden (z. B. Mansfield, 1996). So ist es z. B. für die Entwicklung von Fachlaufbahnen nötig, ein Kompetenzmodell zu generieren, in dem fachliche Kompetenzen berücksichtigt werden (vgl. Frieling, Grote & Kauffeld, 2000).

Kahlert und Kolmerer (in diesem Band) schildern für den AXA Konzern Deutschland das Erfordernis, alternative Karrieremodelle zum traditionellen Aufstieg anzubieten, als Ausgangspunkt für die Entscheidung, Laufbahnen zu entwickeln. Die ersten Fachlaufbahnen wurden – auf der Basis detaillierter Beschreibungen der fachlich-methodischen Kompetenzen – für Aktuare, Projektleiter und Produktmanager implementiert (Kahlert & Kolmerer, in diesem Band). Ofenloch, Schmitt und Venzke (in diesem Band) beschreiben für das IT-gestützte Skillmanagement die Möglichkeit der internen Stellensuche, bei der Mitarbeiter auf der Suche nach neuen Tätigkeitsfeldern alternative Positionen im Unternehmen aufgelistet und den jeweiligen Übereinstimmungsgrad ihres aktuellen Profils mit einer möglichen Zielposition angezeigt bekommen. Umgekehrt gibt es für Führungskräfte und Personalbetreuer die Möglichkeit, Recherchen für vakante Positionen durchzuführen. So weitgehende IT-basierte Lösungen kommen am ehesten für Unternehmen und Konzerne in Frage, die über eine hohe Anzahl gleicher oder ähnlicher Funktionen verfügen.

4.3 Unterstützung durch IT-basierte Instrumente

Je nach Zielsetzung des Kompetenzmanagementsystems und unternehmensspezifischen Erfordernissen ist eine große Bandbreite der IT-Unterstützung festzustellen: Eine vergleichsweise geringe (oder keine) IT-Unterstützung wird für ein Kompetenzmodell benötigt, mit dem sich Führungskräfte auf ein qualitatives Feedback im Mitarbeitergespräch vorbereiten. Demgegenüber ist die Umsetzung eines Skillmanagementsystems in einem Konzern nur mit einer recht umfassenden IT-Unterstützung sinnvoll (vgl. z. B. Ofenloch, Schmitt & Venzke, in diesem Band). Eine aktuelle Übersicht über Softwareverfahren für das Kompetenzmanagement findet sich z. B. bei Kriebel (2005).

Mehrere Unternehmen greifen zur IT-basierten Umsetzung des Kompetenzmanagementsystems auf das SAP HR Modul zurück. Z. B. verwendet der Axa Konzern Deutschland SAP und ermöglicht den Zugriff auf Mitarbeiterprofile über das Intranet des Konzerns (vgl. Kahlert & Kolmerer, in diesem Band). Auch Audi nutzt mit Audi PEonline ein auf SAP-HR basierendes IT-Tool (Eichler & Anić, in diesem Band). iwis hat eine Skilldatenbank für die Mitarbeiter der Produktion mittels SAP HR aufgebaut, wobei auf die aufwändige systembasierte Abbildung der Organisation mit allen Unterstellungsverhältnissen im Modul SAP Organisationsmanagement verwiesen wird (vgl. Bodensteiner & Neininger, in diesem Band). Das Skillmanagementsystem der Commerzbank »ComSkill« wurde ebenfalls auf Basis von SAP HR unter Berücksichtigung der bereits genutzten Funktionalitäten Organisations- und Veranstaltungsmanagement realisiert (vgl. Ofenloch, Schmitt & Venzke, in diesem Band). Daimler greift, für eine individualisierte Umsetzung der Kompetenzentwicklung, auf ein eigenes Programm – »eSkills« – zurück (Petersen & Limpächer, in diesem Band). Die GIZ arbeitet ebenfalls mit umfassender IT-Unterstützung (Rasel & Seeliger, in diesem Band).

Als Fazit lässt sich feststellen, dass die in diesem Band beschriebenen Systeme häufig auf das Softwaremodul SAP HR zurückgreifen, gerade im Zusammenhang mit dem Skillmanagement, bei dem es um die detaillierte Erfassung fachlicher Kompetenzen geht. Insbesondere die beiden Funktionalitäten Organisationsmanagement und Veranstaltungsmanagement stehen hier im Vordergrund. Mit dem SAP Organisationsmanagement wird der organisatorische Aufbau eines Unternehmens bis auf die Ebene von Planstellen dargestellt. Beim SAP Veranstaltungsmanagement handelt es sich um ein Modul, mit dem eine Reihe von Prozessen der Planung, Organisation und Steuerung von Qualifizierungsmaßnahmen für Mitarbeiter abgebildet werden. In einigen Unternehmen werden – wenn auch als »Übergangslösungen« – Excel-Dateien zur Abbildung fachlicher oder überfachlicher Kompetenzen eingesetzt.

4.4 Praktische, pilotartige Erprobung und Evaluation sowie weitere Einführung

Typischerweise wird ein Kompetenzmanagementsystem nicht sofort flächendeckend, sondern eher schrittweise eingeführt (z.B. Lucia & Lepsinger, 1999). Zumeist erfolgt eine praktische Erprobung in einem oder mehreren Pilotbereichen (z.B. Petersen & Limpächer, in diesem Band). Sowohl das Kompetenzmodell, die verwendeten Instrumente als auch der Prozess der Einführung können in Pilotbereichen untersucht werden. Dies kann eine systematische Evaluation mittels schriftlicher Befragung umfassen, wie dies z.B. in Kooperation zwischen der Commerzbank und dem Institut für Arbeitswissenschaft der Universität Kassel erfolgte (vgl. Ofenloch, Schmitt & Venzke, in diesem Band). Die Erfahrungen dieser Projektphase fließen in die Anpassungen des Kompetenzmodells, der verknüpften Instrumente und des Einführungsprozesses ein.

Literatur

Atkins, S. & Katcher, A. (1989). *LIFO Handbuch* (3. Aufl.). München: Human Resources Consulting.

Betz, G. & Wienecke, F. (2005). 360°-Feedback – Ein pragmatisches Instrument zur Analyse und Entwicklung von Führungsverhalten. In: M. Scherm (Hrsg.), *360-Grad-Beurteilungen* (S. 23–39). Göttingen: Hogrefe.

Bodensteiner, S. & Neininger, A. (2012). iwis – Kompetenzmanagement in einem mittelständischen Unternehmen der Automobilzulieferindustrie: Lernkultur als Erfolgsfaktor. In: S. Grote, S. Kauffeld & E. Frieling (Hrsg.), *Kompetenzmanagement. Grundlagen und Praxisbeispiele* (2. Aufl.). Stuttgart: Schäffer-Poeschel.

Briscoe, J. & Hall, D. (1999). Grooming and picking leaders using competency frameworks: Do they work? An alternative approach and new guidelines for practice. *Organizational Dynamics, 28*, 37–52.

Casper, V. & Schönhofer, M. (2012). Kompetenzmanagement in der Ströer Out-of-Home Media AG. In: S. Grote, S. Kauffeld & E. Frieling (Hrsg.), *Kompetenzmanagement. Grundlagen und Praxisbeispiele* (2. Aufl.). Stuttgart: Schäffer-Poeschel.

Cell Consulting AG (2002). *Kompetenzmanagement Studie 2002.* Verfügbar unter: http://www.edusys.ch/media/studie_kompetenzmanagement.pdf [07.02.2006].

Duncan, K. D. (1974). Analytical Techniques in Training Design. In: E. Edwards & F. P. Lees (Hrsg.), *The Human Operator in Process Control* (S. 283–320). London: Taylor & Francis.

Eichler, D. & Anić, D. (2012). Kompetenzmanagement bei Audi: Analyse, Entwicklung und Einsatz von Kompetenzen. In: S. Grote, S. Kauffeld & E. Frieling (Hrsg.), *Kompetenzmanagement. Grundlagen und Praxisbeispiele* (2. Aufl.). Stuttgart: Schäffer-Poeschel.

Erpenbeck, J. (2003). KODE® – Kompetenz-Diagnostik und -Entwicklung. In: J. Erpenbeck & L. von Rosenstiel (Hrsg.), *Handbuch Kompetenzmessung – Erkennen, verstehen und bewerten von Kompetenzen in der betrieblichen, pädagogischen und psychologischen Praxis* (S. 365–375). Stuttgart: Schäffer-Poeschel.

Erpenbeck, J. & Heyse, V. (1999). *Die Kompetenzbiographie. Strategien der Kompetenzentwicklung durch selbst organisiertes Lernen und multimediale Kommunikation* (Edition QUEM, Bd. 10). Münster: Waxmann.

Flanagan, J. C. (1954). The critical incident technique. *Psychological Bullentin, 51*, 327–358.

Frieling, E., Cristante, O. & Le Mouillour, I. (Hrsg.) (2002). *Kompetenz- und Organisationsentwicklung in Non-Profit-Organisationen. Gewerkschaften, Bildungsträger und öffentliche Verwaltung im wirtschaftlichen Wandel.* Münster: Waxmann.

Frieling, E., Grote, S. & Kauffeld, S. (2000). Fachlaufbahnen für Ingenieure – Ein Vorgehen zur systematischen Kompetenzentwicklung. *Zeitschrift für Arbeitswissenschaft, 54 (3)*, 165–174.

Frieling, E., Grote, S. & Kauffeld, S. (2003). Teiltätigkeitslisten als Methode der Kompetenzeinschätzung. In: J. Erpenbeck & L. von Rosenstiel (Hrsg.), *Handbuch Kompetenzmessung* (S. 169–184). Stuttgart: Schäffer-Poeschel.

Frieling, E. & Sonntag, Kh. (1999). *Lehrbuch Arbeitspsychologie.* Bern: Huber.

Fromm, E. (1954). *Psychoanalyse und Ethik.* Zürich: Diana Verlag.

Gael, S. (1988). *The Job Analysis Handbook for Business, Industry, and Government.* New York: John Wiley & Sons.

Gillies, C. (2004). *Skillmanagement – Wer weiß was?* Artikel veröffentlicht auf der Homepage von VDI Nachrichten. Verfügbar unter: http://www.vdi-nachrichten.com/ vdi_nachrichten/aktuelle_ausgabe/akt_ausg_detail.asp?source=volltext&cat=4&id=14743 [08.02.2006].

Hennecke, M. (2012). Ganzheitliche Kompetenzentwicklung in der Ausbildung bei der Postbank Gruppe: Ein strategischer Ansatz, um den demografischen Herausforderungen zu begegnen. In: S. Grote, S. Kauffeld & E. Frieling (Hrsg.), *Kompetenzmanagement. Grundlagen und Praxisbeispiele* (2. Aufl.). Stuttgart: Schäffer-Poeschel.

Heyse, V. & Erpenbeck, J. (1997). *Der Sprung über die Kompetenzbarriere: Kommunikation, selbstorganisiertes Lernen und Kompetenzentwicklung von und in Unternehmen.* Bielefeld: Bertelsmann.

Heyse, V. & Erpenbeck, J. (2004). *Kompetenztraining. 64 Informations- und Trainingsprogramme.* Stuttgart: Schäffer Poeschel.

Jackmuth-Scheele, A. & Sonntag, H. (2012). Kompetenzmanagement an der Universität zu Köln. In: S. Grote, S. Kauffeld & E. Frieling (Hrsg.), *Kompetenzmanagement. Grundlagen und Praxisbeispiele* (2. Aufl.). Stuttgart: Schäffer-Poeschel.

Kahlert, B. & Kolmerer, H. (2012). Implementierung des Kompetenzmanagementsystems im AXA Konzern. In: S. Grote, S. Kauffeld & E. Frieling (Hrsg.), *Kompetenzmanagement. Grundlagen und Praxisbeispiele* (2. Aufl.). Stuttgart: Schäffer-Poeschel.

Kauffeld, S. (2006). *Kompetenzen messen, bewerten, entwickeln. Ein prozessanalytischer Ansatz für Gruppen.* Stuttgart: Schäffer-Poeschel.

Kauffeld, S. (2010). *Nachhaltige Weiterbildung. Betriebliche Seminare und Trainings entwickeln, Erfolge messen, Transfer sichern.* Heidelberg: Springer.

Kaul, C. & Krapoth, S. (2005). »Das habe ich nie so gesehen, … ich dachte immer …« 360°-Einschätzungen bei der VOLKSWAGEN AG. In: M. Scherm (Hrsg.), *360-Grad-Beurteilungen* (S. 147–157). Göttingen: Hogrefe.

Kirwan, B. & Ainsworth, L. K. (1999). A *Guide to Task Analysis.* London: Taylor & Francis.

Kriebel, S. (2005). Software für das Kompetenzmanagement. *Personalwirtschaft, 12*, 56–57.

Lucia, A. D. & Lepsinger, R. (1999). *The Art and Science of Competency Models: Pinpointing Critical Success Factors in Organizations.* San Francisco: Jossey-Bass/Pfeiffer.

Mansfield, R. S. (1996). Building competency models: Approaches for HR professionals. *Human Resource Management, 35*, 7–18.

Meister, D. (1985). *Behavioral Analysis and Measurement Methods*. New York: Wiley & Sons.
Miller, R. B. (1953). A Method for Man-Machine-Task Analysis. *Wright-Patterson Air Force Base, Ohio, USA: WADC Tech. Rep. Nr. 53*, 137.
Nienaber, C. (2001). Integriertes Kompetenzmanagement für globale Unternehmen. *Unternehmensberater, 4*, 75–81.
Nienaber, C. (2005). Pflicht und Kür. Kompetenzmanagement-Projekte erfolgreich führen. *Personalmanager, 1*, 22–24.
Oberhauser, B. (2012). Kompetenzmanagement in der Unternehmensgruppe Theo Müller. In: S. Grote, S. Kauffeld & E. Frieling (Hrsg.), *Kompetenzmanagement. Grundlagen und Praxisbeispiele* (2. Aufl.). Stuttgart: Schäffer-Poeschel.
Obermann, C. (2002). *Assessment Center – Entwicklung, Durchführung, Trends*. Wiesbaden: Gabler.
Ofenloch, C., Schmitt, D. & Venzke, D. (2012). Skillmanagement – das Instrument zur systematischen Entwicklungs- und Qualifizierungsplanung in der Commerzbank. In: S. Grote, S. Kauffeld & E. Frieling (Hrsg.), *Kompetenzmanagement. Grundlagen und Praxisbeispiele* (2. Aufl.). Stuttgart: Schäffer-Poeschel.
Petersen, C.-M. & Limpächer, S. (2012). Kompetenzmanagement bei der Daimler AG, Konzernforschung und Mercedes-Benz Cars Entwicklung. In: S. Grote, S. Kauffeld & E. Frieling (Hrsg.), *Kompetenzmanagement. Grundlagen und Praxisbeispiele* (2. Aufl.). Stuttgart: Schäffer-Poeschel.
Porter, M. (1999). *Wettbewerbsvorteile. Spitzenleistungen erreichen und behaupten*. Frankfurt a. M.: Campus.
Prahalad, C. K. & Hamel, G. (1991). Nur Kernkompetenzen sichern das Überleben. *Harvard Manager, 2*, 66–78.
Rasel, K. & Seeliger, P. (2012). Kompetenzmanagement in der GIZ. In: S. Grote, S. Kauffeld & E. Frieling (Hrsg.), *Kompetenzmanagement. Grundlagen und Praxisbeispiele* (2. Aufl.). Stuttgart: Schäffer-Poeschel.
Schäfer, E., Fölsch, T. & Sauerwald, J. (2006). Neue Formen des Kompetenzmanagements bei der B. Braun Melsungen AG. In: S. Grote, S. Kauffeld & E. Frieling (Hrsg.), *Kompetenzmanagement. Grundlagen und Praxisbeispiele* (S. 111–134). Stuttgart: Schäffer-Poeschel.
Schenk, M., Schnauffer, H.-G. & Staiger, M. (2005). Integriertes Kompetenzmanagement: Modell und Vorgehen. *Personalmanager, 2*, 38–39.
Scherm, M. (2005). *360-Grad-Beurteilungen*. Göttingen: Hogrefe.
Schuler, H. & Höft, S. (2004). Persönliche Verhaltens- und Leistungsbedingungen. In: H. Schuler (Hrsg.), *Lehrbuch Organisationspsychologie* (3. Aufl.) (S. 257–288). Bern: Huber.
Schulz von Thun, F. (1999). *Miteinander reden 3. Das »innere Team« und situationsgerechte Kommunikation*. Reinbek: Rowohlt.
Seeger, J. & van der Woude, M. (2005). Umgebungs-Assessment durch 360-Grad-Feedback: Beschreibung einer verhaltensorientierten Vorgehensweise. In: M. Scherm (Hrsg.), *360-Grad-Beurteilungen* (S. 231–245). Göttingen: Hogrefe.
Sonntag, Kh. (1999). *Personalentwicklung in Organisationen*. Göttingen: Hogrefe.
Sonntag, Kh. & Schmidt-Rathjens, C. (2004). Kompetenzmodelle – Erfolgsfaktoren im HR-Management? *Personalführung, 10*, 18–26.
Spencer, L. M. & Spencer, S. (1993). *Competence at work: Models for superior performance*. New York: John Wiley & Sons.
Staudt, E. & Kriegesmann, B. (1999). Weiterbildung: Ein Mythos zerbricht. Der Widerspruch zwischen überzogenen Erwartungen und Misserfolgen der Weiterbildung. In: Arbeitsgemeinschaft Betriebliche Weiterbildungsforschung (Hrsg.), *Kompetenzentwicklung ´99* (S. 17–59). Münster: Waxmann.
Unterbrink, J. & Unterbrink, C. (2005). Der Einsatz von 360°-Feedback bei der SAP AG. In: M. Scherm (Hrsg.), *360-Grad-Beurteilungen* (S. 263–282). Göttingen: Hogrefe.
Weinert, A. (2004). *Organisations- und Personalpsychologie*. Weinheim: Beltz PVU.
Woodruffe, C. (2000). *Development and assessment centres – Identifying and assessing competence* (3. Aufl.). London: Chartered Institute of Personnel and Development (CIPD).

*Dirk Eichler/Denis Anić**

Kompetenzmanagement bei Audi: Analyse, Entwicklung und Einsatz von Kompetenzen

* Dr. *Dirk Eichler*, Organisationsentwicklung der Audi AG.
Dr. *Denis Anić*, Strategische Unternehmensplanung PKW der Volkswagen AG.

1 Zusammenfassung

Das Audi Markenleitbild *Vorsprung durch Technik* begründet die Notwendigkeit eines breit angelegten Kompetenzmanagements. Mit dem Anspruch, den Bedürfnissen der Kunden im Premiumsegment permanent mit Innovationen zu entsprechen und diese in kürzester Zeit und mit höchster Qualität in die Serienfertigung einzubringen, gehen besondere Anforderungen an die Kompetenzen der Audi Mitarbeiter einher.

In diesem Beitrag wird die Entwicklung des unternehmensweit etablierten Kompetenzmanagement-Ansatzes der AUDI AG vorgestellt. Dieser zeichnet sich durch seine Bedarfsorientierung aus. Es wird beschrieben, wie bei Audi auf Basis eigens entwickelter Kompetenzprofile die Kompetenzen der Mitarbeiter entwickelt werden. Besondere Beachtung finden die Qualifizierungsmaßnahmen, die für den Kompetenzaufbau passgenau und bedarfsgerecht entwickelt werden. In diesem Kontext arbeiten Bildungsexperten und Wissensträger eng zusammen. Die Aufgaben und Verantwortlichkeiten dieser und weiterer Akteure im Kompetenzmanagement-Prozess werden im Folgenden erläutert. Nach der Beschreibung des Ansatzes, der Bewertung der heutigen Situation und der Diskussion der Erfolgsfaktoren schließt der Beitrag mit einem Ausblick auf die Zukunft des Kompetenzmanagements und zeigt Trends auf.

2 Beschreibung des Unternehmens

2.1 AUDI AG

Der Audi-Konzern hat im Jahr 2011 rund 1.302.650 Automobile der Marke Audi an Kunden ausgeliefert. Von Januar bis Ende September 2011 erreichte das Unternehmen bei einem Umsatz von € 32,4 Mrd. ein operatives Ergebnis von € 3,96 Mrd. Audi produziert an den Standorten Ingolstadt, Neckarsulm, Győr (Ungarn), Changchun (China) und Brüssel (Belgien). Das Unternehmen ist in mehr als 100 Märkten weltweit tätig. 100-prozentige Töchter der AUDI AG sind unter anderem die AUDI HUNGARIA MOTOR Kft., die Automobili Lamborghini Holding S.p.A. (Sant'Agata Bolognese/Italien) und die quattro GmbH (Neckarsulm). Audi beschäftigt derzeit weltweit rund 63.000 Mitarbeiter, davon rund 47.900 in Deutschland. Um den »Vorsprung durch Technik« nachhaltig zu sichern, plant das Unternehmen von 2012 bis 2016 über 13 Mrd. zu investieren, überwiegend in neue Produkte sowie Personal und Ausbau der Produktionskapazitäten. Bis 2015 will Audi die Zahl seiner Modelle auf 42 erweitern.

2.2 Audi Akademie GmbH

Die Audi Akademie GmbH ist als Tochtergesellschaft der zentrale Partner der AUDI AG in allen Fragen der Kompetenzentwicklung und hat sich seit ihrer Gründung 1993 zu einem der größten Anbieter für Personalentwicklung, Weiterbildung und Beratung in Deutschland entwickelt. Gemeinsam mit dem Audi Bildungswesen, das seine Schwerpunkte in der Berufsausbildung und der technischen Weiterbildung hat, trägt sie die konzeptionelle und operative Verantwortung für die Entwicklung der Kompetenzen der Mitarbeiter und des Managements von Audi.

3 Ziele des Kompetenzmanagement-Ansatzes

Mit dem für Audi entwickelten Kompetenzmanagement-Ansatz wird eine neue Form der kompetenzbasierten Qualifizierung von Mitarbeitern unternehmensweit eingeführt. In der gezielten Qualifizierung wird ein wichtiges Instrument gesehen, um mit den Herausforderungen des technologischen Wandels, des zunehmenden Fachkräftemangels und des demografischen Wandels Schritt halten zu können. So ist das automobile Umfeld gekennzeichnet durch die Beschleunigung technologischer Entwicklungen, wie z.B. der Elektromobilität, der Maßnahmen zur Leichtbauweise oder der Vernetzung von Infotainmentsystemen. Das verlangt von den Herstellern eine zunehmende Dynamik und Reaktionsgeschwindigkeit.

Kompetenzmanagement stellt in diesem Zusammenhang ein wichtiges Personalentwicklungsinstrument für die Identifikation und die Entwicklung der Ressource Mitarbeiterkompetenzen dar. Es zielt darauf ab, die aktuell vorhandenen und künftig erforderlichen Kompetenzen zu ermitteln und daraus Qualifizierungs- und Bildungsbedarfe abzuleiten. Zur Bedarfsdeckung werden verstärkt unternehmensinterne Fachexperten als *interne Referenten* eingesetzt.

Für die Attraktivität als Arbeitgeber ist es zudem förderlich, qualifizierten Mitarbeitern eine effektive Personalentwicklung aufzuzeigen und sie als Mitarbeiter des Unternehmens kontinuierlich und bedarfsgerecht in ihren Kompetenzen weiterzuentwickeln.

Im Zentrum der Betrachtung stehen folgende Fragestellungen:
- Was müssen Mitarbeiter können?
- Wo und wie können sie gezielt weiterentwickelt werden?
- Wie kann intern vorhandenes Wissen besser genutzt werden?

4 Entstehungsgeschichte und Prozessbeteiligte

4.1 Entstehung und Entwicklung

Vor der pilothaften Einführung von Kompetenzmanagement 2005 war die Kompetenzentwicklung der AUDI AG von vereinzelten Projekten in den Fachbereichen geprägt. Diese Initiativen waren temporär beschränkt und zielten nicht auf eine Vernetzung der Aktivitäten ab. Eine übergreifende konzeptionelle Einbindung und synergienschaffende Unterstützung durch den Personalbereich blieb bis dahin aus.

Wie in vielen anderen Unternehmen auch, waren die Führungskräfte bei Audi dazu angehalten, einmal jährlich aus einem internen Seminarkatalog für Ihre Mitarbeiter sinnvolle Qualifizierungsmaßnahmen auszuwählen. Aufgrund des nur eingeschränkten Überblicks zu aktuellen und künftigen Anforderungen und der individuellen Kompetenzstände der Mitarbeiter wurden Entscheidungen zur Kompetenzentwicklung oftmals nicht systematisch getroffen. Bei diesem unspezifischen Umgang mit Qualifizierung blieb eine Anknüpfung der Kompetenzentwicklungsbedarfe der Mitarbeiter an die Unternehmensanforderungen weitgehend aus.

In den Fachbereichen verstärkte sich der Wunsch nach spezifisch zugeschnittenen Schulungen. Diese sollten kürzer ausgestaltet sein, modular angeboten und zeitnah durchgeführt werden. Die Fachbereiche erkannten zudem, dass sie das umfangreiche Potenzial ihrer internen Wissensträger bislang ungenutzt ließen. Die Systematisierung der Wissensweitergabe durch interne Experten, die als interne Referenten tätig werden, sollte künftig eine stärkere Rolle bei der Qualifizierung spielen.

In diesem Kontext übernahm die Audi Akademie die Aufgabe, die Kompetenzentwicklungsbedarfe pro Bereich zu bündeln und trug mit entsprechenden Qualifizierungsmaßnahmen zu deren Deckung bei. Hierzu gehörte sowohl die Einbindung der internen Wissensträger als auch die Koordination fachlicher und überfachlicher Qualifizierungsmaßnahmen. Für diese Aufgabe war und ist die Abstimmung mit den verschiedenen Bildungsexperten innerhalb der Audi Akademie (aus den Geschäftsbereichen Personal & Management, IT/PLM[1], Sprachentraining, Handelstraining, Personalentwicklung & Kompetenzmanagement) und mit dem Bildungswesen der AUDI AG erforderlich.

Mit der Zeit beschränkte sich die Bündelung der Aktivitäten aber nicht nur auf die einzelnen Fachbereiche, sondern erstreckte sich zunehmend auf das gesamte Unternehmen. Erfolgskritische Qualifizierungsmaßnahmen aus einem Fachbereich, z. B. zur Elektronik, wurden zunehmend für Mitarbeiter anderer Bereiche zugänglich gemacht. Auch Kompetenzentwicklungsmaßnahmen von strategischer Relevanz, z. B. zum Thema Elektromobilität, konnten und können nicht auf einzelne Fachbereiche beschränkt bleiben. Die Unterstützung der Fachbereiche und zugleich die Berücksichtigung bereichsübergreifender, unternehmensweiter Bedarfe wird seit 2008 durch einen Vorstandsbeschluss der AUDI AG unterstützt. In der Folge wurden einheitlichere Vorgehensweisen verstärkt erforderlich. D. h. die Prozesse, die Instrumente und die Inhalte waren aufeinander abzustimmen. Dazu gehörten z. B. prozessuale Festlegungen in Bezug auf Arbeitsschritte beim Aufbau des Kompetenzmanagements, auf die Zusammensetzung der Kompetenzprofile sowie auf die Frage, wie Kern- und strategische Kompetenzen zu identifizieren sind.

Insgesamt wandelte sich die Aufgabe der Audi Akademie bzw. der Bildungsexperten im Zuge der Implementierung des Kompetenzmanagements. Zum einen rückte die Qualifizierung näher an die Erfordernisse der Wertschöpfungskette, um die Fachlichkeit der Mitarbeiter und des Unternehmens stärker zu unterstützen. Zum anderen ging mit der Notwendigkeit, der bereichsübergreifenden Koordination von Kompetenzen und Qualifizierungsmaßnahmen die Konsequenz einher, die verschiedenen Schnittstellen zu managen und eine entsprechende Kooperation zu organisieren.

1 Product Lifecycle Management.

4.2 Akteure des Kompetenzmanagements

Das Audi Kompetenzmanagement beruht auf dem Zusammenspiel vieler Akteure und damit einem funktionierenden Schnittstellenmanagement. Die Berücksichtigung der teilweise heterogenen Interessen der Audi Fachbereiche im Hinblick auf Konzeption und Umsetzung stellt einen wesentlichen Unterschied zu den üblichen Instrumenten der Personalentwicklung dar.

Kompetenzmanagement-Berater. Für die unternehmensweite Umsetzung des Kompetenzmanagements bei Audi sind Kompetenzmanagement-Berater der Audi Akademie zuständig. Sie sind direkter Ansprechpartner für die jeweiligen Fachbereiche bei Audi und steuern den dortigen Implementierungsprozess. Sie unterstützen den Aufbau von Kompetenzprofilen und stellen die Einhaltung bestehender Standards zum Kompetenzmanagement sicher. Zudem sind sie das Bindeglied zwischen den Fachbereichen und den Bildungsexperten bei der Deckung neuer Qualifizierungsbedarfe. Generell sind sie zentraler Ansprechpartner für alle nachfolgend genannten Akteure.

Bildungsexperten. Die Bildungsexperten des Audi Bildungswesens und der Audi Akademie sind Trainer und/oder Qualifizierungsberater und enge Kooperationspartner der Kompetenzmanagement-Berater bei der Einführung von Kompetenzmanagement in den Fachbereichen. In ihrer Expertenrolle prüfen sie die Validität von Kompetenzen und deren Beschreibungen und unterstützen maßgeblich den Aufbau von Qualifizierungsmaßnahmen, die zur Kompetenzentwicklung beitragen.

Seminarorganisation. Die Ausübung der Seminarorganisation bzw. die Verwaltung der Qualifizierungsmaßnahmen stellt eine weitere Aufgabe im Kompetenzmanagement dar. Dazu gehört u.a. die Organisation der Schulungstermine. Als Besonderheit werden im Rahmen des Kompetenzmanagement-Ansatzes bei Audi auch die von internen Wissensträgern (interne Referenten) durchgeführten Schulungen von der Audi Akademie administriert.

Führungskräfte. Auf Seiten der Fachbereiche sind gleich mehrere Akteure beteiligt, die für die Umsetzung des Kompetenzmanagements relevant sind. Die Unterstützung der Führungskräfte ist von großer Bedeutung. Sie benennen die zentralen Ansprechpartner im jeweiligen Fachbereich und verantworten letztlich den Umsetzungsprozess und dessen Ergebnis in seiner Gesamtheit.

Koordinatoren der Fachbereiche. Eine zentrale Aufgabe für das Kompetenzmanagement in den Fachbereichen wird von den Koordinatoren wahrgenommen. Sie stehen in regelmäßigem Kontakt mit den Kompetenzmanagement-Beratern und/oder Bildungsexperten zu allen Fragen, die für die Realisierung und Kommunikation des Kompetenzmanagements von Belang sind. Ihre Wirksamkeit erfordert die Vernetzung innerhalb des eigenen Fachbereichs, um z.B. interne Referenten zu identifizieren oder den Kompetenzprofilaufbau zu steuern. Mit der unternehmensweiten Ausrichtung des Kompetenzmanagements vernetzen sich die Koordinatoren der Bereiche untereinander, wodurch Synergieeffekte (z.B. die gemeinsame Abstimmung von passgenauen Qualifizierungsmaßnahmen) bewirkt werden können.

Profilmentoren der Fachbereiche. Des Weiteren werden von den Fachbereichen Profilmentoren, zumeist Führungskräfte oder Fachexperten, benannt. Sie betreuen den Aufbau und die Aktualisierung der Kompetenzprofile. Aufgrund ihrer fachlichen Kompetenz entscheiden sie, welche Kompetenzen in den Kompetenzprofilen enthalten sein müssen und stimmen sich mit dem Kompetenzmanagement-Berater, den Bildungsexperten und anderen Profilmentoren ihrer Fachbereiche ab.

Personalreferenten. Die Personalreferenten bei Audi unterstützen die Kompetenzmanagement-Berater. Durch ihr Wissen über den jeweiligen Fachbereich (z. B. über Mitarbeiterzahlen, Ziele des Bereichs, Strukturen, Prozesse usw.) wirken sie im Kompetenzmanagementprozess beratend mit.

Betriebsräte. Auch die Betriebsräte sind in den Kompetenzmanagementprozesses eingebunden. Sie werden von den Kompetenzmanagement-Beratern kontinuierlich über die Umsetzungspläne und den aktuellen Umsetzungsstand im Fachbereich informiert. Dabei bestimmen sie im Rahmen der betrieblichen, tariflichen und gesetzlichen Regelungen mit. Mittlerweile ist die Zusammenarbeit in einer Betriebsvereinbarung Kompetenzmanagement beschrieben.

5 Beschreibung des Audi Kompetenzmanagement-Ansatzes

5.1 Definition von Kompetenzen

Von Beginn an stand der Anspruch der Fachbereiche auf Praktikabilität im Vordergrund. In einem Hightech-Unternehmen wie Audi liegt es nahe, die Kompetenzentwicklung sehr stark auf die Fachkompetenz zu konzentrieren. In diesem Kontext fokussiert der Ansatz auf die fachliche Entwicklung der tariflichen Mitarbeiter in ihrer Funktion im Unternehmen. Im Unterschied zu den theoretisch-abstrakten Kompetenzbegriffen der Literatur beruht das Audi Kompetenzmanagement auf einem breiten und umfassenden, praktisch anwendbaren Kompetenzbegriff:

Kompetenzen umfassen die Gesamtheit von Fähigkeiten, Fertigkeiten, Wissen und Erfahrungen eines Akteurs, die sich in der betrieblichen Praxis wiederholt beobachten lassen.

Im Vordergrund steht hiernach der Handlungsbezug. Kompetenz zeigt sich im Handeln, das beobachtet werden kann.

5.2 Kompetenzen als Bestandteil des Kompetenzprofils

Zum Kern des Audi Kompetenzmanagement-Ansatzes gehört das Kompetenzprofil, das den Ausgangspunkt zur Entwicklung der Mitarbeiterkompetenzen bildet. Das Kompetenzprofil enthält diejenigen Kompetenzen, die zur Ausübung einer Tätigkeit wichtig sind. Das Audi Kompetenzprofil wird in drei Ebenen unterteilt:

1. Kompetenzdimensionen bilden die höchste Aggregationsebene von Kompetenzen.
2. Kompetenzfelder sind den Kompetenzdimensionen zugeordnet und umfassen Einzelkompetenzen.
3. Einzelkompetenzen werden zur Kompetenzeinschätzung des Mitarbeiters herangezogen und sind zudem näher beschrieben.

Um einen Eindruck zu vermitteln, wie diese Kompetenzen definiert sind und wie sich die Ebenen unterscheiden, wird in der folgenden Tabelle 1 ein Beispiel angeführt.

Kompetenzdimension Fachkompetenz	**Kompetenzdimension Überfachliche Kompetenz**
Kompetenzfeld Mechatronik	Kompetenzfeld Soziale Kompetenz
Einzelkompetenz *Mechatronische Bauteile, Systeme und Sensorik*	Einzelkompetenz *Einfühlungsvermögen und Kooperationsfähigkeit*
Einzelkompetenz ...	Einzelkompetenz ...
usw.	usw.
Kompetenzfeld ...	Kompetenzfeld ...

Tab. 1: Kompetenzebenen des Audi Kompetenzmanagement-Ansatzes

Im Audi Kompetenzmanagement-Ansatz werden die Kompetenzprofile stets für eine Gruppe von Mitarbeitern erarbeitet (z. B. *CAD-Konstrukteure, Mechatronikentwickler, Fertigungsplaner, Lead Buyer*), die eine gemeinsame Tätigkeit ausüben (*Tätigkeitsgruppe*). Eine vollständige Individualisierung der Kompetenzprofile wird aus Gründen des Pflegeaufwands und der geringen Vergleichbarkeit zwischen den Mitarbeitern nicht verfolgt.

Es werden zwei Kompetenzdimensionen unterschieden: fachliche und überfachliche Kompetenzen. Wie erwähnt, legt der Kompetenzmanagement-Ansatz bei Audi besonderen Wert auf den Aufbau der fachlichen Kompetenzen. Entsprechend zielen die Qualifizierungsmaßnahmen, die von Fachexperten aus den Fachbereichen durchgeführt werden, fast ausschließlich auf die Entwicklung der Fachlichkeit bzw. der fachlichen Kompetenz der Belegschaft ab. Hier wird für die Betroffenen ein Mehrwert direkt erfahrbar, denn oftmals führen diese Angebote zu einer Passgenauigkeit, die von externen Referenten nicht immer erreichbar ist. Das gilt umso mehr vor dem Hintergrund des Einsatzes neuer Technologien und der damit einhergehenden knappen Ressourcen an Know-how-Trägern. Die Fokussierung auf fachliche Kompetenzen bildet sich entsprechend anteilig in den Kompetenzprofilen ab. Die überfachlichen Kompetenzen sind standardisiert festgelegt und beschrieben, und sie sind gegliedert in soziale, unternehmerische sowie individuelle Kompetenzen. Dagegen sind die fachlichen Kompetenzen aufgrund der unterschiedlichen fachlichen Anforderungen der Audi Fachbereiche und des technologischen Fortschritts weitaus heterogener definiert.

5.3 Struktur des Kompetenzprofils

Das bei Audi angewendete Kompetenzprofil gliedert sich in drei Bereiche: Kompetenzen, Einschätzung der Kompetenzen und Kompetenzentwicklung.

Kompetenzen			**Einschätzung der Kompetenzen**			**Kompetenzentwicklung**	
Kompetenzdimension			Soll-Ausprägung	Einschätzung Führungskraft	Einschätzung Mitarbeiter	Mögliche Qualifizierungsmaßnahmen	Vereinbarte Maßnahmen/Umsetzungsstatus
Kompetenzfeld	Einzelkompetenz	Kompetenzbeschreibung					

Tab. 2: Grundstruktur des Kompetenzprofils

Die Kompetenzen und deren Beschreibungen sind auf der linken Seite dargestellt (vgl. Tabelle 2). Für die Kompetenzen werden vorab Soll-Ausprägungen festgelegt, zu denen Führungskraft und Mitarbeiter jeweils Ist-Einschätzungen vornehmen können. Für die Entwicklung der Kompetenzen sind passgenaue Qualifizierungsmaßnahmen zugeordnet, die bei Bedarf ausgewählt werden können.

Diese drei Bereiche des Kompetenzprofils spiegeln unterschiedliche Arbeitsschritte im Kompetenzmanagement wider, die im Folgenden näher skizziert werden.

5.4 Kompetenzanalyse

Die Kompetenzanalyse ist die Voraussetzung für die passende Zuordnung von Kompetenzen zu einer Tätigkeitsgruppe. Diese Phase erfordert eine besonders hohe Aufmerksamkeit und sollte daher zeitlich ausreichend geplant werden. Die Identifikation der Kompetenzprofile und die Auswahl der Kompetenzen erfolgt in Zusammenarbeit der Kompetenzmanagement-Berater mit den Fachbereichen (insbesondere mit den Profilmentoren und Koordinatoren) sowie mit den Bildungsexperten. Zur Unterstützung wird bei diesem Prozessschritt auf die vorhandenen Informationen aus aktuellen Tätigkeitsbeschreibungen, aus bestehenden Kompetenzprofilen anderer Fachbereiche oder aus den Zuordnungen der Tätigkeiten zu Berufsfamilien rekurriert. Die Kompetenzerhebung ist auf die Einzelkompetenzen fokussiert, welche die größte Bedeutung für das Kompetenzprofil haben.

In der Entstehungsphase von Kompetenzmanagement wurde es den Fachbereichen weitgehend überlassen, die Anzahl der Einzelkompetenzen je Kompetenzprofil selbständig zu definieren. Die Fachbereiche neigten jedoch nicht selten zu einer Detailverliebtheit und beschränkten sich nicht immer auf ihre Kernkompetenzen. Aufgrund dieser Erfahrungen wird zur operativen Handhabung und zur Reduzierung des administrativen Aufwandes empfohlen, die Anzahl der Einzelkompetenzen auf ca. 25 zu beschränken. Im Kompetenzprofil sollten davon bis zu fünf ggf. auch mehr überfachliche Kompetenzen enthalten sein.

Die Kompetenzanalyse leitet aus den bestehenden Bereichsstrategien und Unternehmenszielen strategische Kompetenzen ab. Ein Beispiel dafür ist die durch die Audi Akademie und das Audi Bildungswesen durchgeführte, übergreifende Kompetenzbedarfsanalyse zur Elektromobilität. Ein daraus entstandener Kompetenzkatalog Elektromobilität bildet die Basis, um strategische Kompetenzen in die Kompetenzprofile zu überführen und dort zu verankern. Diese strategischen Kompetenzen können operational durch hierfür eigens aufgebaute bzw. aufzubauende Qualifizierungsmaßnahmen gefördert werden. Ein weiteres Ziel der Kompetenzanalyse ist die Identifikation operativ wichtiger Kompetenzen, um die Mitarbeiter auch in der Ausübung ihrer aktuell benötigten Kompetenzen zu entwickeln. So wird z.B. ein Vorteil der Kompetenzprofile in der schnelleren Einarbeitung neuer Mitarbeiter gesehen. Folgerichtig ist das Verhältnis zwischen strategisch und operativ relevanten Kompetenzen immer wieder neu auszubalancieren.

Die Phase der Kompetenzanalyse ist mit dem Aufbau der Kompetenzprofile jedoch nicht abgeschlossen, sondern bleibt ein stetiger Regelprozess. Alljährlich sind bestehende Kompetenzprofile entsprechend der Bedarfe auf ihre Aktualität zu überprüfen und ggf. zu erneuern oder es sind neue Kompetenzprofile für weitere Tätigkeitsgruppen aufzubauen.

5.5 Festlegung der Soll-Ausprägung

Im nächsten Schritt werden für die Einzelkompetenzen die dazugehörigen Soll-Ausprägungen definiert. Bei Audi ist dabei eine verbale Skalierung in drei Stufen vereinbart worden: Kenner, Anwender, Experte (vgl. Tabelle 3). Die Festlegung der Soll-Ausprägungen erfolgt durch die Fachbereiche bzw. durch die Profilmentoren. Das Kompetenzprofil wird später im Rahmen des jährlichen Mitarbeitergesprächs, der Personalentwicklungsrunde (*PE-Runde*), besprochen und angewendet. Dabei führt die Transparenz der Kompetenzanforderun-

Kompetenzstufe	Stufenbeschreibung
Experte	Die Anwenderkenntnisse und -fähigkeiten sind geeignet, Aufgaben/Situationen von sehr hohem Schwierigkeitsgrad souverän zu meistern und ggf. neue Handlungswege zu finden. Als Wissensträger im Unternehmen bekannt. Das Wissen kann an andere vermittelt werden.
Anwender	Die Kenntnisse und Erfahrungen können auch bei anspruchsvolleren Aufgaben/Situationen angewendet und umgesetzt werden.
Kenner	Grundlegende Kenntnisse und Fähigkeiten sind vorhanden. Das Wissen kann bei einfach strukturierten Aufgaben angewendet werden.

Tab. 3: Kompetenzstufen-Ausprägung

gen zu einer gezielten Auseinandersetzung mit der Entwicklung des Mitarbeiters durch die Führungskraft. Die Soll-Ausprägung bietet einen Maßstab, ob die Kompetenzanforderung aktuell erreicht werden oder nicht. Die der Kompetenz zugeordneten und auswählbaren Qualifizierungsmaßnahmen können zur passenden Mitarbeiterentwicklung beitragen.

5.6 Kompetenzeinschätzung

Die Ermittlung des Ist-Kompetenzstandes erfolgt durch die Führungskraft und den Mitarbeiter und wird im Rahmen eines Mitarbeitergesprächs besprochen. Sie ist die Voraussetzung dafür, passgenau Maßnahmen zur Kompetenzentwicklung abzuleiten. Um sich auf das Mitarbeitergespräch ausreichend vorbereiten zu können, stellen die Führungskräfte das Kompetenzprofil dem Mitarbeiter rechtzeitig zur Verfügung.

Durch die Gegenüberstellung der Ist-Einschätzungen mit den Soll-Ausprägungen der Kompetenzen im Kompetenzprofil wird der Kompetenzentwicklungsbedarf des einzelnen Mitarbeiters erkennbar. Haben Führungskraft und Mitarbeiter den Kompetenzentwicklungsbedarf besprochen, können geeignete Maßnahmen zum Kompetenzaufbau vereinbart werden.

5.7 Maßnahmenauswahl und -umsetzung

Zur Vereinbarung von Maßnahmen zum Kompetenzaufbau sind zur Unterstützung der Führungskräfte im Kompetenzprofil zu jeder Einzelkompetenz geeignete Maßnahmen zugeordnet. Für jede Einzelkompetenz werden Seminare/Schulungen (Off-the-Job) sowie arbeitsplatznahe Maßnahmen (On-the-Job), wie z.B. Einweisungen, Hospitationen usw., aufgezeigt. Die Off-the-Job-Maßnahmen werden aus einem Bildungskatalog, dem *Audi Qualifizierungsprogramm*, gewonnen. Ein zentrales Element des Audi Kompetenzmanagements besteht darin, vorhandenes Know-how der Fachbereiche zum Kompetenzaufbau zu nutzen und somit effizient zu multiplizieren. Hierzu werden die internen Referenten eingesetzt. Auf diese Weise kann ein möglichst großer Anteil der Maßnahmen zum Kompetenzaufbau bereichsintern abgebildet werden. Die gezielte Einbindung interner Referenten trägt zudem auch zur deren Wertschätzung im Fachbereich bei. Qualifizierungsbedarfe werden jedoch nicht ausschließlich durch interne Anbieter (Audi Akademie, Audi Bildungswesen, interne Referenten), sondern auch durch externe Qualifizierungsanbieter, z.B. spezialisierte Trainingsdienstleister, Systemlieferanten oder Hochschulen gedeckt. Die ausgewählten Maßnahmen werden im Anschluss an das Mitarbeitergespräch das gesamte Jahr über umgesetzt. Spätestens zum darauf folgenden Mitarbeitergespräch erfolgt die Überprüfung des Umsetzungsstatus.

5.8 Evaluation des Kompetenzmanagements

Bei dem umfassenden Vorhaben, Kompetenzmanagement im Unternehmen zu etablieren, stellt sich die Frage, wie sich dessen Umsetzung bewerten und überprüfen lässt. Der Audi Kompetenzmanagement-Ansatz wird über verschiedene Wege evaluiert. Von Interesse ist hierbei der Transfer der Qualifizierungsmaßnahmen, die grundsätzliche Akzeptanz des Ansatzes und das Monitoring von objektiv dokumentierbaren Kennzahlen. Die klassische Frage nach dem Transfer bzw. dem Nutzen von Qualifizierungsmaßnahmen ist per se schwer zu beantworten. Der Audi Kompetenzmanagement-Ansatz beschränkt sich in dieser Hinsicht auf eine pragmatische Lösung. Von den Teilnehmern aller Schulungen wird ein Feedback in Form eines Fragebogens zu den Inhalten und zu deren Vermittlung sowie zum erwarteten Transfer des Gelernten eingeholt. Die Auswertung der Feedbackbögen zeigt bislang eine durchgängig hohe Zufriedenheit mit den Angeboten. Zudem ist die Anzahl der gebuchten Qualifizierungsmaßnahmen ein wichtiger Indikator für deren Nutzen. Wenn bspw. Qualifizierungsmaßnahmen mit fachlich besonders erfolgskritischen Inhalten nicht den Erwartungen entsprechend nachgefragt werden, wird das im gemeinsamen Austausch zwischen KM-Beratern, Bildungsexperten und den Fachbereichen analysiert und ggf. werden dann die betroffenen Qualifizierungen angepasst.

Umfangreicher wurde der Kompetenzmanagement-Ansatz in 2008 evaluiert. Hierzu wurden Führungskräfte interviewt und Mitarbeiter online befragt. Dies erfolgte in Kooperation mit INI.TUM.[2] Die Evaluationsergebnisse flossen in die Optimierungen des Kompetenzmanagements ein. Die Ergebnisse zeigten eine grundsätzlich positive Haltung gegenüber dem Kompetenzmanagement-Ansatz. So sahen die befragten Mitarbeiter eine deutliche Unterstützung des Kompetenzmanagements bei der Verfolgung der Bereichsziele und begrüßten mehrheitlich den Einsatz von Kompetenzprofilen sowie die angebotenen Qualifizierungsmaßnahmen. Die Aussagen der interviewten Führungskräfte bestätigten die Ergebnisse der Mitarbeiterbefragung weitgehend. Zudem wurde die Organisation bzw. Administration der Qualifizierungsmaßnahmen als willkommene Entlastung gesehen. Das bezog sich insbesondere auf die Maßnahmen, die durch interne Referenten der Fachbereiche angeboten werden. Des Weiteren tragen jährlich stattfindende Review-Termine mit den Fachbereichen nach dem Ende der Personalentwicklungsrunde zur Weiterentwicklung des Kompetenzmanagements bei Audi bei. Die Kompetenzmanagement-Berater fragen dabei die Erfahrungen und Optimierungsbedarfe ab. Häufig wird in diesen Terminen der Aufwand, der mit der Erstellung von neuen Kompetenzprofilen einhergeht, kritisch diskutiert. Daraus entstehende Verbesserungsvorschläge werden soweit wie möglich berücksichtigt.

Einen weiteren Anhaltspunkt für eine Evaluation des Kompetenzmanagement-Ansatzes bieten Kennzahlen zur Umsetzung, die sich aus der Administration der Maßnahmen generieren lassen. Mittlerweile schulen mehr als 300 interne Referenten ihre Kollegen. Damit wurden seit der ersten Schulung im Rahmen von Kompetenzmanagement über 20.000 Teilnehmer erreicht. Zudem werden über 200 mit den Bereichen abgestimmte Kompetenzprofile online angewendet.[3]

2 INI.TUM ist eine Wissenschaftskooperation zwischen der Technischen Universität München und der AUDI AG. Im Rahmen einer Promotion wurde das Kompetenzmanagement-System von Audi evaluiert.

3 Stand: Ende Januar 2012.

6 Bewertung der heutigen Situation

6.1 Einbindung des Kompetenzmanagements in HR-Prozesse

Der Audi Kompetenzmanagement-Ansatz ist mit dem jährlichen Basisprozess der Personalentwicklung, der PE-Runde, verzahnt. In der PE-Runde sind Führungskräfte aufgefordert, für ihre Mitarbeiter die Leistungsbeurteilung durchzuführen, das Potenzial einzuschätzen und die Entwicklung bzw. Qualifizierung zu planen sowie ein Mitarbeitergespräch zu führen. Mittlerweile unterstützen Kompetenzprofile die Führungskraft im jährlichen Mitarbeitergespräch bei der Auswahl der notwendigen Qualifizierungsmaßnahmen.

Die zeitliche Fixierung im Jahresverlauf und die Anknüpfung an den Prozess der PE-Runde stellen einen wesentlichen Meilenstein zur Etablierung des Kompetenzmanagements als reguläres PE-Instrument dar. Das erfordert zugleich die Abgrenzung zur Leistungsbeurteilung. Die Abgrenzung des Kompetenzmanagements liegt darin, dass sich die Einzelkompetenzen auf das beziehen, was der Mitarbeiter je nach Tätigkeitsanforderung aktuell und künftig können muss. Die für das Entgelt relevante Leistungsbeurteilung fokussiert dagegen auf die in der Vergangenheit erbrachte Leistung. Dadurch lässt sich Kompetenzmanagement als eigenständiges, auch von der Entgeltentwicklung unabhängiges Instrument etablieren und abgrenzen. Diese Abgrenzung ist zudem durch eine Betriebsvereinbarung geregelt.

Letztendlich bedeutet die Umsetzung des Kompetenzmanagements immer auch einen Organisationsentwicklungsprozess zu begleiten. Zum einen kann Kompetenzmanagement Klärungen über Tätigkeiten erbringen, die immer dann notwendig werden, wenn es zuvor in Organisationseinheiten zu Reorganisationsprozessen gekommen ist. Zum anderen – und das hat besondere Relevanz – führt die Umsetzung des Kompetenzmanagement-Ansatzes zu einer neuen Aufgabenverteilung innerhalb der betrieblichen Qualifizierung. Die Fachbereiche benennen Koordinatoren, Profilmentoren und interne Referenten, die im System eine wichtige Aufgabe einnehmen, und das Management ist für die Umsetzung in den Fachbereichen zuständig. Dadurch wird die Verantwortung für die Mitarbeiterentwicklung aktiver als in der Vergangenheit wahrgenommen. Zusätzlich herausfordernd wird es, wenn die Fachbereiche miteinander bereichsübergreifende Qualifizierungsmaßnahmen abstimmen. Dies wird mit der wachsenden Komplexität der Technologien und der entsprechenden Vernetzung der Prozesskette erforderlich, so z. B. bei Themen der Elektromobilität. In diesem Kontext müssen sich auch die Bildungsexperten enger vernetzen, um ihre beratende Aufgabe wirksam wahrnehmen zu können. D. h. ebenso wie die Fachbereiche erreicht der Organisationsentwicklungsprozess die Bildungsexperten. Abschließend ist noch ein weiterer Aspekt zu erwähnen, der den vom Kompetenzmanagement angestoßenen Organisationsentwicklungsprozess berührt: das Führungsverhalten. Die Besprechung des Kompetenzprofils zwischen Mitarbeiter und Führungskraft führt zu Transparenz über bestehende und erforderliche Kompetenzen. Diese Auseinandersetzung erfordert Offenheit und Kooperationsfähigkeit, nicht nur beim Mitarbeiter, sondern auch im Führungsverhalten. Das stellt eine wichtige Kulturfacette bei Audi dar.

6.2 IT-Unterstützung des Kompetenzmanagements

Die Verzahnung des Audi Kompetenzmanagement-Ansatzes mit der PE-Runde wird durch das Andocken an ein IT-System realisiert. Bereits seit einigen Jahren erfolgt die IT-Abbildung der PE-Runde im Rahmen der Audi PEonline. Bei der Audi PEonline handelt es sich um ein SAP-HR basiertes IT-Tool, auf das alle Führungskräfte über das Intranet zugreifen. In diesem IT-Tool werden alle Eingaben zur Leistungsbeurteilung, Potenzialeinschätzung, Entwicklungsplanung und – seit 2008 – Kompetenzentwicklung dokumentiert. Dadurch wird zur weiteren Etablierung von Kompetenzmanagement im Unternehmen beigetragen.

Zunächst sind sequenziell die Schritte Leistungsbeurteilung und Potenzialeinschätzung durchzuführen, bevor die Entwicklungsplanung und die Qualifizierung bzw. die Kompetenzentwicklung bearbeitet werden können. Die Führungskraft kann den Mitarbeitern in der Audi PEonline ein oder zwei der zuvor definierten Kompetenzprofile zuordnen. Seit 2011 haben Mitarbeiter erstmals die Möglichkeit, den eigenen Kompetenzentwicklungsbedarf online über das Intranet einzuschätzen. Die Führungskraft gibt parallel dazu ihre Einschätzung in die Audi PEonline ein.

Zu den Einzelkompetenzen des Kompetenzprofils werden direkt Vorschläge für die Planung zum Kompetenzaufbau angezeigt. Die zugeordneten Qualifizierungsmaßnahmen können direkt über das IT-Tool gebucht und dokumentiert werden. Der Umsetzungsstand der vereinbarten Maßnahmen zum Kompetenzaufbau wird laufend dokumentiert und ist für Führungskraft und Mitarbeiter das gesamte Jahr sichtbar. Auswertungs- und Statistikfunktionen geben der Führungskraft einen Überblick zum Kompetenzstand ihrer Abteilung und unterstützen bei der Planung der Kompetenzentwicklung für die Mitarbeiter, wie z. B. der Überblick über die geplanten Qualifizierungstage je Mitarbeiter oder die verplanten Qualifizierungskosten.

6.3 Etappen des Kompetenzmanagements

Mit Blick auf das bisher Erreichte lassen sich Etappen bestimmen. Die ursprüngliche Motivation war es, mit Kompetenzmanagement zur Lösung spezifischer Problemlagen in den Fachbereichen beizutragen. Die zunehmende Vernetzung der Fachbereiche aufgrund technologischer Anforderungen und die Gewährleistung der Anschlussfähigkeit des Kompetenzmanagements an die PE-Runde setzte eine stärkere Vereinheitlichung voraus. Die Auswertungen der Feedbackbögen, die Ergebnisse der Evaluation und der regelmäßige Austausch mit den Ansprechpartnern in den Fachbereichen lassen darauf schließen, dass vor allem ein passgenaueres und effektiveres Qualifizierungsniveau erreicht wurde.

7 Erfolgsfaktoren

7.1 Einbindung der Führungskräfte

An erster Stelle sollte die Bedeutung der Führungskräfte für das Kompetenzmanagement hervorgehoben werden. Die Führungskräfte des Fachbereichs übernehmen die Aufgabe als Promotoren. Wenn es von dieser Seite gelingt, überzeugend zu kommunizieren, dass Kompetenzmanagement bzw. das Denken und Planen in Kompetenzen einen Nutzen bewirkt, wird die erfolgreiche Einführung erheblich erleichtert. In diesem Zusammenhang kommt es insbesondere auf die Vermittlung der Ziele des Kompetenzmanagements und des Mehrwerts von Kompetenzprofilen an.

7.2 Passgenaue Maßnahmen zum Qualifizierungsaufbau

Ein wesentlicher Faktor für die Akzeptanz des Audi Kompetenzmanagement-Ansatzes ist darin zu sehen, dass mit jeder Einzelkompetenz auch gleich passende Maßnahmen zum Kompetenzaufbau On-the-Job und Off-the-Job angeboten werden. Ein mühsames Suchen nach geeigneten Maßnahmen entfällt. Das bietet Führungskräften einen echten Mehrwert und belässt ihnen den Spielraum, für jeden Mitarbeiter eine Auswahl an optimalen Maßnahmen zu treffen. Insbesondere die Bündelung aller internen und externen Qualifizierungsanbieter ist ein Novum und schafft Übersichtlichkeit und Transparenz. Die Einbindung interner Experten und der Aufbau bereichsspezifischer Qualifizierungsmaßnahmen werden als effizient erlebt. Die mittlerweile hohe Anzahl an internen Referenten spricht für die Attraktivität dieses Vorgehens und stellt in der deutschen Industrie eine Besonderheit dar. Die Fachbereiche können damit eigene Qualifizierungsmaßnahmen erstellen, die in der Regel zügig aufgebaut und stattfinden können. Weitere Vorteile dieser internen Referentenmaßnahmen liegen in der Kostenneutralität und der relativ kurzen Schulungszeit (im Durchschnitt ca. vier Stunden). Die hohe Bereitschaft, das Wissen mit Kollegen zu teilen, kann als Ausdruck der besonderen Unternehmenskultur bei Audi bewertet werden.

7.3 Gestaltung der Kompetenzprofile und Einbindung der Mitarbeiter

Die Gestaltung der Kompetenzprofile bewegt sich immer im Spannungsfeld zwischen den Ansprüchen, die Kompetenzen der Mitarbeiter möglichst vollständig zu erfassen und gleichzeitig praktikabel in der Anwendung und Pflege zu bleiben. Zwei Aspekte beschränken eine zu detaillierte Abbildung von Kompetenzen in den Profilen. Einerseits sollte sich eine hinreichend große Zahl von Mitarbeitern einem Kompetenzprofil zuordnen lassen, was eine allzu detaillierte bzw. individuelle Kompetenzerfassung begrenzt. Anderseits sollen nur ca. 25 Einzelkompetenzen in den Kompetenzprofilen abgebildet werden. Je mehr Einzelkompetenzen in den jeweiligen Profilen erfasst werden, desto mehr Aufwand wird im Aufbau, aber auch in der Anwendung im Qualifizierungsgespräch im Rahmen der PE-Runde erzeugt, und das sollte begrenzt werden.

Ein weiteres Spannungsfeld besteht in der Klärung, wie viele Mitarbeiter mit Kompetenzmanagement erreicht werden sollen. Die Forderung nach Einbindung möglichst vieler Mitarbeiter steht im Zielkonflikt mit der pragmatischen Beschränkung des Kompetenzmanagements auf für das Unternehmen erfolgskritische Tätigkeitsgruppen.

7.4 Einbindung der Personalreferenten

Die Personalreferenten bei Audi betreuen die Führungskräfte bei der individuellen Entwicklung der Mitarbeiter. Sie haben in der Regel den besten Überblick über die Personalentwicklungsbedarfe des betreuten Fachbereichs, sind mit dessen Strategie vertraut und kennen sich mit den Aufgaben der Mitarbeiter und den spezifischen Anforderungen auch im Vergleich untereinander aus. Daher ist deren Einbindung in die Auswahl der Tätigkeitsgruppen, für die Kompetenzprofile erstellt werden, und deren inhaltlichen Ausgestaltung notwendig. Zudem müssen die neu geschaffenen Kompetenzprofile in die bereits bestehende Landschaft der Tätigkeitsbeschreibungen usw. integriert bzw. mit dieser harmonisiert werden.

7.5 Einbindung des Betriebsrats

Das Audi Kompetenzmanagement wird auch durch den Betriebsrat getragen und begrüßt, weil es einen großen Beitrag zur Sicherung der langfristigen Beschäftigungsfähigkeit der Mitarbeiter leistet. Die grundsätzlich positive Haltung der Arbeitnehmervertretung gegenüber dem Kompetenzmanagement und die Einbindung des Betriebsrates im Rahmen der betrieblichen, tariflichen und gesetzlichen Bestimmungen hat sich für den erfolgreichen Aufbau und Betrieb in den Fachbereichen als entscheidend herausgestellt. So hat die Arbeitnehmervertretung wesentlichen Einfluss auf die Akzeptanz des Konzeptes in der Belegschaft.

7.6 Berücksichtigung von Audi Spezifika

Der Audi Kompetenzmanagement-Ansatz wurde entsprechend der Audi Spezifika entwickelt und eignet sich daher nicht zwangsläufig für andere Unternehmen. Trotz der branchenspezifisch dynamischen Rahmenbedingungen in der Automobilindustrie ist es bei Audi möglich, die Kompetenzprofile für Gruppen zu beschreiben, deren Tätigkeiten mittelfristig stabil bleiben. Zudem wird die Erstellung eines Kompetenzprofils für eine Tätigkeitsgruppe erst dann ökonomisch sinnvoll, wenn sich dafür eine hinreichend große Anzahl an Mitarbeitern identifizieren lässt. Auch das ist bei Audi gegeben. Bei kleineren Organisationen müssten evtl. Kompetenzprofile für kleinere Gruppen erstellt werden. Die Relation zwischen Aufwand und Nutzen könnte dann kritisch werden.

8 Ausblick

Kompetenzmanagement ist mehr als nur ein Modethema. Durch den technologischen Fortschritt und die steigende Wettbewerbsintensität müssen sich Unternehmen mit ihrer Zukunftsfähigkeit auseinandersetzen und den Aufbau und Erhalt ihrer Kompetenzen sicherstellen. Auch über den betrieblichen Kontext hinaus zeichnet sich ein steigender Bedarf an diesem Thema ab. In einer Gesellschaft, in der Menschen ein Leben lang lernen sollen, die gleichsam auf eine Wissensgesellschaft zusteuert, können Kompetenzentwicklungsprozesse nicht mehr nur den traditionellen Bildungsinstitutionen überlassen werden. Unternehmen müssen für die adäquate Mitarbeiterentwicklung verstärkt Verantwortung tragen. Der Wissensarbeiter der Zukunft entwickelt und aktualisiert seine Kompetenzen in verschiedenen Lebensphasen und an unterschiedlichen Lernorten. Gleichzeitig erschwert das die Vergleichbarkeit von Wissensbeständen, Fertigkeiten, Fähigkeiten usw., so dass die Beobachtung dessen, was Mitarbeiter in der Praxis unter Beweis stellen, wichtiger wird. Es zählt mehr *was ein Mitarbeiter kann*, als *was er (mal) gelernt hat.*

Die Realisierung einer Lernenden Organisation – das Thema gewinnt in diesem Kontext wieder an Aktualität! – bedeutet einen Kulturprozess, indem die Veränderungsprozesse in Unternehmen gezielt durch Kompetenzmanagement unterstützt werden können.

Vor dem Hintergrund dieser Entwicklungen wagen wir einige Trends im Kompetenzmanagement auszumachen:

- Lernfähigkeit und Lernbereitschaft als wichtige Metakompetenzen von Mitarbeitern (Einstellkriterium) verdrängen zunehmend klassische Kompetenzen, die in Berufs- oder Studienabschlüssen (Halbwertzeit sinkend) nachgewiesen werden.
- Zunehmende Aufgabe der Führungskräfte und des Personalwesens ist es, die Lernbereitschaft und Lernfähigkeit bei allen Mitarbeitern zu fördern und deren Einsatzflexibilität zu steigern.
- Dauerhafte Sicherstellung von Fachkompetenz erfordert selbstorganisiertes Lernen und die Bereitschaft zur systematischen Wissensweitergabe.
- Betriebliche Weiterbildung erfolgt im Rahmen kleinerer und schnellerer Lerneinheiten.
- Wissensträger in Unternehmen werden transparent gemacht und als interne Wissensquellen bzw. interne Referenten genutzt.
- Unternehmen, Forschungsinstitutionen, Schulen und Hochschulen schließen zunehmend strategische Partnerschaften für den Wissensaufbau und Transfer, weil deutlich wird, dass Kompetenz oft nicht mehr schnell genug und in ausreichender Güte von den jeweiligen Bildungsinstitutionen allein, sondern nur noch vernetzt generiert werden kann.

*Barbara Kahlert/Helmut Kolmerer**

Implementierung des Kompetenzmanagementsystems im AXA Konzern

* *Barbara Kahlert*, Personalmanagement und -entwicklung im AXA Konzern Deutschland, Köln. Dr. *Helmut Kolmerer*, Direktor Konzernorganisation und Prozessmanagement im AXA Konzern Deutschland, Köln.

1 Zusammenfassung

Der AXA Konzern in Deutschland setzt Kompetenzmanagement als zentrales Instrument zur strategischen Personalentwicklung ein. Mit Hilfe des selbst entwickelten Kompetenzmanagementsystems (KMS) werden Entwicklungsbedarfe auf individueller und kollektiver Ebene jeweils vor dem Hintergrund strategiegeleiteter Anforderungsprofile erhoben. Das Instrument besteht aus einem standardisierten Kompetenzkatalog und der freien Beschreibung von Kernaufgaben.

Durch die systematische Vernetzung mit den anderen vorhandenen Personalentwicklungsinstrumenten zur Auswahl, Beurteilung und Förderung werden weitere Verwendungen wie die Definition von Fachlaufbahnen, Entwicklungspfaden und dazugehörigen Qualifizierungsprogrammen ermöglicht.

Neben dem Einsatz im Bereich der Personalentwicklung dient das Kompetenzmanagementsystem zur Verbesserung von Staffing-Prozessen sowie Personalzuordnungen bei Restrukturierungen.

2 Beschreibung des Unternehmens

Die AXA Konzern AG zählt zu den führenden Erstversicherern und Finanzdienstleistern in Deutschland und ist Teil der internationalen AXA Gruppe – einer der größten Versicherer und Asset-Manager weltweit. Der Konzern beschäftigt mehr als 9.500 Mitarbeiter an 16 dezentralen Standorten und der Hauptverwaltung in Köln sowie über 4.000 Ausschließlichkeitsvermittler im ganzen Bundesgebiet.

Die nach dem Merger mit der DBV Winterthur seit 2006 konsequent vorangetriebene strategische Neuausrichtung des Konzerns spiegelt sich in der Struktur des Unternehmens wider: Mit dem Ziel, den Konzern übersichtlicher und kundenorientierter zu gestalten und gleichzeitig die Wettbewerbsfähigkeit zu steigern, wurde die branchenübliche Spartenorganisation durch die Gliederung nach Kernkompetenzen ersetzt und ein Ressort Kunden- und Partnerservice eingerichtet in dem alle standardisierten Massenverarbeitungsprozesse spartenübergreifend bearbeitet werden.

Das Vertriebsressort bündelt sämtliche Vertriebskanäle des Unternehmens – Ausschließlichkeits-, Makler-, Kooperationsvertriebe sowie den Direktvertrieb und die AXA Bank – und bietet durch die Multikanalstrategie den Kunden die Möglichkeit, Leistungen und Informationen rund um die Uhr schnell abzufragen.

In den Spartenressorts werden neue Produkte entwickelt, bestehende Produkte modifiziert sowie komplexere Spezialverarbeitung abgewickelt.

Die Infrastrukturressorts arbeiten als interne Dienstleister des deutschen AXA Konzerns und unterstützen in den Gebieten IT, HR, Facility Management, Kapitalanlagen und Controlling die service- und vertriebsorientierten Unternehmenseinheiten.

Innovation und konsequente Vertriebspartner- und Kundenorientierung durch kompetenten Service und professionelle Beratung stehen bei der strategischen Ausrichtung der AXA in Deutschland im Vordergrund. Das wichtigste Kapital zur Erreichung dieser Ziele sind die Mitarbeiter; insofern sind Förderung von Fach- und Sozialkompetenz ebenso wie die Steigerung der Mitarbeiterzufriedenheit wesentliche Bestandteile der Konzernstrategie.

3 Ziele des Kompetenzmanagementsystems

Der konsequente Umstrukturierungsprozess, mit dem der AXA Konzern bereits seit 2000 den Herausforderungen des Finanzdienstleistungsmarktes begegnet, weitergeführt mit der Zielorganisation nach dem Merger 2006, führt zu einem tiefgreifenden Wandel der internen Strukturen und Ablaufprozesse. Um flexibel auf die Marktanforderungen reagieren zu können, werden veränderte Funktionen etabliert, die neue Anforderungen an die Mitarbeiter der betroffenen Bereiche stellen.

Aufgabe des Bereichs Personalmanagement und -entwicklung ist u.a., diesen Veränderungsprozess zu unterstützen und dabei die spezifischen Anforderungen des Konzerns, der Führungskräfte sowie die Bedarfe der Mitarbeiter zu berücksichtigen.

Ausgehend von der Notwendigkeit, die letztlich knapper werdenden Ressourcen so effizient wie möglich einzusetzen und das Angebot von Entwicklungsmaßnahmen adäquat und zielgerichtet zu steuern, entstand das Konzept eines systematischen Kompetenzmanagementsystems.

Mit dem Ziel, Unternehmensentwicklung und Personalentwicklung zu synchronisieren, soll das System frühzeitige strategische Kompetenzentwicklung im Top-Down-Prozess ermöglichen. Im Fokus dieser Anforderung aus Konzernsicht stehen:

- Die strategieorientierte Identifikation zukünftiger Aufgaben innerhalb der oben beschriebenen Unternehmensbereiche und die Ableitung neuer Anforderungen,
- die frühzeitige Steuerung und Entwicklung von unternehmensweit gültigen Kompetenzen und die Ableitung übergreifender Qualifizierungsbedarfe,
- die Schaffung von Transparenz über vorhandenes Potential zur Nutzung des Kompetenzmanagementsystems bei Stellenbesetzungen,
- optimiertes konzernweites Staffing von Projektteams oder neuen Organisationseinheiten durch gezieltere Vorselektion potentiell geeigneter Kandidaten mittels aktueller Kompetenzprofile,
- verbesserte Nachfolgeplanung durch transparente Entwicklungspfade und damit verbundene Kompetenzentwicklungspläne.

Ein weiterer wesentlicher Aspekt war, die im Rahmen der strategischen Neuausrichtung des Konzerns angestoßenen Reorganisationsprojekte durch die konsequente Überführung von Prozessanforderungen in Kompetenzprofile zu unterstützen und den Mitarbeitern gegenüber Transparenz im Hinblick auf Anforderungen möglicher Zielpositionen zu schaffen.

Zeitgleich wurde von Beginn an ein Instrument gesucht, das die operative Personalentwicklung innerhalb der Fachbereiche unterstützt und den Bedürfnissen von Führungskräften und Mitarbeitern Rechnung trägt.

Die bereits existierenden Führungsinstrumente »Mitarbeitergespräch« und »360-Grad-Feedback« dienen der Beurteilung, der Zielvereinbarung und der individuellen Qualifizierungsplanung. Als allgemeingültige und standardisierte Instrumente referieren sie auf identische Kriterien, weisen jedoch keinen Bezug zu konkreten Anforderungen an einzelne Funktionen auf. Das Kompetenzmanagementsystem soll die bestehenden Führungsinstrumente als übergreifender Ordnungsrahmen miteinander verzahnen, die dort hinterlegten, allgemeingültigen Kriterien integrieren, gleichzeitig jedoch den Bezug zu den fachlich-methodischen Anforderungen der jeweiligen Funktion schaffen.

Durch die Definition der funktionsspezifischen Aufgaben und der Ableitung der hierfür erforderlichen Kompetenzen wird somit eine systematische und transparente Gesprächsbasis geschaffen, um im Rahmen des Mitarbeitergesprächs einen individuellen Soll-/Ist-Abgleich durchführen zu können. Indem die individuellen Kompetenzlücken auf Bereichs- und Ressortebene aggregiert werden, lassen sich die spezifischen Bedarfe der Organisationseinheit identifizieren und nach Relevanz für die strategische Ausrichtung der Einheit priorisieren. Ergebnis ist ein auf die konkreten Bedarfe der jeweiligen Organisationseinheit zugeschnittenes Qualifizierungsprogramm.

4 Beschreibung des Vorgehens

Die ersten Pilotprojekte zur Einführung des Kompetenzmanagementsystems wurden aufgrund von Anfragen einzelner Organisationseinheiten an den Bereich Personalmanagement und -entwicklung aufgesetzt: Angestoßen durch die turnusmäßig stattfindende Mitarbeiterbefragung, die in einzelnen Einheiten nicht zufriedenstellende Ergebnisse in den Dimensionen »Arbeitsinhalte« und »Entwicklungsförderung« aufwies, sollten bereichsinterne Entwicklungspfade systematisiert und mit entsprechenden Qualifizierungsmaßnahmen hinterlegt werden.

Die Personalentwicklung übernahm in ihrer Rolle als Kompetenzzentrale die Entwicklung und Optimierung des Instruments sowie die Einbeziehung der betriebsrätlichen Gremien und steuerte die einzelnen Einführungsprozesse. Das auftraggebende Management der betreffenden Organisationseinheiten unterstützte die Einführung des Kompetenzmanagementsystems durch die Bereitstellung von Kapazitäten aus der Führungsebene und verantwortete die definierten Funktionsprofile inhaltlich.

4.1 Die Einführungsstrategie: zentralisiert, standardisiert und im Top-Down-Prozess

Der in den Pilotprojekten dargestellte Nutzen des Kompetenzmanagementsystems, die operative Personalentwicklung effektiv zu unterstützen, führte letztlich zu der Unternehmensentscheidung, das Instrument in einem Zeitraum von zwei Jahren konzernweit verbindlich einzuführen. Dabei wurde ein Top-Down-Ansatz bei der Implementierung gewählt.

Zentral durch die Personalentwicklung gesteuert wurden die Einführungsprozesse in den einzelnen Fachbereichen nach strategischen Gesichtspunkten priorisiert. Im Fokus stand dabei die Implementierung des Kompetenzmanagementsystems im Rahmen von Restrukturierungsprojekten: Tiefgreifende Strukturveränderungen und Prozessoptimierungen stellen alle Beteiligten – Führungskräfte wie Mitarbeiter – vor neue Herausforderungen und erfordern eine wirksame Unterstützung durch ein Personalinstrument, das für die betreffenden Organisationseinheiten den größtmöglichen Nutzen schafft.

Ausgehend von den Zielen der einzelnen Unternehmenseinheiten wurden die vorhandenen Funktionen systematisch in Kaskaden erfasst und hinsichtlich ihrer Kernaufgaben und der notwendigen Kompetenzen beschrieben. Somit konnten die strategischen Ziele der Einheit in die Kompetenzmanagementsystem-Profile der ersten Führungsebene integriert, über die weiteren Führungsebenen bis hin zu den Mitarbeiter-Profilen herunter gebrochen und in der Definition von Kernaufgaben und erforderlichen Kompetenzen festgeschrieben werden.

Des Weiteren wurde die durch die Restrukturierungsprojekte angestrebte Standardisierung von Bearbeitungsprozessen an den einzelnen Standorten unterstützt: Die erarbeiteten Profile spiegeln die neuen Prozessanforderungen wider, wurden zentralseitig abgestimmt und standortübergreifend ausgerollt. Das jeweilige Management verantwortete dabei die Inhalte der Profile und sorgte für die Kalibrierung der Kompetenzausprägungen: Auf jeder Führungsebene der einzelnen Ressorts wurden die relevanten Profile gegeneinander gelegt, auf Konsistenz und Vergleichbarkeit geprüft und abgestimmt. Bei bestimmten Funktionen, wie z.B. *Projektleiter* und *Aktuar*, erfolgte der Abstimmungsprozess auch ressortübergreifend.

Die Kommunikation über die Implementierung des Kompetenzmanagementsystems auf Konzernebene im Allgemeinen sowie die Einbeziehung der Mitbestimmungsgremien wurde durch die Personalentwicklung gesteuert. Eine detaillierte Information über die einzelnen Roll-Outs dagegen erfolgte kaskadenförmig über die Führungskräfte der entsprechenden Organisationseinheit.

Indem im Top-Down-Prozess die Profile für sämtliche Funktionen der betroffenen Bereiche erstellt wurden, konnte ein einheitliches Verständnis über die mit den neuen Aufgaben verbundenen Anforderungen geschaffen und letztlich der Kommunikationsprozess zwischen Führungskräften und Mitarbeitern forciert werden.

Diese kaskadenförmige Vorgehensweise findet auch bei der konkreten Nutzung der Kompetenzmanagementprofile im regelmäßigen Mitarbeitergespräch ihre Entsprechung: Die im Rahmen der Mitarbeitergespräche vereinbarten persönlichen Ziele sowie die individuelle Entwicklungs- und Qualifizierungsplanung orientieren sich stringent an den Zielen der Organisationseinheit.

5 Beschreibung des Kompetenzmanagementsystems

5.1 Aufbau des Systems

Ausgehend von der Zielsetzung, ein für jede Führungskraft einfach zu handhabendes Instrument zu entwickeln, das einen klaren Nutzen für das operative Geschäft erkennen lässt, wurde zunächst ein pragmatisches Rahmenmodell erarbeitet:

Jeder Funktion wird ein Profil zugeordnet, das die Kernaufgaben der Funktion, die benötigten *Persönlichen Kompetenzen* sowie die erforderlichen *Fachlich-methodischen Kompetenzen* definiert, wobei für jede dieser Kompetenzen die notwendige Ausprägungstiefe auf einer

Dreierskala festgelegt wird. Diese Skalierung versucht, die Ausprägungen der verschiedenen Kompetenzen pragmatisch zu fassen und unterscheidet wie folgt:

- Anwender: Sicher in Standardsituationen,
- Könner: Sicher in schwierigen/komplexen Situationen,
- Experte: Richtungsweisend auch in unbekannten Situationen.

Das System sieht eine freie Formulierung der Kernaufgaben vor. Durch die beschriebene Einführungsstrategie wird jedoch die Integration der strategischen Ziele der jeweiligen Organisationseinheit in die Darstellung der Kernaufgaben angestrebt. Insofern gliedert sich die Beschreibung in *Grundauftrag* und *Kernaufgaben* und ist auf maximal eine Seite beschränkt.

Abbildung 1 zeigt am Beispiel des *Finanzspezialisten* die Darstellung der Kernaufgaben.

Bei den *Persönlichen Kompetenzen* handelt es sich um ein fest definiertes Set, das aus dem *AXA Management Stil* abgeleitet wurde und Kriterien beinhaltet, die ebenso Bestandteil des Beurteilungsteils im *Mitarbeitergespräch* sind.

Die *Fachlich-methodischen Kompetenzen* werden aus einem selbst erarbeiteten, umfangreichen Katalog selektiert. Der sog. Kompetenzkatalog ist das Produkt der Erfahrungen aus den ersten Pilotprojekten. In dieser Phase wurde zunächst ein Ansatz individueller Operationalisierung verfolgt: Die für die einzelnen Funktionen erforderlichen *Fachlich-methodischen Kompetenzen* wurden innerhalb der einzelnen Pilotprojekte definiert und auf die Bedarfe der Organisationseinheiten zugeschnitten formuliert.

KMS Funktionsprofil	24.02.2011
Organisationseinheit	**Funktion**
PBR	Finanzspezialist Level 1 (m,w)

Kernaufgaben

Grundauftrag:
Erstellen von Daten in Ist, Forecast und Plan unter Beachtung der Vorschriften aus den deutschen bzw. internationalen Rechnungslegungsvorschriften.

Kernaufgaben
- Erstellung von Jahresabschlüssen, Forecast und Planungsrechnungen von Einzelgesellschaft bzw. auch auf konsolidierter Ebene nach nationalen und internationalen Rechnungslegungsvorschriften für den jeweiligen Verantwortungsbereich
- Durchführung von Analysen und Umsetzung in Geschäftsberichten, Anhängen, AR-Berichten etc.
- Durchführung der notwendigen SOX Kontrollen und Tests
- Überwachung der ordnungsgemäßen Buchungen sämtlicher Geschäftsvorfälle
- Organisation von Abschlußroutinen/- prozessen sowie Abschlussterminplänen (auch im Zusammenwirken mit den Wirtschaftsprüfern)
- Kenntnisse über die Methoden zur Steuerung von Veränderungsprozessen
- Aufbereitung von Nachweisen gegenüber dem Wirtschafts- und Steuerprüfer sowie BaFin, Verbänden und Ratingagenturen
- Erstellung von Zahlungsanweisungen
- Beratung zu speziellen Accounting Fragestellungen.
- Nutzung von Finanzsystemen (z.B Microsoft Office/SAP/ Magnitude/Datawarehouse/Mitversicherung)
- Sinnvollen Einsatz von Ordnungs- und Ablagesystemen

Abb. 1: Darstellung der Kernaufgaben am Beispiel des Finanzspezialisten

Mit steigender Anzahl der beschriebenen Funktionen wuchs die Einsicht, dass hierdurch wesentliche Zielaspekte wie z.B. die Vergleichbarkeit von Profilen und die Darstellung von ressortübergreifenden Entwicklungspfaden nicht gewährleistet sind.

Um die einzelnen Einführungsprozesse zu verschlanken und eine Vergleichbarkeit der Kompetenzen sicherzustellen, entstand ein Kompetenzkatalog, in dem alle für den Konzern relevanten Kompetenzen erfasst sind. Insgesamt umfasst der Katalog sieben Blöcke mit verschiedenen Untergruppen, in die die einzelnen Kompetenzen eingeordnet sind.

Im Einzelnen gliedert sich der Katalog wie folgt:

KMS-Kompetenzkatalog

Inhaltsverzeichnis

4 Bearbeitung	
4.1 Bearbeitung: Antrag, Bestand, Leistung und Schaden	9
4.2 Bearbeitung: Inkasso	10
4.3 Bearbeitung: Kapitalanlagenprodukte	10
5 Vertrieb	
5.1 Vertriebskenntnisse	10
5.2 Kundensegmente	11
6 AXA-Wissen	
6.1 AXA-Konzernwissen	11
6.2 SOX	11
7 DV-Systeme	
7.1 Allgemeine Bürokommunikation	12
7.2 Anwendung von Anwendungssystemen	12
7.3 Anwendung von Fremdsoftware	14
7.4 Entwicklung von Anwendungssystemen	15
7.5 DV-technische Anforderungen für IT-Ressort	18

Abb. 2: Strukturierung des Kompetenzkatalogs

Bei der Auswahl der Kernkompetenzen geht es nicht darum, sämtliche Fähigkeiten und Kenntnisse aufzuzählen, die in der jeweiligen Funktion zum Einsatz kommen. Vielmehr soll der Blick auf diejenigen Kompetenzen gerichtet werden, die für den Erfolg einer Arbeitsgruppe oder Abteilung entscheidend sind.

Aus diesem Grund zwingt eine restriktive Auswahlmöglichkeit von maximal 15 Kompetenzen zur Fokussierung.

Um ein einheitliches Verständnis zu gewährleisten, wurden alle Kompetenzen operationalisiert und beschrieben. Abbildung 3 zeigt diese Beschreibung am Beispiel der Untergruppe *Wirtschaftswissen*.

5.2 Integration des Kompetenzmanagementsystems in die HR-Landkarte

Die im Kompetenzmanagementsystem beschriebenen *Persönlichen Kompetenzen* sind abgestimmt mit den Kompetenz-Sets in anderen Personalentwicklungs-Instrumenten:

- Assessment-Center (AC) zur Selektion geeigneter Kandidaten für Spezialisten- und Führungsfunktionen,
- Mitarbeitergespräch (MAG) zur Beurteilung, Zielvereinbarung und Qualifizierungsplanung,
- Personalentwicklungsseminar (PES) zur Identifikation von Führungspotential,
- Förderkreise zur Förderung von (Nachwuchs-)Führungskräften,
- 360°-Feedback für Führungskräfte (vgl. Abbildung 4).

Durch die Integration der *Fachlich-methodischen Kompetenzen* in die einzelnen Funktionsprofile bildet die Systematik des Kompetenzmanagementsystems darüber hinaus die Basis für die Implementierung von Fachlaufbahnen im Konzern.

Die Notwendigkeit, alternative Karrieremodelle zum traditionellen hierarchischen Aufstieg zu schaffen, führte zu der Entscheidung, für ausgewählte Funktionsfamilien Laufbahnen anzubieten, die sich insbesondere auf die Ausweitung und Entwicklung der fachlichen Kompetenzen konzentrieren. Hochqualifizierte Spezialisten können sich im Rahmen der Fachlaufbahn hinsichtlich Aufgaben, Verantwortung, Qualifizierung und Gestaltungsmöglichkeiten im Unternehmen auch über Ressortgrenzen hinweg weiterentwickeln. Indem für die einzelnen Entwicklungsstufen auf Basis des Kompetenzmanagementsystems Kernaufgaben und Mindestanforderungen definiert werden, lassen sich übergreifende Laufbahnwege abbilden, die mit funktionsspezifischen, bedarfsorientierten Qualifizierungsmaßnahmen

2.1 Wirtschaftswissen	
Finanzwirtschafts-wissen	Kenntnisse über Finanzierung (z.B. Finanzplanung, finanzwirt-schaftliche Analyse), Kapitalanlage und Investition (z.B. Kapital-märkte, -analyse, -steuerung, Investitionsrechnung, Portfolio-Theorie) und Methoden der Unternehmensbewertung (z.B. Ertrags-wertverfahren, Errechnung von Business-Cases, Embedded-Value-Verfahren)
Strategie- und Unternehmens-planung	Kenntnisse über Kunden- und Zielgruppenanalyse (z.B. Erfolgsfaktorenmodell, Important Performance Matrix), Ansätze zur strategischen Positionierung (z.B. USP, Porteransatz), Methoden zur Strategiekonkretisierung (z.B. Messgrößendefinition, Strategische Landkarte, BSC/Living Document)
Controlling	Kenntnisse über die Erstellung von Planungs- und Erwartungsrechnungen auf verschiedenen Detaillierungsebenen; die Analyse von Beitrags- und Profitabilitätsentwicklungen; die Erläuterung der wesentlichen für die quantitativen Entwicklungen verantwortlichen Faktoren
Banktechnische Kenntnisse	Kenntnisse über bankmathematische Methoden, Finanzierungs- und Refinanzierungsgrundlagen sowie Konditionen und Kalkulationen
Rechnungswesen	Kenntnisse über Rechnungslegungsstandards und deren Anwendung zur Durchführung von Abschlüssen u. Konsolidierung von Abschlüssen von Gesellschaften in Teilkonzernen; Kenntnisse zur Dokumentation von Geschäftsvorfällen als Grundlage f. Wirtschaftsprüfung; Kenntnisse zur Durchführung von Plausibilitäts- und Konsistenzprüfungen
Rechnungslegung	Kenntnisse über die Buchhaltung, Bilanzierung und Bewertung im Rahmen von Einzel- und Konzernabschlüssen nach HGB und IFRS Rechnungslegungs-vorschriften. Prüffähige Dokumentation sämtlicher Geschäftsvorfälle für interne und externe Zwecke sowie deren Plausibilitätsüberpfüfung. Kenntnisse sonstiger zivil-, gesellschafts-, aufsichts- und steuerrechtlicher Grundlagen.
Bilanzierung von Versicherungs-leistungen	Kenntnisse über versicherungsspezifische Rechnungslegungsstandards nach HGB und IFRS , bilanzielle Darstellung der Versicherungstechnik, Ermittlung der Positionen (inkl. Kenntnis über aktuarielle Bewertungsverfahren) und Spezifika (Versicherungszweige, Margin Analyse, Segmente, Leistungsarten etc.) Kenntnisse über Vertriebsanforderungen, Produkte und Tarife.

Abb. 3: Operationalisierung der Kompetenzen am Beispiel der Untergruppe Wirtschaftswissen (Auszug)

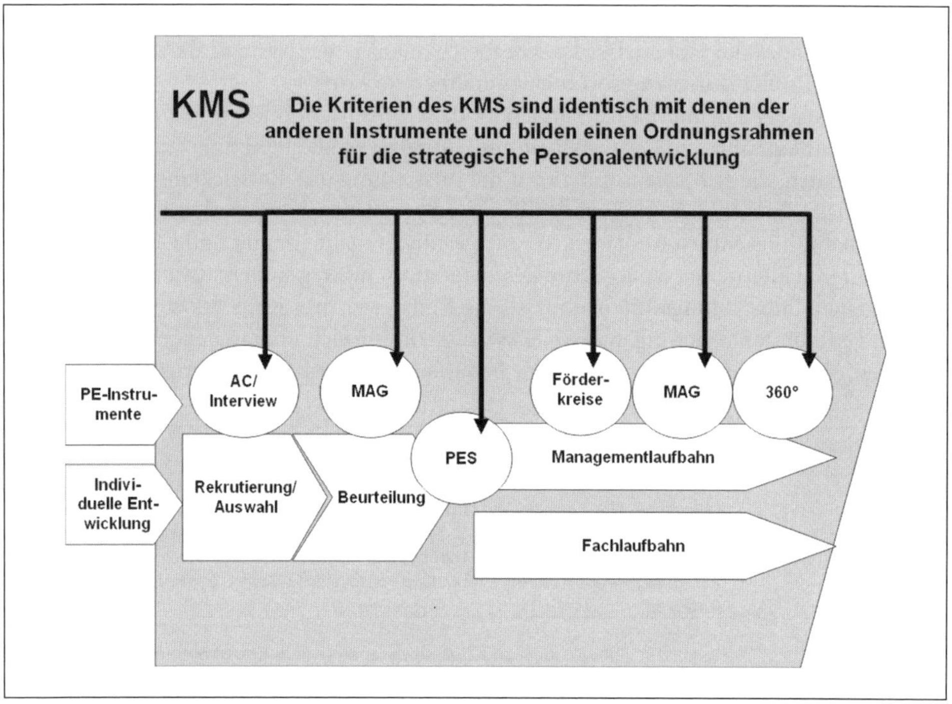

Abb. 4: Kompetenzmanagement als Ordnungsrahmen zur strategischen Personalentwicklung

und weiteren Benefits hinterlegt sind. Seit Einführung des KMS wurden Fachlaufbahnen für Aktuare, Projektleiter, Produktmanager, Underwriter und Claimsmanager implementiert.

5.3 Kompetenzmanagementsystem für Führungsfunktionen: Dokumentation eines einheitlichen Führungsverständnisses

Einen weiteren Anknüpfungspunkt bilden die allgemeinen Führungsgrundsätze der AXA Gruppe, die durch den Einsatz des Kompetenzmanagementsystems konkretisiert und hinsichtlich der strategischen Ziele einzelner Organisationseinheiten operationalisiert werden können.

Neue Organisationsstrukturen werden implementiert, vormals eigenständige Gesellschaften werden in übergreifende Geschäftsfelder integriert und neue Steuerungssysteme geschaffen. Arbeitsabläufe werden automatisiert und Abteilungen bzw. Gruppen neu zusammengesetzt. Zuständigkeiten werden verändert, was sowohl Veränderungen der Arbeitsinhalte mit sich bringt als auch in vielen Fällen gravierende Auswirkungen auf das persönliche Arbeitsumfeld der betroffenen Personen hat.

Zentrale Aufgabe des Managements ist, diesen Veränderungsprozess konsequent zu unterstützen und die Mitarbeiter in die Lage zu versetzen, die notwendigen Veränderungen operativ umzusetzen. Grundlage für ein systematisches Vorgehen ist ein einheitliches Führungsverständnis, das auf die allgemeingültigen Führungswerte der AXA Gruppe aufsetzt, jedoch die besonderen Anforderungen der entsprechenden Organisationseinheiten berücksichtigt und durch detaillierte Operationalisierung konkretisiert.

Hier bietet das Kompetenzmanagementsystem einen systematischen Rahmen, um auf Basis der strategischen Ziele der Organisationseinheit Schwerpunkte zu identifizieren, ein einheitliches Führungsverständnis zu entwickeln und innerhalb von Kompetenzmanagementsystem-Profilen zu dokumentieren:

In einem durch den Bereich Personalmanagement und -entwicklung moderierten Prozess definieren Führungskräfte der Organisationseinheit die Anforderungen an die einzelnen Führungsebenen und formulieren konkrete Aufgaben, zu denen sie ihr persönliches Commitment abgeben. Ausgangspunkt sind die allgemeinen Werte des *AXA Managment Stils* wie z. B. Zielvereinbarung, Leistungsüberprüfung und -weiterentwicklung, Weitergabe von Informationen und Förderung der Kommunikation, Delegation und Arbeitsorganisation, Entscheidungsfindung etc.

Die abgeleiteten Führungsaufgaben berücksichtigen die spezifische Situation der Organisationseinheit und sind auf die Ziele der Restrukturierung abgestimmt. Beispielhaft sind hier zu nennen:

- Förderung einer konstruktiven Fehlerkultur, um Akzeptanz für Delegation zu schaffen und die Bereitschaft zu fördern, Aufgaben und Verantwortung zu übernehmen,
- Weitergabe von Informationen zu strategischen und übergeordneten Konzernzielen,
- empfängerorientierte Aufbereitung der entsprechenden Informationen, Erläuterung der Hintergründe sowie der Auswirkungen auf die eigene Organisationseinheit,
- Schaffung von Rahmenbedingungen zur Förderung der Entscheidungskompetenz und -bereitschaft der Mitarbeiter durch Kommunikation von Befugnissen und Rückdelegation von Entscheidungen, die im Rahmen dieser Befugnisse getroffen werden können.

Die daraus resultierenden Anforderungen im Hinblick auf *Persönliche* sowie *Fachlich-methodische Kompetenzen* werden ebenfalls in den Kompetenzmanagement-Profilen dokumentiert und bilden die Grundlage für die Entwicklung von spezifischen Qualifizierungsmaßnahmen.

Indem das Kompetenzmanagementsystem die Personalentwicklungsinstrumente im Sinne eines übergreifenden Ordnungsrahmens vernetzt, ergibt sich eine kohärente Landkarte zur strategischen Personalentwicklung mit vielfältigen Schnittstellen auch ins operativ administrative Personalgeschäft. Das Kompetenzmanagementsystem wird nicht nur für Personalentwicklungsfragen genutzt, sondern erleichtert auch eine Reihe administrativer Prozesse. Beispielsweise lassen sich die für die (Zwischen-)Zeugniserstellung notwendigen Tätigkeitsbeschreibungen aus den Kompetenzmanagementsystem-Profilen erstellen. Ähnliches gilt für die interne Jobbörse, in der alle Jobangebote mit dem jeweils relevanten Kompetenzmanagementsystem-Profil hinterlegt sind und damit eine effizientere Steuerung des Bewerberaufkommens ermöglichen. So kann jeder Bewerber sein aktuelles mit dem zukünftigen Profil vergleichen und mögliche Abweichungen hinsichtlich Qualifizierungsmöglichkeiten und -maßnahmen untersuchen.

Das Kompetenzmanagementsystem ist kein statisches Instrument und bedarf einer kontinuierlichen Pflege und Weiterentwicklung. Hierzu wurde ein Pflegeprozess definiert, mittels dessen notwendige Anpassungen der Profile erfasst und umgesetzt werden sollen. Auch hier gilt es zu betonen, dass zwar HR die Prozessverantwortung hat, die inhaltliche Verantwortung der Profile aber bei den nutzenden Fachbereichen liegt.

6 Bewertung der heutigen Situation

Nachdem die Phase 1 zur Implementierung des Kompetenzmanagementsystems abgeschlossen wurde verfügten alle Funktionen des Konzerns über ein entsprechendes Profil. Bereichsspezifische Qualifizierungsprogramme wurden kontinuierlich erarbeitet und umgesetzt. Dadurch bestand erstmals ein den Gesamtkonzern aus Kompetenzsicht beschreibendes Instrument. Die damit verbundenen Effekte zeigten sich in der gestiegenen Qualität der ressort- bzw. bereichsspezifischen Qualifizierungsplanung und -umsetzung sowie in der dadurch ermöglichten Implementierung von Fachlaufbahnen für Projektleiter, Aktuare, Produktmanager, Claimsmanager und Underwriter.

Während der Phase 2 wurde ein auf Nachhaltigkeit ausgerichteter Pflegeprozess installiert: Beauftragte Führungskräfte der einzelnen Ressorts überprüfen jährlich gemeinsam mit dem für diese Organisationseinheit verantwortlichen Mitarbeiter der Personalentwicklung die Profile und nehmen Änderungen vor, die sich aus der strategischen Ausrichtung der jeweiligen Einheit ergeben. Die Steuerung des Prozesses obliegt dem Bereich Personalmanagement und -entwicklung, die einzelnen Ressorts bzw. ihre Beauftragten verantworten die Erstellung neuer Profile sowie die Anpassung der bereits existierenden.

Ziel der nun angelaufenen Phase 3 ist die intensivere der Verzahnung des Kompetenzmanagementsystems mit den zentral angebotenen Qualifizierungsangeboten des Unternehmens sowie die Entwicklung von alternativen Lernprogrammen zum selbstgesteuerten Ausbau der Kompetenzen in den verschiedenen Kompetenzbereichen.

7 Erfolgsfaktoren

7.1 Erstellung von Kompetenzmanagement-Profilen: Vergleichbarkeit und Validität

Die Erstellung der Profile ist häufig dadurch gekennzeichnet, dass aus Sicht der betroffenen Führungskräfte und Mitarbeiter die Wertigkeit einer Funktion daran zu messen ist, wie zahlreich die benötigten Kompetenzen und wie hoch deren Ausprägungsgrad ist.

Die Selektion einer überschaubaren und für die Funktion wirklich relevanten Anzahl von Kernkompetenzen wird durch die restriktive Vorgabe von maximal 15 Kompetenzen gesteuert.

Die gleiche Problematik gilt für die benötigte Ausprägungstiefe. Durch den vertikalen und horizontalen Vergleich von Profilen rührt das Kompetenzmanagementsystem an tradierten Grundverständnissen wie z. B. »Die Führungskraft muss ein besserer Fachmann sein als der Mitarbeiter« und »Die Funktionen der Einheit A sind wertiger als die Funktionen der Einheit B«.

Nur mit dem immer wiederkehrenden Hinweis, dass der Ausgangspunkt die Kernaufgaben der Funktion sind, gelingt es deutlich zu machen, dass eine Führungskraft unter Umständen in einigen Kompetenzen eine geringere Ausprägung benötigt als der durchführende Mitarbeiter.

Auch der Quervergleich auf gleicher Ebene bedarf sauberer moderativer Unterstützung, damit die Funktionen sich nicht gegenseitig in Anzahl und Ausprägung der Kompetenzen hochschaukeln, sondern stattdessen die Validität der Beschreibung erhöht wird. Zur Sicherstellung eines solchen Prozesses wird die Einführung des Kompetenzmanagementsystems in den Fachbereichen grundsätzlich vom Bereich Personalmanagement und -entwicklung begleitet. Regelmäßige Treffen zur Kalibirierung innerhalb der Organisationseinheiten sind dabei ebenso unumgänglich wie bei einer Neujustierung der Profile nach organisatorischen Veränderungen.

7.2 Implementierung im Rahmen von Veränderungsprojekten: Erfolg versprechend aber zeitaufwändig

Die Einbettung der Kompetenzmanagementsystemeinführung in die Gesamtorganisation der Restrukturierungsprojekte hat sich aus verschiedenen Gründen bewährt:

Die Integration der Einführung des Systems in den Projektzeitplan ermöglicht die Nutzung bestehender Projektstrukturen und unterstützt somit einen zeitlich sinnvoll getakteten Ablauf der Profilerstellung und -abstimmung. Damit wird durch die zeitliche Verknüpfung von strategischer Neuausrichtung und Ableitung von Kompetenzmanagement-Profilen die Aktualität der Profile gewährleistet. Die Notwendigkeit und Dringlichkeit, Funktionen zu beschreiben und Anforderungen transparent zu machen, führt darüber hinaus zu einer hohen Akzeptanz gegenüber dem Instrument – sowohl bei Führungskräften als auch bei Mitarbeitern.

Allerdings führen Repriorisierungen innerhalb des Projekts sowie die erforderlichen Abstimmungsprozesse mit den betriebsrätlichen Gremien zu Verzögerungen der Kompetenzmanagementsystem-Einführung: Alles dauert länger als man denkt.

7.3 Kompetenzmanagementsystem zur Unterstützung einer einheitlichen Führungskultur: Instrumente können nur Krücken sein

Zur Schaffung einer einheitlichen und gelebten Führungskultur bedarf es eines konstanten Dialogs mit Mitarbeitern, Kollegen und den eigenen Vorgesetzten. Personalentwicklungsinstrumente wie das *Kompetenzmanagementsystem*, *Mitarbeitergespräch* und *360°-Feedback* können diesen Prozess unterstützen, sind allein jedoch nicht hinreichend. Die Nutzung und Vernetzung der bestehenden Instrumente fällt den Beteiligten oft schwer. Für eine erfolgreiche Implementierung des Kompetenzmanagementsystems ist intensive Kommunikation und Begleitung der Führungskräfte durch die Personal- und Organisationsentwicklung erforderlich.

8 Ausblick

Bereits in den letzten Jahren orientierte sich die Entwicklung neuer Qualifizierungsangebote eng an der Struktur des Kompetenzkatalogs. Aufgrund der Notwendigkeit, letztlich knapper werdende Ressourcen zielführender einsetzen zu müssen, kam den alternativen Lernformen dabei eine besondere Bedeutung zu.

Insbesondere in der Kategorie *Präsentation/Moderation, Kommunikation und Projektmanagement* wurden eine Reihe von Web-Based-Trainings und eBooks entwickelt, die den Mitarbeitern ein selbstorganisiertes Lernen ohne Präsenzpflicht ermöglichen.

Vision ist, allen im Katalog aufgeführten Kompetenzen geeignete Qualifizierungsangebote wie z. B. Trainings, Lerngruppen oder Web-Based-Trainings zuzuordnen und die individuellen Gaps im Kompetenzmanagement-Profil automatisiert mit den möglichen Angeboten zu verknüpfen.

Bei einer konsequenten Auslegung dieses Ansatzes und einem weiten Kompetenz- bzw. Lernbegriff wird hiermit auch die Grenze zum Wissensmanagement durchlässig. Das Kompetenzmanagementsystem könnte damit zu einem Nukleus des betrieblichen Wissensmanagements werden.

*Christine Ofenloch/Daniel Schmitt/Dirk Venzke**

Skillmanagement – das Instrument zur systematischen Entwicklungs- und Qualifizierungsplanung in der Commerzbank

* *Christine Ofenloch*, Management Beraterin im Bereich Human Resources bei der Commerzbank AG, Frankfurt a. M.
Daniel Schmitt, Bereichsleiter im Bereich Human Resources bei der Commerzbank AG, Frankfurt a. M.
Dirk Venzke, Direktor sowie Projektleiter BM-Governance bei der Commerzbank AG, Frankfurt a. M.

1 Zusammenfassung

In einem sich immer schneller verändernden wirtschaftlichen Umfeld bei gleichzeitig zunehmender Komplexität ist es unabdingbar, dass sich Unternehmen verstärkt ihrer Leistungs- und Erfolgspotenziale bewusst werden und diese Potenziale effizient und zielgerichtet heben. Ein wichtiger Leistungs- und Erfolgsfaktor in Unternehmen sind die eigenen Mitarbeiter mit ihren unterschiedlichen Kompetenzen und Fähigkeiten.

Es ist eine zentrale personalstrategische Aufgabe, diese internen Potenziale zu finden, zu fördern und zu nutzen – hierbei unterstützt in der Commerzbank ein online basiertes Skillmanagementsystem. In »ComSkill« sind mehr als 800 Stellenbeschreibungen mit genauer Angabe der geforderten Qualifikationen und Kompetenzen hinterlegt. Durch eine Selbsteinschätzung kann der Mitarbeiter seine fachlichen Qualifikationen, Erfahrungen, persönliche Kompetenzen und Interessen transparent machen. Kern der Anwendung ist ein detaillierter Soll-Ist-Vergleich der geforderten mit den vorhandenen Fähigkeiten des Mitarbeiters. Der Mitarbeiter erhält auf diese Weise einen Überblick über seinen persönlichen Qualifizierungsstand sowie sein zielgerichtetes Qualifizierungsangebot, um gegebenenfalls bestehende Lücken zu schließen.

»ComSkill« trägt im gesamten Unternehmen zu größerer Transparenz über vorhandene Mitarbeiterpotenziale und mögliche Karrierewege bei. So erhalten Mitarbeiter unter anderem auch eine Übersicht über bereichsinterne und bereichsübergreifende Entwicklungswege, die sie bei ihrer persönlichen Entwicklungsplanung unterstützen und beispielhafte Entwicklungsmöglichkeiten in Projekt-, Fach- und Führungskarriere aufzeigen.

Führungskräfte erhalten eine realistische Planungsgrundlage und einen Überblick über das Potenzial ihrer Mitarbeiter. Auf dieser Grundlage können sie ihre Mitarbeiter optimal einsetzen, besser bei der Erreichung ihrer Ziele unterstützen sowie den Weiterbildungsbedarf strategisch planen.

»ComSkill« ist gleichzeitig der Ausgangspunkt für die jährlich stattfindende Potenzialeinschätzung mit dem Vorgesetzten. Dort wird die Selbsteinschätzung des Mitarbeiters mit den Beobachtungen des Vorgesetzten abgeglichen und gemeinsam festgelegt, wie die nächsten Entwicklungsschritte aussehen beziehungsweise welche Qualifizierungsmaßnahmen angestoßen werden sollten.

2 Beschreibung des Unternehmens

Die Commerzbank ist eine der führenden Privat- und Firmenkundenbanken in Deutschland. Mit den Segmenten Privatkunden, Mittelstandsbank, Central & Eastern Europe, Corporates & Markets sowie Asset Based Finance bietet die Bank ihren Kunden ein attraktives Produktportfolio und ist insbesondere für den exportorientierten Mittelstand ein starker Partner in Deutschland und weltweit. Mit rund 1.200 Filialen verfügt die Commerzbank über das dichteste Filialnetz der deutschen Privatbanken. Sie hat mehr als 60 Standorte in gut 50 Ländern und betreut 15 Millionen Privat- und Firmenkunden.

Durch die erfolgreiche Zusammenführung der Commerzbank mit der Dresdner Bank wird der Wirtschafts- und Finanzstandort Deutschland langfristig gestärkt. Gerade für Firmenkunden, insbesondere den exportstarken Mittelstand, ist die neue Commerzbank ein noch stärkerer und zuverlässigerer Partner, der die Kompetenz und das klare Bekenntnis der beiden Häuser zum deutschen Markt unter einem Dach vereint.

Mit den unterschiedlichen und sich rasch wechselnden Bedürfnissen der Kunden gehen steigende Anforderungen an die Fähigkeiten und Kenntnisse der Mitarbeiter einher. Das Skillmanagementsystem »ComSkill« gewährleistet langfristig eine entsprechende Verfügbarkeit der jeweils erforderlichen Kernkompetenzen sowie eine optimale Besetzung der Schlüsselpositionen der Bank.

3 Ziele des Kompetenzmanagementsystems

Die Commerzbank ist sich darüber bewusst, dass die eigenen Mitarbeiter mit ihren unterschiedlichen Kompetenzen, Kenntnissen und Fähigkeiten einen wichtigen Leistungs- und Erfolgsfaktor für das Unternehmen darstellen. Doch decken sich die Fähigkeiten der Mitarbeiter auch mit den an sie gestellten Anforderungen? Und wie gelingt es, diese Fähigkeiten & Kompetenzen transparent und verfügbar zu machen und in der Folge Mitarbeitern, Vorgesetzten und Personalberatern eine verlässliche Grundlage für eine systematische Entwicklungs- und Qualifizierungsplanung zu bieten?

Mit dem Skillmanagementsystem »ComSkill« kann die Commerzbank Potenziale besser ausschöpfen, zielgerichtet und individuell entwickeln und damit auch langfristig Schlüsselpositionen in der Bank qualifiziert besetzen. Auf freiwilliger Basis hinterlegen Mitarbeiter ein Profil zu ihren fachlichen Qualifikationen, Erfahrungen sowie persönlichen Kompetenzen und machen diese Kenntnisse so bankweit für Führungskräfte und Personalberater transparent. Gleichzeitig erhalten die Mitarbeiter Auskunft darüber, welche »Skills« für welche Funktionen erforderlich sind. Sie können über »ComSkill« ihr Qualifikationsprofil mit den notwendigen Anforderungen an eine bestimmte Position vergleichen und erhalten mehr Klarheit über Entwicklungs- und Einsatzchancen in der Commerzbank. Sie haben damit die Möglichkeit, ihre Entwicklungs- und Karriereplanung aktiv mitzugestalten und sich gemäß ihren Stärken und Interessen optimal in die Commerzbank einzubringen.

Führungskräfte und Personalberater erhalten mit Hilfe von »ComSkill« einen Überblick über die in ihrem Verantwortungsbereich vorhandenen Mitarbeiterpotenziale und können auf dieser Basis ihre Mitarbeiter zielgerichtet einsetzen, fördern und entwickeln. Weiterhin bilden die im Skillmanagement abgebildeten Informationen eine realistische Planungsgrundlage für die Ermittlung des erforderlichen Qualifizierungsbedarfs und die Analyse von Entwicklungstendenzen.

In das Skillmanagement eingegliedert ist die jährlich stattfindende Potenzialeinschätzung. Ziel der Potenzialeinschätzung ist es, in einem gemeinsamen Gespräch zwischen Führungskraft und Mitarbeiter die Entwicklungsmöglichkeiten des Mitarbeiters auf Basis vorhandener Potenziale zu erkennen und durch das Festlegen weiterer Schritte zu steuern. Dazu schätzt die Führungskraft anhand eines Potenzialbogens die relevanten Kompetenzen und Qualifikationen des Mitarbeiters ein. Aufbauend auf der Potenzialeinschätzung treffen Führungskraft und Mitarbeiter dann gemeinsam eine Vereinbarung über notwendige Qualifizierungsmaßnahmen oder die Übernahme neuer Aufgaben.

4 Einführung des Skillmanagements in der Commerzbank

Die Initiative für die Entwicklung und Etablierung eines Skillmanagementsystems in der Commerzbank ging vom Bereich Human Resources aus und fand ein breites Interesse in den einzelnen Unternehmensbereichen der Bank. »ComSkill« wurde zunächst in ausgewählten Vertriebseinheiten pilotiert, im Anschluss daran evaluiert und schließlich sukzessive bankweit ausgerollt.

Die fachliche Konzeption der Inhalte und einzelnen Funktionalitäten des Skillmanagements erfolgte unter Federführung der Personalentwicklung und aktiver Einbeziehung aller beteiligten Zielgruppen (Mitarbeiter, Führungskräfte und Personalberater) in Form von sogenannten Resonanzgruppen. Ebenso wurde der Betriebsrat von Beginn der Konzeption an über die Pilotierung bis hin zur Einführung in den jeweiligen Konzernbereichen aktiv einbezogen.

Die Realisierung des IT-gestützten Skillmanagementsystems »ComSkill« erfolgte nach den klassischen Phasen eines IT-Projektes. Als wesentliche Ergänzung wurde dabei von Beginn an ein begleitendes aktives Kommunikations- und Informationsmanagement integriert (vgl. Abbildung 1).

Dieses hatte zum Ziel, die Mitarbeiter und Führungskräfte frühzeitig mit einzubeziehen und eventuell mit dem Thema Skillmanagement verbundene Ängste und Vorbehalte von vornherein abzubauen, um auf diese Weise die optimale Basis für ein – für Skillmanagement notwendiges – kommunikatives Umfeld, in dem ein offener Umgang mit Qualifikationen und Kompetenzen gewährleistet ist, zu legen. Dieses kommunikative Umfeld erfordert insbesondere ein Umdenken der Mitarbeiter und Führungskräfte, die nicht mehr nur eine reine Konsumentenhaltung einnehmen, sondern vielmehr die Rolle von Akteuren ausüben.

Die Pilotierungsphase wurde durch das Institut für Arbeitswissenschaft (IfA) der Universität Kassel mit einem Erfolgs- und Akzeptanzcontrolling im Rahmen eines phasenorientierten Evaluationsdesigns begleitet (vgl. Abbildung 2).

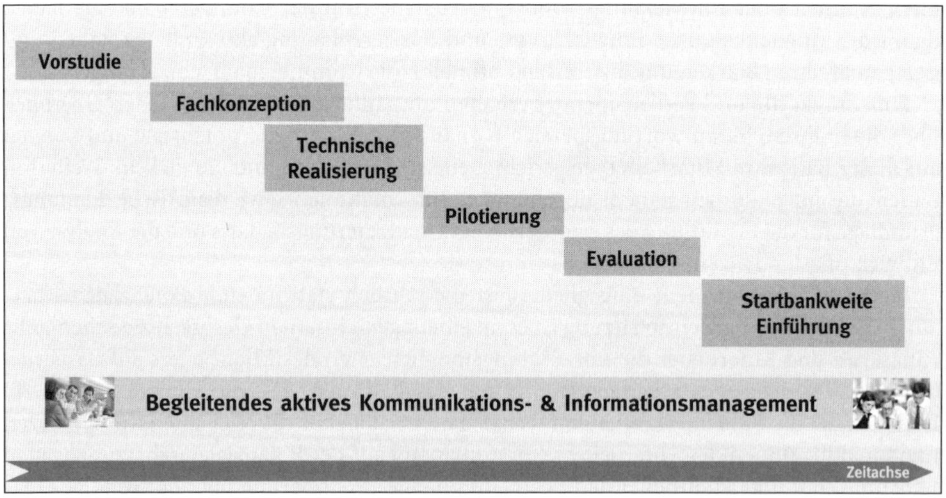

Abb. 1: Schematische Darstellung der Projektphasen von »ComSkill«

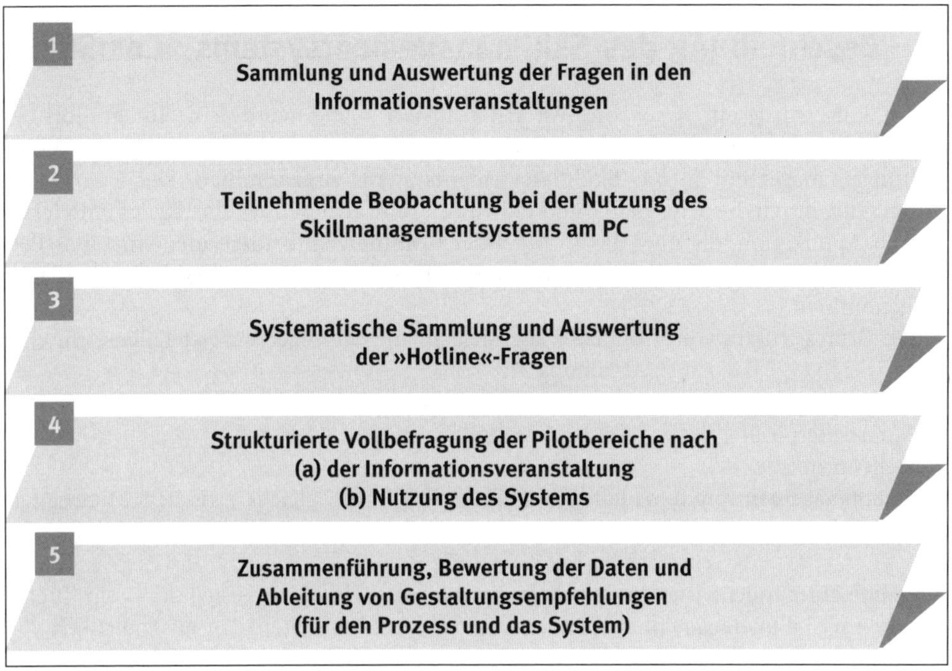

Abb. 2: Evaluationsdesign

Dazu wurden in einem ersten Schritt die in den Informationsveranstaltungen aufgekommenen Fragen systematisch ausgewertet. In der zweiten Phase erfolgten teilnehmende Beobachtungen bei der Nutzung des Systems, um insbesondere Informationen über die Transparenz, Verständlichkeit und Nutzerfreundlichkeit im System-Handling zu erhalten. Parallel dazu wurden die bei der Hotline eingegangenen Fragen gesammelt und inhaltsanalytisch ausgewertet. Diese dienten primär als Quelle für potenzielle Optimierungen des Systems. Darüber hinaus erfolgte eine strukturierte Vollbefragung der Teilnehmer, bei der folgende Fragestellungen im Fokus standen:

- Nutzen eines Skillmanagements für Mitarbeiter, Führungskräfte und das Unternehmen,
- Bewertung der Inhalte und Funktionen von »ComSkill«,
- Bedienbarkeit der Systemoberfläche,
- Information und Kommunikation im Einführungsprozess.

In einem letzten Schritt wurden schließlich die aus den oben genannten verschiedenen Informationsquellen gewonnenen Daten zusammengeführt, um aussagekräftige Optimierungspotenziale für das System sowie Gestaltungsempfehlungen für den Einführungsprozess und die Integration in die betrieblichen Abläufe zu generieren.

5 Beschreibung des Skillmanagementsystems »ComSkill«

»ComSkill« wurde auf Basis von SAP HR realisiert. Dabei wurde eine Integration der bereits in SAP genutzten Funktionalitäten wie z.B. Organisations- oder auch Veranstaltungsmanagement in das Skillmanagementsystem vorgenommen. Der Zugriff auf »ComSkill« durch die Mitarbeiter und Führungskräfte erfolgt über eine eigens entwickelte Web-Applikation, die über das Intranet der Commerzbank aufgerufen wird. Für Personalberater wurden die Skillmanagementfunktionalitäten in die SAP HR Oberfläche aufgenommen.

Die Grundstruktur von »ComSkill« lässt sich anhand der folgenden vier Teilbereiche charakterisieren (vgl. dazu auch Abbildung 3):
1. Skillkatalog,
2. Mitarbeiterprofile,
3. Stellenprofile,
4. Skillmanagementfunktionalitäten auf Basis des Profilabgleichs zwischen Mitarbeiter- und Stellenprofilen.

Mit Hilfe eines rollenbasierten Berechtigungskonzepts wird sichergestellt, dass ein Zugriff auf die im Skillmanagement vorhandenen sensiblen Mitarbeiterdaten ausschließlich von dem dazu berechtigten Personenkreis im jeweils erforderlichen Umfang erfolgt.

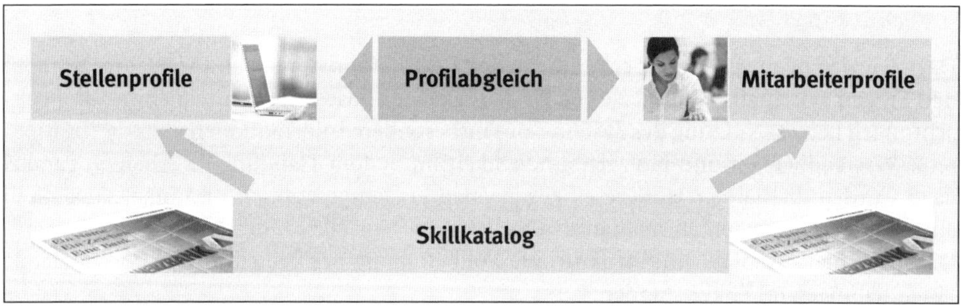

Abb. 3: Skillmanagement im Überblick

5.1 Skillkatalog

Als Basis für die Pflege der Mitarbeiter- und auch der Stellenprofile dient der hinterlegte Skillkatalog, der u.a. folgende Profilkategorien umfasst:
- (Hoch-)Schulbildung,
- Abgeschlossene Berufsausbildung/Traineeprogramme (inklusive Zusatzausbildungen),
- Qualifikationen (fachliche Kenntnisse und Fertigkeiten),
- Kompetenzen (auf Basis der persönlichen und sozialen Kompetenzen des Commerzbank Kompetenzmodells).

Aus diesen Profilkategorien des Skillkatalogs wird deutlich, dass in der Commerzbank der Begriff »Skill« einen umfassenden Oberbegriff darstellt, unter dem fachliche Kenntnisse, Fertigkeiten, berufliche Erfahrungen und persönliche Kompetenzen subsumiert werden. Über das integrierte Kompetenzmodell ist dabei eine enge Verknüpfung zu weiteren Personalentwicklungsinstrumenten, wie z.B. der Potenzialeinschätzung oder den Auswahlverfahren und Entwicklungsprogrammen für Führungskräfte der verschiedenen Führungsebenen gewährleistet.

Der hinterlegte Skillkatalog beinhaltet u.a. alle in den verschiedenen Bereichen der Bank relevanten *fachlichen Qualifikationen*. Diese Qualifikationen sind unterteilt in einen »übergreifenden Teil«, der für alle Mitarbeiter relevante Qualifikationen enthält und in verschiedene bereichsspezifische Teilkategorien, die den Mitarbeitern – abhängig von ihrer aktuellen Position – zielgruppenspezifisch angezeigt werden.

5.2 Mitarbeiterprofile

Die Pflege des Mitarbeiterprofils wird von den Mitarbeitern selbständig (und auf freiwilliger Basis) vorgenommen und erfolgt – insbesondere in den Kategorien »Qualifikationen« und »Kompetenzen« – in Form einer Selbsteinschätzung. Als Grundlage zur Erstellung des eigenen Profils kann der Mitarbeiter das Anforderungsprofil seiner Stelle übernehmen und seinen Kenntnisstand hierzu einpflegen. Ergänzend zu den im Anforderungsprofil hinterlegten Skills bietet der Skillkatalog die Möglichkeit, das eigene Profil umfassend zu ergänzen. Die Selbsteinschätzung zu Kenntnisstand/Ausprägung der Qualifikationen & Kompetenzen erfolgt mit Hilfe von hinterlegten Skalen (vgl. Abbildung 4).

Sollte ein vom Mitarbeiter gewünschter Eintrag nicht im Skillkatalog vorhanden sein, kann der Mitarbeiter die gewünschten Skills auch frei erfassen. Dadurch wird zugleich gewährleistet, dass der Katalog automatisch die jeweils aktuell benötigten Einträge beinhaltet.

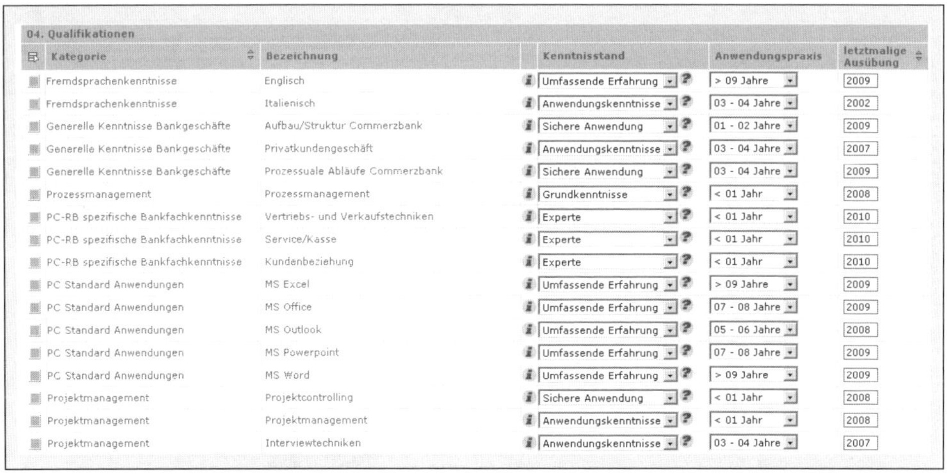
04. Qualifikationen

Kategorie	Bezeichnung	Kenntnisstand	Anwendungspraxis	letztmalige Ausübung
Fremdsprachenkenntnisse	Englisch	Umfassende Erfahrung	> 09 Jahre	2009
Fremdsprachenkenntnisse	Italienisch	Anwendungskenntnisse	03 - 04 Jahre	2002
Generelle Kenntnisse Bankgeschäfte	Aufbau/Struktur Commerzbank	Sichere Anwendung	01 - 02 Jahre	2009
Generelle Kenntnisse Bankgeschäfte	Privatkundengeschäft	Anwendungskenntnisse	03 - 04 Jahre	2007
Generelle Kenntnisse Bankgeschäfte	Prozessuale Abläufe Commerzbank	Sichere Anwendung	03 - 04 Jahre	2009
Prozessmanagement	Prozessmanagement	Grundkenntnisse	< 01 Jahr	2008
PC-RB spezifische Bankfachkenntnisse	Vertriebs- und Verkaufstechniken	Experte	< 01 Jahr	2010
PC-RB spezifische Bankfachkenntnisse	Service/Kasse	Experte	< 01 Jahr	2010
PC-RB spezifische Bankfachkenntnisse	Kundenbeziehung	Experte	< 01 Jahr	2010
PC Standard Anwendungen	MS Excel	Umfassende Erfahrung	> 09 Jahre	2009
PC Standard Anwendungen	MS Office	Umfassende Erfahrung	07 - 08 Jahre	2009
PC Standard Anwendungen	MS Outlook	Umfassende Erfahrung	05 - 06 Jahre	2008
PC Standard Anwendungen	MS Powerpoint	Umfassende Erfahrung	07 - 08 Jahre	2009
PC Standard Anwendungen	MS Word	Umfassende Erfahrung	> 09 Jahre	2009
Projektmanagement	Projektcontrolling	Sichere Anwendung	< 01 Jahr	2008
Projektmanagement	Projektmanagement	Anwendungskenntnisse	< 01 Jahr	2008
Projektmanagement	Interviewtechniken	Anwendungskenntnisse	03 - 04 Jahre	2007

Abb. 4: Mitarbeiterprofilpflege

5.3 Stellenprofile

Die an die einzelnen Positionen in der Commerzbank gestellten Anforderungen werden in Form von Soll-Stellenprofilen auf Basis des Skillkatalogs definiert und in »ComSkill« abgebildet. Der Mitarbeiter kann sich sein Planstellenprofil anzeigen lassen und erhält damit einen Überblick über die Anforderungen, die mit seiner Tätigkeit verbunden sind.

5.4 Profilabgleich und weitere Skillmanagementfunktionalitäten

»ComSkill« bietet verschiedene Funktionalitäten für alle Nutzergruppen. Die Basis für alle Recherchen im System ist dabei der sogenannte Profilabgleich, bei dem das vom Mitarbeiter gepflegte Profil mit Soll-Stellenprofilen verglichen wird.

Der Profilabgleich liefert zu jeder Profileigenschaft einen Übereinstimmungsgrad in Prozent, der ausdrückt, wie gut die Eigenschaften des Mitarbeiters zu den Anforderungen im Soll-Stellenprofil passen.

Mit Hilfe der ermittelten Übereinstimmungsgrade werden dann – je nach Zielsetzung der jeweiligen Skillmanagementfunktion – entsprechende Ergebnisse ermittelt und angezeigt. So wird in der »Qualifikationsanalyse« das Profil des Mitarbeiters mit dem Soll-Stellenprofil seiner aktuellen Position abgeglichen. Dem Mitarbeiter werden entsprechend der ermittelten Übereinstimmungsgrade zielgerichtet Qualifizierungsmaßnahmen angezeigt, die dazu geeignet sind, die identifizierten »Lücken« zu schließen (vgl. Abbildung 5).

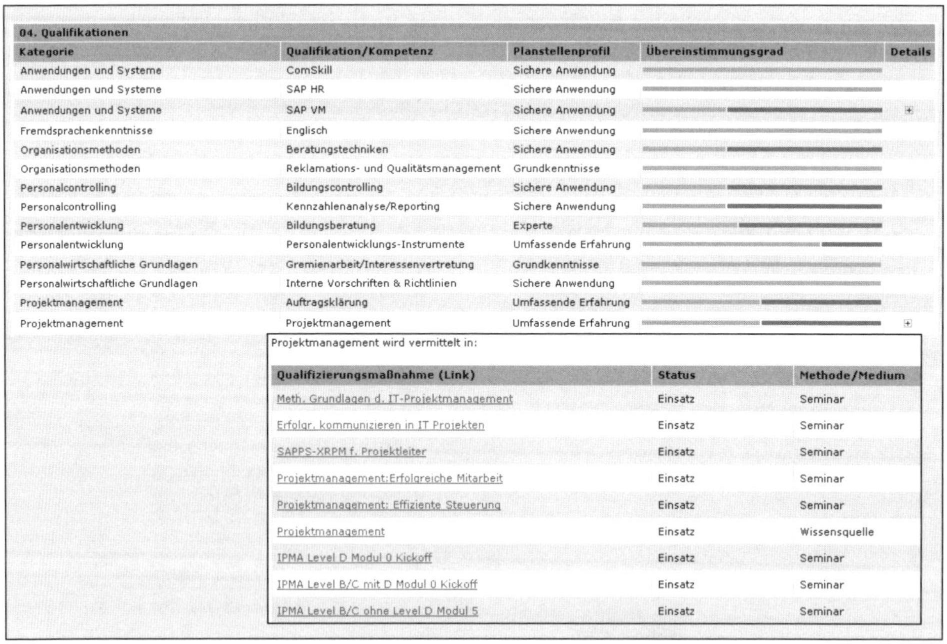

04. Qualifikationen

Kategorie	Qualifikation/Kompetenz	Planstellenprofil	Übereinstimmungsgrad	Details
Anwendungen und Systeme	ComSkill	Sichere Anwendung		
Anwendungen und Systeme	SAP HR	Sichere Anwendung		
Anwendungen und Systeme	SAP VM	Sichere Anwendung		+
Fremdsprachenkenntnisse	Englisch	Sichere Anwendung		
Organisationsmethoden	Beratungstechniken	Sichere Anwendung		
Organisationsmethoden	Reklamations- und Qualitätsmanagement	Grundkenntnisse		
Personalcontrolling	Bildungscontrolling	Sichere Anwendung		
Personalcontrolling	Kennzahlenanalyse/Reporting	Sichere Anwendung		
Personalentwicklung	Bildungsberatung	Experte		
Personalentwicklung	Personalentwicklungs-Instrumente	Umfassende Erfahrung		
Personalwirtschaftliche Grundlagen	Gremienarbeit/Interessenvertretung	Grundkenntnisse		
Personalwirtschaftliche Grundlagen	Interne Vorschriften & Richtlinien	Sichere Anwendung		
Projektmanagement	Auftragsklärung	Umfassende Erfahrung		
Projektmanagement	Projektmanagement	Umfassende Erfahrung		+

Projektmanagement wird vermittelt in:

Qualifizierungsmaßnahme (Link)	Status	Methode/Medium
Meth. Grundlagen d. IT-Projektmanagement	Einsatz	Seminar
Erfolgr. kommunizieren in IT Projekten	Einsatz	Seminar
SAPPS-XRPM f. Projektleiter	Einsatz	Seminar
Projektmanagement:Erfolgreiche Mitarbeit	Einsatz	Seminar
Projektmanagement: Effiziente Steuerung	Einsatz	Seminar
Projektmanagement	Einsatz	Wissensquelle
IPMA Level D Modul 0 Kickoff	Einsatz	Seminar
IPMA Level B/C mit D Modul 0 Kickoff	Einsatz	Seminar
IPMA Level B/C ohne Level D Modul 5	Einsatz	Seminar

Abb. 5: Ergebnis Qualifikationsanalyse

Über die Funktion »Entwicklungswege« erhalten die Mitarbeiter einen Überblick über exemplarische Entwicklungswege in der Commerzbank, ihre individuellen Entwicklungsmöglichkeiten sowie die damit verbundenen Anforderungen und Voraussetzungen.

Wenn sich ein Mitarbeiter beruflich verändern möchte und intern nach neuen Herausforderungen sucht, kann er mit Hilfe der »Stellensuche« nach alternativen Positionen in der Commerzbank recherchieren. Ihm werden dann diejenigen Stellen angezeigt, die einen bestimmten Mindestübereinstimmungsgrad mit dem von ihm hinterlegten Mitarbeiterprofil aufweisen.

Den verschiedenen Funktionalitäten ist gemein, dass sie dem Mitarbeiter Auskunft darüber geben, welche »Skills« für welchen Entwicklungsschritt erforderlich sind und in welchen Bereichen gegebenenfalls noch Qualifizierungsbedarf besteht. Indem der Mitarbeiter sein aktuelles Profil mit den notwendigen Anforderungen an bestimmte (Ziel-)Funktionen abgleicht, kann er neue Aufgaben sowie Entwicklungsperspektiven für sich entdecken und seine weitere Entwicklung aktiv mitgestalten.

Führungskräfte erhalten über das Skillmanagement einen Überblick über den individuellen Qualifizierungsstand ihrer Mitarbeiter und über die Mitarbeiterpotenziale ihres Verantwortungsbereichs. Sie haben so die Möglichkeit, ihre Mitarbeiter zielgerichtet bei der Qualifizierungs- und Entwicklungsplanung zu unterstützen.

Im Falle organisatorischer oder struktureller Veränderungen in ihrem Verantwortungsbereich können Führungskräfte und Personalberater Analysen erstellen, um möglichen zusätzlichen Qualifizierungsbedarf für die Mitarbeiter zu ermitteln.

Darüber hinaus ermöglicht »ComSkill« den Führungskräften, nach potenziell geeigneten Mitarbeitern für vakante Positionen in ihrem Verantwortungsbereich zu suchen, um diese Positionen zu besetzen.

Über »ComSkill« haben die Führungskräfte außerdem die Möglichkeit, die Qualifizierungs- und Entwicklungsplanung der Mitarbeiter in ihrem Verantwortungsbereich aufzurufen und mittels der *Potenzialeinschätzung* die weitere Entwicklung zu unterstützen. Im jährlich stattfindenden Potenzialgespräch gleicht die Führungskraft anhand eines (ebenfalls in ComSkill hinterlegten) Potenzialbogens das Selbstbild des Mitarbeiters mit den eigenen Beobachtungen ab. Der Mitarbeiter erhält von seiner Führungskraft eine Rückmeldung, wie diese ihn hinsichtlich der relevanten Qualifikationen und Kompetenzen für seine Position einschätzt.

Aufbauend auf der Potenzialeinschätzung treffen Führungskraft und Mitarbeiter gemeinsam eine Vereinbarung über notwendigen Qualifizierungsbedarf oder konkrete nächste Entwicklungsschritte. Für die Fach-, Führungs- und Projektkarriere stehen vielfältige, aufeinander abgestimmte Entwicklungs- und Qualifizierungsprogramme zur Verfügung, in die der Mitarbeiter nach der Potenzialeinschätzung aufgenommen werden kann. Das Ergebnis der Potenzialeinschätzung und die daraus resultierende individuelle Entwicklungs- und Qualifizierungsplanung des Mitarbeiters werden in »ComSkill« dokumentiert.

6 Bewertung der heutigen Situation

Die Pilotierung des Skillmanagements in der Commerzbank erfolgte zunächst ohne die Potenzialeinschätzung. Zu Beginn der Einführung im ersten Konzernbereich zeigte sich jedoch relativ schnell, dass dem Skillmanagement auf Basis einer reinen Selbsteinschätzung ein wichtiger Part fehlte – nämlich das »Fremdbild« der Führungskraft. Die Rückmeldungen von Führungskräften und Mitarbeiter zeigten, dass das Skillmanagement auf Basis der reinen Selbsteinschätzung zu »einseitig« sei und eine Fremdeinschätzung durch die Führungskraft ergänzt werden sollte. Darüber hinaus wurde der Wunsch einer Einbindung des Skillmanagements in den Personalentwicklungsprozess geäußert, um eine stärkere Verbindlichkeit zu gewährleisten.

Beide Anregungen wurden vor dem weiteren bankweiten Rollout des Skillmanagements umgesetzt: So wird nun im jährlich stattfindenden *Potenzialgespräch* der Selbsteinschätzung des Mitarbeiters die Einschätzung der Führungskraft gegenübergestellt. Je nach Ergebnis der Potenzialeinschätzung werden konkrete Qualifizierungsmaßnahmen vereinbart bzw. die nächsten Entwicklungsschritte des Mitarbeiters festgelegt.

Durch die Potenzialeinschätzung und die dort getroffenen verbindlichen Vereinbarungen ist das Skillmanagement fest in den Personalentwicklungsprozess integriert. In den Vertriebseinheiten absolviert der Mitarbeiter darüber hinaus im Zuge seiner individuellen Qualifizierungs- bzw. Entwicklungsplanung sogenannte »Qualifizierungs-Checks«. Dabei wird mit Hilfe adaptiver Online-Tests der Kenntnisstand des Mitarbeiters zu Themengebieten, welche für die weitere Qualifizierung und Entwicklung relevant sind, überprüft. In Abhängigkeit des Ergebnisses wird aus dem zuvor definierten Basisqualifizierungsplan ein auf die Bedürfnisse des Mitarbeiters zugeschnittener individueller Qualifizierungs-/ Entwicklungsplan zusammengestellt. Lernerfolgskontrollen bei Beendigung des Plans gewährleisten darüber hinaus Qualität und Nutzen der Maßnahmen.

7 Erfolgsfaktoren

Wesentliche Faktoren für die erfolgreiche Einführung des Skillmanagements sind aus Sicht der Autoren vor allen Dingen

- die frühzeitige Einbindung der unterschiedlichen Zielgruppen,
- das begleitende Informations- und Kommunikationsmanagement,
- die Durchführung & Evaluation des Piloten.

Die bereits in der Konzeptionsphase eingerichteten Resonanzgruppen, in denen Personen aus den unterschiedlichen Zielgruppen an der Ausgestaltung der Skillmanagementfunktionalitäten aktiv beteiligt waren, erwiesen sich als wesentliches Element. Zum einen waren auf diese Weise die künftigen Nutzergruppen von Anfang an in die Gestaltung des Systems eingebunden, zum anderen konnte direkt auf Bedenken oder mögliche Vorbehalte reagiert werden. Das frühe Einbeziehen der zuständigen Gremien hat sich für den weiteren Prozess ebenfalls als sehr konstruktiv erwiesen.

Die bereits zu einem sehr frühen Zeitpunkt geführte offene Kommunikation half dabei, die Zielsetzung und die Nutzenpotenziale des Skillmanagements für Mitarbeiter und Führungskräfte zu verdeutlichen. Zur Einführung von »ComSkill« kamen darüber hinaus verschiedenste Kommunikationsmittel zum Einsatz: für Führungskräfte fanden umfangreiche Informationsveranstaltungen und Schulungen durch die Personalberater statt. Im Intranet stand für alle Nutzergruppen neben einer »Guided Tour« auch umfassendes Informationsmaterial zur Verfügung. Es wurden Informations-Flyer verteilt, in denen die Funktionalitäten und Zielsetzung des Skillmanagementsystems jeweils spezifisch für die Zielgruppe Führungskräfte und Mitarbeiter erläutert wurden. Für alle Fragen rund um das Thema Skillmanagement konnten sich Mitarbeiter und Führungskräfte außerdem auch an die interne Human Resources-Hotline wenden.

Die Pilotierung und Evaluation des Piloten lieferte wertvolle Hinweise und Anregungen, die für die weitere Umsetzung wegweisend waren. Als essentieller Erfolgsfaktor erwies sich die Einbindung des Skillmanagements in einen stringenten Personalentwicklungsprozess, in dem sich konkrete Qualifizierungsmaßnahmen bzw. Entwicklungsprogramme unmittelbar anschließen. Für die Commerzbank hat sich hierbei gezeigt, dass das Nutzenpotenzial des Skillmanagements in denjenigen Bereichen am größten ist, in denen standardisierte Entwicklungswege definiert sind und spezifische Qualifizierungsprogramme zur Verfügung stehen.

*Crina-Maria Petersen/Stephan Limpächer**

Kompetenzmanagement bei der Daimler AG, Konzernforschung und Mercedes-Benz Cars Entwicklung

* *Crina-Maria Petersen*, Bildungsberaterin und ehemalige Magistrantin in der Technik Akademie RD der Daimler AG, Konzernforschung und Mercedes-Benz Cars Entwicklung.
Stephan Limpächer, Leiter für Qualifizierungsmanagement der Technik Akademie RD der Daimler AG.

1 Zusammenfassung

»Wer nur **kann**, was alle schon können (...) und nur **weiß**, was alle schon wissen, kann auch nur **tun**, was bereits alle tun können. **Wettbewerbserfolg**, setzt immer den Willen, die Kraft und die Fähigkeit voraus, anderen mit eigenständigen Wissensfortschritten und Problemlösungen voranzugehen.«
Prof. Hubert Markl

In den letzten Jahren gelangten viele Unternehmen aufgrund vielfältiger Veränderungen in der Arbeitswelt, wachsender Komplexität, aber auch aufgrund der dynamischen technologischen Entwicklungen und steigender Anforderungen zu der Erkenntnis, dass die wichtigste Ressource in dem Unternehmen die eigenen Mitarbeiter sind.

»Top Know-how und dessen optimaler Einsatz in Research & Development bilden die Grundlage unseres Erfolges« (Dr. Thomas Weber, Vorstand der Daimler AG).

Diese Entwicklungen bewegen Unternehmen dazu, sich verstärkt mit den Kompetenzen der Mitarbeiter zu beschäftigen, das heißt, diese systematisch zu erfassen sowie zielgerichtet und bedarfsorientiert (weiter) zu entwickeln.

Anfang 2007 hat sich die Daimler AG zu der Einführung eines Kompetenzmanagementsystems in der Konzernforschung & Mercedes-Benz Cars Entwicklung (RD) entschlossen. Aufgrund der engen Anbindung des Kompetenzmanagementsystems an die Unternehmensstrategie wurde mit dem System unter anderem die Zielsetzung verbunden, dass zukünftig Kernkompetenzen entwickelt werden, die für den Unternehmenserfolg und die Wettbewerbsfähigkeit entscheidend sind.

Kompetenzmanagement wird in diesem Zusammenhang in Anlehnung an Reinhardt (2007) wie folgt definiert:

»*Kompetenzmanagement* geht als Kernaufgabe wissensorientierter Unternehmensführung über das traditionelle Verständnis von Aus- und Weiterbildung hinaus, indem Lernen, Selbstorganisation, Nutzung und Vermarktung der Kompetenzen integriert werden. Kompetenzmanagement ist eine Managementdisziplin mit der Aufgabe, Kompetenzen zu beschreiben, transparent zu machen sowie den Transfer, die Nutzung und Entwicklung der Kompetenzen, orientiert an den persönlichen Zielen des Mitarbeiters sowie den Zielen der Unternehmung, sicherzustellen« (Reinhardt, 2007, S. 34). In diesem Sinne bedeutet Kompetenzmanagement diese Mitarbeiterkompetenzen mit geeigneten Instrumenten und Systemen zu steuern und zu fördern.

Heute spielt das eigens dafür entwickelte Kompetenzmanagementsystem »eSkill« zur Erfassung und Bewertung von Kompetenzen eine wesentliche Rolle bei der Personalentwicklung und Qualifizierungsplanung von Mitarbeitern in Forschung und Entwicklung.

Das Kompetenzmanagementsystem der Konzernforschung & Mercedes-Benz Cars Entwicklung »eSkill« und praxisnahe Erkenntnisse der Implementierung und Anwendung des Systems werden in folgendem Beitrag vorgestellt.

2 Beschreibung des Unternehmens

»Wir haben das Automobil erfunden – und gestalten mit Leidenschaft seine Zukunft.«
Dr. Dieter Zetsche

Der Name »Daimler« ist seit über 125 Jahren untrennbar mit der Geschichte des Automobils verbunden. Heute ist die Daimler AG mit ihren Geschäftsfeldern Mercedes-Benz Cars, Daimler Trucks, Daimler Financial Services sowie Mercedes-Benz Vans und Daimler Buses ein weltweit führender Anbieter von Premium-Pkws und der größte Hersteller von Nutzfahrzeugen. Daimler vertreibt seine Produkte in nahezu allen Ländern der Welt und hat Produktionsstätten auf fünf Kontinenten. Das Unternehmen beschäftigt weltweit über 250.000 Mitarbeiter.

Von Carl Benz persönlich stammt das Zitat: »*Die Liebe zum Erfinden hört nie mehr auf*«. Pioniergeist und Tradition zählen zu den Grundwerten von Daimler. Mit diesem Geist bringt das Unternehmen die vorhandene Technologiekompetenz mit den vielfältigen Anforderungen einer nachhaltigen Mobilität in Einklang. So begeistert Daimler seine Kunden mit faszinierenden Marken, erstklassigen Premium-PKWs und Nutzfahrzeugen, die zu den Besten ihrer Klasse gehören, sowie herausragenden Serviceleistungen (vgl. Intranet-Portal Daimler AG, 2011).

Die Kernaussage der Daimler Mission lautet: »Shaping the future of safe and sustainable mobility«. Daraus leiten sich die Teilstrategien der verschiedenen Unternehmensbereiche ab. Für die Mercedes-Benz Car Group kennzeichnet »Green Technology Leadership« den Anspruch und die Kompetenz als Marktführer Fahrzeuge herzustellen, die mit innovativen Gesamtkonzepten und zukunftsorientierten Antriebstechnologien ausgestattet sind.

Im »Mercedes-Benz Technology Center« (MTC) werden die Automobilgenerationen der Zukunft gestaltet, an denen ca. 9.500 Entwickler mit 3.000 Kollegen aus den Bereichen Einkauf, Forschung, Produktion und Vertrieb zusammen arbeiten. Die Arbeit ist von der Zielsetzung innovativer Produkte und hocheffizienter Entwicklungsprozesse geprägt. Durch Kompetenz, Zuverlässigkeit, klare Prozessschritte und Transparenz im Produktentwicklungsprozess wollen die Daimler-Entwickler alle Werte, welche die Daimler-Kunden von der Marke erwarten, sichern: begeisterndes Design, bahnbrechende Technologien, höchsten Komfort und nicht zuletzt makellose Qualität.

In einem mehrjährigen Projekt unter dem Namen »Kernkompetenzen« geht es um die strategische Ausrichtung der in Konzernforschung und Mercedes-Benz Cars Entwicklung (RD) erforderlichen Kompetenzen, um den Herausforderungen an eine zukunftsorientierte Forschung und Entwicklung gerecht zu werden.

3 Ziele des Kompetenzmanagementsystems

Anlass für die Einführung des Kompetenzmanagementsystems »eSkill« war vor allem die Erkenntnis, dass die Konzernforschung und Entwicklung der Daimler AG ein wissensintensiver Bereich mit hoher Zukunftsorientierung ist. Die Kompetenzentwicklung der Mitarbeiter spielt hier eine besonders wichtige Rolle. Die systematische Qualifizierung der Mitarbeiter ist dabei ein strategischer Stellhebel.

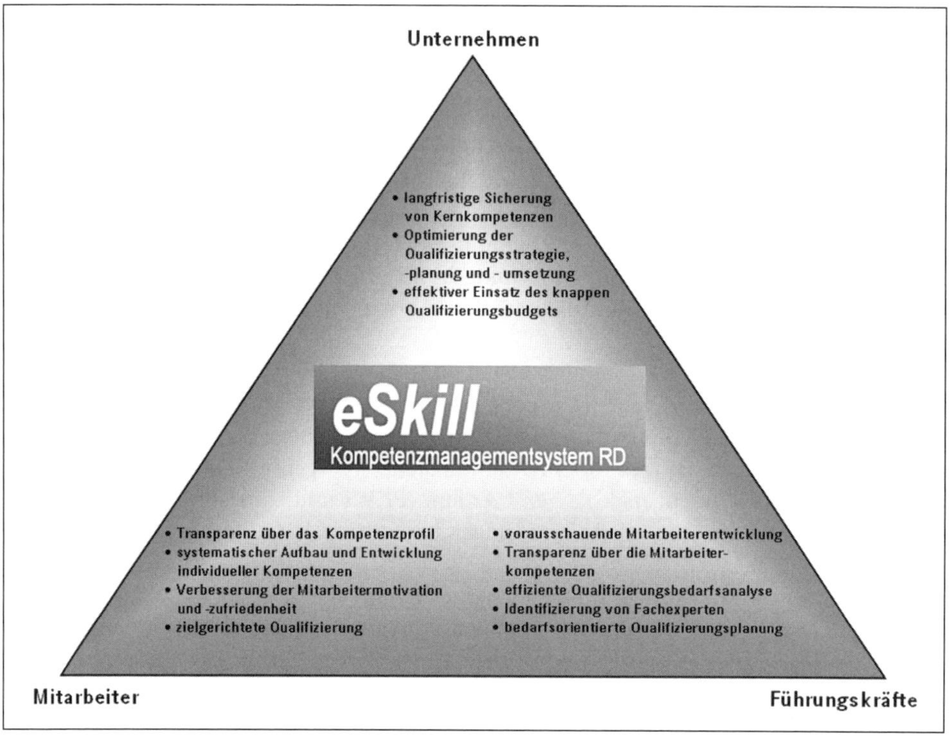

Abb. 1: Nutzen des Kompetenzmanagementsystems »eSkill« (interne Quelle)

Dabei lassen sich die wesentlichen Ziele des Kompetenzmanagementsystems »eSkill« wie folgt zusammenfassen:

- **Gezielter Aufbau und Weiterentwicklung.** Individuelle Kompetenzentwicklung sowie Entwicklung der Kernkompetenzen der Mitarbeiter in der Konzernforschung und Mercedes-Benz Cars Entwicklung.
- **Systematische, bedarfsorientierte und zielgerichtete Qualifizierungsplanung.** Darunter verstehen wir einen Qualifizierungsprozess, der sich konsequent aus dem Abgleich der Soll-Ist Kompetenzen der Mitarbeiter ergibt (bezogen auf das tätigkeitsspezifische Aufgabenfeld). Durch die stringente Bedarfsorientierung soll die Entwicklung der Kompetenzen von Mitarbeiter konsequent auf die Unternehmensziele ausgerichtet werden, um eine bestmögliche Förderung der Mitarbeiter zu erzielen, sowie das Qualifizierungsbudget effizienter einsetzen zu können.
- **Einheitliches Verständnis über Kompetenzen und Qualifizierung in RD.** Aufgrund der Systematisierung der Kompetenzen und standardisierter Beschreibung ergeben sich weniger Missverständnisse bei der Diskussion von Kompetenzen und Qualifizierung in RD.
- **Standardisierung der Qualifizierungsaktivitäten.** Durch die Standardisierung und Optimierung der Qualifizierungsaktivitäten sowie die Integration des Kompetenzmanagementsystems »eSkill« in die bereits bestehende IT-Landschaft des Personalbereichs werden Kostenoptimierungen und -reduzierungen realisiert.

- **Transparenz.** Das Kompetenzmanagementsystem »eSkill« leistet einen Beitrag zur effizienten und transparenten Steuerung der Qualifizierungsaktivitäten in RD. Das System »eSkill« ermöglicht eine Übersicht der vorhandenen Kompetenzen, Entwicklungschancen und -notwendigkeiten in RD sowie Transparenz hinsichtlich der Qualifizierungskosten in aggregierter und personenbezogener Form.

Neben den Zielen ist die Kommunikation und Transparenz des Nutzens von »eSkill« ein wichtiger Erfolgsfaktor für die Akzeptanz des Systems (vgl. Abbildung 1).

4 Beschreibung des Vorgehens

Die Entwicklung sowie der Erprobungszeitraum für das Kompetenzmanagementsystem »eSkill« der Daimler AG, Konzernforschung und Mercedes-Benz Cars Entwicklung erstreckte sich über das gesamte Jahr 2005 sowie die erste Hälfte des Jahres 2006. Auf Grundlage eines »top-down« Prozesses und der Einbindung vor allem des Personalbereichs und eines externen IT-Beraters wurde der erste Grundstein für die Entwicklung des Kompetenzmanagementsystems gelegt. Die Struktur des Projektteams ist in der Abbildung 2 dargestellt.

Zeitlicher Verlauf der Entwicklung und Optimierung von »eSkill«:

01/2005 Konzeptentwicklung (Grobkonzept)
04/2005 Entwicklung des Lastenhefts
08/2005 Einbindung eines externen IT- Partners
10/2005 Übersetzung der ERA[1]-Aufgabenbeschreibungen in Einzelkompetenzen und Zusammenfassung der Einzelkompetenzen in Kompetenzfamilien
11/2005 Erstellung von Kompetenzprofilen mit Hilfe von Experten aus den Fachbereichen und einpflegen in einer Datenbank
02/2006 Programmierung und Testphase
06/2006 Kommunikation
09/2006 Verschlagwortung und Verlinkung der Bildungsprodukte
11/2006 Pilotierung
01/2007 Flächendeckende Einführung in Konzernforschung und Mercedes-Benz Cars Entwicklung
02/2008 Erweiterung des Kompetenzmanagementsystems (»eSkill«) und Qualifizierungsbuchungssystems (»eTrain«) mit Schaffen von Reporting- und Controlling-Funktionen
09/2008 Kontinuierlicher Verbesserungsprozess, insbesondere Erweiterung von Funktionalitäten (z.B. Erhaltungsqualifizierung)
04/2009 Weiterentwicklung und Validierung des Kompetenzmanagementsystems, Verbesserung der Softwareergonomie, Benchmarking
09/2009 Prozessoptimierung und dessen systemseitige Umsetzung (»eSkill 2.0«) und Durchführung einer Kundenbefragung

1 EntgeltRahmenAbkommen

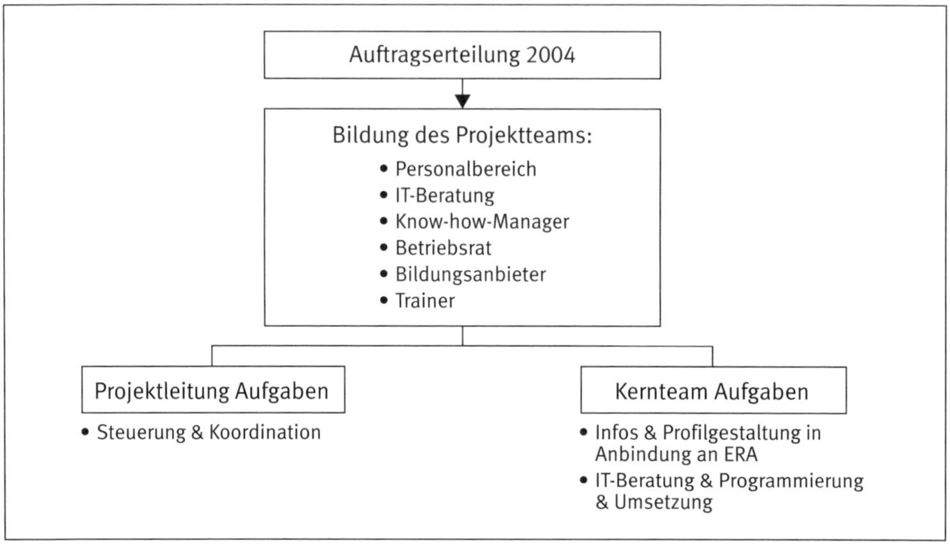

Abb. 2: Projektstruktur (interne Quelle)

5 Beschreibung des Kompetenzmanagementsystems

5.1 Kompetenzmodell

Die Grundlage für die Konzeption, Implementierung und operative Umsetzung des Kompetenzmanagementsystems für Sachbearbeiter und Führungskräfte der Daimler AG, Konzernforschung und Mercedes-Benz Cars Entwicklung bildete die Auseinandersetzung mit einem pragmatischen Kompetenzverständnis und dem Entgeltrahmenabkommen, kurz ERA genannt.

Kompetenz meint hier die Fähigkeit, Wissen und Wunsch (Motivation) eines Menschen bestimmte Aufgaben selbständig durchzuführen. D.h., Kompetenz wird als eine Befähigung zu kompetentem Handeln, als Ausdruck einer engen Verknüpfung von Können (Potenzial, Fähigkeit), Wollen (Grundorientierung, Werte) und Dürfen (Kontextbedingungen) verstanden (interne Quelle).

Im Rahmen der ERA-Umsetzung wurde auf Grundlage von Aufgabenbewertungen jeder Stelle bzw. Funktion eine sogenannte Entgeltgruppe zugeordnet, die mit detaillierten Aufgabenbeschreibungen hinterlegt sind. Diese Aufgabenbeschreibungen wurden vom Projektteam in ca. 98 relevante Kompetenzkriterien für die Forschungs- und Entwicklungsbereiche des Konzerns aufgeschlüsselt. Anschließend wurden aus dem Kompetenzkatalog Kompetenzfamilien für alle Mitarbeitergruppen abgeleitet und in drei Kategorien gegliedert (vgl. Abbildung 3):

- **Fachkompetenzen** (Werkstoffe, Computer Aided Design, etc.),
- **Prozess-, Methodenkompetenzen** (Projektmanagement, Fachprozesse, etc.),
- **Persönliche Kompetenzen** (Kommunikations-, Reflexionsfähigkeit, etc.).

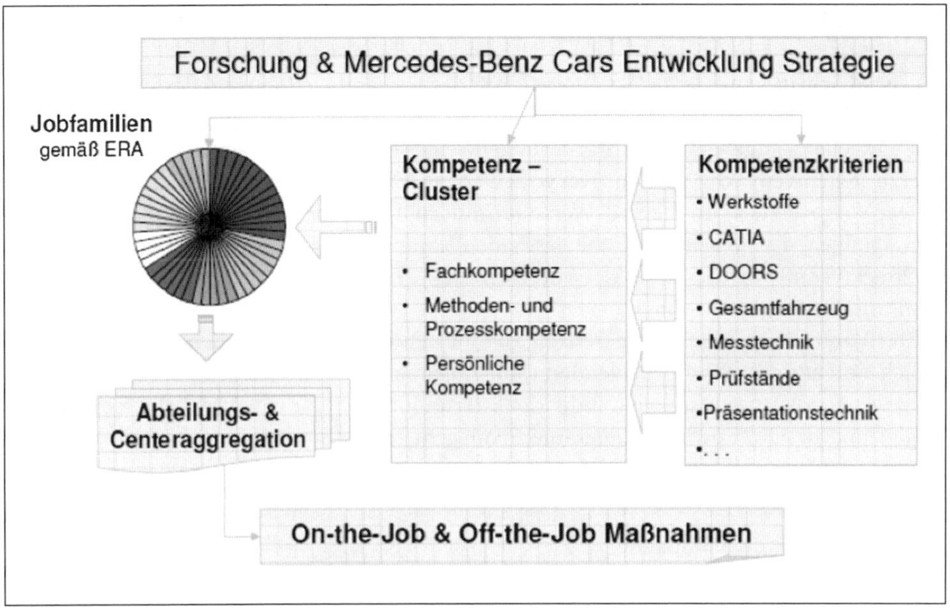

Abb. 3: Konzept »eSkill« Management System (interne Quelle)

Für die Belegschaft der Forschung und Entwicklung wurden insgesamt 82 Kompetenzprofile erstellt, die alle Berufsbilder mit den dazugehörigen Tätigkeiten und Aufgaben abbilden (von Sekretariatfunktionen bis hin zu Entwicklungsingenieuren).

Für jedes Kompetenzprofil wurde ein Experte bestimmt, der in Dialoggesprächen dem Projektteam zur Seite stand, um eventuelle Änderungen bzw. Verbesserungen vorzunehmen. Die daraus entstandenen Sollprofile wurden in einer Datenbank hinterlegt und werden einmal jährlich aktualisiert. (Als Grundlage für diese Anpassungen dient die Unternehmensstrategie, aus der eine Qualifizierungsstrategie für den Bereich abgeleitet wird).

5.2 Kompetenzmanagementsystem – der Weg zur bedarfsorientierten und zielgerichteten Qualifizierung

Basierend auf den oben beschriebenen Kompetenzfamilien plant der direkte Vorgesetzte die Qualifizierung für jeden einzelnen Mitarbeiter.

Die Qualifizierungsplanung erfolgt in drei wesentlichen Schritten:

Abb. 4: Schritte zur konkreten Qualifizierungsplanung (interne Quelle)

5.2.1 »Soll-Profil individualisieren«

Im ersten Schritt kann der direkte Vorgesetzte das vorhandene Jobprofil des ihm unterstellten Mitarbeiters individualisieren und somit ein Anforderungsprofil definieren, welches zu den speziellen Aufgaben und Anforderungen seines Mitarbeiters passt (vgl. Abbildung 5). Hierzu stehen dem Vorgesetzten zwei verschiedene Möglichkeiten zur Verfügung:

- **Der Vorgesetzte kann die Soll-Werte verändern**, indem er bei dem Mitarbeiter die Ausprägungen, der für seine Aufgabe passenden Kompetenzen anpasst (z. B.: Aufgrund einer Projektverantwortung wählt der Vorgesetzte eine höhere Ausprägung in der Kompetenz »Projektmanagement« aus).
- **Der Vorgesetzte kann Kompetenzen**, die für den jeweiligen Mitarbeiter nicht erforderlich sind aus dem Profil ausblenden (Soll-Ausprägung = 0) oder neue dazu wählen. Aus dieser Anpassung entsteht ein individualisiertes Jobprofil für jeden Mitarbeiter (z. B.: Ergänzung der Kompetenz »Lieferantenmanagement« aufgrund einer Bauteilverantwortung und engem Kontakt zu Lieferanten).

5.2.2 »Ist-Profil einschätzen«

Im Anschluss daran wird die Ist-Einschätzung vorgenommen. Hierbei bewertet der Vorgesetzte jede im Kompetenzprofil enthaltene Kompetenz auf einer Skala von eins bis fünf, wobei »1= Grundwissen« und »5= Umfassende Expertise, meistert schwierige/ komplexe Situationen ohne Unterstützung« bedeutet (vgl. Abbildung 6).

Ist in keiner der bewerteten Kompetenzen eines Mitarbeiters ein Kompetenzdelta vorhanden, so besteht dennoch die Möglichkeit den Mitarbeiter in einem der ausgewählten Kompetenzfelder weiterzuentwickeln und eine Qualifizierungsmaßnahme zu planen. Es handelt sich dabei um die sogenannte »Erhaltungsqualifizierung«.

5.2.3 »Qualifizierungsbedarf planen«

Als Ergebnis des Soll-Ist-Vergleichs erhält der Vorgesetzte automatisch eine Darstellung aller Kompetenzen, in denen der Mitarbeiter Entwicklungsbedarf hat (vgl. Abbildung 7).

Diese Kompetenzen sind mit den für Unternehmen zur Verfügung stehenden Qualifizierungsmaßnahmen (z. B. Schulungen, Fachvorträgen, Online-Trainings usw.) verknüpft. Das heißt, das System unterbreitet den Vorgesetzten automatisch On-the-Job- und Off-the-Job-Vorschläge, mit denen sie die Kompetenzen ihrer Mitarbeiter weiterentwickeln können (z. B.: Der Vorgesetzte weist einem Mitarbeiter im Kompetenzfeld »CATIA V5« einen Ist-Wert von 1 aus, gleichzeitig besteht eine Soll-Anforderung von 2. Folglich werden automatisch alle Qualifizierungsmaßnahmen angeboten, in denen die Kompetenz »CATIA V5« weiterentwickelt wird). Diese Qualifizierungsmaßnahmen können von dem Vorgesetzten auf Ziele und Inhalte überprüft werden. Anschließend wird die Qualifizierungsmaßnahme ausgewählt, die zum Aufbau bzw. der Weiterentwicklung der ausgewählten Kompetenz der Mitarbeiter geeignet ist.

Bietet das System dem Vorgesetzten keine passende Schulungsmaßnahme an, kann eine neue geeignete aus dem gesamten Qualifizierungskatalog zugeordnet werden.

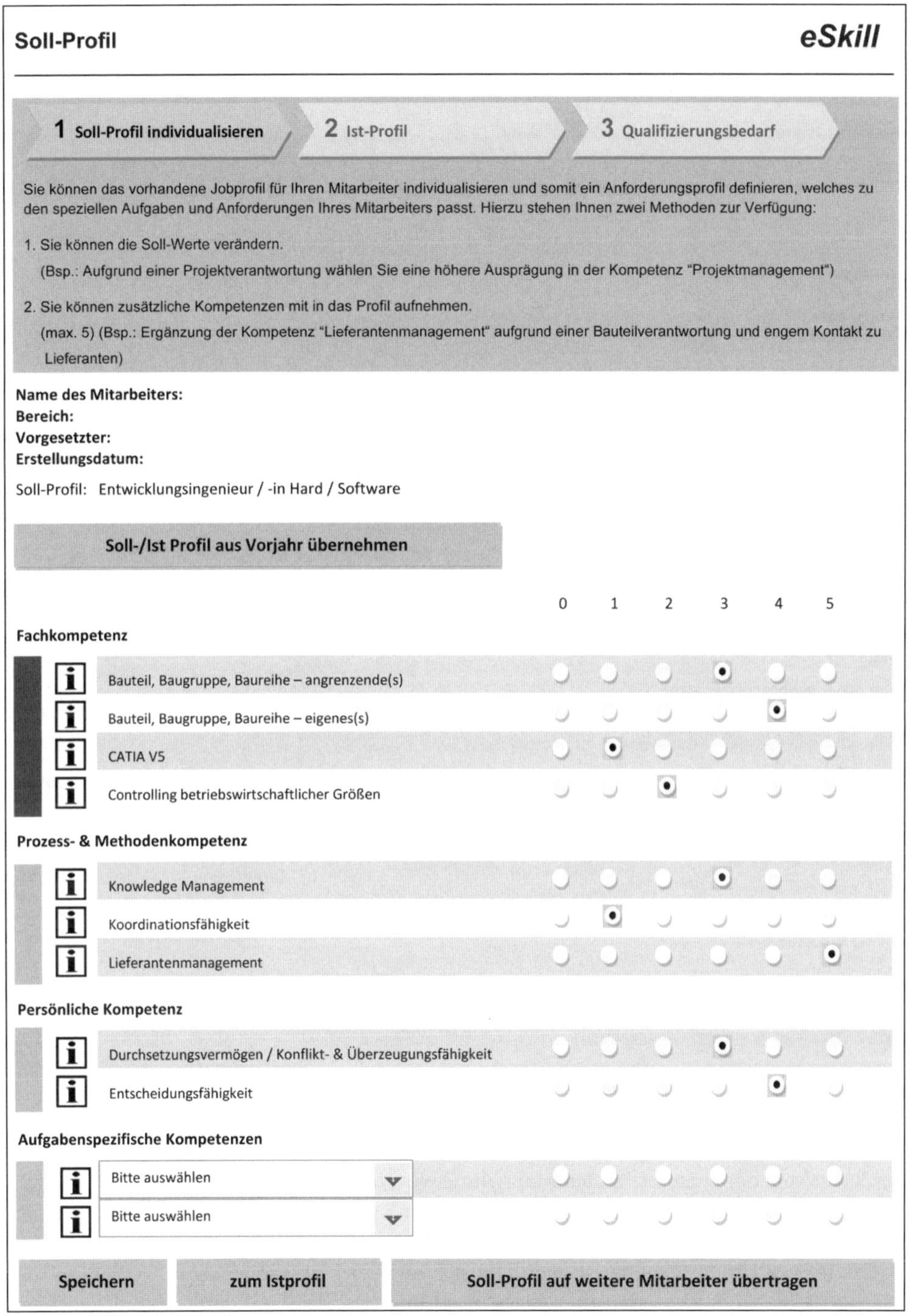

Abb. 5: Soll-Profil individualisieren (beispielhaft) (interne Quelle)

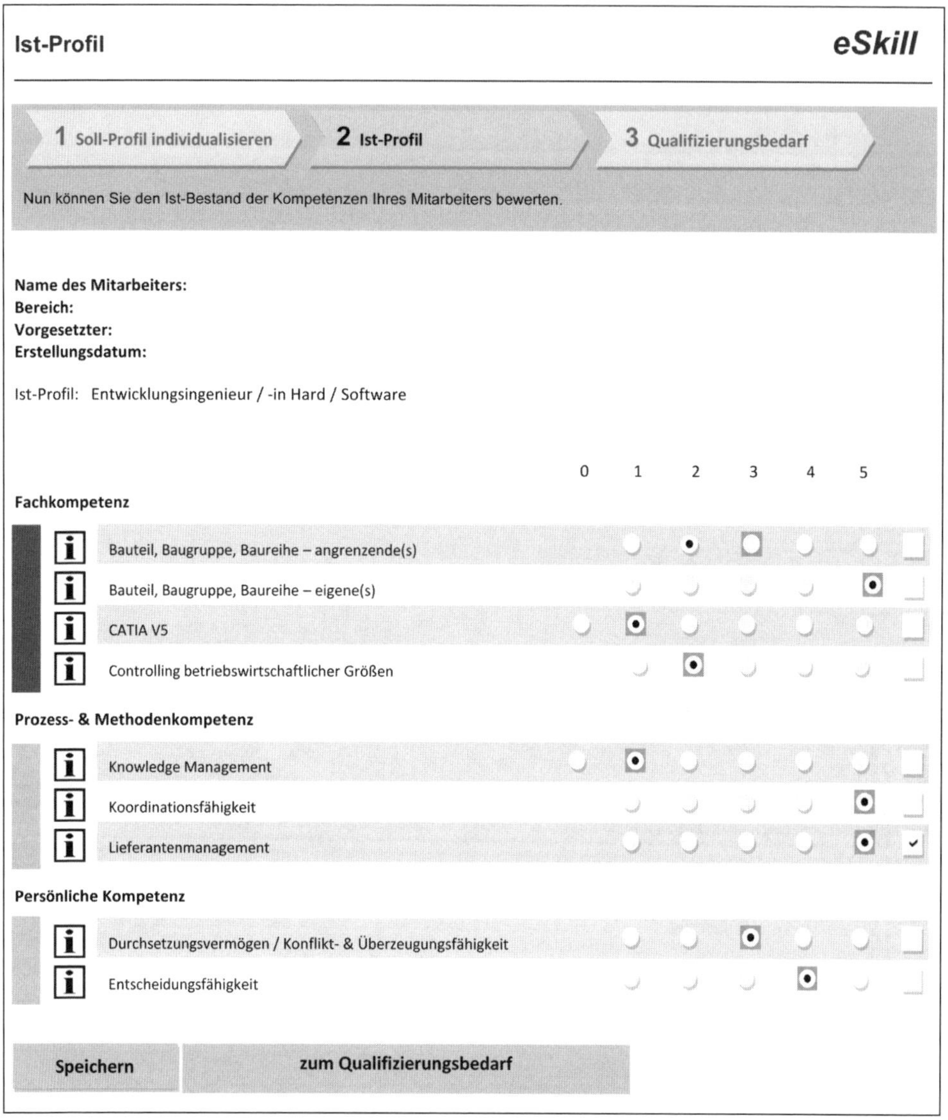

Abb. 6: Ist-Profil einschätzen (beispielhaft) (interne Quelle)

Nach Auswahl der entsprechenden Maßnahme wird die Qualifizierungsplanung der Mitarbeiter abgeschlossen, und die geplanten Schulungen werden dann automatisch in den Genehmigungsprozess übernommen.

Die freigegebenen Qualifizierungen, die sich aus der Planung ergeben, werden auf der Managementebene (Centerleitung) abgestimmt und basierend auf der zugrundeliegenden Qualifizierungsstrategie und des bereitgestellten Budgets final freigegeben oder gegebenenfalls abgelehnt.

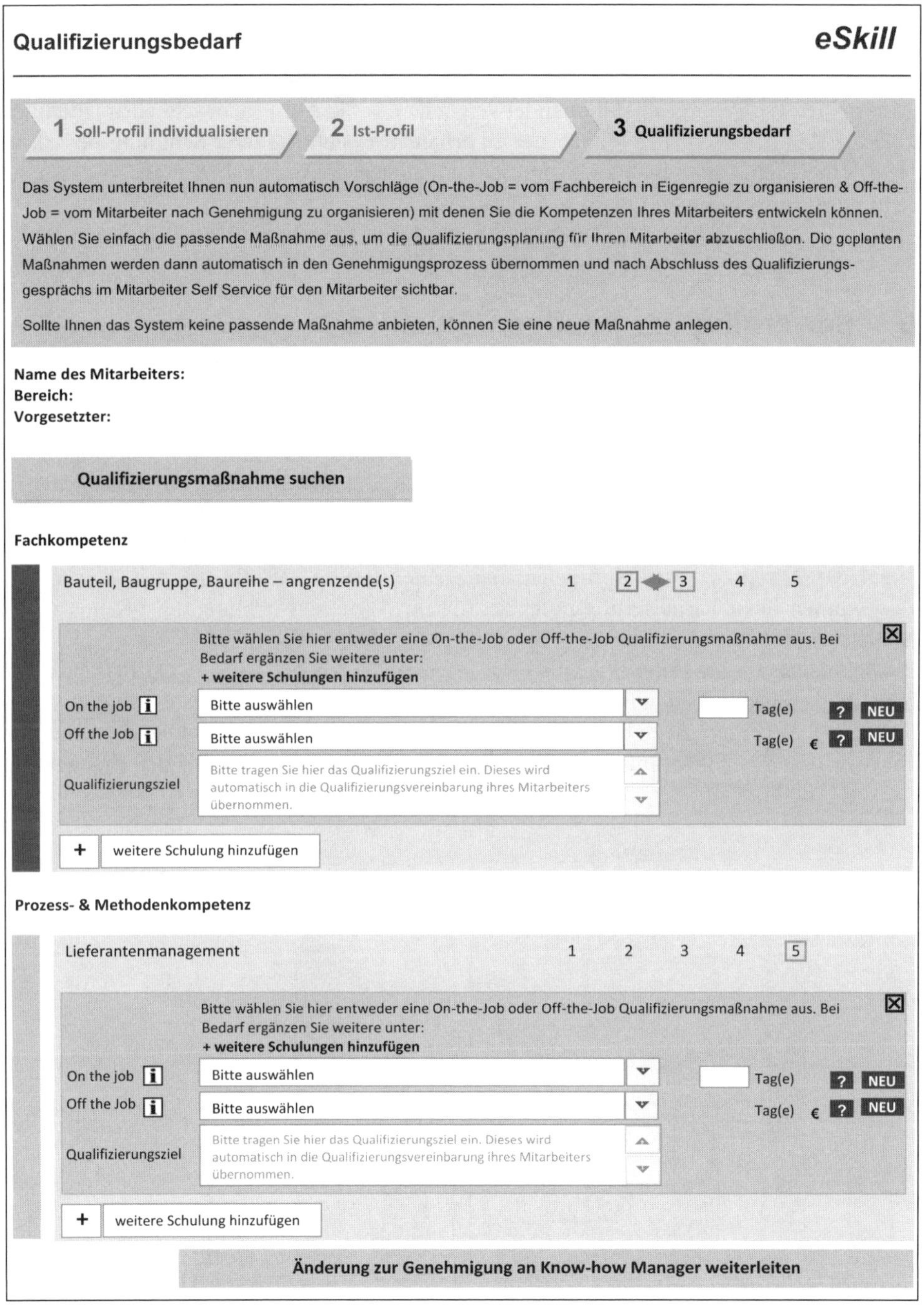

Abb. 7: Qualifizierungsbedarf planen (beispielhaft) (interne Quelle)

Insgesamt betrachtet bildet das Kompetenzmanagementsystem den kompletten Prozess der Planung bis zur Umsetzung ab. Anhand der definierbaren Soll- und Ist- Profile werden die vorhandenen und erforderlichen Kompetenzen der Mitarbeiter festgelegt. Ebenso können die erstellten Profile grafisch miteinander verglichen werden, um einen schnellen Überblick über die Kompetenzen aller Mitarbeiter zu erhalten. Besteht weiterer Schulungsbedarf, so bietet das System individuell zugeschnittene Qualifizierungsmaßnahmen an, so dass eine zentrale Administration der Planung möglich ist.

6 Bewertung der heutigen Situation

Seit der Einführung des Kompetenzmanagementsystems »eSkill« im Jahr 2007 sind zweieinhalb Jahre vergangen. Dies ist der Anlass im Rahmen einer Magisterarbeit die Akzeptanz und Wirksamkeit von »eSkill« beim Anwender zu erfragen. Im Zeitraum von August bis September 2009 wurden 31 Führungskräfte und Know-how-Manager aus verschiedenen Bereichen der Konzernforschung und Mercedes-Benz Cars Entwicklung dazu befragt.

Wesentliches Ziel der durchgeführten Befragung war es, Erkenntnisse über den aktuellen Stand der Akzeptanz vom Kompetenzmanagementsystem »eSkill« bei den Anwendern zu gewinnen sowie Verbesserungspotenzial für eine Weiterentwicklung des Systems zu erkennen.

Die Analyse ausgewählter Ergebnisse hat insgesamt ergeben, dass 55 % der Befragten zufrieden oder eher zufrieden mit dem Kompetenzmanagementsystem »eSkill« sind (vgl. Abbildung 8). Außerdem ist zu beobachten, dass im Durchschnitt mehr als 40 % der Befragten angeben, dass die Einführung von Kompetenzmanagementsystem »eSkill« sich eher gelohnt hat (vgl. Abbildung 9).

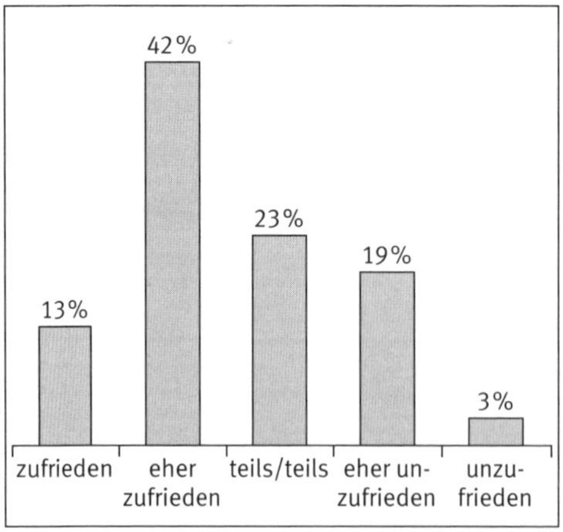

Abb. 8: Wie zufrieden sind Sie insgesamt mit »eSkill«? (eigene Darstellung)

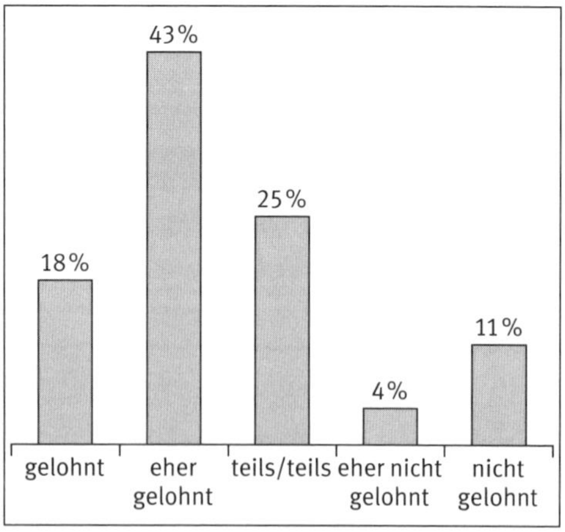

Abb. 9: Hat sich aus Ihrer Sicht die Einführung von »eSkill« gelohnt? (eigene Darstellung)

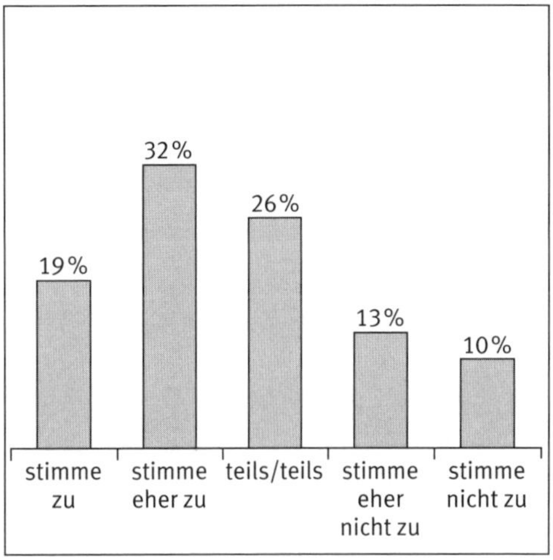

Abb. 10: »eSkill« führt zu hohem Zeitaufwand bei der Qualifizierungsplanung der Mitarbeiter (eigene Darstellung)

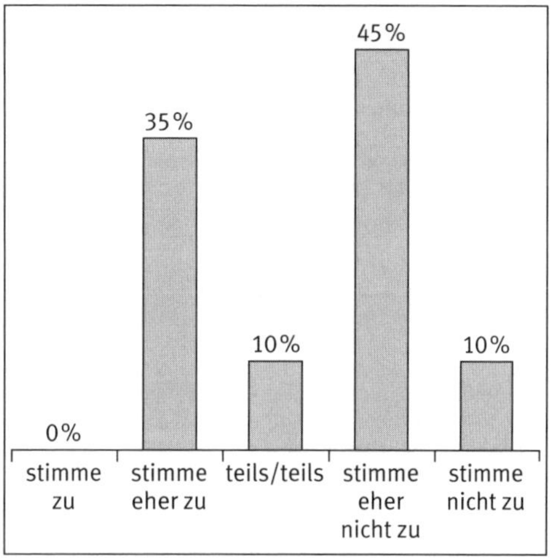

Abb. 11: Der Aufwand und der Nutzen von »eSkill« stehen in einem angemessenen Verhältnis zueinander (eigene Darstellung)

Weiterhin war von Interesse zu erfahren, welche Ziele durch den Einsatz des Kompetenzmanagementsystems »eSkill« aus Sicht der Anwender erreicht wurden. Die entsprechenden Top 5 – Ergebnisse sind in der unten stehenden Auflistung zusammengefasst:

1. Effektive Planung und Steuerung der Qualifizierungsaktivitäten,
2. Transparenz über Qualifizierungskosten,
3. Einheitliches Verständnis über Kompetenzen und Qualifizierungen in RD,
4. Bedarfsorientierte Qualifizierung und Qualifizierungsangebote,
5. Effektiver Einsatz des Qualifizierungsbudgets.

Hinsichtlich des Items »freiwillige Nutzung von »eSkill« bei der Qualifizierungsplanung« geben 84 % der Befragten an, dass sie »eSkill« in Zukunft weiterhin nutzen werden und sich nur 16 % der Befragten gegen eine weitere Nutzung des Systems äußerten. Besonders hervorzuheben ist, dass 73 % der Befragten der Meinung sind, dass sich die erzielten Ergebnisse von »eSkill« nicht auf eine einfachere und weniger aufwendige Weise mit der gleichen Qualität erzielen lassen.

Bei der Analyse der Abbildungen 10 und 11 zum Verhältnis Aufwand und Nutzen des Kompetenzmanagementsystems »eSkill« ist feststellbar, dass im Durchschnitt ca. 50 % aller Befragten der Meinung sind, dass »eSkill« zu hohem Zeitaufwand bei der Qualifizierungsplanung führt und das Verhältnis von Aufwand und Nutzen nicht übereinstimmt.

Des Weiteren zeigt die Abbildung 12, dass ein Großteil der Befragten eine Optimierung des Kompetenzmanagementsystems »eSkill« als wünschenswert einstuft. So sehen sie vor allem ein Verbesserungspotenzial im Hinblick auf die Integration von »eSkill« in weitere Personalmanagementinstrumente wie das Buchungstool »eTrain« (73,3 %). Darüber hinaus wird ein Optimierungsbedarf bezüglich der Benutzerführung (56,7 %) sowie des Zeitaufwands (36,7 %) ersichtlich.

Dichotomy label	Count	Pct of Responses %	Pct of Cases %
Schnittstelle Bildungsangebot-Buchungstool »eTrain«	22	15,2	73,3
Verbesserung der Benutzerführung	17	11,7	56,7
Realisierung der gelanten Weiterbildungsmaßnahmen	13	9,0	43,3
Verringerung des Zeitaufwands	11	7,6	36,7
Einheitliche Gestaltung	10	6,9	33,3
Verbesserung der Schulung-Suchfunktion	10	6,9	33,3
Vereinfachung der Dateneingabe	9	6,2	30,0
Schnittstelle Planungsbudget und noch zur Verfügung stehendes Budget	9	6,2	30,0
Support zur Verfügung stellen	6	4,1	20,0
Verbesserung der Ist-Soll Profile	5	3,4	16,7
Verbesserung der Antwortzeiten/Systemsicherheit	4	2,8	13,3
Verbindung von »eSkill« mit LEAD/NAVI Prozess	4	2,8	13,3
Die Verbindung der Soll-Profil zu ERA nicht sinnvoll	4	2,8	13,3
Schulungsmaßnahmen sollen gleichzeitig auf mehrere Mitarbeiter übertragbar sein	4	2,8	13,3
Langfristige Qualifizierungsplanung soll über »eSkill« möglich sein	3	2,1	10,0
Centerübersicht über Kernkompetenz Aufteilung soll per Knopfdruck möglich sein	3	2,1	10,0
Anbieten von weiteren Auswertungsmöglichkeiten	2	1,4	6,7
Verbesserung der 3 Schritte Logik: Soll/Ist Profil	2	1,4	6,7
Umdrehen der Qualifizierungslogik	2	1,4	6,7
Anbieten von Profile für fachspezifische Aufgaben	1	0,7	3,3
Standardisierung von Soll-Profile	1	0,7	3,3
Administrationsrechte vergeben	1	0,7	3,3
Anbieten von pdf-Formaten	1	0,7	3,3
Keine Verwendung von Abkürzungen	1	0,7	3,3
Total responses	**145**	**100**	**483,3**
1 missing cases; 30 valid cases			

Abb. 12: Was sollen die Betreuer aus Ihrer Sicht an »eSkill« verbessern?

Zusammenfassend lässt sich feststellen, dass der Erfolg des Kompetenzmanagementsystems »eSkill« in der einheitlichen Vorgehensweise bei der Qualifizierungsplanung liegt und den dadurch verbundenen Kosteneinsparungen bei den Qualifizierungsaktivitäten. Zudem ist deutlich erkennbar, dass »eSkill« in der gezielten Kompetenzentwicklung der Mitarbeiter und der systematischen Kompetenzerfassung Vorteile bringt.

Zu optimieren ist beispielsweise das Verhältnis von Aufwand und Nutzen hinsichtlich des Zeitbedarfs bei der Bearbeitung von »eSkill«.

7 Erfolgsfaktoren

Auf der Grundlage der intern durchgeführten Interviews zum Thema Kompetenzmanagement lassen sich folgende Faktoren für eine erfolgreiche Anwendung des Kompetenzmanagementsystems aus Sicht der Anwender identifizieren:

1. Einbindung des Kompetenzmanagementsystems in die Unternehmensstrategie,
2. Nutzen-, Mehrwert-, Ziel- und Erfolgskommunikation,
3. Integration des Kompetenzmanagementsystems in weitere Personalmanagementinstrumente,
4. Kosten- und Nutzen-Argumente vorlegen,

5. Einbeziehung und Unterstützung der Anwender durch Schulungen & Workshops,
6. Informations- und Kommunikationsbegleitung,
7. Schaffung eines Problembewusstseins,
8. Benutzerfreundliche und einfache IT-Unterstützung,
9. Mittel für Qualifizierung zur Verfügung stellen,
10. Gesamtaufwand und Gesamtnutzen in der Waage halten,
11. Technische Weiterentwicklung und Stabilisierung des Systems,
12. Verbindlichkeit, d.h. das System soll als verbindlich innerhalb des Bereichs verankert werden.

Hervorzuheben aus unserer Sicht sind die ersten drei Faktoren, da sie in besonderer Weise erfolgskritisch sind.

Durch die Ergebnisse der Anwenderbefragung ist deutlich geworden, dass wir eine gute Ankopplung an die Unternehmensstrategie haben.

Das Thema Kommunikation jedoch kann noch weiter ausgebaut und optimiert werden. Die Integration des Kompetenzmanagementsystems in weitere Personalentwicklungsinstrumente ist die erklärte Zielsetzung für die nächsten Jahre.

8 Ausblick

Der erste und wichtigste Schritt in Richtung Kompetenzentwicklung ist getan: Wir haben ein akzeptiertes, durchgängiges und wirksames System in Forschung und Entwicklung. Dennoch wird angestrebt, das System kontinuierlich weiterzuentwickeln.

Weiterführende Optimierungsschritte des Kompetenzmanagementsystems »eSkill« zeichnen sich insbesondere in vier grundlegenden Richtungen ab:

- **Langfristige Kompetenzentwicklung.** Mit einer Weiterentwicklung von »eSkill« wird eine Drei-Jahres-Kompetenzentwicklungsplanung angestrebt. Demgemäß ergibt sich eine Betrachtung der Mitarbeiter in seiner Qualifizierungsplanung und Kompetenzentwicklung über die Jahre hinweg. Darüber hinaus nimmt das Kompetenzmanagementsystem eine Orientierungsfunktion bei der Qualifizierungsplanung ein und gibt der Personalentwicklung und -qualifizierung einen strategischen Charakter.
- **Defizit- und Stärkenorientierung.** Ein weiteres Optimierungsziel von »eSkill« ist die intensivere Fokussierung auf den Stärkenaufbau der Mitarbeiter. D.h., bei der Qualifizierung wird nicht nur der Aufbau eines noch nicht vorhandenen Soll-Profils (Defizit-Orientierung) betrachtet, sondern auch ein gezielter Ausbau bzw. Erhalt bereits vorhandener Kompetenzen (Stärken-Orientierung). Wir sind der Meinung, dass ein Kompetenzmanagementsystem eine ausgewogene Balance zwischen der Weiterentwicklung und Erhaltung der vorhandenen Mitarbeiterkompetenzen einerseits und genauso die gezielte Minimierung von Kompetenzlücken andererseits beinhalten sollte. Darauf zielt die zusätzliche Berücksichtigung der Stärkenorientierung ab. Die Stärkenorientierung stellt somit eine gute Basis für die zukunftsgerichtete und strukturierte Personalentwicklung dar.
- **Erfolgs-/Nutzenkommunikation und erhöhte Anwenderfreundlichkeit.** Damit die Ziele, die mit dem Kompetenzmanagementsystem »eSkill« verbunden sind, auch voll-

ständig erreicht werden können, soll das Instrument bei den Führungskräften und Mitarbeitern ein hohes Maß an Akzeptanz finden. Auf Basis dieses Hintergrundes erscheint es notwendig, den Nutzen sowie den Erfolg von »eSkill« gezielt zu definieren und den Anwender damit bekannt zu machen. Durch die Kenntnis des Nutzens und des Erfolgs wird auch eine Sensibilisierung der Anwender zum Thema Kompetenzmanagement erreicht. Darüber hinaus muss für den langfristigen Erfolg von »eSkill« die hohe Anwenderfreundlichkeit des Systems unser Ziel sein.

- **Erfolgscontrolling.** Die Verknüpfung von Planung, Umsetzung und Evaluation der Kompetenzentwicklungsmaßnahmen soll weiter intensiviert werden. Dadurch können im Sinne einer formativen und summativen Evaluation Wirkzusammenhänge zwischen Zielsetzung und Transfererfolg von Qualifizierung nachgewiesen werden. Dies ist insbesondere für eine hohe Akzeptanz eines Kompetenzmanagementsystems im Top-Management von großer Wichtigkeit.

Alle diese genannten Schwerpunkte werden im Rahmen einer Weiterentwicklung des Kompetenzmanagementsystems »eSkill« aufgegriffen und als ein wesentlicher Teil der weiteren Optimierung betrachtet.

Festzuhalten ist, dass das hier vorgestellte Kompetenzmanagementsystem eine bedeutende Unterstützung für die Führungskräfte bei der Qualifizierungsplanung und Kompetenzentwicklung der Mitarbeiter darstellt. Für das Team Qualifizierungsmanagement bietet »eSkill« eine optimale Unterstützung insbesondere bei der Abstimmung des Qualifizierungsangebotes, der Qualifizierungsumsetzung und nicht zuletzt bei der Erstellung von Qualifizierungsreports.

Insgesamt betrachtet, leistet das Kompetenzmanagementsystem einen wesentlichen Beitrag zur Kompetenzsicherung der Mitarbeiter und damit zur nachhaltigen Wettbewerbsfähigkeit des Unternehmens.

Literatur

Daimler AG (2011). *Intranet-Portal.* Stuttgart

DaimlerChrysler setzt auf neues Konzept in der Weiterbildung (2007). Verfügbar unter: http://www.pressebox.de/pressemeldungen/mhm-systemhaus-gmbh/boxid/102852 [19.04.2007].

Grote, S., Kauffeld, S. & Frieling, E. (Hrsg.) (2012). *Kompetenzmanagement. Grundlagen und Praxisbeispiele* (2. Aufl.). Stuttgart: Schäffer Poeschel.

Kieren, M. (2007). Kompetenzen gezielt entwickeln. *Personalmagazin: Führende Köpfe im Personalwesen, 09.*

Markl, H. (2005). *Vortrag zum Kompetenzmanagement an der Fachhochschule Wiesbaden.*

North, K. & Reinhardt, K. (2005). *Kompetenzmanagement in der Praxis – Mitarbeiterkompetenzen systematisch identifizieren, nutzen und entwickeln.* Wiesbaden: Gabler Verlag/GWV Fachverlage.

Petersen, C.-M. (2009). *Akzeptanz und Wirksamkeit eines Kompetenzmanagementsystems bei der Daimler AG* (unveröffentlichte Magisterarbeit). Stuttgart.

Probst, G., Deussen, A., Eppler, M. & Raub, S. (2000). *Kompetenzmanagement. Wie Individuen und Organisationen Kompetenz entwickeln.* Wiesbaden: Gabler Verlag.

Reinhardt, K. (2007). Kompetenzen steuern – Modell des integrativen Kompetentmanagements. *ERP-Management, 3*, 32–37.

Zetsche, D. (2008). *Redemanuskript des Vorstandsvorsitzenden der Daimler AG bei der Hauptversammlung in Berlin.*

*Kristina Rasel/Patricia Seeliger**

Kompetenzmanagement in der GIZ

* *Kristina Rasel*, Personalentwicklung, GIZ GmbH, Eschborn.
Patricia Seeliger, Personalentwicklung, GIZ GmbH, Eschborn.

1 Zusammenfassung

Der vorliegende Artikel beschreibt die Entwicklungsschritte hin zum heute bestehenden Kompetenzmanagementsystem der GIZ. Spezifische Herausforderung des Unternehmens war und ist die Konzentration auf projektbezogene Aktivitäten und Leistungen der GIZ. Dies stellt fortwährend hohe Anforderungen an die Flexibilität, breite Einsetzbarkeit und Lernbereitschaft der Mitarbeiterinnen und Mitarbeiter. Nach zwei aufeinander folgenden unternehmensweiten Projekten zur Weiterentwicklung des bestehenden Personalressourcen-Management, werden derzeit kontinuierlich weitere Maßnahmen im Sinne einer strategischen Personalentwicklung umgesetzt.

Es werden die Ziele, die Vorgehensweise beim Aufbau sowie die inhaltliche und instrumentelle Ausgestaltung des Kompetenzmanagements beschrieben. Darauf folgt eine Einschätzung des erreichten Implementierungsgrades und es werden Erfolgsfaktoren sowie offene Punkte benannt. Die Darstellung schließt mit einem Ausblick auf die aktuellen Umsetzungsschwerpunkte und Herausforderungen an die Personalentwicklung.

2 Beschreibung des Unternehmens

Die Deutsche Gesellschaft für Internationale Zusammenarbeit (GIZ) GmbH ging zu Beginn des Jahres 2011 aus dem Deutschen Entwicklungsdienst (DED) gGmbH, der Deutschen Gesellschaft für Technische Zusammenarbeit (GTZ) GmbH und der InWEnt – Internationale Weiterbildung und Entwicklung gGmbH hervor. Als Bundesunternehmen unterstützt die GIZ die Bundesregierung bei der Erreichung ihrer Ziele in der Internationalen Zusammenarbeit für nachhaltige Entwicklung. Weltweit aktiv ist das Unternehmen außerdem in der internationalen Bildungsarbeit. Mit einer Vielzahl maßgeschneiderter und wirksamer Dienstleistungen für nachhaltige Entwicklung unterstützt die GIZ Menschen und Gesellschaften in Entwicklungs-, Transformations- und Industrieländern, damit diese ihre langfristigen Entwicklungsziele selbständig erreichen. Dabei werden politische, wirtschaftliche, soziale und ökologische Aspekte berücksichtigt.

Wichtigster Auftraggeber ist das Bundesministerium für wirtschaftliche Zusammenarbeit und Entwicklung (BMZ). Darüber hinaus ist die GIZ für andere Bundesressorts, für Regierungen anderer Länder, für internationale Auftraggeber wie die Europäische Kommission, die Vereinten Nationen oder die Weltbank sowie für Unternehmen der privaten Wirtschaft tätig.

Die GIZ ist in mehr als 130 Ländern Afrikas, Asiens, Lateinamerikas, im Mittelmeerraum und im Mittleren Osten sowie in Europa, im Kaukasus und Zentralasien aktiv. Neben den beiden Sitzen in Bonn und Eschborn ist das Unternehmen an weiteren Standorten in Deutschland und weltweit mit über 90 Büros vertreten. Insgesamt beschäftigt die GIZ ca. 17.000 Mitarbeiterinnen und Mitarbeiter; davon mehr als zwei Drittel einheimische (jeweils in den Partnerregionen ansässige) Kräfte. Hinzu kommen über 1.000 Entwicklungshelferinnen und -helfer, ca. 750 integrierte und mehr als 300 rückkehrende Fachkräfte, 700 einheimische Fachkräfte in Partnerorganisationen sowie 850 weltwärts-Freiwillige.

Die GIZ nimmt ihre Aufgaben gemeinnützig wahr; erwirtschaftete Überschüsse werden ausschließlich wieder für Projekte der internationalen Zusammenarbeit für nachhaltige Entwicklung verwendet. Das Geschäftsvolumen erreichte im Jahr 2010 über 1,5 Mrd. Euro.

3 Ziele des Kompetenzmanagements

Der Fokus des Kompetenzmanagements der GIZ liegt auf der Unterstützung der längerfristigen Unternehmensplanung. Während der Wachstumsphase der letzten Jahre bedeutete dies v.a. den Zuwachs personeller Ressourcen zu steuern. Für die kommenden Jahre stehen nunmehr eine Diversifizierung und die Erschließung neuer Marktpotenziale im Fokus des Unternehmens, was insbesondere die Verbreiterung der Kompetenzen der vorhandenen Personalressourcen erforderlich macht.

Dabei ist das Kompetenzmanagement eng mit dem Geschäftsmodell der GIZ verknüpft: Ein großer Teil der erbrachten Leistungen basiert auf innovativer zeitlich begrenzter Projektarbeit. Dies stellt an die Beschäftigten hohe Anforderungen hinsichtlich der Bereitschaft und Fähigkeit zur Veränderung. Ziel des Kompetenzmanagements ist es, mittels geeigneter Prozesse und Instrumente möglichst effizient die systematische Gewinnung, Nutzung und Weiterentwicklung der für den Unternehmenserfolg relevanten Mitarbeiterkompetenzen zu gewährleisten.

Um den spezifischen Anforderungen an das Kompetenzmanagement besser gerecht zu werden und die Abstimmung der Personalprozesse mit der Unternehmensstrategie sicherzustellen, beauftragte in 2005 die Unternehmensleitung der damaligen GTZ den Personalbereich mit der Durchführung eines strategischen Veränderungsprojektes. Ziele waren (1) die Personalrekrutierung zu optimieren, sodass das benötigte Personal mit den erforderlichen Kompetenzen rechtzeitig und in ausreichendem Maße gewonnen wird. (2) Daneben galt es, die Koordination und Vorbereitung von sog. »Wiedereinsätzen« für vorhandenes Personal (in neuen Funktionen und Projekten) zu verbessern. (3)Außerdem sollte durch die Optimierung vorhandener bzw. Einbindung neuer (IT-gestützter) Elemente das bestehende Personalressourcen-Management im Sinne eines systematischen Kompetenzmanagements neu ausgerichtet werden.

Heute – nach erfolgreichem Abschluss zweier Projektphasen, der Neugründung einer eigenständigen Abteilung für Personalentwicklung und der Fusion dreier eigenständiger Organisationen – wird der Erfolg des Kompetenzmanagements in der GIZ v.a. an der gelungenen (fachlichen und kulturellen) Integration aller Mitarbeiterinnen und Mitarbeiter in das neu entstandene Unternehmen und der Weiterentwicklung des Personal-Instrumentariums zur Unterstützung der Unternehmensentwicklung gemessen.

4 Beschreibung des Vorgehens

Die erste Phase des strategischen Projektes (von März bis November 2006) begann sowohl mit einer Benchmark-Analyse in Dienstleistungsunternehmen ähnlicher Branchen, als auch mit einer internen Kundenbefragung, um angestrebte Standards und Ziele zu definieren. Entlang dieser Zielvorgaben wurden anschließend die bereits vorhandenen Instrumente und Verfahren einer kritischen Analyse unterzogen und zum Teil neu konzipiert, ergänzt und mit neu einzuführenden Elementen verknüpft. Die schrittweise Umsetzung der Ergebnisse erfolgte dann in einer zweiten Phase von Februar 2007 bis April 2008. Der damit beauftragte Personalbereich wurde dabei insbesondere durch die Unternehmensstabsstellen Informationstechnologie und Unternehmenskommunikation unterstützt. So wurden beispielsweise zahlreiche Kommunikations- und Informationsmaßnahmen durchgeführt, um über die umfassenden Änderungen zu informieren und für die neuen Prozesse und Instrumente die erforderliche Akzeptanz bei Mitarbeiterinnen und Mitarbeitern zu schaffen. Mit dem Veränderungsprozess war außerdem die Umstrukturierung des Personalbereichs selbst verbunden; die Aufgaben von Personalbereitstellung und -betreuung wurden aufgegliedert und in zwei getrennten Abteilungen verortet. Die Kompetenz- und Führungskräfteentwicklung wurde für eine größere Nähe zu den operativen Prozessen zusammen mit der Personalbereitstellung in einer Organisationseinheit integriert.

Während der gesamten Konzeptions- und Umsetzungsphase wurde Wert auf eine hohe interne Beteiligung unterschiedlicher Geschäftsbereiche und Gremien gelegt. So wurden jeweils Teilprojekte definiert, in denen Mitarbeiterinnen und Mitarbeiter unterschiedlicher Unternehmensbereiche und Ebenen einzelne Projektziele bearbeiteten und Lösungen entwickelten. Der zeitliche und inhaltliche Abgleich der Einzelergebnisse wurde jeweils durch die – hauptamtlich mit dem Projekt befasste – Projektleitung sichergestellt, die durch einzelne externe Berater unterstützt wurde. Die im Projektverlauf erarbeiteten Ergebnisse wurden kontinuierlich in projektbezogenen Soundingboards und Gremien der oberen Unternehmensebene vorgestellt, um die inhaltliche Übereinstimmung mit den strategischen Zielen des Unternehmens sicherzustellen. Ebenso wurde der Betriebsrat bei den mitarbeitervertretungsrelevanten Themen eingebunden. Bedeutend für die erfolgreiche Umsetzung war nicht zuletzt die prioritäre Einordnung des Projektes durch die Personal- und Unternehmensleitung.

Lag der Fokus der Veränderungsziele zunächst auf der Neuausrichtung der Prozesse der Personalrekrutierung und der Organisation des Wiedereinsatzes von Mitarbeiterinnen und Mitarbeitern, traten gegen Ende der zweiten Projektphase eine deutliche Steigerung des Auftragsvolumens und damit verbunden ein schnelles personelles Wachstum des Unternehmens ein. Mit der an Bedeutung gewinnenden Rekrutierung externer Ressourcen ging die Notwendigkeit einher, die neuen Mitarbeiterinnen und Mitarbeiter für die Anforderungen in der Entwicklungszusammenarbeit zu qualifizieren. Daneben wurde die Weiterqualifizierung vorhandener Ressourcen für Einsätze in neuen Aufgaben und Funktionen erfolgsentscheidend. Die damit verbundene Herausforderung an eine strategische Personalentwicklung führte zu der Entscheidung, die Ressourcen für diese Aufgaben zu verdoppeln und im Sommer 2008 eine eigenständige Abteilung Personalentwicklung zu gründen. Diese Investition ermöglichte die inhaltliche Weiterentwicklung und Formulierung einer Personalentwicklungsstrategie. In der laufenden Umsetzung stützt sich diese Strategie auf die Schärfung des Profils und der Rolle sog. Business Partner – Personalreferenten, die einzelne operative Bereiche zu Personalthemen begleiten und so direkt deren Geschäftsprozesse unterstützen. Daneben wurde in 2009 und 2010 ein Talent Management System entwickelt und eingeführt, das die Ziele und Instrumente der Personal- und Karriereentwicklung im Unternehmen transparent beschreibt und inhaltlich erweitert.

Derzeit sind die Personalverantwortlichen der heutigen GIZ[1] (in Zusammenarbeit mit anderen Unternehmenseinheiten) mit Aufgaben im Kontext der Fusion der Vorgängerorganisationen betraut. Dabei gilt es, Führungskräfte und Mitarbeiterinnen und Mitarbeiter zu unterstützen, damit notwendige Kompetenzen für den Umgang mit veränderten Rahmenbedingungen und Aufgaben erworben werden. Andererseits sind (nebeneinander) bestehende Personalinstrumente und -prozesse zu synchronisieren bzw. zu integrieren.

5 Beschreibung des Kompetenzmanagementsystems

5.1 Zu Grunde liegendes Kompetenzmodell

Mitte 2006 wurde das Kompetenzmodell der GTZ wurde von einer Arbeitsgruppe des Personalbereichs entwickelt. Der Kompetenz-Begriff wird darin als grundlegende Selbstorganisationsfähigkeit (vgl. Grote, Kauffeld, Denison, Billich-Knapp & Frieling, 2012) verstanden. In einem spezifischen (beruflichen) Handlungskontext lassen sich Kompetenzen auch beschreiben als »die bei Individuen verfügbaren oder durch sie erlernbaren kognitiven Fähigkeiten und Fertigkeiten (...) sowie die damit verbundenen motivationalen, volitionalen und sozialen Bereitschaften und Fähigkeiten, um die Problemlösungen in variablen Situationen erfolgreich und verantwortungsvoll nutzen zu können« (Weinert, 2001).

Bei der Entwicklung des Modells hat man sich auf Kompetenzdimensionen und Fähigkeitsbeschreibungen von – in der GTZ bereits etablierten – Verfahren zur Personalauswahl und Potenzialeinschätzung gestützt, allerdings sollten die Werteorientierung und das Selbstverständnis des Unternehmens stärker Berücksichtigung finden. Dazu wurden die unternehmensweit geltenden Leitbilder für Mitarbeiter und Führungskräfte und die darin beschriebenen Verhaltensweisen hinzugezogen. Im Sinne eines Benchmarking wurde außerdem ein Vergleich mit Kompetenzmodellen anderer Unternehmen durchgeführt. Die daraus entstandenen umfangreichen Beschreibungen wurden gekürzt und in einem zweiten Schritt als abgeleitete Kompetenzdimensionen und Einzelbeschreibungen im Unternehmen abgestimmt. Im Zuge des strategischen Projektes zum Personalressourcen-Management wurde die konsequentere Anwendung des Modells entlang der Prozesskette von Personalauswahl, -beurteilung und -entwicklung optimiert. Damit dient das Modell heute als Grundlage für die verschiedenen Instrumente und Verfahren innerhalb des Personalressourcen-Managements.

Das Kompetenzmodell umfasst vier Dimensionen: Fachkompetenz, Führungskompetenz, Unternehmerische Kompetenz sowie Persönliche und Soziale Kompetenz. Die einzel-

1 Im weiteren Text wird immer dann von GTZ gesprochen, wenn Inhalte aus dem Zeitraum vor der Fusion, also vor 2011, beschrieben werden. Wenn keine explizite Unternehmensangabe erfolgt, beziehen sich die vorgestellten Entwicklungsschritte auf die ehemalige GTZ. Da die inhaltliche und technische Anpassung der einzelnen Instrumente und Prozesse zum Zeitpunkt der Erstellung dieses Beitrages noch nicht abgeschlossen ist, zeigen die folgenden Abbildungen jeweils den Stand vor der Fusion und bezogen auf die GTZ auf.

nen Dimensionen, z. B. »Fachkompetenz«, sind wiederum in Unterkategorien aufgefächert, bspw. in »Nutzung von Fachwissen«. Operationalisiert werden die Unterkategorien durch Beschreibungen tätigkeitsrelevanter Kenntnisse, Fähigkeiten und Verhaltensweisen. Diese vier Dimensionen – mit Einschränkungen bei »Führungskompetenz"– sind für alle Mitarbeiterinnen und Mitarbeiter in den verschiedenen Positionen und Funktionsebenen relevant. Im Kompetenzmodell selbst findet sich (noch) keine Beschreibung erforderlicher bzw. möglicher unterschiedlicher Ausprägungsstufen. Abbildung 1 zeigt das Kompetenzmodell der GTZ.

5.2 Personalressourcen-Management – »Management« von Mitarbeiter-Kompetenzen

Das Kompetenzmodell findet sich – in unterschiedlicher Ausgestaltung – in den Prozessen und Instrumenten des Personalressourcen-Managements wieder. Abbildung 2 verdeutlicht es als Kern des Personalressourcen-Managements und zeigt die vorhandenen Bezüge zu Personalauswahl, -beurteilung und -entwicklung auf. Im Folgenden wird v. a. auf die im Veränderungsprojekt umgesetzten *Neuerungen* bei Personalauswahl und -entwicklung eingegangen.

5.2.1 Optimierte Personalauswahl

Die jeweils erforderlichen Ausprägungen der Kompetenzdimensionen sind in den Anforderungsprofilen konkreter Stellenbeschreibungen sowie im Beobachtungsbogen des Auswahlverfahrens enthalten. Die Gestaltung des Auswahlverfahrens selbst ist von Position, Bewerberlage und eventuellen weiteren geplanten ähnlichen Stellenbesetzungen abhängig.

Die Personal*vor*auswahl erfolgt heute über die so genannte *Kompetenzmatrix*. Dieses 2008 eingeführte IT-gestützte Instrument bietet für jede Mitarbeiterin und jeden Mitarbeiter die Möglichkeit, die jeweils vorhandenen Arbeitserfahrungen und Kenntnisse in einem individuellen Kompetenzprofil selbst zu dokumentieren. Die Aktualisierung der individuellen Angaben und die Verifizierung durch die Führungskraft sind fester Bestandteil des jährlichen Mitarbeitergesprächs.

Die Kompetenzmatrix ersetzt eine umfangreiche Liste sog. »Kenntnisse und Erfahrungen«. Diese ursprünglich auf Fachkompetenzen konzentrierte Liste wurde vor der Veränderung weder regelmäßig aktualisiert, noch wurden alle Mitarbeiterinnen und Mitarbeiter der unterschiedlichen Unternehmensbereiche mit ihren Kompetenzen berücksichtigt. Es bestand also der Bedarf nach einem anwenderfreundlichen und umfassenden Instrument zur Unterstützung der Personalsuche. Zusätzlich wurde mit der IT-Lösung die Möglichkeit geschaffen, das Instrument elektronisch in weitere Prozesse einzubinden und damit einen Mehrwert für das gesamte Personalressourcen-Management zu bieten.

In der inhaltlichen Struktur stimmen Kompetenzmodell und -matrix im Wesentlichen überein. Der Unterschied liegt v. a. in der Operationalisierung der Kompetenzen und erklärt sich aus dem Anwendungskontext: Die Dimensionen der Kompetenzmatrix werden – im Gegensatz zu den beobachtbaren Verhaltensweisen im Kompetenzmodell – in Form konkreter Arbeitserfahrungen und Kenntnisse auf unterschiedlichen Ausprägungsstufen beschrieben.

GTZ Kompetenzmodell

gtz

Fachkompetenz

Nutzung von Fachwissen

- Hält Fachwissen aktuell und verfügt über fachübergreifende Kenntnisse
- Denkt und handelt in Zusammenhängen und Wechselwirkungen
- Vermittelt relevante Fachinhalte der Abteilung / des Vorhabens kompetent und zielgruppengerecht
- Positioniert das eigene Fachgebiet im unternehmens- und entwicklungspolitischen Kontext
- Gibt Wissen aktiv und nutzerorientiert weiter, auch auf internationaler Ebene

IZ, EZ und GTZ Wissen

- Kennt die entwicklungspolitischen Vorgaben der Bundesregierung und anderer Auftraggeber für die EZ im eigenen Tätigkeitsfeld
- Kennt die Ziele, Strategien, Werte und Leitlinien der GTZ und beherrscht ihre Instrumente
- Erkennt die aktuelle Unternehmenssituation im IZ Umfeld und ihre Bedeutung für die weitere Entwicklung des Unternehmens

Veränderungsmanagement

- Identifiziert Akteure im Beratungsumfeld, erkennt Veränderungswillen und wirbt verbindliches Engagement ein
- Kennt die unterschiedlichen Interessen der Akteure und macht sie verhandelbar
- Gestaltet Veränderungsprozesse professionell und steuert diese zielorientiert durch angemessene Interventionen
- Gestaltet Prozesse partizipativ ausgerichtet auf Wirksamkeit und Nachhaltigkeit

Führungskompetenz

Mitarbeiterführung

- Steuert die Leistungserbringung der Mitarbeiter und Mitarbeiterinnen ergebnisorientiert
- Setzt klare Prioritäten für die Erledigung von Aufgaben
- Fordert Ergebnisse ein und hält Vereinbarungen nach
- Übt disziplinarische Führungsverantwortung konsequent aus
- Erreicht bei Mitarbeitern und Mitarbeiterinnen Vertrauen in die eigene Person und Einsatz für die gemeinsame Sache

Nutzung der Mitarbeiterpotenziale

- Gibt Mitarbeitern und Mitarbeiterinnen zeitnah und nachvollziehbar Rückmeldungen zu Leistungen und Verhalten
- Belässt Entscheidungen auf der sachnächsten Ebene und schafft die notwendigen Freiräume für die Übernahme von Verantwortung
- Motiviert Mitarbeiter und Mitarbeiterinnen und schafft Anreize für besonders gute Leistungen
- Unterstützt Mitarbeiterinnen und Mitarbeiter aktiv in ihrer Employability

Zusammenarbeit

- Schafft eine motivierende Atmosphäre im Team
- Vertraut Mitarbeitern und Mitarbeiterinnen, zeigt Wertschätzung und steht für sie ein
- Gibt auch in unsicheren Zeiten Orientierung und vermittelt in kritischen Situationen Sicherheit
- Begeistert Mitarbeiter und Mitarbeiterinnen für Unternehmensziele und -werte

Unternehmerische Kompetenz

Strategiegestaltung

- Erkennt Trends, Chancen und Risiken frühzeitig
- Entwickelt Zielvorstellungen für den eigenen Verantwortungsbereich im Einklang mit der Unternehmenspolitik und den Unternehmenszielen
- Antizipiert strategische Auswirkungen eigener Entscheidungen im Unternehmenskontext
- Nutzt Gestaltungsspielräume und übernimmt Verantwortung

Orientierung auf Unternehmenserfolg

- Erkennt Geschäftsmöglichkeiten und kommuniziert diese
- Positioniert die Leistungen des Unternehmens erfolgreich
- Schätzt Risiken realistisch ein und geht verantwortungsvoll mit diesen um
- Richtet seine Arbeit auf die Bedarfe und Anforderungen der Kunden aus
- Etabliert und pflegt langfristige und tragfähige Kundenbeziehungen

Managementfähigkeit

- Geht ergebnisorientiert vor und gestaltet Leistungsprozesse effizient
- Setzt Ressourcen wirtschaftlich ein
- Stellt die Qualität von Ergebnissen sicher
- Verfolgt eine realistische Zeit- und Projektplanung
- Trifft Entscheidungen auch unter Unsicherheiten

Persönliche und soziale Kompetenz

Persönliche Kompetenzen

- Zeigt Selbstbewusstsein und hat positive Ausstrahlung
- Beweist Durchhaltevermögen, hohe Belastbarkeit und Frustrationstoleranz auch in schwierigen Situationen
- Ist selbstreflektiert, kann zuhören, geht konstruktiv mit Kritik um und ist lernbereit
- Ist leistungsorientiert und verfügt über eine hohe Selbstorganisation
- Ist lernagil, veränderungsbereit und anpassungsfähig

Kooperationsfähigkeit und Interkulturelle Kompetenz

- Bewegt sich kulturell angemessen im nationalen und internationalen Umfeld
- Arbeitet konstruktiv und verbindlich mit Kollegen und Kolleginnen zusammen
- Baut Netzwerke auf und gestaltet Kooperationen erfolgreich
- Erkennt Konflikte, trägt sie angemessen aus und findet Lösungen

Überzeugungsfähigkeit

- Kann andere von eigenen Zielen und Strategien überzeugen und ist durchsetzungsfähig
- Berät, vermarktet oder verhandelt situationsangepasst
- Agiert politisch sensibel und dem Kontext angemessen
- Ist integer, handelt glaubwürdig und authentisch

IZ = Internationale Zusammenarbeit; EZ = Entwicklungszusammenarbeit

Abb. 1: Das Kompetenzmodell der GTZ

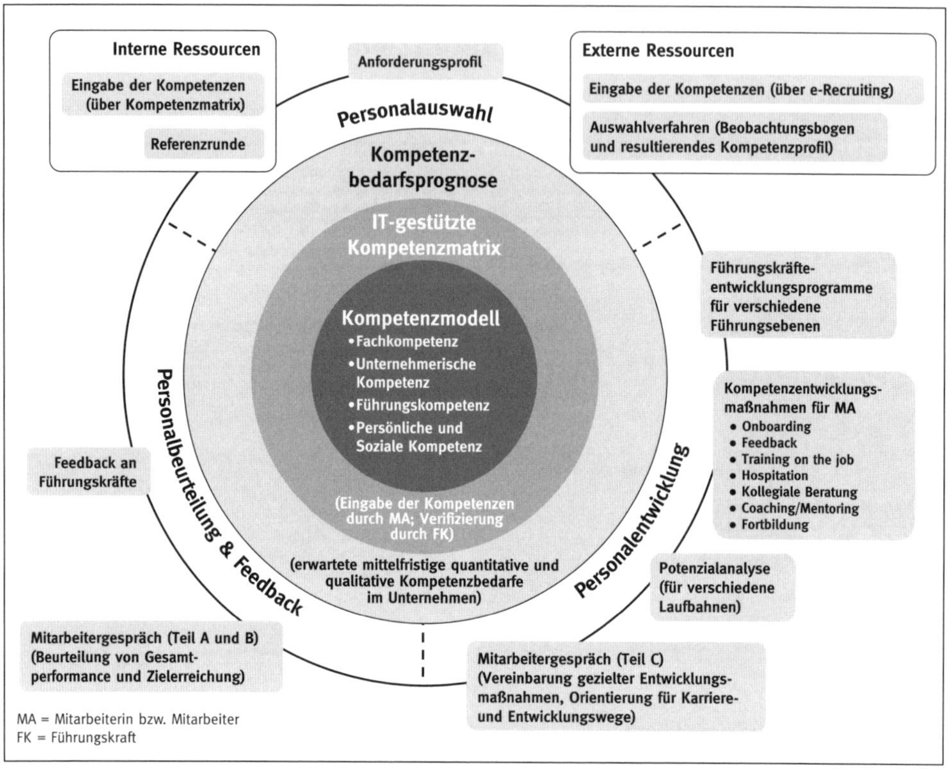

Abb. 2: Die Anwendung des Kompetenzmodells innerhalb der Instrumente und Prozesse des Personalressourcen-Managements

Abbildung 3 zeigt die oberste Ebene der Dimensionen in der Kompetenzmatrix. Es ist erkennbar, dass sich hier nur drei der vier Dimensionen des Kompetenzmodells wieder finden. Die Dimensionen »Fachkompetenz«, »Unternehmerische (und Management-)Kompetenz« und »Führungskompetenz« wurden übernommen. Anstelle der »Persönlichen und Sozialen Kompetenz« ist hier die »Dimension« »sonstige Kompetenzen« realisiert, da die Selbsteinschätzung persönlicher und sozialer Kompetenzen in der Vorauswahl nicht hilfreich erschien. Für den Suchprozess relevant sind vielmehr der vorhandene interkulturelle Erfahrungshintergrund sowie entsprechende Sprachkompetenzen. Diese Kategorien werden unter »sonstige Kompetenzen« zusammengefasst. Die für eine Position erforderlichen Soft Skills werden erst im späteren Auswahlverfahren über geeignete diagnostische Instrumente erfasst. Neben den Angaben zu einzelnen Kompetenzen besteht in der Kompetenzmatrix auch die Möglichkeit, selbst eine Aussage zu treffen, inwieweit man für etwaige Positionen im europäischen Ausland oder weltweit zur Verfügung steht. Zudem kann man Referenzpersonen benennen, die bei Bedarf Auskünfte über eine Kandidatin oder einen Kandidaten geben.

Je nach Dimension unterscheiden sich in der Kompetenzmatrix die Anzahl der Unterkategorien und deren (drei bis vier) Ausprägungsstufen. Abbildung 4 stellt Unterkategorien und Ausprägungen am Beispiel der »Unternehmerischen und Managementkompetenz« dar.

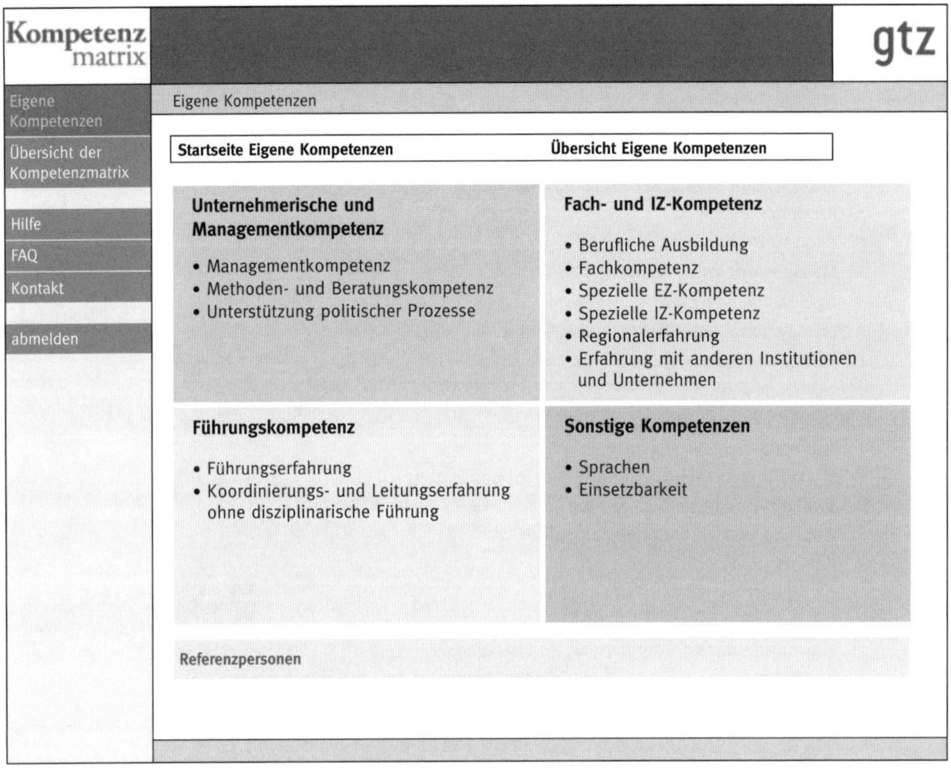

Abb. 3: Startseite der IT-gestützten Kompetenzmatrix: Benutzermenü und Übersicht der vier Kompetenzdimensionen

Der eigentliche Suchvorgang nach geeigneten internen und externen Kandidatinnen und Kandidaten erfolgt mithilfe des ebenfalls 2008 eingeführten *e-Recruiting-Systems*. Dabei werden zunächst die Kompetenzmatrix und deren Kategorien zur Erstellung eines Suchrasters für eine offene Position herangezogen. Je nach erforderlichem Aufgabenprofil lassen sich einzelne Kompetenzausprägungen und deren Gewichtung festlegen; zusätzlich können die Recruiter unbedingt erforderliche Kriterien – so genannte K.O.-Kriterien – definieren. Die individuellen Datensätze (auf Basis der Kompetenzmatrix) aller bereits beschäftigten Mitarbeiterinnen und Mitarbeiter finden sich in einem unternehmensweiten Personalpool. Zusätzlich sind in diesem Pool die Datensätze von externen Bewerberinnen und Bewerbern hinterlegt, die sich online, sowohl initiativ als auch auf konkrete Ausschreibungen hin, beworben haben. Ein automatisches Matching zwischen dem erstellten Suchraster und allen Datensätzen aus dem unternehmensweiten Pool filtert schließlich die passenden Profile bzw. Personen heraus.

Aufgrund des schnellen Wachstums des Unternehmens stieg die Bedeutung der Suche nach externen Ressourcen für die erfolgreiche Stellenbesetzung in den letzten Jahren stark an. Auch durch die sich ändernde inhaltliche Ausrichtung bleibt die Personalrekrutierung von außerhalb weiter wichtig. Neben den oben beschriebenen Möglichkeiten, sich als externer Interessent elektronisch zu bewerben bzw. ein individuelles Kompetenzprofil zu er-

Unternehmerische und Managementkompetenz

Managementkompetenz

- Management kleinerer Projekte
- Management komplexer Projekte/Programme
- Krisenmanagement
- Akquisitionskompetenz
- Management von Netzwerken
- Qualitätsmanagement
- Informations- und Wissensmanagement
- Veränderungsmanagement

Methoden- und Beratungskompetenz

- Moderation
- Monitoring, Evaluierung und Wirkungsbeobachtung
- Mediation und Konfliktberatung
- Beratung von Veränderungsprozessen
- Präsentationstechniken

Unterstützung politischer Prozesse

- Initiierung und Beförderung von Politikdialog
- Vermittlung und Steuerung von institut ionellen und politischen Kooperationen
- Politische Kommunikation

➔ Ausprägung

1 = Professionelles Grundverständnis und/oder bis 1 Jahr Arbeitserfahrung
Für die Ausübung der beruflichen Tätigkeit nachweislich erworbenes Wissen durch Ausbildung, Fortbildung oder erste berufspraktische Erfahrung

2 = 1 bis unter 3 Jahre Arbeitserfahrung
Ausübung der beruflichen Tätigkeit

3 = 3 bis unter 6 Jahre Arbeitserfahrung
Ausübung der beruflichen Tätigkeit

4 = Ab 6 Jahre Arbeitserfahrung
Ausübung der beruflichen Tätigkeit

Abb. 4: Übersicht der Unterkategorien und möglichen Ausprägungen der Kompetenzen am Beispiel der Dimension »Unternehmerische und Managementkompetenz«

stellen, können sich mithilfe des so genannten »Job-Abonnement« Bewerberinnen und Bewerber über neue und prinzipiell für Sie in Frage kommende Stellenausschreibungen informieren lassen. Das e-Recruiting-System bietet damit vielfältige Möglichkeiten das Kontaktmanagement mit potenziellen Mitarbeiterinnen und Mitarbeitern zu verbessern. So werden beispielsweise ausgeschiedene Mitarbeiterinnen und Mitarbeiter eingeladen, Ihre Daten im System aktuell zu halten, um ggfs. bei Interesse wieder für das Unternehmen tätig zu werden.

Neben der beschleunigten und qualitativ verbesserten Personalsuche und -auswahl war mit der Einführung eines neuen strategischen Personalressourcen-Managements noch ein weiteres Ziel verbunden: Die Einsatzplanung der bereits im Unternehmen tätigen Mitarbeiterinnen und Mitarbeiter sollte systematisiert und erleichtert werden. Die relativ häufige Suche nach neuen Einsatzoptionen ergibt sich aus dem bereits beschriebenen projektorientierten Geschäftsmodell. Damit erhält die frühzeitige Planung und gezielte Vorbereitung möglicher Folgeeinsätze eine hohe Bedeutung, sowohl für das Unternehmen als auch für die betroffenen Mitarbeiterinnen und Mitarbeiter selbst. Der frühzeitige Beginn dieses Suchprozesses wird technisch unterstützt, indem innerhalb des e-Recruiting-Systems in absehbarer Zeit ablaufende Einsätze von Mitarbeiterinnen oder Mitarbeitern anzeigt werden. Bei der gezielten Suche nach Kandidaten für ein bestimmtes Tätigkeitsprofil gelangen so immer auch geeignete Mitarbeiterinnen oder Mitarbeiter auf den »Bildschirm«, deren aktuelle Einsätze in frühestens neun Monaten ablaufen. Dadurch wird effizient sichergestellt, dass Mitarbeiterinnen und Mitarbeiter mit endenden Vertragslaufzeiten bei neuen Vakanzen mit berücksichtigt werden.

Auch die bereits beschriebene Suchmöglichkeit mittels »Job-Abonnement« unterstützt sowohl die Beschäftigten als auch die Personalrecruiter bei der Identifizierung von Einsatzmöglichkeiten, unabhängig von der noch verbleibenden Laufzeit des aktuellen Projekteinsatzes. Je nach individuellem Kompetenzprofil können Mitarbeiterinnen oder Mitarbeiter initiativ bestimmte fachliche Profile in diesem Tool definieren. Sobald sich eine Vakanz mit inhaltlicher Passung als Stellenangebot realisiert, wird die Mitarbeiterin oder der Mitarbeiter per E-Mail darüber informiert und die Person kann über eine Bewerbung entscheiden.

5.2.2 Unterstützung der strategischen Personalentwicklung

Entwicklungspolitische und globale thematische Trends sowie veränderte Anforderungen neuer Auftraggeber nehmen stetigen Einfluss auf den quantitativen und qualitativen Personalbedarf der GIZ. Die Kompetenzanforderungen an die Mitarbeiterinnen und Mitarbeiter werden zunehmend komplexer; gleichzeitig ist es in einzelnen fachlichen Bereichen schwierig, qualifiziertes Personal auf dem externen Arbeitsmarkt zu finden. Deshalb bleibt es auch in Zukunft entscheidend, für Aufträge das passende Personal mit den geforderten Kompetenzen zeitgerecht bereitzustellen.

Um entsprechend frühzeitig künftige Kompetenzbedarfe zu erkennen und flexibel darauf reagieren zu können, wird seit 2007 jährlich ein Kompetenzprognosebericht erstellt und im Intranet veröffentlicht. Abgeleitet aus der Geschäftserwartung und -strategie sowie der Einschätzung der Fach- und Regionalabteilungen gibt die *Kompetenzbedarfsprognose* Auskunft darüber, welche Kompetenzen qualitativ und quantitativ in den jeweils nächsten vier Jahren voraussichtlich nachgefragt werden und in welchen Bereichen künftig Personalengpässe zu erwarten sind. Dies kann zum Beispiel der Fall sein, wenn in bestimmten Fachgebieten nur schwer Experten mit fundierten Praxiserfahrungen auch im Ausland zu finden sind und gleichzeitig diese Fachkompetenzen stärker nachgefragt werden. Auf der Basis der identifizierten Kompetenzbedarfe werden dann entscheidende Handlungsfelder für Personalrekrutierung und -entwicklung abgeleitet. Mit dem Prognosebericht – der vor der jährlichen unternehmensweiten Mitarbeitergesprächsrunde erscheint – erhalten Mitarbeiterinnen und Mitarbeiter sowie Führungskräfte so auch eine grundlegende Orientierung für die

Vereinbarung individueller Personalentwicklungsmaßnahmen. Der Erhalt und Ausbau der eigenen Beschäftigungsfähigkeit kann damit deutlich gezielter gestaltet werden.

Das *Mitarbeitergespräch* selbst ist ein weiteres zentrales Instrument innerhalb des Personalressourcen-Managements. Im Rahmen des strategischen Projekts und der Etablierung des Talent Management Systems wurde es so weiterentwickelt, dass neben der Verifizierung der aktuellen Daten in der Kompetenzmatrix durch die Führungskraft auch ein besonderes Augenmerk auf die individuelle Karriereentwicklung und die Vereinbarung dafür erforderlicher Entwicklungsschritte gelegt wird. Das Gespräch ist dreiteilig strukturiert und enthält die folgenden Elemente

Teil A: Bewertung der Gesamtperformance und entsprechende Vergütungsentwicklung
- Rückschau auf das vergangene Jahr,
- Rückmeldung der Führungskraft zur Gesamtperformance,
- Festlegung der Erhöhungsstufe (A-E) der Grundvergütung.

Teil B: Zielerreichung und neue Zielvereinbarung
- Feststellung des Zielerreichungsgrades der vereinbarten Ziele des Vorjahres,
- Vereinbarung neuer vergütungsrelevanter Ziele für das kommende Jahr.

Teil C: Personalentwicklung
- Verifizierung der aktuellen Daten in der Kompetenzmatrix,
- Orientierung zur Employability, Besprechung möglicher Folgepositionen und mittel- bis langfristiger Karriereentwicklung,
- Identifikation von Lernfeldern anhand des Kompetenzmodells und Vereinbarung von (mittel- bis langfristigen) Entwicklungsmaßnahmen in einzelnen Kompetenzbereichen bezüglich aktueller und möglicher künftiger Positionen.

Die Ergebnisse des Dialogs werden in einem Gesprächsbogen dokumentiert, von Mitarbeiterin bzw. Mitarbeiter und Führungskraft unterschrieben und dem Personalbereich zugesandt.

Das Spektrum möglicher *Kompetenzentwicklungsmaßnahmen* umfasst dabei verschiedene arbeitsnahe – also weniger zeit- und kostenintensive – Formate wie Feedback (durch Kolleginnen oder Kollegen und Führungskraft) und Training-on/near-the-job (durch Vertretungen, Übernahme neuer herausfordernder Aufgaben, Hospitationen in anderen Arbeitsbereichen inner- und außerhalb des Unternehmens). Daneben stehen fachlich orientierte Angebote wie Fachtreffen und -trainings unterschiedlicher Formate (wie »Fachverbund«-Treffen, interne und externe Fortbildungen und Workshops). Zusätzlich haben Mitarbeiterinnen und Mitarbeiter die Möglichkeit, individuelle und begleitende Entwicklungsschritte durch kollegiale Beratungen und (extern begleitete) Coachings begleiten zu lassen.

Im Intranet können sich Mitarbeiterinnen und Mitarbeiter über ein »Fobi-online«-Portal einen Überblick über interne Fortbildungsmaßnahmen und empfohlene externe Anbieter verschaffen. Die verschiedenen Angebote werden entlang der Struktur des Kompetenzmodells beschrieben und es besteht die Möglichkeit, sich – in Absprache mit der Führungskraft – per Mausklick zu einer internen Fortbildungsmaßnahme anzumelden bzw. eine externe Maßnahme auszuwählen.

Neben der Bereitstellung individueller Maßnahmen beinhalten die Leistungen der Personalentwicklung auch bedarfsorientierte »maßgeschneiderte« Angebote für ausgewählte Funktionsgruppen sowie einzelne Organisationseinheiten. Mit der personellen Verstärkung der Abteilung Personalentwicklung wurde diese kundenorientierte Fokussierung und die damit verbundene (laufende) Etablierung der Business Partner- Rolle erst möglich.

Im Zuge der Phase verstärkter externer Rekrutierungen rückte auch die als »Onboarding« bezeichnete Unterstützung und Integration neu in das Unternehmen eingetretener Mitarbeiterinnen und Mitarbeiter in den Fokus. Die bestehenden Angebote für die Einführung und Vorbereitung wurden durch einzelne Elemente ergänzt, die insbesondere die Führungskräfte bei der Einarbeitung neuer Teammitglieder unterstützen. So wurde das Augenmerk auf eine individuell orientierte und gezielte Kompetenzentwicklung gelegt: Die Ergebnisse der Personalauswahl finden stärker Berücksichtigung, Führungskraft und Mitarbeiter vereinbaren möglichst gemeinsam erforderliche Maßnahmen und Entwicklungsschritte und überprüfen diese nach den ca. ersten einhundert Tagen im Unternehmen in einem sog. »MAG 100« – dem Mitarbeitergespräch nach einhundert Tagen. Gleichzeitig ist dieses Gespräch Ausgangspunkt für weitere individuell zu vereinbarende Qualifizierungsmaßnahmen (z.B. einer Fachfortbildung oder einem Coaching). Im Unternehmen bereits vorhandene Ressourcen und Kompetenzen werden genutzt, in dem Kolleginnen und Kollegen als Paten sowohl fachlich als auch sozial die Einarbeitung in den ersten Wochen unterstützen.

Über die Förderung und Entwicklung relevanter Kompetenzen für alle Mitarbeiterinnen und Mitarbeiter hinaus wurden auch vorhandene Instrumente und Verfahren zur Auswahl und Qualifizierung von Mitarbeiterinnen und Mitarbeitern mit besonderen Potenzialen weiterentwickelt und ergänzt. Diese betreffen sowohl klassische Führungs- als auch Management- und Fachaufgaben und damit verbundene Karriereoptionen. Das bereits langjährigen Einsatz findende Verfahren zur Potenzialeinschätzung für unterschiedliche Führungsebenen wurde für unterschiedliche Karriereschwerpunkte ausdifferenziert. Hier wurde die Option geschaffen, Potenziale nicht nur hinsichtlich künftiger Führungsaufgaben zu identifizieren, sondern auch für gleichwertige Karrieren mit einem Fokus auf Management- oder Fachaufgaben zu nominieren.

Im Bereich der klassischen Führungskräfteentwicklung wurde das bestehende Programm erweitert um eine Basisqualifizierung für Fachkräfte, die bereits eine Führungsrolle ausfüllen, ohne explizit darauf vorbereitet worden zu sein. Die kontinuierliche Verbesserung des Führungsdialoges wird (bereits vor dem strategischen Projekt) angestrebt durch ein verbindliches, jährlich durchzuführendes Feedbackgespräch der Mitglieder einer Organisationseinheit mit ihrer Führungskraft. Um diesen Dialog zu unterstützen und die Rolle der Führungskraft für die Kompetenzentwicklung der Beschäftigten zu betonen, findet seit 2010 im Mitarbeitergespräch die Bewertung der Führungskompetenzen stärker Berücksichtigung.

Insgesamt wurde mit der Entwicklung und Einführung des bereits angesprochenen Talent Management Systems in 2010 eine wichtige Ergänzung des Kompetenzmanagements erreicht. Neben den Instrumenten und Prozessen für Personalauswahl und -(wieder)einsatz fokussiert es auf die Personalentwicklungsmöglichkeiten in der GIZ. Das Talent Management hat als Ziel, allen Beschäftigten und (in ihrer Rolle als Personalentwickler ihrer jeweiligen Teammitglieder) allen Führungskräften eine transparente und verbesserte Orientierung zu geben, wie Karriere in der GIZ definiert wird, wie die Besonderheiten der Unternehmensbedarfe darauf Einfluss nehmen, welche Karriereoptionen daraus entstehen und wie diese wiederum durch Maßnahmen der strategischen Personalentwicklung und Beratungsangebote auf individueller Ebene unterstützt werden. Darin drückt sich unmittelbar aus, dass das Talent Management System der GIZ kein Instrumentarium für die ausschließliche Förderung besonderer Potenzialträger ist. Vielmehr sollen die vorhandenen Ressourcen aller Beschäftigten im Sinne des Unternehmens optimal entwickelt und eingesetzt werden. Es bündelt bisherige Instrumente und Verfahren der Personalentwicklung, ergänzt sie und richtet diese effizienter aneinander aus. Abbildung 5 stellt die Elemente in einer Übersicht dar.

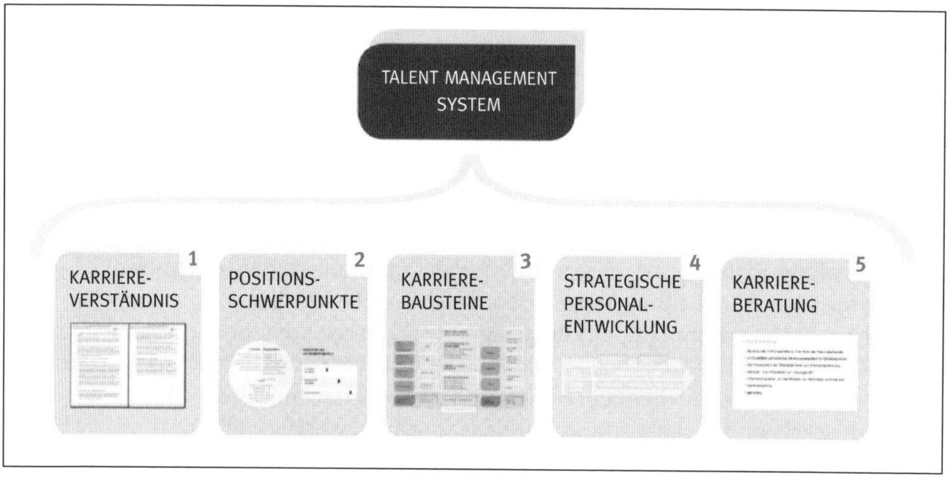

Abb. 5: Die Elemente des Talent Management Systems

1. Im ersten Element, dem Karriereverständnis der GIZ, spiegelt sich das Geschäftsmodell des Unternehmens wider. Das Kerngeschäft zeichnet sich durch zeitlich begrenzte Projektarbeit aus, was für den Großteil der Beschäftigten immer wieder neue Einsätze in z. T. sehr unterschiedlichen Kontexten bedeutet. Dieser Wechsel und die damit verbundene erforderliche Flexibilität und Kompetenzverbreiterung resultiert in einem in erster Linie horizontalen Karriereverständnis. Somit drückt ein wiederholter Wechsel einer Person (nach jeweils einigen Jahren) zwischen In- und Ausland sowie operativen und unterstützenden Einheiten eine solche horizontale Karriereentwicklung in der GIZ aus.
2. Bei herausragender Performance und entsprechendem Potenzial sind auch vertikale Schritte möglich. Diese vertikalen Schritte sind in unterschiedliche, dabei gleichwertige, Richtungen möglich. So können Kandidatinnen und Kandidaten im Potenzialeinschätzungsverfahren hinsichtlich unterschiedlicher Positionsschwerpunkte (dem zweiten Element) beurteilt und für entsprechende Karrieren empfohlen werden. Die definierten Positionsschwerpunkte in Führungs-, Management- und Fachaufgaben berücksichtigen dabei die Tatsache, dass jede Funktion Elemente dieser Aufgaben (in unterschiedlichen Anteilen) enthält und entsprechende Kompetenzen erfordert. Die Funktionsbeschreibungen wurden für die Personalsuche um die Angabe des jeweiligen Positionsschwerpunktes ergänzt.

3. Als drittes Element des Talent Management Systems bilden die sog. Karrierebausteine berufliche Erfahrungsbereiche ab. In fünf Säulen gegliedert stellen sie die bisherigen möglichen Erfahrungskontexte einer Person dar. Unterschieden werden dabei Erfahrungen nach:
   - Institutionen (z. B. Privatwirtschaft oder Forschung),
   - Geschäftsbereichen (unterschiedliche Auftraggeber wie Ministerien oder Privatwirtschaft),
   - Aufgaben im Leistungsprozess (z. B. interne Produktentwicklung oder Leistungserbringung beim Kunden durch Politikberatung),
   - Positionsschwerpunkten (s.o.) und
   - Regionen (z. B. Afrika oder Latein- und Südamerika).

   Die Betrachtung der Bausteine gibt im Mitarbeitergespräch Orientierung, welche zukünftige Karriereausrichtung sinnvoll sein kann und welche dafür nötigen nächsten Entwicklungsschritte zu vereinbaren sind.
4. Die Instrumente und Verfahren des vierten Elements, der strategischen Personalentwicklung wurden in Abschnitt 5.2.2 bereits beschrieben.
5. Die Karriereberatung bildet schließlich den letzten Baustein des Talent Management Systems der GIZ. Hierunter werden Angebote sowohl für Führungskräfte als auch für einzelne Mitarbeiterinnen und Mitarbeiter zusammengefasst, die bei konkreten Fragestellungen zur Karriereentwicklung unterstützen und Orientierung geben. Dies geschieht z. B. in Form von bilateralen Beratungsgesprächen, aber auch in Workshops speziell für Mitarbeiterinnen, in denen eine derzeitig ausgeübte Führungsrolle reflektiert wird bzw. die Teilnehmerinnen sich mit der potenziellen Übernahme einer solchen Rolle auseinandersetzen können.

6 Bewertung der heutigen Situation

Betrachtet man den Zeitraum des Projektes zur Umsetzung eines neuen strategischen Personalressourcen-Managements, so lässt sich insgesamt ein sehr positives Resumé ziehen: Es ist gelungen, das bis dahin relativ losgelöste Kompetenzmodell in ein lebendiges Kompetenzmanagement zu integrieren und mit der Kompetenzmatrix eine vielseitige Anwendungsbasis zu schaffen. Die IT-gestützte Integration von Daten, Prozessen und Instrumenten bildet eine wesentliche Grundlage für nun beschleunigte Personalsuch- und Besetzungsvorgänge. Die Prüfung des Nutzens der Kompetenzbedarfsprognose machte deutlich, dass für dieses Instrument ein effizienterer Weg für die Gewinnung aussagekräftiger Angaben zu künftigen qualitativen und quantitativen Bedarfen zu finden ist, die dann auch zeitnah in passgenauen Angeboten für die Kompetenzentwicklung einzelner Mitarbeiter(-Gruppen) münden. In Bezug auf die Identifizierung und Gewinnung externer Ressourcen müssen auch weiterhin innovative Ideen umgesetzt werden, um tatsächlich in ausreichendem Maße Spezialisten und hochqualifizierte Nachwuchskräfte vom Markt zu gewinnen. Hierbei spielen das Netzwerk- und Kooperationsmanagement sowie das Employer Branding und die erfolgreiche Positionierung als attraktiver Arbeitgeber am Markt eine entscheidende Rolle. Neben der Neugestaltung eines einheitlichen Formats für Stellenanzeigen und der Karriereseiten im Internet, wird bspw. auch die Wirkung der Präsenz in virtuellen sozialen Netzwerken getestet.

Einige der als Erfolgsfaktoren identifizierten Voraussetzungen für den gelungenen Veränderungsprozess und die Projektphase bis April 2008 sollen hier kurz genannt werden. Nicht alle Punkte sind dabei zwingend als strategisch »eingeplante« Faktoren anzusehen.

- **Kombination von Top-Down und Bottom-Up gesteuerter Veränderung:** Auf der einen Seite sorgte eine hochrangige und unternehmensweit besetzte Steuerungsgruppe für die dauerhaft nötige Energie, das erforderliche Vertrauen und garantierte gleichzeitig die notwendigen Weichenstellungen auf höchster Ebene. Auf der anderen Seite wurde der Veränderungsprozess von Führungskräften, Mitarbeiterinnen und Mitarbeitern des Personalbereichs getragen, wobei ein hohes Maß an Identifikation mit und Engagement für den Umsetzungsprozess herrschte.
- **Dynamische Bearbeitungsstruktur:** Eine relativ ausdifferenzierte Projektstruktur in Verbindung mit einer detaillierten Zeitplanung und einem engem Monitoring bezüglich der (Teil-) Zielerreichung ermöglichte, die Vielzahl unterschiedlicher Bearbeitungsstränge zu koordinieren. Gegen Ende des Projekts (also mit abnehmender Komplexität) wurde der Aufwand für intensive Monitoring-Aktivitäten verringert.
- **Projektzeitraum als »Probezeit«:** Die Übernahme der Linienverantwortung nach Projektende erfolgte frühzeitig, so dass zum Projektabschluss ein hohes Maß an Identifikation und notwendigem Prozesswissen bei den Beteiligten bestand.
- **Stakeholdereinbindung und professionelles Marketing:** Die Einbeziehung der Kundenbereiche sowie intensive Kommunikationsmaßnahmen führten zu einer positiven Einstellung gegenüber der Realisierung. Alle Aktivitäten (Veranstaltungen, Informationen über hausinterne Medien) wurden von der Stabsstelle Unternehmenskommunikation begleitet.
- **Role Models für Perspektivwechsel und Veränderung:** Nicht zuletzt verstärkte der operative Erfahrungshintergrund neuer Kolleginnen und Kollegen im Personalbereich die Kompetenz und Bereitschaft zur Veränderung innerhalb des Bereiches selbst.

Hinsichtlich der Umsetzungsziele zur strategischen Personalentwicklung lässt sich zusammenfassend sagen, dass auch hier die bisherige Erweiterung des Instrumentariums und der Ausbau einzelner Angebote von den internen Nutzern positiv aufgenommen werden. Von den definierten Schwerpunkten der Personalentwicklungsstrategie (Beitrag zum Unternehmenserfolg durch professionelle Personalentwicklung leisten, konkurrenzfähige Karrierewege für eine hohe Arbeitgeberattraktivität bereitstellen, Entwicklung hin zu einer lernenden Organisation unterstützen) konnten bisher insbesondere das Talent Management System mit seinen zahlreichen ergänzten Facetten und den damit verbundenen neuen Angeboten implementiert werden. Das selbstgesteuerte Lernen wird zunehmend unterstützt durch bereitgestellte web- und computerbasierte Trainings (z.B. zur Vorbereitung der Durchführung eines Mitarbeitergesprächs). Daneben wird intensiv an einem sog. »PE-Portal« gearbeitet, um IT-gestützt Personalentwicklungsbedarfe und -angebote von der individuellen bis auf die Unternehmensebene effizienter zu verzahnen. Deutlich wird allerdings auch, dass die Etablierung einer Rolle wie der des Business Partners neben einem (erhöhten) Maß an Abstimmung mit den Kundenbereichen auch eine »natürliche Wachstumsphase«

benötigt, um für beide Seiten in einer vollends zufriedenstellenden Partnerschaft zu münden.

7 Ausblick

Nicht zuletzt die laufende Integrationsphase der drei Vorgängerorganisationen hat den Fokus der derzeitigen Aktivitäten der Personalentwicklung verschoben. Gerade aber in dieser Konstellation wird deutlich, dass die wesentlichen Elemente des ursprünglichen GTZ-Instrumentariums tragen und in der Veränderung flexibel angepasst und weiterentwickelt werden können.

Neben der inhaltlich-fachlichen Kompetenzentwicklung der nunmehr zur GIZ gehörenden Mitarbeiterinnen und Mitarbeiter liegt das besondere Augenmerk auf der sozialen und kulturellen Integration der Angehörigen der unterschiedlichen Unternehmensbereiche. Nachdem durch die oberste Führungsebene die Vision und das Mission Statement der neuen Organisation formuliert sind, wird nun ein partizipativer Prozess durch die Personalentwicklung initiiert, um darauf aufbauende Unternehmenswerte sowie Leitlinien für Mitarbeiterinnen und Mitarbeiter sowie Führungskräfte zu formulieren.

Über die Integration unterschiedlicher Unternehmensteile hinaus, finden derzeit auch Angleichungen der Anstellungsbedingungen für das »Nationale Personal« statt – jene über 10.000 Mitarbeiterinnen und Mitarbeiter, die als einheimische Kräfte in den Partnerregionen ansässig sind und vor Ort unter Vertrag genommen werden. Um diese essenzielle Ressource für die erfolgreiche Arbeit der GIZ noch besser in Wert zu setzen und nachhaltige Entwicklungsprozesse in den Regionen zu unterstützen, werden für diese Zielgruppe Entwicklungsmaßnahmen intensiver durch die Zentrale unterstützt und Karriereoptionen innerhalb des Unternehmens erweitert.

Literatur

Grote, S., Kauffeld, S., Denison, K., Billich-Knapp, M. & Frieling, E. (2012). Kompetenzen und deren Management: ein Überblick. In: S. Grote, S. Kauffeld & E. Frieling (Hrsg.), *Kompetenzmanagement. Grundlagen und Praxisbeispiele* (2. Aufl.). Stuttgart: Schäffer-Poeschel.

Weinert, F.E. (2001). Vergleichende Leistungsmessung in Schulen – eine umstrittene Selbstverständlichkeit. In: F.E. Weinert (Hrsg.), *Leistungsmessungen in Schulen* (S. 17–31). Weinheim: Beltz.

*Stella Bodensteiner/Alexandra Neininger**

iwis – Kompetenzmanagement in einem mittelständischen Unternehmen der Automobilzulieferindustrie: Lernkultur als Erfolgsfaktor

* *Stella Bodensteiner*, Dipl.-Psych., seit 1997 Referentin Personalentwicklung und seit 2010 Leiterin Personalentwicklung und Ausbildung bei Joh. Winklhofer Beteiligungs GmbH & Co. KG, München.
Dr. *Alexandra Neininger*, Dipl.-Psych., seit 2004 Wissenschaftliche Mitarbeiterin am Institut für Arbeitswissenschaft an der Universität Kassel und seit 2001 Mitarbeit in der Personalentwicklung bei Joh. Winklhofer & Söhne GmbH & Co. KG, München.

1 Zusammenfassung

Im vorliegenden Beitrag wird das iwis Kompetenzmodell vorgestellt. Es werden die Ziele des Unternehmens (Systematisierung, Orientierung, Unterstützung der Organisationsform Gruppenarbeit, Einbindung der Führungskräfte sowie Abkehr von rein seminaristischer Weiterbildung), die Entwicklungsschritte der Konzept- und Implementierungsphase sowie die einzelnen Instrumente des Kompetenzmanagementsystems beschrieben. Das Modell, das für ein mittelständisches Unternehmen sehr umfangreich ist, beschreibt unterschiedliche Kompetenzen auf der Mitarbeiter-, Gruppen/Team-, Führungskräfte- und Organisationsebene und integriert sowohl die Führungs- als auch Nachwuchskräfteentwicklung. Als ein zentraler Teil des iwis Kompetenzmodells wird die umfangreiche Kompetenzentwicklung der Mitarbeiter in der Gruppenarbeit vorgestellt. Es wird die Umsetzung eines Teils des Kompetenzmanagementsystems in SAP veranschaulicht und erläutert. Erste Anwendungserfahrungen werden kritisch beleuchtet.

Insgesamt wird das Konzept des »Lebenslangen Lernens«, das durch die starke Verknüpfung von Arbeiten und Lernen sowie die Schaffung lernförderlicher Arbeitsplätze gekennzeichnet ist, als ein Erfolgskonzept des Unternehmens vorgestellt.

2 Unternehmen und Mitarbeiter

Johann Winklhofer & Söhne GmbH & Co. KG (iwis ketten oder iwis) wurde 1916 in München gegründet. Auf Grund stetigen Wachstums und der Übernahme der Flexon Gruppe etabliert sich das Unternehmen im Jahr 2007 durch die Verselbständigung seiner zwei Divisionen – Antriebs- und Motorsysteme – zu einer Holdingstruktur in die Joh. Winklhofer Beteiligungs GmbH & Co. KG. Als weltbekanntes, mittelständisches Unternehmen mit über 1000 Mitarbeitern steht iwis international als Präzisionskettenwerk für Spitzenprodukte der Antriebstechnik im Automobil und Industriebereich mit einem Umsatz von 247 Mio. Euro in 2010. iwis hat heute sieben Fertigungsstandorte, davon vier in Deutschland (Stammsitz München, Landsberg am Lech, Sontra und Wilnsdorf) und drei im Ausland (Strakonice (CZ), Indianapolis (USA) und Shanghai (CN), sowie Niederlassungen in Brasilien, England, Frankreich, Indien, Italien, Kanada, Korea, Schweiz und Südafrika. Von den 1000 Mitarbeitern sind ca. 70 % im gewerblichen produktiven Bereich tätig, davon zwei Drittel Facharbeiter. Die Ausländerquote liegt bei 35 %.

iwis ist in der vierten Generation in Familienbesitz. Das Unternehmen besteht aus zwei Unternehmensbereichen (Automotive-Gruppe und Industrie-Gruppe) und verfügt über eine eigene Forschungs- und Entwicklungsabteilung.

iwis ist erfahrener Entwicklungspartner und Systemlieferant. So werden heute gesamte Steuertriebs- und Präzisionskettensysteme konstruktiv ausgelegt und mit zugekauften Komponenten wie z. B. Zahnrädern und Spannschienen ergänzt und als ein fertiges funktionierendes System an den Kunden geliefert. iwis Ketten und die dazugehörigen Systemteile laufen in Millionen von Benzin- und Dieselmotoren sowie Industrieanwendungen für Antriebs- und Förderketten mit ausgezeichnetem Erfolg. Die Fertigung der Kette umfasst die drei Bereiche Teilefertigung, Wärmeoberflächenbehandlung und Montage/Versand.

In der Folge der Krisenjahre der Automobilindustrie 1993 und 1994 hat auch das Unternehmen iwis traditionelle Prozesse und alte Formen der Arbeitsorganisation auf den Prüfstand gestellt und im Bereich Automotive die Gruppenarbeit in der Fläche eingeführt. Die Einführung der Gruppenarbeit war begleitet von dem Grundprinzip, mehr Verantwortung auf Ebene der Mitarbeiter zu verlagern, Entscheidungen dort treffen zu lassen, wo die Kompetenz am größten ist und gleichzeitig den Teamgedanken im Unternehmen zu fördern.

3 Ziele des Kompetenzmanagementsystems

Mit fortschreitender Innovationsdynamik und Marktkomplexität infolge der Internationalisierung verändert sich der Stellenwert der Mitarbeiter im Unternehmen dramatisch. Erweiterte Kundenanforderungen, kürzere Produktentwicklungszeiten, Preisdruck sowie Verdrängungswettbewerb erfordern auch von iwis proaktives Handeln. In diesem Kontext tritt die Ressource Mitarbeiterkompetenz verstärkt in den Mittelpunkt der Unternehmensstrategie. Wissen allein reicht längst nicht mehr aus. Qualifikationen müssen in kompetentes Handeln umgewandelt werden, so dass sie zu einem wirtschaftlichen Vorteil führen. Damit steht iwis vor der Herausforderung, das Potenzial seiner Führungskräfte und Mitarbeiter in Leistung umzuwandeln, indem intelligente Prozesse und Methoden zum Lerntransfer installiert werden. Mit der Implementierung des Kompetenzmanagementsystems verfolgt iwis vor allem fünf Ziele: Die Systematisierung der bisherigen Instrumente und Prozesse, die Orientierung für Führungskräfte und Mitarbeiter, die Unterstützung der Organisationsform Gruppenarbeit, die Einbindung der Führungskräfte sowie die Abkehr von einer rein seminaristischen Weiterbildung.

1. Im Kompetenzmanagementsystem werden systematisch vorhandene Veränderungsprojekte bezüglich Kompetenzentwicklung, wie zum Beispiel die Instrumente der Führungs- oder der Nachwuchskräfteentwicklung, Kompetenzentwicklung in der Gruppenarbeit etc., zusammengefasst. Planung und Management der Mitarbeiterqualifizierung wird unternehmensweit systematisiert.
2. Unternehmensweite Leitfäden, beispielsweise für das Mitarbeiterjahresgespräch, geben für Mitarbeiter und Führungskräfte Orientierung bezüglich der Möglichkeiten und der Umsetzung von Kompetenzentwicklung. Ein einheitlicher Kompetenzbegriff wird unternehmensweit definiert, so dass alle Mitarbeiter wissen, welche Anforderungen für das Unternehmen wichtig sind. Gleichzeitig erhalten die Führungskräfte Auskunft über vorhandene Kompetenzen bzw. Kompetenzdefizite ihrer Abteilungen oder Gruppen. Die Ressource Mitarbeiterkompetenz wird so für Mitarbeiter, Vorgesetzte und Unternehmen transparenter.
3. Die Organisationsform Gruppenarbeit wird durch die Verwaltung und Darstellung der einzelnen Kompetenzen der Gruppenmitglieder in Qualifikationsmatrizen sowie der Erfassung und Optimierung der Teamkompetenzen mit dem Kasseler-Kompetenz-Raster unterstützt. Zusätzlich wurde ein umfangreicher Schulungskatalog speziell für die Mitarbeiter in Gruppenarbeit entwickelt.
4. Die Führungskräfte werden verstärkt in das Kompetenzmanagementsystem miteingebunden. Bereits bei der Entwicklung neuer Projekte über die Implementierungsphase

hinaus bis zur eigentlichen Umsetzung der Kompetenzentwicklung der Mitarbeiter übernehmen die Vorgesetzten eine entscheidende Rolle. Sie sehen am ehesten den Bedarf, das Potenzial der Mitarbeiter und auch die Möglichkeiten der Kompetenzentwicklung. Die Führungskräfte haben die Gelegenheit vor Ort die Umsetzung von Maßnahmen zur Kompetenzentwicklung zu fördern, zu fordern und zu kontrollieren.

5. Ein weiteres Ziel bestand in der Abkehr von der rein seminaristischen Weiterbildung hin zu alternativen Möglichkeiten der Kompetenzentwicklung. Weiterbildung findet nicht mehr nur mit klassischen Seminaren statt, vielmehr wird die Kompetenzentwicklung durch Projektmitarbeit, Übertragung von neuen Aufgaben, Aufgabenerweiterung, Abhalten von Seminaren oder Vorträgen von Mitarbeiter für Mitarbeiter, lernförderliche Arbeitsplätze in der Produktion etc. forciert. Lernen wird vorrangig in der realen Arbeitssituation mit Kollegen, Mitarbeitern und Vorgesetzten gefördert. Von den Mitarbeitern wird bei ihrer Kompetenzentwicklung Eigeninitiative und Engagement erwartet. Flexible Mitarbeiter, die sich zusätzlich über die Abteilungsgrenzen hinaus produktiv einbringen, werden besonders gefördert.

4 Beschreibung des Vorgehens

In Anlehnung an die iwis Personalstrategie spielt der Bereich der Personalentwicklung eine entscheidende Rolle bei der Konzeption, Einführung, Umsetzung und Evaluierung des Kompetenzmanagementsystems. Die Personalentwicklung hat im Unternehmen traditionell einen hohen Stellenwert. In der Personalabteilung kümmern sich zwei Mitarbeiterinnen um die Themenbereiche Personalentwicklung und Kompetenz- bzw. Skillmanagement.

Bei iwis hat man aber auch erkannt, dass Personalentwicklung in erster Linie eine Führungsaufgabe ist. Mitarbeiterpotenziale zu erkennen, zu fördern und gezielt einzusetzen, ist schließlich nicht nur eine Grundlage unternehmerischen Erfolgs, sondern auch die ausschlaggebende Komponente jeder Mitarbeitermotivation. Dabei spielen die Führungskräfte eine zentrale Rolle: Niemand kann die Kompetenzentwicklungsmöglichkeiten und Motive der Mitarbeiter besser erfassen als die direkte Führungskraft. Nur wer einen engen persönlichen Kontakt zum Mitarbeiter hat, kann permanent die individuellen Potenziale und Leistungen gezielt wahrnehmen und reflektieren. Ohne die Bereitschaft der Führungskräfte, sich in der Personalentwicklung zu engagieren, kann es keine sinnvolle Entwicklung der Mitarbeiter geben. Um die Aufgabe der »Führungskraft als Personalentwickler« erfolgreich ausüben zu können, müssen Führungskräfte über ein umfassendes Repertoire an Methoden und Vorgehensweisen der Mitarbeiterentwicklung verfügen.

Aus diesem Grund wurden 28 Führungskräfte bei der Entwicklung des iwis Kompetenzmodells eingebunden. Das Projekt hatte eine Vorlaufzeit von einem Jahr. Im Rahmen des Projektes H.E.I.N.Z. (»Heute entsteht iwis neue Zukunft«) entwickelten drei Projektgruppen eine Reihe von Personalentwicklungsinstrumenten, welche die Führungskräfte bei der Mitarbeiterentwicklung unternehmensweit einheitlich einsetzen können:

- **Projektgruppe 1:** Führungsleitlinien und Führungsfeedback,
- **Projektgruppe 2:** Kompetenzkatalog und Kompetenzprofile,
- **Projektgruppe 3:** Mitarbeiterjahresgespräch und Nachwuchsentwicklung.

Die Ergebnisse der drei Projektgruppen wurden in einer halbtägigen Kick-Off Veranstaltung von den Projektgruppen, der Geschäftsführung, der Personalentwicklung sowie einem externen Berater allen Führungskräften vorgestellt. Diese Vorgehensweise garantiert, dass die identifizierten Kompetenzen allen Führungskräften im Unternehmen bekannt sind, so dass jeder weiß, auf welche Fähigkeiten es bei iwis ankommt und in welcher Art von Verhalten diese Fähigkeiten identifiziert werden. Im Mitarbeiterjahresgespräch werden diese Anforderungen bis zur Produktionsebene an alle Mitarbeiter kommuniziert. Der Betriebsratsvorsitzende fungierte ebenfalls als Projektmitglied eines Teilprojektes. Somit wurde die Akzeptanz der Ergebnisse seitens des Betriebsrates von Anfang an gesichert. Die Konzeption und Konstruktion der Instrumente und Verfahren folgen mehr dem pragmatischen Ansatz und weniger wissenschaftlichen, methodisch-gesicherten Richtlinien. Der Anspruch bestand darin, Instrumente zu entwickeln, die von allen Führungskräften angenommen, verstanden und gelebt werden.

5 Beschreibung des Kompetenzmanagementsystems

Das iwis Kompetenzmodell, an dem sich die gesamte Personalentwicklung des Unternehmens orientiert, beschreibt die folgenden Kompetenzen: »Mitarbeiterkompetenz«, »Teamkompetenz«, »Führungskompetenz« und »Organisationskompetenz«. Diese Fähigkeiten sind auf der jeweiligen Ebene (Mitarbeiter-, Team/Gruppen-, Führungs- und Organisationsebene) gefordert, wobei sie entsprechend der jeweiligen Ebene weiter differenziert und gewichtet werden. So werden auf Mitarbeiter- bzw. Teamebene die Aspekte Fach-, Methoden-, Sozial- und Selbstkompetenz bzw. Teamkompetenz beschrieben. Auf Führungsebene werden beispielsweise Fach-, Führungs- und Sozialkompetenz sowie Strategisches Denken und Handeln und Unternehmerische Kompetenz mit unterschiedlichen Instrumenten erhoben (vgl. Tabelle 1).

5.1 iwis Führungsleitlinien

Im ersten Schritt wurden in der »Projektgruppe 1« die iwis Führungsleitlinien aus den Unternehmenszielen abgeleitet und definiert:
- Führungskräfte motivieren zum wirtschaftlichen Erfolg,
- Führungskräfte fo(ö)rdern die kooperative Zusammenarbeit,
- Führungskräfte verhalten sich wie Vorbilder,
- Führungskräfte betrachten sich kritisch im »Spiegel«.

5.2 Führungsfeedback

Im zweiten Schritt wurde (abgeleitet aus den iwis Führungsleitlinien) ein Fragebogen zur Einschätzung des Vorgesetztenverhaltens durch die Mitarbeiter entwickelt, der die Grundlage des »Führungsfeedbacks« darstellt.

Ebenen	**Kompetenzen**	**Instrumente des iwis Kompetenzmodells**			
Organisation	Organisations-kompetenz	Führungs-leitlinien (1)			
Führungs-kräfte	Fach-, Führungs-, Sozial-, Unternehmerische Kompetenz sowie Strategisches Denken und Hadeln		Führungsfeedback (2) Kompetenzkatalog (3) Kompetenzprofile (4) Profilinterviews (5) Entwicklungsrunde (6) Nachwuchsentwicklung (7)		
Team/ Gruppe	Fach-, Methoden-, Sozial-, Selbst- und Teamkompetenz			Qualifikationsmatrix (10) KKR (11)	
Mitarbeiter	Fach-, Methoden-, Sozial- und Selbstkompetenz				Mitarbeiterjahresgespräch (8) Stellenanforderung (9)

Tab. 1: iwis Kompetenzmodell

Die Durchführung des Führungsfeedbacks kann unterschiedlich erfolgen:

- Der anonymisierte Fragebogen wird alle zwei Jahre allen Mitarbeitern zur Einschätzung des Führungsverhaltens ihrer Vorgesetzten vorgelegt. Die Ergebnisse werden von der Personalabteilung ausgewertet. In einem etwa 30 bis 45 minütigen Coachinggespräch werden der Führungskraft die Ergebnisse zurückgemeldet sowie erste Empfehlungen ausgesprochen, welche einen Reflexionsprozess anstoßen sollen. Die Rückmeldung der Ergebnisse an die Mitarbeiter erfolgt im Rahmen von Abteilungsbesprechungen durch den Vorgesetzten selbst. Damit erhält der Vorgesetzte die Möglickeit, insbesondere bei kritischen Ergebnissen, seine Sozialkompetenz wie z. B. Konfliktmanagement sowie Umgang mit Kritik zu trainieren.
- Die Vorgesetztenbeurteilung kann auch im Zeitraum von drei bis vier Jahren als Bestandteil einer ganzheitlichen Mitarbeiterbefragung integriert werden, die extern konzeptionell begleitet und ausgewertet wird. Oftmals ist die Wahrnehmung durch die anderen mit der eigenen Beurteilung nicht deckungsgleich. Aus diesem Grund empfiehlt sich, die Vorgesetztenbeurteilung durch eine Selbstbeurteilung zu ergänzen. Nach Abschluss der Befragung wird die eigene Einschätzung des Vorgesetzten mit der Einschätzung seiner direkt unterstellten Mitarbeiter zum Führungsverhalten verglichen. Durch die Personalabteilung erfolgt die individuelle Rückmeldung der Ergebnisse, in denen diese auch mit dem durchschnittlichen Ergebnis der anderen Führungskräfte auf gleicher Ebene verglichen werden. Der Prozess der Rückmeldung erfolgt analog der bereits im vorherigen Abschnitt beschriebenen Vorgehensweise.

5.3 Kompetenzkatalog

»Projektgruppe 2« hat im dritten Schritt festgelegt, welche Kompetenzen zu erfassen sind und messbare Indikatoren bestimmt. Es wurden für alle Kompetenzbereiche konkrete, allgemein verbindliche Operationalisierungen erarbeitet: Es ist also einheitlich aufgeschlüsselt, welche Verhaltensweisen für oder gegen das Vorhandensein einer bestimmten Fähigkeit stehen (vgl. Abbildung 1).

Führungskompetenz
Die Führungskompetenz bündelt Kernkompetenzen, die speziell von Führungskräften erwartet werden.
Im Folgenden sind die einzelnen Kompetenzkriterien beschrieben:

Schaffung von Orientierung
Führungskräfte müssen Orientierung vermitteln, damit Freiräume zielführend ausgefüllt werden können. Deshalb müssen Führungskräfte in der Lage sein, die Ziele des Bereichs präzise und verständlich zu definieren und entsprechende Handlungsspielräume zu geben. So können sich die Mitarbeiter aktiv in den Prozess einbringen und das gewünschte Ergebnis erzielen. Führungskräfte sind verantwortlich, ihr Handeln konsequent an den Zielen des Unternehmens auszurichten, ständig zu kontrollieren und steuernd einzugreifen. Sie befähigen den Mitarbeiter, Verantwortung für das Ganze zu übernehmen und ihren Beitrag zu leisten.

Begriffe
Bereichsziele präzise und verständlich definieren,
Handlungsspielräume für die Mitarbeiter geben,
Das Handeln konsequent an den Zielen ausrichten,
Kontrollieren und gegebenenfalls steuernd eingreifen.

Abb. 1: Auszug aus dem Kompetenzkatalog zur Führungskompetenz

Nach der Identifikation der Kompetenzbereiche wurden im nächsten Schritt verschiedene Methoden der Kompetenzermittlung festgelegt. Um vertieft erfassen zu können, inwieweit Mitarbeiter und Führungskräfte die bei iwis benötigten Kompetenzen mitbringen, stehen verschiedene Methoden zur Verfügung. Im Folgenden werden zunächst die Instrumente auf Führungsebene (2 bis 7), später auf Gruppen- und Mitarbeiterebene (8 bis 11) vorgestellt.

Der Kompetenzkatalog sowie die Methoden und Instrumente zur Erfassung der Kompetenzen werden in Abhängigkeit der Entwicklung der Unternehmens- und Personalstrategie in enger Zusammenarbeit mit den Führungskräften stetig angepasst und aktualisiert. Mit der Globalisierung des Marktes und der zunehmenden Internationalisierung des Unternehmens wurde z. B. der Kompetenzkatalog um die Kompetenzen »Internationale Kompetenz« (diplomatisches Geschick im Umgang mit anderen Kulturen und Kenntnis um adäquate Verhaltensformen) und »Medienkompetenz« (Fähigkeit, Medien und ihre Inhalte in Abhängigkeit der eigenen Ziele und Bedürfnisse zu nutzen) erweitert.

5.4 Kompetenzprofil

Aus dem Kompetenzkatalog wurden von der »Projektgruppe 2« Kompetenzprofile abgeleitet (vgl. Tabelle 2).

		Kaum ausgeprägt		In besonderem Maß ausgeprägt		
	Führungskompetenz	1	2	3	4	5
Haupt-kriterien	Schaffung von Orientierung			X		
	Delegationsvermögen/Delegationsbereitschaft				X	
	Konsequenz im Handeln				X	
Zusatz-kriterien	Durchsetzungsvermögen				X	
	Entwicklung von Mitarbeitern/PE-Bereitschaft			X		
	Koordinations- und Integrationsfähigkeit			X		
	Kritikfähigkeit (bei sich und anderen)			X		
	Motivations- und Überzeugungskraft			X		

Tab. 2: Auszug aus dem Ist- (Kompetenz-) Profil für eine Führungskraft

Von den Führungskräften werden Fach-, Führungs- und Sozialkompetenz sowie Strategisches Denken und Handeln sowie Unternehmerische Kompetenz gefordert. Die Führungskompetenz ist z. B. im Kompetenzprofil unterteilt in Hauptkriterien (Schaffung von Orientierung, Delegationsvermögen/-bereitschaft, Konsequenz im Handeln) und Zusatzkriterien (Durchsetzungsvermögen, Entwicklung von Mitarbeitern/PE-Bereitschaft, Koordinations- und Integrationsfähigkeit, Kritikfähigkeit, Motivations- und Überzeugungskraft). Diese Kriterien werden in mehreren Schritten (Selbsteinschätzung und konsolidierte Fremdeinschätzung durch Vorgesetzten sowie Teilnahme am Profilinterview (5.5)) auf einer 5er Skala von 1 = kaum ausgeprägt bis 5 = in besonderem Maß ausgeprägt bewertet.

5.5 Profilinterview

Die Durchführung des Profilinterviews verfolgt mehrere Ziele. Zum einen stellt es eine fundierte Entscheidungshilfe bei der künftigen Platzierung und Entwicklung der Führungskraft im Unternehmen dar und zum anderen bietet es Unterstützung durch ein geeignetes standardisiertes Tool (Interviewleitfaden) und unabhängige Beurteiler als Wahrnehmungskorrektiv. Zu Beginn werden mit dem externen Partner (Management Consulting) die Managementkriterien identifiziert, die in der künftigen Position erfüllt werden müssen. Hierfür werden die Managementkriterien von iwis gesichtet, ausgewählt, priorisiert und deren Operationalisierungen durch jobspezifische Elemente ergänzt. Die Personalentwicklung trifft in Anlehnung an die ausgewählten Managementkriterien eine Auswahl an Fragen für die Profilinterviews. Auf dieser Basis erstellt der externe Partner einen Leitfaden für zwei Interviews. Ziel dieser Interviews ist die Einschätzung der persönlichen und sozialen Kompetenzen sowie Managementkompetenzen gemäß den Anforderungen an iwis Führungskräfte (Standortbestimmung der Stärken und Schwächen in Hinblick auf die aktuellen Anforderungen an die Position).

Die Führungskräfte durchlaufen parallel in unterschiedlichen Räumen zwei Interviews à ca. 1,5 Stunden mit zwei internen (iwis) und zwei externen Personalberatern und bearbeiten im Anschluss einen interkulturellen Fragebogen sowie ihre Selbsteinschätzung. Das Ergebnis wird nach der Auswertung aller Daten (Paneldiskussion) in einem persönlichen Feedbackgespräch vollständig und transparent erläutert und in Form eines Kurzgutachtens festgehalten.. Alle Kandidaten bekommen Entwicklungshinweise und ggf. Vorschläge für gezielte PE-Maßnahmen, um Ihre weitere Karriere im Unternehmen gemeinsam mit ihrem Vorgesetzten und der Personalabteilung und -entwicklung planen zu können.

5.6 Entwicklungsrunde

In der »Entwicklungsrunde« diskutieren Führungskräfte die Kompetenzprofile ihrer Mitarbeiter mit Kollegen auf der gleichen Führungsebene, um sich zusätzlich eine Rückmeldung aus Sicht der Kollegen zu holen. Alle Entwicklungsrunden verfahren nach der gleichen Systematik. Die Moderation erfolgt durch die Personalentwicklung. Es werden die Einschätzungen der Kompetenzkriterien sowie die Ergebnisse der Profilinterviews vorgestellt und die Einschätzungsunterschiede systematisch aufgearbeitet. Nach Klärung abweichender Einschätzungen besteht das Ziel in der Einigung auf einen gemeinsamen Wert. Zuletzt werden die Ergebnisse von der Personalentwicklung festgehalten und aufgearbeitet.

5.7 Nachwuchsentwicklung

Im Rahmen der Nachwuchsentwicklung nehmen zukünftige Nachwuchsführungskräfte (Mitarbeiter ohne Führungsverantwortung) am »iwis Competence Center« teil. Das »iwis Competence Center« ist ein zweitägiges Assessment Center zur Potenzialanalyse der Nachwuchsführungskräfte auf der Basis des iwis Kompetenzkataloges für Führungskräfte. Werden Nachwuchsführungskräfte aufgrund des Assessment Centers für förderungswürdig betrachtet, werden nach der Definition von individuellen Entwicklungszielen Maßnahmen zur Kompetenzentwicklung zusammengestellt. Der Entwicklungsplan zur Nachwuchskräfteentwicklung basiert auf drei Säulen: Projektarbeit, klassische Seminarbausteine und Gespräche (z. B. Coaching, Kamingespräche etc.).

Auf Gruppen- und Mitarbeiterebene werden folgende Instrumente (Abschnitte 5.8 bis 5.11) beschrieben:

5.8 Mitarbeiterjahresgespräch

Im Mitarbeiterjahresgespräch werden mittels standardisierter Fragebogen die Kompetenzen und Entwicklungsmöglichkeiten der Mitarbeiter mit dem direkten Vorgesetzten erfasst und besprochen. Inhalt des Mitarbeiterjahresgesprächs sind ein allgemeiner Jahresüberblick, eine Bewertung der Hauptaufgaben der letzten 12 Monate in (a) Einschätzung der Arbeitsleistung und (b) Abweichung der Einschätzung der Arbeitsleistung von Vorgesetzten und Mitarbeiter, ein allgemeines Feedback für den Mitarbeiter von dem

Vorgesetzten sowie Feedback für den Vorgesetzten auf Grundlage des Instruments Führungsfeedback. Es werden die Schwerpunkte der Aufgaben des Mitarbeiters im kommenden Jahr thematisiert, Qualifizierungs- und Entwicklungsbedarf des Mitarbeiters sowie optional Zielvereinbarungen besprochen. Grundlage des jährlichen Gespräches sind für die Mitarbeiter die Qualifikationsmatrizen (5.10) und für die Führungskräfte das Kompetenzprofil (5.4) sowie die Ergebnisse aus den Profilinterviews (5.5) und der Entwicklungsrunde (5.6). Aus Geheimhaltungsgründen werden die Führungskompetenzen nicht elektronisch hinterlegt.

5.9 Stellenanforderung

Tabelle 3 zeigt die Anforderungen einer Stelle im Bereich der Fertigung (Montage Ketten). Die Qualifikationsgruppe »Organisatorische Kenntnisse« gehört zur Methoden- und Sozialkompetenz. Hier wird z.B. abgefragt, ob der Mitarbeiter Aufträge in SAP selbständig rückmelden kann (PC-Kenntnisse) oder der Mitarbeiter die nötige soziale Kompetenz besitzt, um als Pate eingesetzt werden zu können (Pate) etc. Die Qualifikationsgruppen »Kenntnisse Gesamtanlagen«, »Kenntnisse Einzelmaschinen«, »Fachkenntnisse« sowie »Kenntnisse Kettenprüfung« werden der Fachkompetenz zugeordnet. Im sog. Qualifikationsschlüssel (vgl. Abbildung 6 auf S. 146) wird die Auflistung der nötigen Kenntnisse jeder Qualifikationsabstufung, abgebildet. Dieser wird im Rahmen der Vorstellung der Qualifikationsmatrix (5.10) näher beschrieben. Die Qualifikationsanforderungen wurden aus dem Gruppenarbeitskonzept, nach welchem die Fertigung organisiert ist, abgeleitet.

Kenntnisse Gesamtanlagen Montagestraße 1 Montagestraße 2 Montagestraße 3 Montagestraße 4 etc.	*Organisatorische Kenntnisse* Gruppensprecher Schichtplanung Urlaubsplanung PC- Kenntnisse Pate
Kenntnisse Einzelmaschinen Maschine 1 Maschine 2 Maschine 3 Maschine 4 etc.	*Fachkenntnisse* Elektronik Hydraulik Pneumatik SPS
Kenntnisse Kettenprüfung Kette prüfen Prüfsystem	

Tab. 3: Anforderungen einer Stelle im Bereich Fertigung (Montage Ketten)

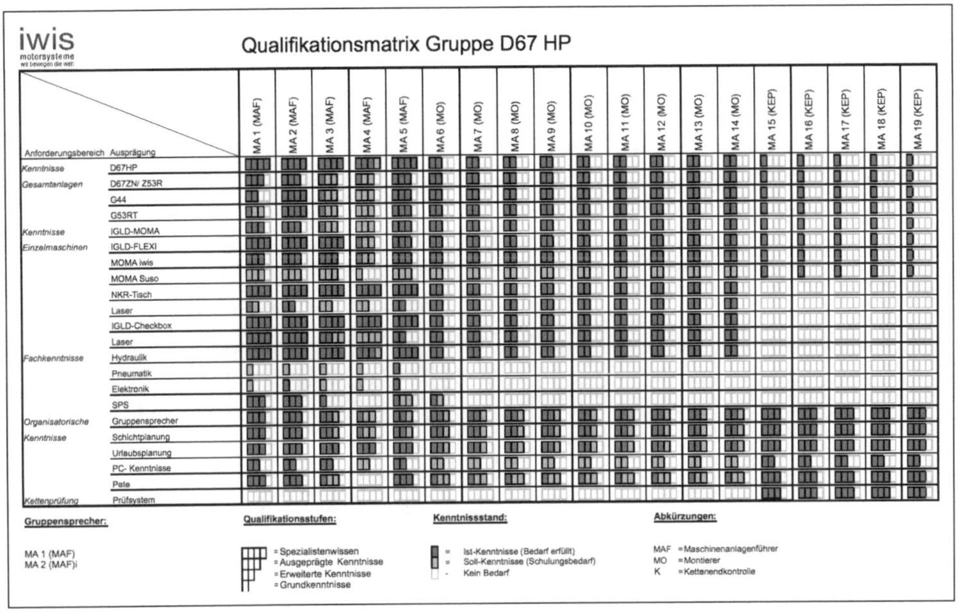

Abb. 2: Qualifikationsmatrix

5.10 Qualifikationsmatrix

Die Qualifikationsmatrix wird hauptsächlich eingesetzt, um den angestrebten und derzeitigen Qualifikationsstand von Mitarbeitern übersichtlich darzustellen (vgl. Abbildung 2).

Die Qualifikationsmatrix hat zwei Funktionen: Zum einen sollen die Qualifikationen der Mitarbeiter einer Gruppe/Abteilung visualisiert werden, um eine einfache Belegungsplanung (Flexibilität) zu gewährleisten. Zum anderen dient sie dem Vorgesetzten als Steuerungstool von Schulungen.

Darüber hinaus enthält sie zusätzlich folgende Informationen:

- Sie schafft Transparenz und Kommunikation über das Thema »Qualifikation«.
- Sie hilft bei der Urlaubs- und Vertretungsplanung.
- Sie gibt Hinweise auf Schlüsselpersonen, für die eine Nachfolgeplanung nötig wird.
- Sie deckt evtl. bisher verborgene Kompetenzen von Mitarbeiterinnen und Mitarbeitern auf.
- Sie ist eine Grundlage für Mitarbeiterjahresgespräche.
- Sie hilft bei der Erfolgskontrolle der Qualifizierungsplanung.

Dabei definiert iwis eine Qualifikation erst dann als solche, wenn nicht durch einfachstes Training in kürzester Zeit diese Qualifikation erreicht werden kann. Eine honorierbare Qualifikation muss mit einem Aufwand (in Form von Training, Fortbildung, Schulung etc.) beim Mitarbeiter einher gehen, d.h. der Mitarbeiter muss etwas »investieren«.

Die Dateneingabe erfolgt numerisch innerhalb einer Eingabemaske. In dieser Maske werden folgende Daten eingegeben:
- Name der Gruppe/Abteilung,
- ggf. Gruppensprecher,
- Mitarbeiter der Gruppe/Abteilung,
- Qualifikationen und deren Anwendungsbereich,
- Soll/Ist-Profile der MA.

iwis motorsysteme – wir bewegen die welt

Qualifikationsmatrix Test-Gruppe

Anforderungsbereich	Ausprägung	MA 1 Soll	MA 1 Ist	MA 2 Soll	MA 2 Ist	MA 3 Soll	MA 3 Ist	MA 4 Soll	MA 4 Ist	MA 5 Soll	MA 5 Ist	MA 6 Soll	MA 6 Ist	MA 7 Soll	MA 7 Ist	MA 8 Soll	MA 8 Ist
Anwendungs-bereich 1	Qualifikation 1	4	4	4	4	4	4	4	4	4	4	4	3	4	3	4	4
	Qualifikation 2	3	3	3	3	3	2	3	3	3	3	3	2	3	2	3	2
	Qualifikation 3	2	2	2	2	2	1	2	2	2	2	2	1	2	1	2	2
Anwendungs-bereich 2	Qualifikation 4	3	1	3	3	3	3	3	3	3	3	3	2	3	2	3	3
	Qualifikation 5	3	3	3	3	3	3	3	3	3	3	3	2	3	2	3	3

Abb. 3: Eingabemaske

Die Erstellung der Balkenübersicht wird automatisch aus diesen numerischen Soll/Ist-Profilen generiert.

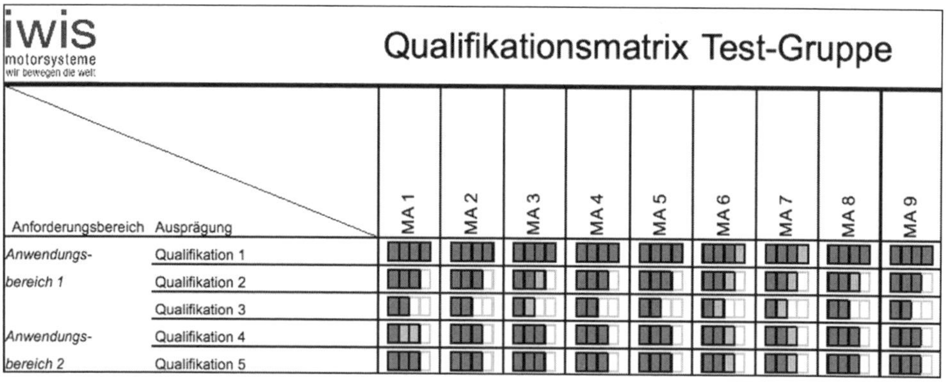

Abb. 4: Eingabemaske

Um die Übersichtlichkeit und schnelle Informationsvermittlung zu gewährleisten, wurde ein Ampelsystem zur Visualisierung eingeführt. Die Balken besitzen drei (Farb-)Zustände:
- **Grün**: Qualifikationsstufe erfüllt,
- **Orange**: Qualifikationsstufe nicht erfüllt (Schulungsbedarf),
- **Weiß**: Kein Qualifizierungsbedarf.

Das Konzept sieht eine zusätzliche Strukturierung der Qualifikationen in Qualifikationsstufen und in Kenntnisse vor, um eine objektive Beurteilung zu gewährleisten (vgl. Abbildung 5).

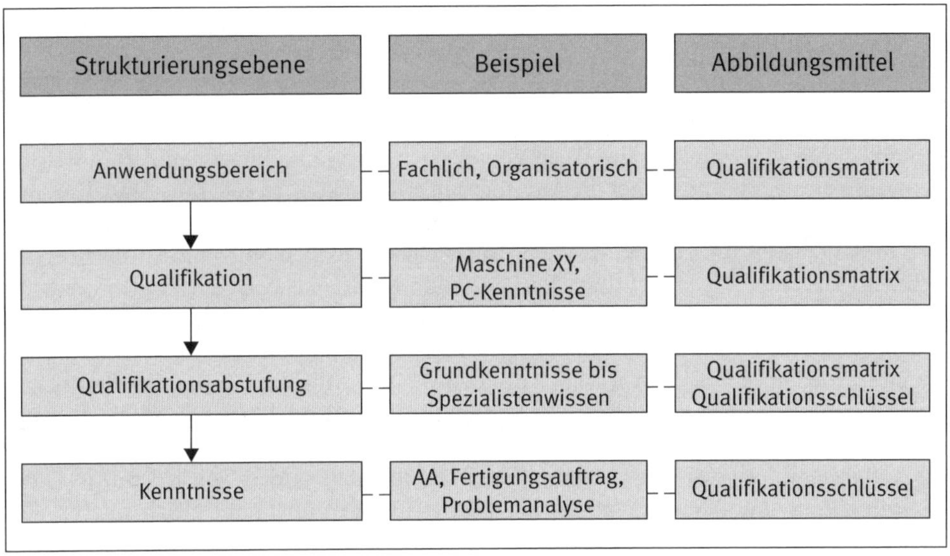

Abb. 5: Strukturierung Qualifikationen

Der Anwendungsbereich ordnet und fasst Qualifikationen zu Gruppen zusammen, um die Übersichtlichkeit und Lesbarkeit zu erhöhen. Abbildung 5 zeigt die Beispiele einer fachlichen und organisatorischen Untergliederung der Qualifikationen. Neben dieser quantitativen werden die Qualifikationen in der darauffolgenden Ebene qualitativ in vier Kenntnisstufen strukturiert. Je höher die Stufe, desto mehr Kenntnisse werden benötigt.

Wie in Abbildung 5 ersichtlich ist, sind verschiedene Anforderungsbereiche, Qualifikationen und auch Kenntnisse ohne Ordnung aufgelistet.

Abbildung 6 bildet dagegen die neue Strukturierung in Anforderungsbereiche und deren Ausprägung ab. Bei diesem Konzept werden Kenntnisse zum Erreichen einer Qualifikation(stufe) im Qualifikationsschlüssel abgebildet (vgl. Abbildung 6).

Im Qualifikationsschlüssel wird die nächste Strukturierungsebene, die Auflistung der nötigen Kenntnisse jeder Qualifikationsabstufung, abgebildet. Abbildung 6 zeigt den Qualifikationsschlüssel am Beispiel des Anwendungsbereichs »Gesamtanlagen/Einzelmaschinen« der Abteilung Montage Ketten.

Anwendungsbereich Gesamtanlagen/Einzelmaschinen			
Qualifikations-stufe	Kurz-Bezeichnung	Vorraussetzungen/Inhalt	Job Soll-Kenntniss
1	Grundkenntnisse	- AA/ Prüfpläne - Begleitpapiere - Betriebsanweisung der Anlagen - Einarbeitungsplan - Qualitätsanforderungen Kette - Bestücken der Maschinen	MAF, MO, KEP MAF, MO, KEP MAF, MO MAF, MO, KEP MAF, MO, KEP MAF, MO
2	Erweiterte Kenntnisse (Bedienen und Qualitätsprüfung)	- Bedienen der Anlage - Qualitätsprüfung IGLD/Kette - Fehlererkennung und Behebung	MAF, MO MAF, MO MAF, MO
3	Ausgeprägte Kenntnisse (Einstellen und Rüsten)	- Rüsten bei Wechsel des Kettentyps - Kleine Reparaturen und Einstellungen - Problemerkennung - Fachkenntnisse Hydraulik/Pneumatik Stufe 1	MAF MAF MAF MAF
4	Spezialistenwissen (Warten und Instandhalten)	- Wartungen nach Plan ausführen - Wartungsplan ausfüllen - Fachkenntnisse Hydraulik/Pneumatik Stufe 2 - Kettenlängensteuerung - Problemanalyse	MAF MAF MAF MAF MAF

Abb. 6: Qualifikationsschlüssel

Das Soll-Profil wird von dem jeweiligen Vorgesetzten bestimmt, d.h. er definiert in welcher Kenntnisstufe der Stelleninhaber die Anforderung erfüllen können soll. Eine Aktualisierung der Qualifikationsprofile erfolgt spätestens im jährlichen Mitarbeitergespräch durch Eintrag in das Qualifikationsprofil. Aus dem Unterschied zwischen Soll- und Ist-Profil ergibt sich der Qualifizierungsbedarf des Mitarbeiters. Im Mitarbeitergespräch werden geeignete Maßnahmen zur Erlangung der Qualifikation bzw. Kompetenz besprochen und geplant.

Die Soll-Profile sowie die Qualifikationsschlüssel und Zuordnung zu den vier Kenntnisstufen wurden in mehreren Workshops mit den verantwortlichen Führungskräften aus allen Fertigungsbereichen entwickelt. Der konzeptionelle Anspruch bestand darin, ein möglichst hohes Abstraktionsniveau der Anforderungen und Qualifikationen zu wählen, welches die Tätigkeiten des gesamten Fertigungsbereiches abbildet, so dass von jedem Anwender (Führungskraft und Mitarbeiter) die inhaltliche Aussage annährend gleich interpretiert werden kann.

Eine weitere Anforderung war die Qualifikationsmatrix flexibel zu gestalten. Dieses Ziel wurde zum einen durch den Verzicht von Automatisierung durch Programmiersprachen und zum anderen durch den Aufbau der Qualifikationsmatrix als Baukastensystem im Excel erreicht:

- Übersichtliche Darstellung zur schnellen Informationsgewinnung,
- leicht verständlich,
- einfaches Handling, um ein zuverlässiges Arbeiten, in Anbetracht der unterschiedlichen Computerkenntnisse, zu gewährleisten,
- Flexibilität der Matrix, um auf die unterschiedlichen Begebenheiten der Abteilungen wie Arbeitsplatzkomplexität reagieren zu können.

Die Qualifikationsprofile aller Gruppenmitarbeiter werden somit in den Qualifikationsmatrizen (vgl. Abbildung 2) zusammengefasst und dienen den Gruppenmitgliedern als Nachweis ihrer Einsatzflexibilität. Die Vorgesetzten nutzen dieses Instrument zur Weiterbildungsplanung ihrer Mitarbeiter. Im Rahmen der Gruppenarbeit wird die Qualifikationsmatrix vor allem für die Planung der Einsatzflexibilität genutzt. Weiterhin können sowohl die Vorgesetzten als auch die Mitarbeiter ihren Kompetenzzuwachs verfolgen.

Exkurs: Kompetenzmanagement und -entwicklung am Beispiel Gruppenarbeit

Kompetenzen werden bei iwis vor allem auch auf Ebene der Produktionsmitarbeiter gezielt entwickelt. Wie dem iwis Kompetenzmodell (vgl. Tabelle 1) zu entnehmen ist, werden von den Teams bzw. Gruppen Fach-, Methoden-, Sozial-, Selbst- sowie eine sogenannte »Teamkompetenz« gefordert. Die Arbeit in Gruppen verlangt von den einzelnen Mitarbeitern mehr Kompetenzen. Die Mitarbeiter sollen ihren Arbeitsablauf selbständig organisieren, Aufgaben untereinander verteilen, Urlaubs- und Schichtpläne erstellen, an Problemlösungen bzw. Optimierungen in Gruppengesprächen aktiv teilnehmen. Daraus entstehen viele Reibungspunkte zwischen den Mitarbeitern: Konflikte flammen auf, untereinander müssen mehr Informationen ausgetauscht werden etc. Innerhalb der Gruppen soll ein optimaler Qualifizierungsstand vorhanden sein, d.h. jeder ist vertretbar, die Mitarbeiter sind innerhalb der Gruppe (zukünftig auch über die Gruppengrenzen hinaus) flexibel einsetzbar. Dabei sollen aber unnötige Überqualifizierungen vermieden werden, es müssen nicht alle Mitarbeiter alles beherrschen. Kontrollinstrument hierfür ist die Qualifikationsmatrix.

Kompetenzen	Gruppenmitglieder	Gruppensprecher	Produktionsnahe Führungskräfte
Fachkompetenz	Vertiefungs- und Verbreitungswissen	Vertiefungs- und Verbreitungswissen	Vertiefungs- und Verbreitungswissen
Methodenkompetenz	Problemlösungstechniken, Umgang mit Kennzahlen	Präsentations-, Moderations- und Problemlösungstechniken, Umgang mit Kennzahlen	Methoden zur Führung der Gruppenarbeit
Sozialkompetenz	Umgang mit Konflikten, Arbeit im Team, Kommunikation	Umgang mit Konflikten, Kommunikation	Führungsarbeit und Verhalten in der Gruppenarbeit
Selbstkompetenz	Teamentwicklung	Gruppenmitglieder motivieren, Teamentwicklung	Mitarbeiter zur Gruppenarbeit motivieren, Teamentwicklung

Tab. 4: Übersicht Anforderungen und Maßnahmen zur Kompetenzentwicklung in der Gruppenarbeit

Es wurde ein Schulungskatalog speziell für die veränderten Anforderungen der Gruppenarbeit für alle aktiv beteiligten Ebenen, d.h. Produktionsmitarbeiter, Gruppensprecher und direkte Führungskräfte, konzipiert. Die übrigen Bausteine der Kompetenzentwicklung, z.B. Lernen am Arbeitsplatz (»learning by doing«), An- und Einweisung durch Vorgesetzte, Gruppensprecher oder Kollegen, neue Aufgaben oder zusätzliche Verantwortung übernehmen etc., werden so sinnvoll ergänzt. Tabelle 4 zeigt eine Übersicht der Anforderungen und Maßnahmen zur Kompetenzentwicklung im Rahmen der Gruppenarbeit.

Auf Mitarbeiterebene werden Vertiefungs- und Verbreitungswissen, welches obligatorisch auf allen Ebenen als Basisprogramm vorhanden ist, Problemlösungsseminare und Konfliktmanagement für alle Mitarbeiter in Gruppenarbeit angeboten, um die oben genannten Anforderungen abzudecken. Spezielle Workshops zur Teamentwicklung werden für Gruppen und deren Vorgesetzte zur Zusammenführung von Teams oder auch für bestehende Gruppen zur Verbesserung der Zusammenarbeit und des Gruppenklimas angeboten.

Um den Anforderungen der Rolle als Gruppensprecher gerecht zu werden, benötigen die Mitarbeiter methodische Fähigkeiten wie Moderations- und Präsentationstechniken, um Gruppengespräche oder auch Gruppensprecherversammlungen durchführen zu können. Darüber hinaus werden von den Gruppensprechern auch Problemlösungstechniken gefordert, um den Lösungsprozess innerhalb der Gruppe zielgerichtet führen zu können. Damit der normale Arbeitsablauf durch Konflikte nicht behindert wird, ist es notwendig, den Gruppensprechern die entsprechenden sozialen Kompetenzen in Schulungen zu vermitteln. Moderations-, Präsentations- und Problemlösungstechniken und den Umgang mit Konflikten lernen die Gruppensprecher in einem dreitägigen Workshop. Dieses Gruppensprechertraining setzt sich aus drei Blöcken an insgesamt drei Tagen zusammen. Die ersten beiden Trainingstage finden an aufeinander folgenden Tagen statt. Trainingsschwerpunkte sind sowohl Moderations- und Präsentationstechniken als auch Techniken zur Problemlösung und konstruktiver Umgang mit Konflikten. Der dritte Termin, der den Transfer nachhaltig fördern soll, findet sechs bis acht Wochen nach dem ersten Block statt, um den Teilnehmern Zeit zu geben, Erfahrungen mit der Erprobung der erlernten Inhalte im Arbeitsalltag zu sammeln. Jährliche Aufbauworkshops für die Teilnehmer des Gruppensprechertrainings ermöglichen den Gruppensprechern die Trainingsinhalte zu vertiefen und deren Anwendung im Arbeitsalltag zu reflektieren. Wichtig bei Gruppenmitarbeitern ist es, immer wieder nachzuhalten, Ziele einzufordern und die Erreichung zu überprüfen, um die Teilnehmer »am Ball zu halten«. Hierzu finden jährlich Workshops zum Auffrischen der Trainingsinhalte und zum Erfahrungsaustausch zwischen den Gruppensprechern statt. Die Gruppensprecher haben hier die Möglichkeit, ihre aktuelle Situation als Gruppensprecher, ihrer Gruppe oder der Gruppenarbeit im Allgemeinen im Kreise von Kollegen unter Anleitung von Trainern zu reflektieren.

Auf Führungsebene werden Workshops zum Führungsverhalten in der Gruppenarbeit angeboten. Chancen und Risiken der Gruppenarbeit sowie eine Veränderung des Führungsverhaltens durch Gruppenarbeit werden thematisiert.

Verpflichtend für alle Beteiligten der Gruppenarbeit finden nach fünfzehn Jahren Gruppenarbeit im Unternehmen eintägige Workshops zur Gruppenarbeit für alle Mitarbeiter und deren direkte Führungskräfte statt, um der Gruppenarbeit im Unternehmen neue Impulse zu geben. Der Workshop steht unter dem Motto »Wo stehen wir heute mit unserer Gruppe und wo wollen wir zukünftig hin?«. Die Vorteile der Gruppenarbeit werden spielerisch erarbeitet. Im Anschluss wird der Ist-Stand der Gruppe ermittelt und gemeinsam mit dem Vorgesetzten neue Ziele definiert. Das Schulungsangebot im Rahmen der Gruppenarbeit wird kontinuierlich weiter ausgebaut und ständig an die Bedürfnisse der Mitarbeiter angepasst.

5.11 Messung der beruflichen Handlungskompetenz auf Gruppenebene mit dem Kasseler-Kompetenz-Raster (KKR)

Kompetenzmanagement bei iwis geht noch einen Schritt weiter und betrachtet nicht nur die individuellen Kompetenzen der Mitarbeiter, sondern auch die Kompetenzentwicklung im Gruppengefüge, die so genannte »Teamkompetenz«. Im Rahmen eines Forschungsprojektes des Instituts für Arbeitswissenschaft der Universität Kassel werden die beruflichen Handlungskompetenzen bereits seit mehreren Jahren mit dem Kasseler-Kompetenz-Raster (KKR) von Kauffeld (2000; 2005) erfasst.

Mit Hilfe des Kompetenzdiagnoseinstruments KKR kann die Kompetenz einzelner Personen, von Gruppen oder für eine ganze Organisation in Gruppenbesprechungen beschrieben werden. Erfasst werden die Fähigkeiten, Probleme systematisch zu analysieren, Lösungen zu generieren und Optimierungen zu planen. Zusätzlich zu der Erhebung der Kompetenzaspekte bietet dieses Instrument die Möglichkeit, konkrete Maßnahmen zur Kompetenzentwicklung für Einzelne oder für Gruppen abzuleiten (vgl. auch Kauffeld, 2005). Zur Kompetenzmessung werden die verbalen Äußerungen der Gruppenteilnehmer während eines Gruppengesprächs per Video aufgezeichnet. In einer Akt-für-Akt Kodierung werden die ca. ein- bis eineinhalbstündigen Gruppengespräche in Sinneinheiten mittels des prozessanalytischen Verfahrens eingeteilt und den Kriterien der vier Kompetenzfacetten Fach-, Methoden-, Sozial- und Selbstkompetenz zugeordnet.

Im Rahmen einer Diplomarbeit von Hilpert (2003) wurden 11 Gruppen systematisch mit dem Kasseler-Kompetenz-Raster analysiert. Zwei Gruppen aus dem Bereich der Teilefertigung werden exemplarisch dargestellt. Es werden die Kompetenzprofile erläutert sowie mögliche Maßnahmen zur Kompetenzentwicklung der Gruppen besprochen (vgl. Abbildung 7). Dargestellt sind Sinneinheiten pro Stunde.

Abbildung 7 zeigt zwei Profile mit unterschiedlichen Ausprägungen der Kompetenzfacetten. Im Vergleich zu Gruppe A zeigt das Kompetenzprofil der Gruppe B deutliche Schwächen. Während Gruppe A stark lösungsorientiert handelt, zeigt die Vergleichsgruppe

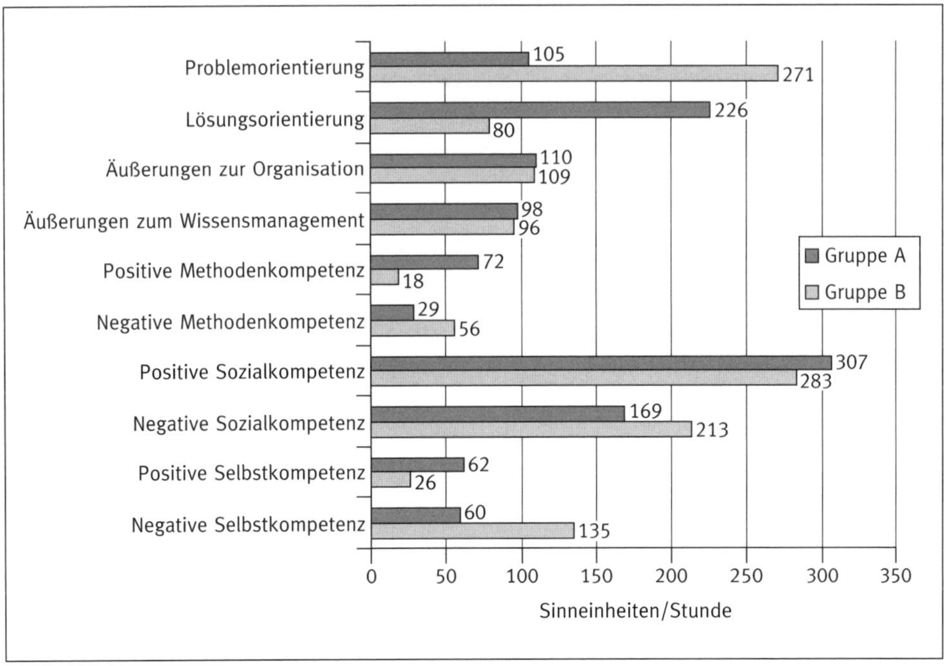

Abb. 7: Profil der Kompetenzfacetten im KKR von Gruppe A und B

B eine starke Problemorientierung. In den Kompetenzaspekten Äußerungen zur Organisation und zum Wissensmanagement, beide der Fachkompetenz zugeordnet, sowie in den positiven Äußerungen zur Sozialkompetenz zeigen sich kaum Unterschiede. Deutliche Schwächen im Kompetenzprofil von Gruppe B zeigen sich sowohl in der positiven wie auch negativen Methodenkompetenz, der negativen Äußerungen zur Sozialkompetenz sowie in den positiven und negativen Aspekten der Selbstkompetenz. In einem halbtägigen Workshop wird das Profil der Gruppe zurückgemeldet und gezielt an den Schwächen des Problemlöse- und Diskussionsverhalten gearbeitet.

Gestaltungsempfehlungen für Gruppe B können beispielsweise sein:
1. Um die Lösungsorientierung der Gruppe zu steigern, können gezielte Methodenschulungen helfen. Die systematische Ursachenanalyse oder Problem-Lösungstechniken wie das Problem-Analyse-Schema helfen den Gruppen, ein systematisches, zielorientiertes Vorgehen zu erlernen.
2. Methodische Schwächen können ebenfalls durch die im 1. Punkt aufgelisteten Techniken angegangen werden. Mit Besprechungsregeln kann z. B. festgelegt werden, dass die Gruppenmitglieder sich gegenseitig aussprechen lassen und sich nicht ins Wort fallen. Ein Zeitwächter erinnert im Laufe der Besprechung immer wieder an die voranschreitende Zeit und die noch ausstehenden Punkte usw.
3. Feedback- und Teamregeln, wie beispielsweise »Wir lassen den anderen ausreden und hören einander zu« helfen dabei, negative Äußerungen zur Sozialkompetenz zu unterbinden. Teamentwicklungsmaßnahmen fördern den Zusammenhalt der Gruppe und das gegenseitige Kennenlernen außerhalb der Arbeit.
4. Schwächen der Selbstkompetenz können durch Informationsweitergabe an die Gruppen, Partizipatives Produktivitäts-Management (Pritchard, Kleinbeck & Schmidt, 1993), Coaching und Training der Vorgesetzten etc. angegangen werden.

Hier schließt sich auch wieder der Kreis zu den von den Gruppenmitgliedern und den Gruppensprechern geforderten Kompetenzen (vgl. Tabelle 4).

Fazit: Mit Hilfe des KKR können die Kompetenzfacetten der Gruppenmitglieder auf Gruppenebene analysiert sowie gezielt für die Schwächen im Kompetenzprofil Maßnahmen zur Förderung abgeleitet werden.

5.12 Transfer von Seminaren

Ein weiterer Baustein des iwis Kompetenzmanagementsystems stellt die Bewertung von klassischen Trainingsmaßnahmen und die Überprüfung der Kompetenzentwicklung der Mitarbeiter dar. Dies erfolgt bei iwis in drei Stufen:
1. Bewertung der Trainingsmaßnahmen durch Mitarbeiter (vgl. Abbildung 8),
2. Bewertung der Maßnahme auf Wirksamkeit durch Mitarbeiter und Vorgesetzten,
3. Bewertung im Hinblick auf die Kompetenzentwicklung im Mitarbeiterjahresgespräch.

Die Seminarbeurteilung (1.) erfolgt auf Basis des SAP HR Performance Managements. Damit wird eine Automatisierung der entsprechenden Rückmeldungen der Mitarbeiter erreicht. Zwei Zielgruppen sind zu berücksichtigen: (1) Mitarbeiter, die keine SAP Benutzer sind und keine E-Mail-Adresse haben und (2) Mitarbeiter, die über beides verfügen.

Abbildung 8 zeigt ein Beispiel für die Anlage einer neuen Seminarbeurteilung im SAP HR System. Dies ist bei der ersten Zielgruppe (1) erforderlich. Die Änderung dieser Beurteilungen »Anlegen« und »Ändern« erfolgt nach Erhalt des Seminarbeurteilungsbogens in Papierform durch einen Mitarbeiter der Personalentwicklung.

Für die zweite Zielgruppe (2) wird ein Link auf das jeweilige Seminarbeurteilungs-Formular via E-Mail automatisiert versendet. Durch das Klicken auf den Link, öffnet sich die Beurteilung zu dem Seminar im Änderungsmodus (siehe Abbildung 9 und Abbildung 10).

Die Administration und Auswertung der Seminarbeurteilungen erfolgt direkt im SAP HR System. Diese Berechtigung hat ausschließlich der Bereich Personalentwicklung.

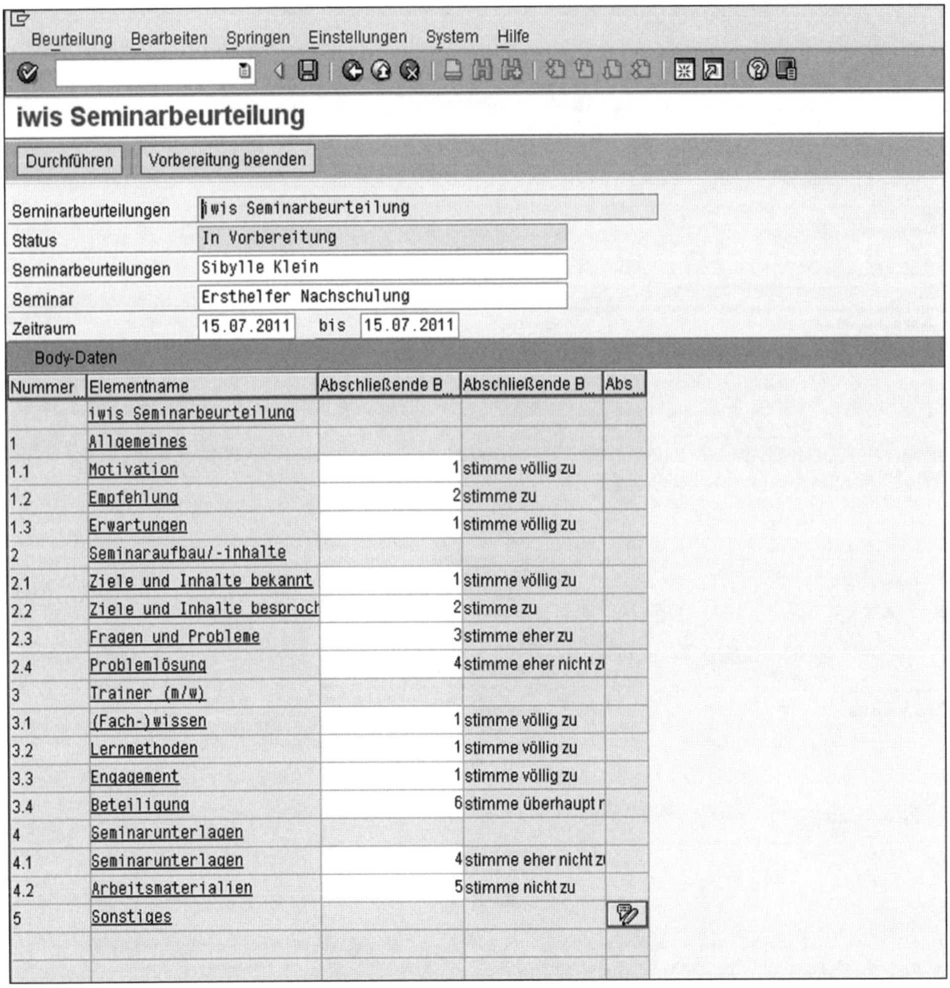
Beurteilung Bearbeiten Springen Einstellungen System Hilfe

iwis Seminarbeurteilung

Durchführen | Vorbereitung beenden

Seminarbeurteilungen: iwis Seminarbeurteilung
Status: In Vorbereitung
Seminarbeurteilungen: Sibylle Klein
Seminar: Ersthelfer Nachschulung
Zeitraum: 15.07.2011 bis 15.07.2011

Body-Daten

Nummer	Elementname	Abschließende B	Abschließende B	Abs
	iwis Seminarbeurteilung			
1	Allgemeines			
1.1	Motivation	1	stimme völlig zu	
1.2	Empfehlung	2	stimme zu	
1.3	Erwartungen	1	stimme völlig zu	
2	Seminaraufbau/-inhalte			
2.1	Ziele und Inhalte bekannt	1	stimme völlig zu	
2.2	Ziele und Inhalte besproch	2	stimme zu	
2.3	Fragen und Probleme	3	stimme eher zu	
2.4	Problemlösung	4	stimme eher nicht zu	
3	Trainer (m/w)			
3.1	(Fach-)wissen	1	stimme völlig zu	
3.2	Lernmethoden	1	stimme völlig zu	
3.3	Engagement	1	stimme völlig zu	
3.4	Beteiligung	6	stimme überhaupt n	
4	Seminarunterlagen			
4.1	Seminarunterlagen	4	stimme eher nicht zu	
4.2	Arbeitsmaterialien	5	stimme nicht zu	
5	Sonstiges			

Abb. 8: Eingabemaske zur Seminarbeurteilung durch Mitarbeiter Personalentwicklung

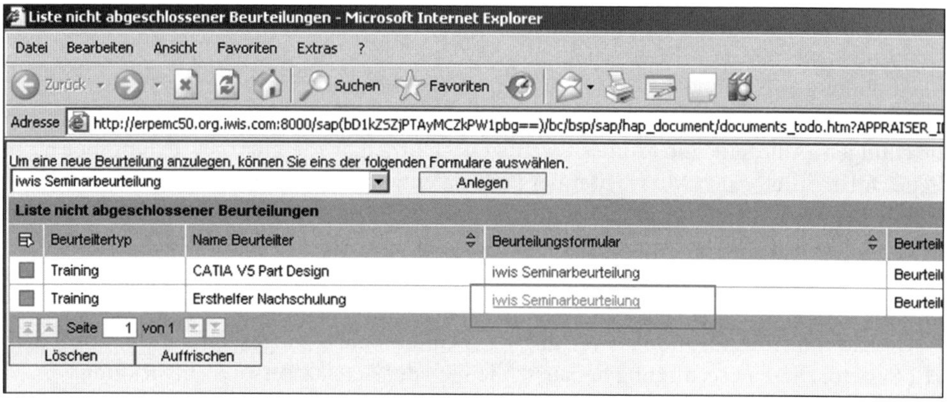

Abb. 9: Link zum Öffnen des Seminarbeurteilungsbogens

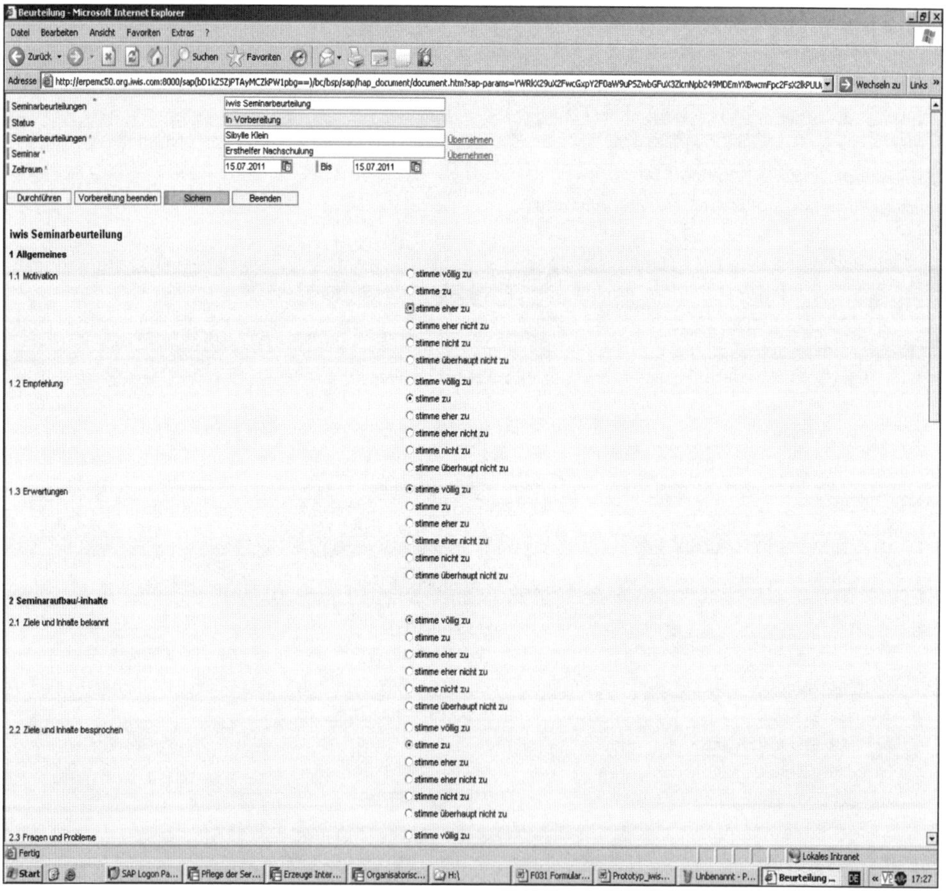

Abb. 10: Seminarbeurteilung über das Web

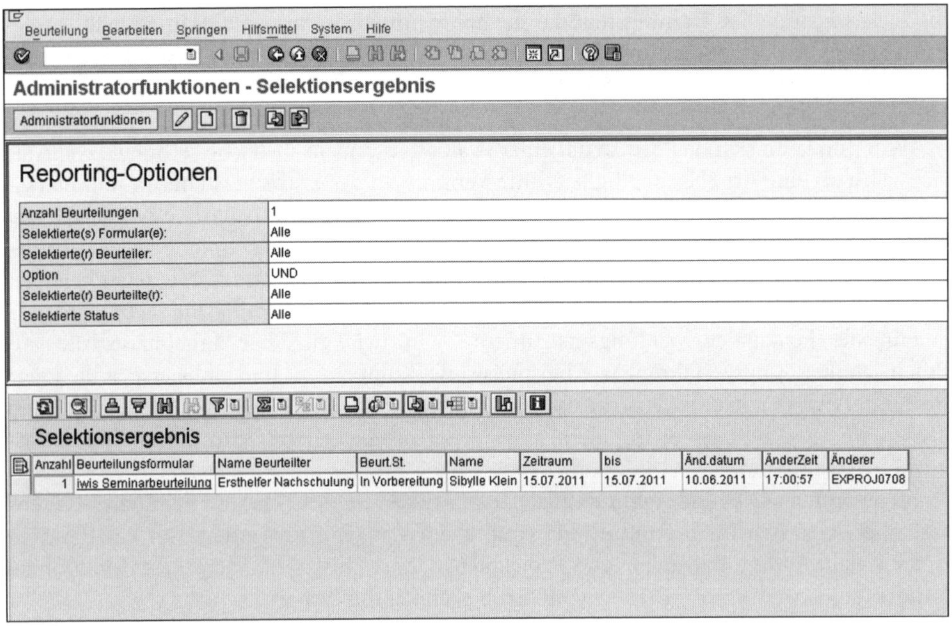

Abb. 11: Auswertungsoptionen im SAP

Des Weiteren stehen diverse Auswertungen im SAP Standard zu Verfügung, mit denen die Beurteilungen reportet werden könnten (siehe Abbildung 11). Mit diesen Auswertungen werden verschiedene Steuerungsgrößen für ein Bildungscontrolling generiert.

Die Umsetzung der Seminarbeurteilung im SAP HR ist ein Bestandteil des Veranstaltungsmanagements. Das *Veranstaltungsmanagement* ist ein leistungsstarkes und anwenderfreundliches Werkzeug, das iwis zuverlässig und umfassend bei der Planung, Durchführung und Verwaltung von Seminaren unterstützt. Die technische Umsetzung und Support erfolgen bei iwis im HR Bereich über einen externen SAP-Partner mit Rahmenvertrag (www.projekt0708.com).

Die Seminarbeurteilung (vgl. Abbildung 8 und 10) dient dazu, die Qualität der Trainingsmaßnahmen zu messen und zu optimieren. Eine Weiterbildungsmaßnahme kann jedoch nur ein Anstoß sein. Die Wirkung der Maßnahme entfaltet sich allein in der Praxis, im Arbeitsalltag der Teilnehmer. Mit dem Fragebogen zur Seminarbeurteilung sind einer so verstandenen Evaluation natürliche Grenzen gesetzt. Aus den ermittelten Durchschnittswerten kann höchstens eine Unter- bzw. Überschreitung eines bestimmten Wertes festgestellt werden. Die Frage ist: Auf welche Art und Weise lässt sich eine Evaluation so durchführen, dass die Auseinandersetzung mit dem Thema der Weiterbildungsmaßnahme sowie die Überprüfung der Anwendung der Trainingsinhalte im Unternehmen maximiert wird?

Für die Evaluation (2.) heißt das: Die Verantwortung für den Transfer sollte wieder dorthin zurück delegiert werden, wo die eigentliche Personalverantwortung liegt, nämlich zu den Führungskräften. Aus diesem Grund wird bei iwis ca. sechs Wochen nach Seminarende ein Nachbereitungsgespräch zwischen Vorgesetztem und Mitarbeiter durchgeführt, in dem die Zielerreichung der Trainingsmaßnahme überprüft wird. Das gemeinsame Ausfüllen des Fragebogens zur Nachbereitung des Seminars, in SAP hinterlegt, soll sinnvolle Nachdenk- und Umsetzungsprozesse beim Mitarbeiter anstoßen, auch in Hinblick auf das Mitarbeiterjahresgespräch (3.).

Weiterhin kann sich die Effektivität einer Evaluation um ein Vielfaches erhöhen, wenn sie sich selbst als eine Art »Nachhaltigkeits-Intervention« in der Praxis versteht. Im Rahmen einer Schulungsmaßnahme zur Kompetenzentwicklung in der Gruppenarbeit wurde z.B. ein Transfertag initiiert (vgl. den Exkurs auf S. 147). Die Seminarteilnehmer reflektierten gemeinsam in verschiedenen Übungen das durchgeführte Seminar. Dadurch entstand ein Gespräch, welches die Kollegen miteinander in Austausch über das Seminarthema brachte.

Für alle Personalentwicklungsinstrumente von iwis gilt: Die Ergebnisse, die aus Potenzialerkennungsverfahren, wie beispielsweise Kompetenz- und Soll-Ist-Profile sowie Profilinterviews erzielt werden, ergänzen die Erkenntnisse der Führungskraft vor Ort und dienen im Zusammenspiel mit dem Mitarbeiter als Basis zur Definition weiterer Entwicklungsmaßnahmen.

Im gesamten »Gebäude« der identifizierten Entwicklungsschritte sind Seminare, die zentral, aber spezifisch für bestimmte Führungsebenen angeboten werden, nur ein Baustein unter vielen. Andere Bausteine sind Projektarbeit, Vertretungsaufgaben, Patenfunktionen, Sonderaufgaben, Messen, »Lernen-von-den Besten«-Initiativen etc.

6 Bewertung des Kompetenzmodells

Im Rahmen des Kompetenzmodells werden die Instrumente und Prozesse des Kompetenzmanagementsystems in Workshops gemeinsam mit den Führungskräften stetig auf Ihre Praktikabilität und Nutzen überprüft. In Abhängigkeit der Nutzeranforderungen ergeben sich unterschiedliche Modifizierungen.

Im Unternehmen existieren sehr viele unterschiedliche (Arbeits-)Vertragsformen. So entsteht je nach Mitarbeiterzielgruppe eine Vielzahl an Variationen von Formularen für das *Mitarbeiterjahresgespräch*. Beispiele sind: Gesprächsleitfaden für Mitarbeiter mit und ohne Zielvereinbarung, Gesprächsleitfaden für tarifliche oder außertarifliche Führungskräfte etc. Weiterhin werden im Mitarbeiterjahresgespräch optional zusätzliche Instrumente integriert wie z.B. die tarifliche Leistungsbeurteilung. Dies führte bei einigen Führungskräften zu Irritation hinsichtlich der Durchführungszeit. Während das Mitarbeitergespräch am Anfang des jeweiligen Jahres durchgeführt werden muss, wurde die Leistungsbeurteilung jeweils in der Mitte des Jahres angefordert. Redundante Daten in den Gesprächsleitfäden führten zu Überforderung und Unmut der Führungskräfte und Mitarbeiter. Diese Prozesse gilt es kontinuierlich zu vereinfachen und die Instrumente zu optimieren, so dass der Aufwand für die Führungskräfte reduziert und der Prozess des Mitarbeiterjahresgesprächs erleichtert wird.

Der *Gesprächsleitfaden des Mitarbeiterjahresgesprächs* wurde überarbeitet. Ingesamt wurde dieser inhaltlich gekürzt und aktualisiert. Es gibt nur ein »Formblatt Mitarbeiterjahresgespräch« mit integrierter Leistungsbeurteilung und Zielvereinbarung. Die Inhalte wurden wegen der neu gegründeten internationalen iwis Standorte um das Thema »Mobilität«

aktualisiert. Als nächstes ist die Vereinfachung der Leistungsbeurteilung geplant. Während diese bisher in qualitativer Form beschrieben wurde, soll die Führungskraft zukünftig mit Hilfe vorgegebener Bewertungskriterien die Leistung quantitativ erfassen können. Das erhöht die Aussagekraft und dokumentiert klarer die Leistungshistorie.

Der *Schulungsprozess* wurde modifiziert. Früher wurde der Weiterbildungsplan von den Vorgesetzten erstellt und an die Personalabteilung zur Umsetzung weitergereicht. Jede Abteilung erstellte so ihren eigenen Bildungsplan. Heute werden die Ergebnisse der Mitarbeiterjahresgespräche genutzt, um einen Gesamtbildungsplan des Unternehmens zur Kompetenzentwicklung zu erstellen. Die Mitarbeitergespräche werden bis März jeden Jahres abgeschlossen, so dass hieraus der Fortbildungsplan eines jeden Jahres erstellt und umgesetzt werden kann.

Nach 15 Jahren Erfahrung mit der *Gruppenarbeit* treten wir nun in eine neue Phase. Ziel ist es, mehr Klarheit über Wechselwirkungen der verschiedenen Elemente der Gruppenarbeit wie z. B. Qualifikationsniveau, Partizipation, Autonomie etc. zu erhalten. Daraus sollen adäquate Fort- und Weiterbildungsmaßnahmen, Veränderungen in der Aufbau- und Ablauforganisation sowie in den Arbeitsinhalten abgeleitetet werden, um insgesamt eine Effizienzsteigerung zu erreichen. Der flexible Einsatz von Mitarbeitern soll zukünftig auch über Gruppengrenzen hinweg möglich sein.

Im Rahmen der »Balanced Scorecard« unterstützen spezielle *Kennzahlen* das Kompetenzmodell. So werden z. B. die Anteile geführter Mitarbeiterjahregespräche aller Führungskräfte, die Umsetzung des Führungsfeedbacks oder Weiterbildungsstage pro Mitarbeiter quartalsmäßig erhoben und überprüft.

7 Erfolgsfaktoren für die Implementierung des KMS

Für die Implementierung des Kompetenzmanagementsystems bei iwis haben sich sechs Faktoren als besonders wichtig herauskristallisiert: die Einbindung des Kompetenzmanagementsystems in die Unternehmensstrategie (1.), die Bereitschaft (2.) und aktive Einbindung der Führungskräfte (3.), einheitliche strukturierte Methoden und Vorgehensweisen (4.), Nachhaltigkeit (5.) sowie lernförderliche Rahmenbedingungen (6.). Nachfolgend werden diese Faktoren erläutert:

1. Die Einbindung des Kompetenzmanagementsystems in die Unternehmensstrategie: Hierbei steht im Fokus, die von Unternehmensseite her erforderlichen aktuellen und zukünftigen Kompetenzen zum einen zu bestimmen und zum anderen die Kenntnisse, Erfahrungen und Fähigkeiten der Mitarbeiter so zu entwickeln, dass die Mitarbeiter zum Erreichen der Unternehmensziele beitragen können.
2. Die Bereitschaft der Führungskräfte, sich in der Personalentwicklung zu engagieren: Personalentwicklung ist in erster Linie eine Führungsaufgabe. Der direkte Vorgesetzte, der einen engen persönlichen Kontakt zum Mitarbeiter hat, kann permanent die individuellen Potenziale und Leistungen gezielt wahrnehmen, fordern und fördern.
3. Die aktive Einbindung der Führungskräfte von Anfang an in die Entwicklung des Modells (Projektstruktur): Wichtig ist, dass Kompetenzmanagement nicht als eine unabwendbare Last empfunden wird. Kompetenzmanagement ist Aufgabe jeder Führungskraft.

Die frühe Einbindung der Führungskräfte bei der Konzeption des Kompetenzmanagementsystems trägt dazu bei, Gestaltungschancen zu entdecken und zu erleben. Das Management übernimmt die Verantwortung und Unterstützung in Bezug auf die Veränderung, fungiert als Vorbild und schafft Vertrauen bei den Mitarbeitern.

4. Ein einheitliches und strukturiertes Repertoire an Methoden und Vorgehensweisen der Mitarbeiterentwicklung für die Führungskräfte: Die Führungskräfte wurden und werden in speziellen Seminaren von der Personalentwicklung mit der Anwendung und Durchführung der Instrumente vertraut gemacht und im Umgang mit diesen trainiert. Dieses ausführliche Vorgehen hat sich als hilfreich für eine einheitliche Umsetzung der Kompetenzentwicklung der Mitarbeiter erwiesen.
5. Nachhaltigkeit: Damit der Mitarbeiter die Seminarinhalte auch auf die Situation an seinem Arbeitsplatz übertragen kann, bedarf es vor allem der Unterstützung des Vorgesetzten. Der Lernerfolg lässt sich nur anhand von vorher festgelegten Zielen messen. Ziele müssen vorab definiert und deren Umsetzung im nachhinein gefordert, gefördert und kontrolliert werden. Im Mitarbeiterjahresgespräch werden aus diesem Grund bereits vorab die Ziele der Bildungsmaßnahmen sowie mögliche Erfolgsfaktoren definiert.
6. Die Schaffung lernförderlicher Rahmenbedingungen: Nicht nur der Vorgesetzte, auch die Arbeitskollegen sowie die organisatorischen Rahmenbedingungen fördern Lernprozesse. Um die Lernchance am Arbeitsplatz zu erhöhen, muss ständig darüber nachgedacht werden, wie der Arbeitsplatz sowie die Organisationsstruktur gestaltet werden können, um Lernprozesse zu initiieren. Bewährt hat sich hier die enge Zusammenarbeit mit universitären Einrichtungen, die zahlreiche arbeitswissenschaftliche Ideen zur Implementierung von Maßnahmen zur Verbesserung der Arbeitsbedingungen und -prozesse liefern können.

8 Ausblick

Auch weiterhin müssen Workshops zur Reflexion der Instrumente und Prozesse des Kompetenzmanagementsystems jährlich stattfinden, um das Kompetenzmanagementsystem weiter zu optimieren und auszubauen. Die fünf ursprünglichen Ziele Systematisierung, Orientierung, Unterstützung der Organisationsform Gruppenarbeit, Einbindung der Führungskräfte sowie Abkehr von rein seminaristischer Weiterbildung sind bisher gut umgesetzt und sollen auch weiterhin optimiert und ausgebaut werden. Der Erfolg des Konzepts »Lebenslanges Lernen« mit einer Abkehr von einer rein seminaristischen Weiterbildung kann bei iwis durch die noch stärkere Verknüpfung von Arbeiten und Lernen sowie der Schaffung lernförderlicher Arbeitsplätze erreicht und ausgebaut werden. Das iwis Kompetenzmanagement muss diese Entwicklung berücksichtigen und immer wieder innovative Lernprozesse, -strukturen und -methoden initiieren. Insbesondere bei den Beschäftigten in der Produktion hat sich dieses Vorgehen sehr gut bewährt, so dass über alternative Konzepte zur Kompetenzentwicklung auch im Bereich der Verwaltung nachgedacht wird.

Da auch die Erfassung, Entwicklung und Verwaltung von Kompetenzen bei den Führungskräften und den Beschäftigten in der Produktion sehr positiv bewertet wird, erfolgt schrittweise die Ausweitung auf den Verwaltungsbereich.

Offen sind Fragen, wie noch mehr Möglichkeiten zur Kompetenzerweiterung geschaffen werden können. Wie können Kompetenzen auf Organisationsebene erfasst werden? Was sind Kernkompetenzen für das Unternehmen? Wie kann man diese definieren, erfassen und operationalisieren?

Literatur

Hilpert, A. (2003). *Korrelate der beruflichen Handlungskompetenz: Eine empirische Studie in der Automobilzulieferindustrie* (unveröffentlichte Diplomarbeit). Marburg.

Kauffeld, S. (2005). *Kompetenzen messen, bewerten, entwickeln – Ein prozessanalytischer Ansatz für Gruppen* (unveröffentlichte Habilitationsschrift). Kassel.

Kauffeld, S. & Grote, S. (2000). Das Kasseler-Kompetenz-Raster (KKR) zur Messung der beruflichen Handlungskompetenz. In: Arbeitsgemeinschaft Qualifikations-Entwicklungs-Management (Hrsg.), *Flexibilität und Kompetenz: Schaffen flexible Unternehmen kompetente und flexible Mitarbeiter?* (S. 197–214). Münster: Waxmann.

Pritchard, R. D., Kleinbeck, U. & Schmidt, K.-H. (1993). *Das Managementsystem PPM. Durch Mitarbeiterbeteiligung zu höherer Produktivität.* München: Beck.

*Marcus Hennecke**

Ganzheitliche Kompetenzentwicklung in der Ausbildung bei der Postbank Gruppe: Ein strategischer Ansatz, um den demografischen Herausforderungen zu begegnen

* *Marcus Hennecke*, Leiter Nachwuchskräfteentwicklung bei der Deutschen Postbank AG.

1 Zusammenfassung

Die betriebliche Kompetenzentwicklung ist in vielen Betrieben zum »state of the art« für Personalmanagement und -entwicklung geworden (vgl. u.a. Schäfer, 2006). Das bestätigen die Beiträge u.a. in den Personalfachzeitschriften oder in den Ausgaben des Jahrbuchs Personalentwicklung. Oftmals beziehen sich diese allerdings auf spezifische Zielgruppen, wie Führungskräfte, spezialisierte Fachkräfte (vgl. u.a. Wendel & Vater, 2009) oder auf spezielle Laufbahn- bzw. Talent-Mangement-Programme (vgl. u.a. Lang-von Wins & Triebel, 2006). Kompetenzorientierte Ansätze der Personalentwicklung – mit dem Ziel, *alle* Mitarbeiter zu erreichen – sind zumeist nur in größeren Unternehmen etabliert (vgl. u.a. Merretz, 2010). Im Rahmen der Demografiediskussion (vgl. Birg, 2006) gerät hierbei nicht nur die ältere, sondern verstärkt auch die junge Zielgruppe in den Fokus. Dieses bezieht sich zum einen *quantitativ* auf den sich marketingtechnisch gedrehten Ausbildungsmarkt, wo gute Bewerber immer knapper werden (vgl. Bullinger & Buck, 2007; Furkel, 2010). Zum anderen wird auch *qualitativ* erkannt, dass die Auswahl, Führung und Kompetenzentwicklung von Auszubildenden lohnende Faktoren für die Unternehmen sind, um sich für die Zukunft »fit zu machen« (vgl. Deters & Wollsching-Strobel, 2004; Bress, 2009) und eine Beschäftigungsfähigkeit (Employability) der Belegschaft auf breiter Linie zu ermöglichen (vgl. Rump, Sattelberger & Fischer, 2005; Langhoff, 2009). Kompetenzentwicklung nimmt daher auch im demografischen Kontext eine hohe strategische Bedeutung ein.

Die Arbeitswelt befindet sich in einem Umbruch, der zu weit reichenden Veränderungen bei den Mitarbeitern führt. Die steigenden Anforderungen einer wissensbasierten Ökonomie (vgl. Autorengruppe Bildungsberichterstattung, 2010) umfassen neben dem Fachwissen vor allem Handlungskompetenzen, Leistungsfähigkeit, eine hohe Anpassungsfähigkeit und eine ausgeprägte Selbstmotivation. Dies sind wichtige Faktoren einer Employability, die den Menschen befähigen, eine bestehende Beschäftigung zu erhalten oder einer neuen Tätigkeit nachzugehen (vgl. Rump & Eilers, 2005). Auszubildende sollten darum bereits in der Ausbildung *flexibel, selbständig und eigenverantwortlich* an die sich wechselnden Bedingungen in der schnelllebigen, technologisierten und globalisierten Arbeitswelt herangeführt werden. Mit ihren darauf ausgerichteten Einstellungen und Kompetenzen leisten sie einen Beitrag zum Erfolg und zur Zukunft der Unternehmen.

Kompetenzentwicklung kann im Zuge des demografischen Wandels zudem auch wichtige Aspekte zur Mitarbeiterbindung (Employer-Branding) beitragen (vgl. u.a. Beck, C., 2009a; Petkovic, 2008; Trost, 2009). Handlungsorientierte, spaßmachende und erlebnisintensive Ausbildungsinhalte motivieren Auszubildende und erzeugen eine höhere Identifizierung mit dem Unternehmen (vgl. Rieger, 1999; Hennecke, 2008b; 2010). Mit einer *ganzheitlichen Kompetenzentwicklung* wird die Ausbildung von *außen* als attraktiv wahrgenommen und wirkt nach *innen* mit einer ausreichenden Anzahl von qualifizierten Nachwuchskräften dem demografischen Fachkräftemangel entgegen. Kompetenzentwicklung ist also keine Modeerscheinung, sondern ein strategisches Instrument für eine zukunftsweisende Ausbildung (vgl. Hennecke, 2008a) und dient einer nachhaltigen Fachkräftesicherung (vgl. DIHK, 2010).

Die BHW Bausparkasse, als Tochter der Deutschen Postbank AG, beabsichtigt mit einer kompetenzbasierten Ausbildung, das spezifische Fachwissen, die Ausbildungsinhalte und -ziele, die berufliche Handlungskompetenz sowie eine hohe Arbeitgeberattraktivität (vgl.

Dietl & Speck, 2003; Zedler, 2004) bei ihren Auszubildenden *ganzheitlich*, d.h. umfassend, sicherzustellen (vgl. Merretz, 2010).

2 Beschreibung des Unternehmens

Die Postbank Gruppe ist mit rund 14 Millionen Kunden und rund 21.000 Beschäftigten einer der großen Finanzdienstleister in Deutschland. Im Schwerpunkt stehen das Privat- und Firmenkundengeschäft. Im Geschäftsfeld »Transaction Banking« werden Dienstleistungen für andere Unternehmen erbracht. Seit 2006 gehört die BHW Bausparkasse AG, als »der Baufinanzierer der Postbank«, zur Gruppe der Deutschen Postbank AG. Rund 1.100 Mitarbeiter sorgen im Hamelner Kreditcenter für die Bauspar- und Kreditabwicklung ihrer mehr als drei Millionen Kunden. Für die fachliche Beratung stehen 850 Postbank Finanzcenter, rund 1.000 Beratungscenter und knapp 4.000 mobile Finanzmanager der Postbank Finanzberatung zur Verfügung. Die gefestigte Position am Markt beruht maßgeblich auf der Qualifikation und Kundenorientierung ihrer Mitarbeiter.

Die Nachwuchskräfteentwicklung ist für die konzernweite Steuerung und Koordinierung der beruflichen (Erst-)Ausbildung, für die Studiengänge an der Hochschule für Bankwirtschaft (HfB) in Frankfurt a.M. und an der Hochschule Weserbergland (HSW) in Hameln, für die konzernweiten Traineeprogramme und Schulpraktikanten, verantwortlich. In einer langjährig bewährten Partnerschaft wird die operative Ausbildungsdurchführung von der Frankfurt School of Finance and Management (Frankfurt a.M.) erfolgreich durchgeführt. Die Ausbildung erfolgt am Standort Hameln, in der Bonner Postbank Zentrale oder im deutschlandweiten Filialvertrieb und mobilen Vertrieb. BHW stellt jedes Jahr in den Ausbildungsbildern (Vertriebsorientierter) Bankkaufmann/-frau, Kaufmann/-frau für Dialogmarketing oder im Studiengang »Bachelor of Arts« mit Schwerpunkt Bankbetriebswirtschaft ein.

3 Ziele des Kompetenzmanagementsystems

Im Bereich der beruflichen Ausbildung haben sich die Rahmenbedingungen zu den Themen Lernen, Fachwissen, Leistungsbereitschaft, Persönlichkeitsentwicklung noch nie so schnell und radikal verändert wie in den letzten 15 Jahren. Trotz der Schwierigkeit einer allgemeinen bzw. trennscharfen Definition von Kompetenzen, werden diese als Voraussetzung dafür gesehen, dass Unternehmen mit ihren Mitarbeitern in einer globalisierten Welt wettbewerbsfähig bleiben (vgl. Vonken, 2005; Becker, 2005a; Erpenbeck & Heyse, 2007). »Kompetenzmanagement integriert und systematisiert Prozesse der Personalgewinnung, des Personaleinsatzes und der Personalentwicklung unter Zuhilfenahme von Kompetenzmodellen. (…) Funktionierendes Kompetenzmanagement setzt individuelle, gruppenbezogene und organisationale Lernprozesse voraus. Durch individuelles oder gruppenbezogenes Lernen entwickeln Mitarbeiter ihre Kompetenzen« (Sonntag & Stegmaier, 2005, 22).

Ziel der beruflichen Erstausbildung ist unbenommen der Erwerb einer *beruflichen Handlungskompetenz*, wie sie die Berufsbildungsverordnungen vorgeben. Im Rahmen einer *ganz-*

heitlichen Kompetenzentwicklung werden Auszubildende zu Beginn ihres Berufslebens »gefordert, gefördert und entwickelt«. Regelmäßige reflexive Gespräche unterstützen die Persönlichkeitsbildung und lassen einen permanenten Austausch von bisheriger Erfahrung und neuem Wissen zu (vgl. Erpenbeck & Heyse, 2007). Da Jugendliche in der heutigen Zeit verstärkt ideelle Werte anstreben, dabei kreatives und eigenverantwortliches Arbeiten schätzen, müssen darauf ausgerichtete Rahmenbedingungen geschaffen werden. Dafür empfiehlt es sich, Auszubildende direkt in die vorhandenen Organisationsstrukturen einzubinden, um noch besser auf ihre individuellen Interessen einzugehen (vgl. Hurrelmann, 1997). Ausbilder nehmen dabei weniger die Rolle eines Lehrers, sondern eines Begleiters bzw. Beraters ein. Sie leisten so einen wichtigen Beitrag zur Persönlichkeitsbildung (vgl. Brater & Bauer, 1990). Ein hoher Praxisbezug führt zudem zu einer positiven Berufsorientierung (vgl. Olk & Strikker, 1990) und ermöglicht mit reflexiven Momenten eine perspektivische Orientierung (vgl. Cuvry, 2000), die vor allem für junge Menschen – in einer Welt der Sinnsuche und Multioptionen – zur eigenen Selbstsicherheit so wichtig ist (vgl. Bolz, 1997; Shell Deutschland, 2010).). In Verbindung mit einer *selbstorganisierten Lernkultur* (vgl. Deitering, 2001; Schüßler, 2007) und in Ergänzung führungsspezifischer Aspekte (vgl. Winterhoff & Thielen, 2010), erfüllt sich die Zielsetzung der modernen Kompetenzforschung nach einer *Selbstorganisationsdisposition* (vgl. Erpenbeck & von Rosenstiel, 2003). Was diese Aspekte für die Ausbildung bedeuten, verdeutlichen die folgenden Ausführungen.

3.1 Überlegungen zur Entwicklung eines Kompetenzmanagements

Seit Ende der 70er Jahre gibt es Ansätze, die neben fachlichen Qualifizierungen auch verhaltensbezogene Schlüsselkompetenzen entwickeln (vgl. Mertens, 1974; Bongard, 1991). Dieses Verständnis wird mit den Veränderungen der Verordnungen über die Berufsausbildung auch in den kaufmännischen Berufsbildern bekräftigt. Kundengespräche, Projektarbeiten u.ä. erhalten eine Prüfungsrelevanz. So müssen Bankkaufleute in der IHK-Prüfung ein praktisches Kundengespräch absolvieren.

Seit 2001 bildet BHW Bankkaufleute mit einem vertriebsorientierten Schwerpunkt für den Außendienst aus, was zu einer stärkeren handlungsorientierten Ausrichtung mit regelmäßigen Lernerfolgskontrollen in Bezug auf Kundenkontakte, Beratungsgespräche und Produktkenntnisse führt (vgl. u.a. Maul, 2007).

Damit einher geht eine breitere Diskussion über:
- Instrumente und Methoden der Ausbildung (vgl. Staudt & Kottmann, 2002),
- sinnvolle, darauf abgestimmte Erfolgskontrollen (vgl. Becker, 2005b),
- ein Learning Value Management System (vgl. Phillips & Schirmer, 2005).

Diese Überlegungen und die seit Ende der 90er Jahre geführten fachlichen Diskussionen bildeten das notwendige Korsett für eine moderne, kompetenzbasierte Ausrichtung der Ausbildung. Zunächst wurde untersucht, welche Aspekte der bis dahin eher fachlich geprägten Erstausbildung zu einer ganzheitlichen Kompetenzentwicklung führen könnten (vgl. Sitko, 2002). Diese Analyse bezog sich auf die neuen Ausbildungsberufe, die Entwicklung von Schlüsselkompetenzen und die veränderten fachlichen und strategischen

Rahmenbedingungen (vgl. Elster, Dippl & Zimmer, 2003; Hennecke, 2008a). Eine so verstandene »Kompetenzentwicklung« zielt auf die fachliche, methodische und soziale Handlungsfähigkeit, die Selbstorganisationsfähigkeit und persönliche Kreativität ab (vgl. Sauer, 2000). Außerdem standen seinerzeit Optimierungen im Rahmen des Einstellungs-, Beurteilungs- und Übernahmeverfahrens sowie die Einbindung der verwendeten Personalsoftware (z. B. PeopleSoft oder SAP) zur Disposition.

3.2 Veränderte Rahmenbedingungen in der Ausbildung

Eine auf Fachwissen reduzierte Ausbildung wird der eigentlichen Berufsvorbereitung in einer globalisierten und technologisierten Welt seit langem nicht mehr gerecht. Ausbildungsinhalte und -zielsetzungen müssen so strukturiert sein, wie der mit der Arbeitswelt verbundene Wandel. Darum sollten die handlungs- und erfahrungsbezogenen Lernprozesse direkt an die Arbeit gekoppelt werden (vgl. Brater, 2003; Bauer et al, 2007). Je mehr, wenn der Ausbildungsnutzen an der direkten oder indirekten Wertschöpfung des Unternehmens gemessen wird (vgl. Dietl & Speck, 2003; Dietl, 2008; Meier & Seufert, 2010). Verschiedene Inhalte können in einem *ganzheitlichen Kompetenzmanagementsystem* berücksichtigt werden:

1. Bewerbermarktsituation, demographische Entwicklung und Bewerberqualität,
2. Attraktivität der kaufmännischen Berufe und individuelle Unternehmensbindung,
3. Lernverhalten in einer sich verändernden Lebenswelt Jugendlicher,
4. Ausbildungsverordnungen mit handlungsorientierten Lernzielen,
5. aktivierende und reflexive Methoden im Sinne einer modernen Lernkultur,
6. Entwicklung der Ausbilderrolle in Richtung Lernberater und Prozessgestalter.

3.2.1 Demografische Entwicklung der Bewerber

Durch die demografische Entwicklung (vgl. u. a. Birg, 2006; Opaschowski, 2008b) nimmt die Anzahl qualifizierter Schulabgänger kontinuierlich ab. Bis 2025 reduziert sie sich an allgemeinbildenden Schulen von 9 Millionen (2008) auf 7,3 Millionen. Nach neuen Berechnungen werden Neuzugänge zur dualen Ausbildung rund 4 % unter dem quantitativen Bedarf liegen (vgl. Autorengruppe Bildungsberichterstattung, 2010). Die jahrelange Ausbildungsplatzlücke verschwindet: Nicht Ausbildungsplätze, sondern Bewerber werden knapp (vgl. Furkel, 2010)! Aus diesem Grund nimmt das Thema der »Fachkräftesicherung« auch politisch eine hohe Bedeutung ein (vgl. DIHK, 2010). Viele Unternehmen bereiten sich mit der Neuausrichtung ihrer Personalentwicklung (vgl. Staudt & Kottmann, 2002; 2003), mit einer *kurzfristigen* Personalpoolbildung, mit einer *mittelfristigen* Personalsteuerung und mit *langfristigen* Strategiehebeln, wie Work-Life-Balance bzw. Diversity-Ansätze (vgl. Althauser, Schmitz & Venema, 2008; Stuber, 2009), auf die demografischen Herausforderungen vor (vgl. Kienbaum, 2010). Auch die Ausbildung kann dabei mit geeigneten Strategien einen wichtigen Beitrag zur betrieblichen Nachwuchssicherung leisten (vgl. Renner, 2002; Dietl & Speck, 2003; Furkel, 2010). Durch:

- Investitionen in ein attraktives Personal- bzw. Ausbildungsmarketing, um möglichst viele und qualifizierte Interessenten anzusprechen,

- einen attraktiven Marktauftritt und moderne Ausbildungsbedingungen, um eine höhere Zahl qualifizierter Bewerber für das Auswahlverfahren zu generieren,
- Anpassung der Ausbildungsplatzanzahl an die Bewerbersituation, um bei den Einstellungsvoraussetzungen (Schulabschluss u. ä.) stabil zu bleiben oder
- Angleichung der Anforderungen an die bestehende Bewerberqualität, was zu veränderten Ausbildungsbedingungen und höherem Betreuungsaufwand führt.

Die Bewerberqualität stellt – wie auch in anderen Branchen – eine Herausforderung für das Ausbildungsrekruting von Banken (vgl. Lohmar, 2003; Viering, 2005) dar. Es ist immer schwieriger, die »richtigen« Auszubildenden zu finden. Dieses bezieht sich sowohl auf eine fachliche Berufseignung als auch auf die persönliche »Passung« zum Unternehmen (vgl. Dorn-Seifert, 2003). In Folge dessen können viele Unternehmen ihre Ausbildungsplätze nicht mehr besetzen (vgl. Furkel, 2010).

Vor diesem Hintergrund erhöht BHW die Anstrengungen im Ausbildungsmarketing. Es werden acht Schulkooperationen betreut, Betriebserkundungen und Praktikantenplätze angeboten. Beim Event »BerufeLive« wird über die Ausbildung und das Unternehmen informiert. Ein eigener Internetauftritt gibt Möglichkeiten zur Online-Bewerbung. Zudem informieren dort Auszubildende textlich, bildlich und mit Videosequenzen über ihre Ausbildungsthemen, Projektarbeiten und besondere Aktionen. Abgerundet wird der Internetauftritt mit einer Informationshotline und einem wöchentlichen Chatforum für Fragen von Bewerbern sowie durch eine Einbindung und Präsenz in Social Media Netzwerken (Xing, Facebook, Youtube etc.).

3.2.2 Qualität der Bewerber

Unternehmen beklagen seit längerer Zeit eine nachlassende Qualität der Bewerber. Langzeitstudien von betrieblichen Einstellungstests (vgl. Wachsmuth & Lauer, 2005) und aktuelle Umfragen von Ausbildungsbetrieben (vgl. Hoeckel & Schwartz, 2010) bestätigen einen Rückgang der kognitiven Leistungen – vor allem in den Fächern Mathematik und Deutsch. Die kognitiven Defizite spiegeln sich auch in der ansteigenden Zahl von Ausbildungsabbrüchen wider (vgl. Bundesagentur für Arbeit, 2011). Viele Unternehmen begegnen dem Problem mit umfangreichen Auswahlverfahren, innerbetrieblichem Unterricht oder ausbildungsbegleitender (Nach-)Hilfe (abH) (vgl. DGFP, 2009; Beinke, 2010; BIBB, 2011). Dieses liegt zumeist an den gestiegenen Anforderungen in den stärker spezialisierten Berufen, aber auch an den höheren Anforderungen an die Betriebe und ihre Mitarbeiter.

Zur Sicherstellung einer ausreichenden Anzahl von potentiellen Auszubildenden müssen mehr qualifizierte Bewerber gewonnen werden. Das sind in kaufmännischen Berufen zumeist Bewerber mit überdurchschnittlichem Schulabschluss. Denn trotz einer höheren Bedeutung von Schlüsselkompetenzen sind fachliche bzw. kognitive Grundlagen weiterhin bedeutend, um daraus fundiertes Fachwissen zu generieren (vgl. Bongard, 1991). Dabei wird der Aussagewert von Schulzeugnissen zunehmend in Frage gestellt. Studienergebnisse zur »Kompetenzentwicklung bei Auszubildenden im Bereich Banken« (KoBa) zeigen keinen generellen signifikanten Zusammenhang zwischen Schulabschlussnoten und bankbetriebswirtschaftlichen Kenntnissen bzw. dem IHK-Ausbildungserfolg. Lediglich ein Zusammenhang zwischen mathematischen Kenntnissen, wirtschaftskundlicher Grundbildung und individueller Intelligenzstruktur konnte ermittelt werden (vgl. Straka, 2004; 2005). Insofern gewinnen Fragen nach zweckmäßigen, ausbildungsrelevanten und innerbetrieblichen Anforderungskriterien beim Auswahlverfahren an Bedeutung, was zu einem erhöhten Aufwand im Bewerbungsprozess und beim Ausbildungsmarketing führt (vgl. Stevens, 2011).

Seit 2005 verwendet BHW dafür definierte Kompetenzen im Auswahlverfahren. Neben kognitiven Anforderungen im Auswahlverfahren, die sich in Form der Schulzeugnisnoten und Online-Testergebnissen spiegeln, werden bestimmte Schlüsselkompetenzen biografisch erfragt, die sich vor allem auf kunden- bzw. vertriebsorientierte und eigenverantwortliche Verhaltensweisen beziehen. Diese werden dazu in einem kompetenzbasierten Anforderungsprofil der jeweiligen Ausbildungsbilder gespiegelt (vgl. Hennecke, 2007; 2008a).

3.2.3 Lernverhalten von Jugendlichen

Wissensaneignung erfolgt heute immer stärker auf *informelle* Art (vgl. Nahrstedt, Brinkmann, Theile & Röcken, 2002) und *selbstgesteuert* im Edutainment-Zeitalter (vgl. Reinhardt, 2007). Außerschulische Lernorte und -situationen, wie Vereine, Jugendarbeit, karitative Tätigkeiten, Reisen, mediale Netzwerke, sind Beispiele hierfür (vgl. Wahler, Tully & Preiß, 2004). Zudem führen neue Medien zu einem veränderten Informationsgehalt und zu gesteigerten autodidaktischen Fähigkeiten. So gehören die heutigen Auszubildenden zu der ersten Generation, die selbstverständlich mit neuen Medien und der Informationsflut aufwächst (vgl. Opaschowski, 2008b; Parment, 2009; Shell Deutschland, 2010). Sie besitzen mehr Medienkompetenz als ältere Generationen (vgl. Opaschowski, 1999), wobei die Bedeutung informeller Wissensaufnahme und außerschulischer Lernorte durch moderne Medien zunimmt (vgl. u.a. Tully, 2004). Die Ausbilder müssen daher formale und informelle Wissensaneignungen erschließen und sich mit neuen Lernzugängen, -methoden und -orten auseinandersetzen, was auch neue Medien umfassen muss.

Die BHW Bausparkasse hat dazu seinerzeit ihre Rahmenbedingungen, z.B. geeignete Handlungsräume (Hospitationen, Projekte usw.), die Bereitstellung adäquater Lernmittel (vgl. Sauer, 2000), eine hohe Handlungsorientierung der Workshops, überprüft, um Lernen in einen aktiven, eigenverantwortlichen und kommunikativen Kontext zu stellen (vgl. Schüßler, 2007). Dazu werden bestimmte Gestaltungsaspekte zu Grunde gelegt, die eine hohe »Selbststeuerung von Lernarrangements« ermöglichen (vgl. Lenzen, 1998; Deitering, 2001). Selbstorganisiertes Lernen, wie z.B. bei Projektarbeiten oder Übungsfirmen (vgl. Elster, 2003), darf dabei nicht als bloße Überlassung des Lernkontextes verstanden werden. Vielmehr geht es um die Gestaltung von geeigneten Lernfreiräumen, den Umgang mit Freiheitsgraden und die Berücksichtigung der Medienerfahrung (vgl. Gessler, 2006b; Frackmann & Tärre, 2009). Die Gestaltung bzw. Inszenierung von Ausbildungsbedingungen wird für Unternehmen zu einem neuen Erfolgsfaktor. Jugendliche beginnen ihre Ausbildung vor der schulischen Erfahrung fremdorganisierter Lernprozesse, in Form von Spaßhemmungen oder auferlegter Lernpflichten. Der Auszubildende sollte besser durch Förderung und Forderung seiner Stärken zu positiven Erfolgserlebnissen geführt werden und so eine individuelle Wertschätzung erfahren (vgl. Friedrichs, 2003; Winterhoff & Thielen, 2010; Hennecke, 2010). Hier wird die Notwendigkeit einer kompetenten Lernberatung deutlich. Damit die Ausbildungsleistung reflektiert und bewertet werden kann, sollten entsprechend kompetenzbasierte Kriterien und Instrumente zur Dokumentation bereitgestellt werden. Erfolgreiche

Möglichkeiten sind: Leistungskontrollen, Verhaltensbeobachtungen und -bewertungen, Kompetenz-Checks, Standortbestimmungen usw. Persönliche Entwicklungsprozesse und erworbene Kompetenzen können so zentral dokumentiert und transparent gemacht werden (vgl. CH-Q, 1998; Brater, 2003; Wingen, 2004; Hennecke, 2008b).

3.2.4 Veränderungen in der Ausbildungs- und Lernkultur

Viele Betriebe isolieren ihre Ausbildung von der realen Produktion und bereiten Auszubildende in eher »künstlichen Lehrwerkstätten« auf ihre künftigen Tätigkeiten vor. Hier gewinnt arbeitsintegriertes Lernen an Bedeutung, wie z.B. mit Lerninseln oder Übungsfirmen. Diese Ausbildungsformen sind hinreichend wissenschaftlich validiert und stellen einen signifikanten Lernzuwachs von fachlichen, methodischen und sozialen Kompetenzen dar (vgl. Schaper, 2004). Solche Ausbildungsformen orientieren sich an den realen Arbeitsprozessen und kommen der produktiven Wertschöpfung direkt zugute (vgl. Dietl, 2008). Dieses Ziel verfolgt auch BHW. In Anlehnung an die Lerninsel-Methodik werden die Bauspargeschäfte in so genannten Coaching-Centern anhand von realen Geschäftsprozessen und -inhalten vermittelt. Auszubildende erfahren hier »authentisch« Produktion und Produkte, wobei theoretische und praktische Ziele aufeinander abgestimmt und inhaltlich sowie zeitlich miteinander verzahnt sind (vgl. Wittwer, 2002). Außerdem wurde gute Erfahrung mit dem handlungsorientierten Konzept einer Bank-Übungsfirma gesammelt. Im Fokus steht ein »auftragsorientiertes Lernen«, bei dem die Prozesse der praktischen Arbeit abgebildet werden. Die Intensivierung von Kundengespräche, PC-gestützten Tätigkeiten, Projektarbeiten sowie das Dienstleistungsverständnis machen die für die Finanzdienstleistung so wichtige Service- und Kundenorientierung frühzeitig erfahrbar. Mit mehrwöchigen Filial- und Außendiensteinsätzen oder durch Promotion- und Messeeinsätze werden vor allem vertriebliche Zielsetzungen gestützt.

4 Beschreibung des Vorgehens

1. **Untersuchungen der bisherigen Ausbildungsinhalte und -formen** (vgl. Sitko, 2002): Es bestätigte sich seinerzeit eine hohe fachliche Ausrichtung bei BHW. Die Ausbildungsmodule zur Entwicklung von methodischen, sozialen und persönlichen Kompetenzen wurden als optimierbar bewertet. Ein strukturierter curricularer Rahmen, die Begleitung durch geeignete Bewertungs- und Entwicklungsmöglichkeiten sowie eine daran angepasste Lernkultur samt Qualifizierung der Ausbilder sollten zu einem ganzheitlichen Ansatz führen. Dazu wurden in einem Arbeitspapier relevante Ausbildungsinhalte und -module analysiert.

2. **Ausbilder-Befragung bezüglich der Anforderungen an die Auszubildenden** (vgl. Roth, 2002): Die Herausforderung lag in der Zusammenfassung aller 40 genannten Kompetenzen in einem Kernkompetenzmodell für *alle* Berufsbilder. Eine anschließende Clusterung in vier Schlüsselkompetenzbereiche ergab ein Kernmodell mit acht Kernkompetenzen und 15 Verhaltensdispositionen. Darüber hinaus konnten je Berufsbild vier weitere Kriterien für die fachlichen Anforderungen definiert werden (vgl. Hennecke, 2008a).

Die Befragung erfasste auch die Wertigkeit der einzelnen Kompetenzen in den verschiedenen Ausbildungsbildern, so dass ein Kompetenzprofil mit unterschiedlichen Gewichtungen entstand. Es ergaben sich Sollausprägungen für die Ausbildungsbilder, wie sie in Tabelle 1 am Beispiel des Bankkaufmanns/-frau dargestellt werden. Die Bewertung erfolgte anhand einer 8ter-Skalierung in Anlehnung an die 100 Prozent Bewertungsskalierung und -beschreibung der IHK (vgl. Tabelle 2).

Kompetenzen	**Ausprägung**							
Fehlerfreiheit/Vollständigkeit der Arbeit	1	2	3	4	5	6	7	8
Zeitaufwand	1	2	3	4	5	6	7	8
Auffassungsgabe/Transfervermögen	1	2	3	4	5	6	7	8
Organisationsvermögen/Zielorientierung	1	2	3	4	5	6	7	8
Arbeitsinteresse/Eigeninitiative	1	2	3	4	5	6	7	8
Konzentrationsfähigkeit/Ausdauer	1	2	3	4	5	6	7	8
Kommunikationsfähigkeit/Auftreten	1	2	3	4	5	6	7	8
Teamfähigkeit/Kritikfähigkeit	1	2	3	4	5	6	7	8
Fachliche Anforderungen	**Ausprägung**							
logisch-analytische Denkweise/Mathematik	1	2	3	4	5	6	7	8
Deutschkenntnisse	1	2	3	4	5	6	7	8
Allgemeinwissen	1	2	3	4	5	6	7	8
PC-Kenntnisse (MS-Office)	1	2	3	4	5	6	7	8

Tab. 1: Sollausbildungsprofil für das Berufsbild Bankkaufmann/-frau

Für die Bewertungen und Skalierungen wurden folgende Werte definiert:

BEst	**IHK-Schema**	**Der Bewerber, die Bewerberin.../Der Auszubildende, die Auszubildende...**
1	100–91 %	... übertrifft die durchschnittliche Ausprägung insgesamt deutlich
2	90–86 %	... übertrifft die durchschnittliche Ausprägung insgesamt
3	85–81 %	... übertrifft die durchschnittliche Ausprägung in Teilbereichen
4	80–71 %	... erfüllt die durchschnittliche Ausprägung
5	70–61 %	... erfüllt die durchschnittliche Ausprägung mit Einschränkungen
6	60–51 %	... erfüllt die durchschnittliche Ausprägung mit sehr starken Einschränkungen
7	50–41 %	... erfüllt die durchschnittliche Ausprägung insgesamt nicht
8	40–0 %	... erfüllt die durchschnittliche Ausprägung insgesamt überhaupt nicht

Tab. 2: Vergleich der Skalierungen von BEst mit den IHK-Prozent-Benotungen

Nach Erstellung der Anforderungsprofile sind mit dem Betriebsrat folgende Inhalte und Zielsetzungen schrittweise abgestimmt und eingeleitet worden:
- Förderung und Unternehmensbindung der Auszubildenden (vgl. Zedler, 2004),
- Konzipierung eines auf Kompetenzkriterien abgestimmten Auswahlverfahrens,
- Entwicklung eines auf Kompetenzen ausgerichteten Beurteilungs- und Entwicklungssystems (BEst) für Auszubildende sowie ihrer Dokumentation,
- Integration weiterer Trainings und Workshops zur Kompetenzentwicklung,
- Etablierung kompetenzbasierter Reflexionsprozesse im dialogischen Verfahren,
- Nutzung transparenter Kompetenzprofile für das Übernahmeverfahren,
- Einbindung der vorhandenen Personalsoftware zur Kompetenzdokumentation,
- Überlegungen, ein ganzheitliches Kompetenzmanagement zum integralen Bestandteil der Personalentwicklung für alle Mitarbeiter weiter zu entwickeln (vgl. Becker & Schwertner, 2002; Staudt & Kottmann, 2002; Hennecke, 2008a).

5 Beschreibung des ganzheitlichen Kompetenzmanagementsystems

Die zeitliche Verzahnung im Kompetenzmanagementsystem wird in der Abbildung 1 dargestellt. Auszubildende werden im Auswahlverfahren »abgeholt«, im Ausbildungsverlauf entwickelt und nach der Ausbildung im Unternehmen weiter qualifiziert. Eine Kompetenzentwicklung erfordert Rahmenbedingungen, die seitens des Arbeitgebers einen Anlass erzeugen (Wollen-Dimension: Zielsetzung, Verständnis, Motivation), eine Erlaubnis geben (Dürfen-Dimension: Auftrag, Aufgabe, Ort, Zeit, Ressourcen, Gestaltungsmöglichkeiten), persönliche Voraussetzungen (Können-Dimension: Vorwissen, Qualifizierungen) und Unterstützung (Ausbilder, Handbücher, Technik) bedingen (vgl. Becker, 2005b). Gute Rahmenbedingungen ermöglichen eine umfassende – und keine einseitige – Entwicklung der vier Kompetenzbereiche (vgl. Kauffeld, 2006). Dies erfordert auch eine fachliche Unterstützung und Qualifikation der (Fach-)Ausbilder und ist – trotz selbstlernender Methoden – absolut kein Selbstgänger (vgl. Gessler, 2006a).

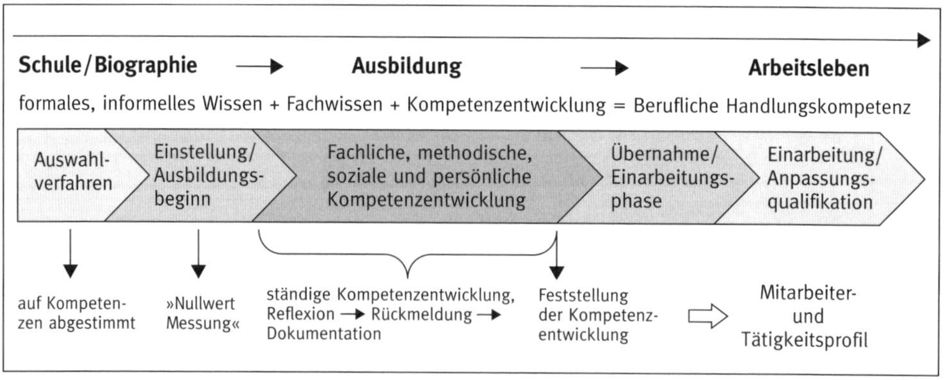

Abb. 1: Zeitliche Verzahnung im Kompetenzmanagementsystem

Um die jeweiligen Kompetenzen aufeinander abzustimmen, sind die beschriebenen Ausbildungsprofile »vereinfacht« worden. Für eine praxisnahe Anwendung entschied man sich – entgegen der modernen Kompetenzforschung mit ihrer Zielsetzung der Selbstorganisationsdisposition und ihrer vier modernisierten Kompetenzbereiche (fachliche, sozialkommunikative, aktivitäts- und umsetzungsorientierte und personale Kompetenzen) – für eine vereinfachte Sprachregelung, bei der auf eine explizite Differenzierung zwischen Qualifikationen, Potenzialen und Kompetenzen (vgl. Erpenbeck & von Rosenstiel, 2003) verzichtet wird. Der »Arbeitsbegriff« fokussiert sich auf den Kompetenzbegriff. Dazu sind die vier »klassischen« Kompetenzbereiche (fachliche, methodische, soziale und persönliche) verwendet (vgl. Hennecke, 2008a) und in messbare, ausbildungsrelevante Kriterien zusammengefasst worden (vgl. Tabelle 3). Dabei werden besonders die Kompetenzen fokussiert, die für ein erfolgreiches berufliches Handeln notwendig sind und eine berufliche Handlungskompetenz widerspiegeln (vgl. Becker, 2005a; Gessler, 2006a).

Beurteilung/ Ausbilder	**1**	**2**	**3**	**4**	**5**	**6**	**7**	**8**
Fachliche Kompetenz: Arbeitsgüte, -qualität in Hinblick auf Fehlerfreiheit, Vollständigkeit und Zeitaufwand								
Fehlerfreiheit, Vollständigkeit	**Geringe Fehler** bei **neuen** Aufgaben.	**Fehlerfreie** Arbeit bei **bekannten** Aufgaben.		**Geringe** Fehler bei **bekannten** Aufgaben.		**Häufige** Fehler bei **bekannten** Aufgaben.		**Sehr viele** Fehler bei **bekannten** Aufgaben.
Zeitaufwand	Auch **neu** zu bearbeitende Aufgaben werden **schneller** als zu erwarten bearbeitet.	Bearbeitung **neuer** Aufgaben liegt **im Zeitrahmen**; bekannte Aufgaben werden **schneller** als erwartet bearbeitet.		Die Bearbeitung **bekannter** Aufgaben liegt im Zeitrahmen.		Die Bearbeitung **bekannter** Aufgaben liegt **nicht** mehr **im Zeitrahmen**.		Für die Bearbeitung **bekannter** Aufgaben ist ein **außergewöhnlich hoher Zeitaufwand** notwendig.
Methodische Kompetenzen: Aufnahme von neuem Wissen, Erschließung neuer Informationen/Zusammenhänge, Transfer, Umsetzung in die Praxis, Planen von Lösungsschritten in sinnvoller Abfolge								
Auffassungsgabe/Transfervermögen	Neues Wissen wird **sehr schnell und vollständig** erfasst. Es kann **sofort und folgerichtig** angewandt werden.	Neues Wissen wird **schnell und vollständig** erfasst. Nach **kurzer** Übung **wird es folgerichtig** angewandt.		Neues Wissen kann nach **angemessener Übung** angewandt werden.		Neues Wissen kann erst **nach reichlicher Übung** angewandt werden.		Neues Wissen **wird kaum** erfasst. Eine praktische Umsetzung ist **unzureichend**.
Organisationsvermögen/ Zielorientierung	Geht **stets** zielorientiert/systematisch bei der Bearbeitung **bekannter** Vorgänge vor. Erschließt sich notwendige Informationen **fast immer selbständig**.	Geht **fast immer** zielorientiert/systematisch bei der Bearbeitung bekannter Vorgänge vor. Erschließt sich die benötigten Informationen **selbständig** mit **wenig Hilfestellung**.		Geht **überwiegend** zielorientiert/systematisch bei der Bearbeitung bekannter Vorgänge vor. Erschließt sich **mit Hilfestellung** die dafür benötigten Informationen.		Geht nur manchmal zielorientiert/systematisch bei der Bearbeitung bekannter Vorgänge vor. Benötigt **sehr häufig Hilfestellung** bei der Erschließung von Informationen.		Arbeitet meist unstrukturiert und beschafft sich **kaum selbständig** Informationen.

Beurteilung/ Ausbilder	1	2	3	4	5	6	7	8
Soziale Kompetenzen: Auftreten gegenüber Kollegen, Auftreten gegenüber Kunden, Teamfähigkeit und Mitarbeit, Umgang mit Kritik								
Kommunikationsfähigkeit/ Auftreten	Tritt **sehr sicher, überzeugend** und **sympathiegewinnend** auf. Hat **sehr gute** Umgangsformen. Stellt **schnell** persönlichen Kontakt her. Kann sich **sehr gut** auf Kunden und Kollegen einstellen.	Tritt **sicher, freundlich und ansprechend** auf. Hat **gute** Umgangsformen. Stellt persönliche Kontakte her. Kann sich **sehr gut** auf Kunden und Kollegen einstellen.		Tritt **höflich und zuvorkommend** auf. Hat korrekte Umgangsformen. Kann **meistens** Kontakte herstellen. Kann sich **im Allgemeinen** auf Kunden und Kollegen einstellen.		Ist meistens **höflich, manchmal unsicher**. Hat teilweise zu lässige Umgangsformen oder **Schwierigkeiten persönliche** Kontakte herzustellen. Stellt sich **kaum** auf Kunden und Kollegen ein.		Zeigt sich **unsicher, überheblich oder vorlaut**. Hat **unzureichende** Umgangsformen. Persönlicher Kontakt wird **nicht** hergestellt. Stellt sich **nicht** auf Kunden und Kollegen ein.
Teamfähigkeit/ Kritikfähigkeit	Arbeitet **stets sehr** aktiv mit. Gibt **immer** erforderliche Informationen weiter, baut **stets** auf den Argumenten anderer auf. Bringt Kritik **konstruktiv** vor und nimmt sie an.	Arbeitet **fast immer** aktiv mit. Gibt erforderliche Informationen weiter und baut **häufig** auf den Argumenten anderer auf. Bringt Kritik vor und geht **sachlich** damit um.		Hört **aktiv** zu und arbeitet **überwiegend** aktiv mit. Gibt Informationen **meistens** weiter. Hat **manchmal leichte** Schwierigkeiten im Umgang mit Kritik.		Hört **meistens aktiv** zu, bringt sich jedoch nur selten in das Team ein. Kritisiert **unsachlich** und nimmt Kritik **kaum** an.		Hört **nicht immer** zu und arbeitet **kaum** aktiv mit. Ist **nicht** kritikfähig.
Persönliche Kompetenzen: Einstellung zur Mitarbeit und Ausbildung, Maß an Eigeninitiative, Gleichbleibender Leistungsstand bei erhöhtem Arbeitsaufkommen								
Arbeitsinteresse/ Eigeninitiative	Stellt **sehr** qualifizierte Fragen, die ein **sehr großes** Interesse für das Aufgabengebiet erkennen lassen. Hat **sehr hohen** Eigenantrieb. Bietet **stets** eigeninitiativ Mitarbeit an.	Stellt qualifizierte Fragen, die ein **großes** Interesse für das Aufgabengebiet erkennen lassen. Hat **hohen** Eigenantrieb. Bietet **fast immer** eigeninitiativ seine Mitarbeit an.		Stellt Fragen, die ein Interesse für das Aufgabengebiet erkennen lassen. Unternimmt **oftmals** etwas aus eigenem Antrieb. Bietet **überwiegend** eigeninitiativ seine Mitarbeit an.		Zeigt **wenig** Interesse für das Aufgabengebiet. unternimmt **wenig** aus eigenem Antrieb. Bietet **selten** eigeninitiativ seine Mitarbeit an. Braucht manchmal Ansporn.		Zeigt **kein** Interesse für das Aufgabengebiet. Unternimmt **nichts** aus eigenem Antrieb. Bietet **kaum** eigeninitiativ seine Mitarbeit an. Braucht sehr oft Ansporn.
Konzentrationsfähigkeit/ Ausdauer	Arbeitet bei **erhöhtem** Arbeitsaufkommen **stets sicher und konzentriert**. Der Leistungsstand ist **kontinuierlich gut**.	Arbeitet bei **erhöhtem** Arbeitsaufkommen **fast immer** sicher und konzentriert. Der Leistungsstand ist **gut**.		Arbeitet bei **erhöhtem** Arbeitsaufkommen **überwiegend** sicher und konzentriert. Der Leistungsstand ist **zufriedenstellend**.		Arbeitet bei **erhöhtem** Arbeitsaufkommen **unsicher und/ oder unkonzentriert**. Der Leistungsstand ist **nicht immer zufriedenstellend**.		Arbeitet bei **leicht erhöhtem** Arbeitsaufkommen **meistens unsicher oder unkonzentriert**. Der Leistungsstand ist **meistens nicht ausreichend**.

Tab. 3: Operationalisierte Bewertungskriterien

Es entstand ein für den Ausbildungsbereich schlüssiges Kompetenzmodell mit acht beobachtbaren Verhaltenskriterien. Diese Kriterien wurden so operationalisiert, dass sie im Einstellungs- und Übernahmeverfahren sowie beim Beurteilungs- und Entwicklungssystem trennscharf bewertbar sind. Mit den ausführlichen Kompetenzbeschreibungen, einer 8ter-Bewertungsskalierung und Hervorhebung von Schlüsselbegriffen sind gute Erfahrungen gesammelt worden. Zu dem Bewertungsbogen gibt es entsprechende Beobachtungsbögen, auf denen der Fachausbilder seine zeitnahen Beobachtungen dokumentieren kann. Bei den zusätzlichen Reflexionsprozessen, wie Kompetenz-Checks, Kompetenzanalysen oder in der Sozialpädagogischen Woche werden dieselben Kompetenzen und Bewertungskriterien bei den Entwicklungsgesprächen verwendet. Noch heute genießt dieses System bei Ausbildern und Auszubildenden eine hohe Akzeptanz und Transparenz. Die Kompetenzbeschreibung und die Skalierungen haben sich als anwendbar und trennscharf erwiesen. Die Verwendung von zweistufigen Skalierungsblöcken (2-3; 4-5; 6-7) ermöglicht den Ausbildern einen gewissen Bewertungsspielraum, was die Anwender heute positiv bewerten.

5.1 Das kompetenzbasierte Auswahlverfahren

Um eine ganzheitliche Kompetenzentwicklung zu integrieren, ist es bereits beim Auswahlverfahren wichtig, im Anforderungsprofil mit denselben Kriterien zu arbeiten, die im weiteren Ausbildungsverlauf und Übernahmeprozess verwendet werden. Alle Bewerber führen zunächst eine online-gestützte und biografische Kompetenz-Selbsteinschätzung im Internet durch. Hier gibt es keine klassischen Wissensfragen oder Intelligenz-Tests, sondern Module zur kompetenzbasierten Selbsteinschätzung, zur Konzentrationsfähigkeit und Lernbereitschaft. Das Testmodul wurde zusammen mit dem Institut für Psychologie der Universität Kiel, wissenschaftlich konzipiert und evaluiert. Für die Vertriebsorientierten Bankkaufleute wird ein anderer kompetenzbasierter Onlinetest zusammen mit dem Geva-Institut (München) genutzt, welcher speziell der Vertriebsorientierung, Eigenverantwortung und Selbständigkeit dieser innerbetrieblichen Ausbildung Rechnung trägt.

Im zweiten Schritt folgt ein so genanntes »BewerberForum«. Es besteht aus mehreren Aufgabenstellungen: Im persönlichen *Gespräch* legen Bewerber u. a. ihre Motivation zur Ausbildung dar. Im Anschluss wird eine *Gruppenaufgabe* gestellt. Bei weiterem Beobachtungsbedarf wird eine *Gruppendiskussion* zu einem vorgegebenen Thema durchgeführt. Das Thema ist so gefasst, dass sich jeder Teilnehmer einbringen kann (z. B. Planung einer Ausbildungsveranstaltung). Zum Abschluss können die Teilnehmer Fragen zur Ausbildung und zum Unternehmen stellen. Die Bewerber erhalten auf Wunsch eine Rückmeldung über ihr Verhalten. In Anlehnung an das Kompetenzmanagementsystem werden bei allen Übungen dieselben Beobachtungskriterien und -skalierungen verwendet. Je Übung werden vier Kriterien beobachtet und bewertet. An dem rund sechsstündigen BewerberForum nehmen zwischen sechs bis acht Bewerber teil. Bewerber für einen dualen Studiengang erhalten ein ganztägiges BewerberForum. Hier werden zusätzliche Aufgaben (u. a. Organisationsaufgabe, Präsentation, Gruppendiskussion) gestellt, die den besonderen Anforderungen des Studiums gerecht werden (vgl. Hennecke, 2007; Görn et al, 2002).

5.2 Integration zweckmäßiger Trainingsmodule

Die Sichtung und Integration neuer Trainingsmodule oblag folgenden Zielsetzungen:
- Fachliche Qualifizierung anhand der Rahmenlehrpläne und Unternehmensziele,
- Entwicklung der Schlüsselqualifikationen durch Trainings,
- darauf ausgerichtete fachliche Qualifizierung und Förderung der (Fach-)Ausbilder,
- Stärkung der Selbständigkeit und Eigenverantwortung in der Ausbildung durch Hervorhebung einer Leistungs- und Performancekultur,
- Einsatz von möglichst handlungsorientierten und aktivierenden Methoden sowie Medien, die individuelle Gestaltungsräume zulassen (vgl. Arnold & Schüßler, 1998),
- individuelle Förderung der Stärken von Auszubildenden durch zusätzliche Ausbildungsmodule informeller oder formeller Art (vgl. u. a. Friedrichs, 2003),
- zusätzliche Berücksichtigung von informell erworbenen Kompetenzen.

Die neuen Ausbildungsformen und -module sind auf die Ausbildungsdauer abgestimmt. Außerdem werden die Produkte und Arbeitsbereiche der Postbank vermittelt, um die Ziele einer »Kundenberatung« und »Vertriebsorientierung« weiter zu stützen. Folgende Ausbildungsmodule wurden diskutiert (vgl. Hennecke, 2007):

Ausbildungsmodul und Dauer	
Zielsetzung	**Beschreibung**
Methodenbausteine: Unterschiedliche Länge	
Vertiefung von PC-Grundkenntnissen, Präsentationsfähigkeit, Kommunikation, Kunden- und Verkaufsorientierung, Grundlagen Projektarbeit.	– *Intranetrallye*: Eigenständige Erkundung zum Unternehmen und zum Leitbild (0,5 Tage). – *Erfolgreich Präsentieren*: Grundlagen der Präsentationstechniken (1–3 Tage). – *Telefontraining*: Sicherer Umgang am Telefon mit den Kunden (1 Tag). – *Grundlagen der Projektarbeit*: Methoden Grundlage der Projektarbeit (2 Tage). – *Vorbereitung Außendienst*: Kundengespräche und Verkaufstraining (3 Tage).
Lerntechniken/Lernen zu lernen: 1 Tag	
Analyse des Lerntyps, Vermittlung von Lernmethoden.	*Handlungsorientierte* Methode zur Diagnose, Training von Lern- und Arbeitstechniken. Aspekte des eigenverantwortlichen Lernens.
Planspiel: 1–2 Tage	
Vermittlung *methodischer und sozialer* Kompetenzen (vgl. u. a. Klippert, 2000).	Simulation planungsbedürftiger Situationen. Vertiefung von Fachthemen. Zweiter Abholpunkt für die Entwicklung von Schlüsselkompetenzen.
Sozialkompetenzwoche mit Outdooranteilen: 1 Tag (Vorbereitung) + 4 Tage	
Vermittlung von *methodischen, sozialen und persönlichen Kompetenzen* (vgl. Heckmair & Michl, 1993; Buchner, 2000; Schad & Michl, 2002) bzw. Stärkenanalysen (vgl. Schüßler, 2007).	Thematisierung der Kunden- und Vertriebsorientierung durch Selbsterfahrung und Grenzüberwindung. Im Mittelpunkt stehen gruppenbezogene Aufgaben. Übungen zielen handlungsorientiert auf die individuelle Persönlichkeitsentwicklung.

Kompetenz-Analyse: 2–3 Tage	
Reflektion und Verbesserung der *persönlichen, methodischen* und *sozialen* Kompetenzen. Schwerpunkt zielt auf Selbsteinschätzung und individuelle Stärkenanalyse ab (vgl. Curvey, 1999). Anwendung: *Vor* einer Maßnahme zur Reflexion und Förderung persönlicher Kompetenzen oder *nach* einem Ausbildungsblock zur Kompetenzbewertung.	Beobachtung und Bewertung von Verhalten. Im Vordergrund steht ein kommunikativer Lernprozess durch Übungen (Rollenspiele oder Diskussionen). Der biographische Ansatz und die Arbeitsplatzbezogenheit ermöglichen ein gutes Anschlusslernen. Die Ereignisse können – im Sinne einer Stärken- und Schwächenanalyse – reflektiert werden. Die Maßnahme bezieht sich auf einen beruflichen und persönlichen Kontext.
Kompetenz-Check: 0,5 Tage + 2 Tage (Vorbereitung auf den Übernahmeprozess)	
Entwicklung der »Selbstkompetenz«, d. h. der Fähigkeit, eigene Handlungen und Aktivitäten zu steuern und zu reflektieren. Schließt an die Kompetenz-Analyse an. Unternehmen stellen Rahmenbedingungen bereit, um die Selbstmanagement-Fähigkeit zu fördern (vgl. Graf, 2006). Im Fokus stehen *persönliche* Kompetenzen sowie eigene Zielsetzungen, wie z. B. IHK-Prüfung, berufliche Entwicklung und Ziele.	Ähnlich wie bei Förder-Assessment-Centern werden Stärken und Schwächen anhand von Aufgabenstellungen beobachtet und bewertet. Eine persönliche Standortbestimmung bietet die Möglichkeit, die aktuelle und zukünftige Lebensgestaltung zu prüfen (vgl. Schröder, 2005). Auszubildende agieren abwechselnd in der Rolle des Teilnehmers und Beobachters, was zu einem nachhaltigen Entwicklungseffekt führt (vgl. Görn, 2002). Zudem besticht das Modul durch eine Teilnehmerakzeptanz (vgl. Hennecke, 2008b).
Übungsfirma und Azubi-IT-Beratungs-Team (flexible Einsatzzeiträume)	
Entwicklung *fachlicher, methodischer* und *sozialer* Kompetenzen: Eigenständiges und berufsnahes Handeln in einem »sanktionsfreien«, aber realen Produktions- oder Dienstleistungsraum (vgl. u. a. Elster, 2003; Leyhausen, 2006). Vermittlung eines attraktiven Berufsbildes und interessanten Arbeitgebers (vgl. Stevens, 2011). *Hinweis*: In Anlehnung an einen innerbetrieblichen Consulting-Ansatz, der seit einigen Jahren bei größeren Firmen – vor allem mit jüngeren Mitarbeitern bzw. im Rahmen von Traineeprogrammen – erfolgreich praktiziert wird.	Handlungsorientierte Methode, ähnlich wie Projektmethode, Planspiele usw. Seit den 80er Jahren haben sich in der Ausbildung *Übungsfirmen* (fiktive Geschäfte) oder *Juniorenfirmen* (reale Geschäfte) etabliert. Dieser handlungsaktive und selbständige Ansatz wird von einigen Unternehmen erfolgreich praktiziert, d. h. dort führen Auszubildende eigene Filialen (z. B. Baum-/Supermärkte, Bankfiliale). In einer *Azubi-IT-Beratungs-Gruppe* können sich Auszubildende freiwillig melden und erbringen IT-typische Dienstleistungen (PC-Trainings, Systemintegration, Präsentationen, Internetarbeit usw.) innerhalb des Unternehmens oder für Dritte. Spiegelt höchste Lernstufe des »Erklärens und Vermittelns« (vgl. Schüßler, 2007).
Projektarbeit (2–5 Tage)	
Ganzheitliches Lernen durch Handeln und Erfahrung, Lernen in der Gruppe und in Alltagssituationen samt ihrer Reflektion. *Fach-, Methoden-, Sozial- und Personale Kompetenz* werden angesprochen (vgl. Wittwer, 2001). Grundlagen der Projektmethode werden vorab vermittelt (vgl. Frey, 1990).	Ermöglicht aktives und eigenverantwortliches Handeln von Auszubildenden. Im Zentrum steht ein methodisches Vorgehen, das Teamarbeit und Erfahrungslernen berücksichtigt. Die Entwicklung einer beruflichen Handlungskompetenz lässt sich hier besonders gut verfolgen und ist wissenschaftlich validiert (vgl. u. a. Bress, 2009; Dietl, 2008).
Messeeinsätze und Vertriebs- und Werbeeinsätze (2–5 Tage)	
Entwicklung der *fachlichen* und *methodischen* Kompetenzen, Reflexion der fachlichen und verkäuferischen Kenntnisse und der Serviceorientierung.	In Ergänzung zum Filial- und Außendiensteinsatz nehmen Auszubildende an einer Messe oder Vertriebsaktion teil. Intensivierung der Erfahrungen im Vertrieb und mit den Kunden.

Tab. 4: Ausbildungsmodule

Die im Anforderungsprofil verankerten Kompetenzen sind auf die Trainings und Workshops hin abgeglichen worden. So werden alle identifizierten Kompetenzen im Rahmen der Trainings (vgl. Hennecke, 2007) abgedeckt. Darüber hinaus stellen die fachlichen Workshops die unternehmensspezifischen und ausbildungsrelevanten Lernziele sowie das fachliche Know-how sicher. Weitere Module ermöglichen vor allem für die Verhaltensdimensionen eine starke Handlungsorientierung (vgl. Wittwer, 2001; Becker, 2005a; Frackmann & Tärre, 2009). Die jeweiligen Trainings bauen inhaltlich und zeitlich so aufeinander auf, dass ein »Spannungsbogen« mit reflexiven Momenten entsteht (vgl. Becker, 2005a) und alle notwendigen Kompetenzen in einer curricularen Form individuell und kontinuierlich weiterentwickelt werden können (vgl. Hennecke, 2008a; Kauffeld, Reinecke & Hennecke, 2009).

5.3 Das Beurteilungs- und Entwicklungssystem als Kern der Kompetenzdokumentation

Durch das *Beurteilungs- und Entwicklungssystem (BEst)* erhalten Auszubildende eine regelmäßige Rückmeldung über ihre Ausbildungsleistung und Kompetenzentwicklung. Dies geschieht zu Beginn und zur Mitte des jeweiligen Ausbildungsabschnittes, zum Ende der Probezeit, zur Mitte und dem Ende der Ausbildung sowie vor der Übernahmephase. In Anlehnung an das von DaimlerChrysler entwickelte System »Ausbildung im Dialog« (vgl. DaimlerChrysler, 1998; Maßon, 2003) bildet dabei das reflexive Gespräch, bestehend aus der Selbsteinschätzung der Auszubildenden und der Fremdeinschätzung der Ausbilder, das zentrale Kernstück. Insbesondere die unterschiedlichen Wahrnehmungen der Stärken bzw. Schwächen und Ausprägungen werden anhand einer Reflexionsspinne besprochen (siehe Abbildung 2). Zudem beinhaltet es für die Auszubildenden die Möglichkeit zu einer Rückmeldung an den Fachausbilder. Insgesamt bildet die Einführung von BEst einen wichtigen Schritt zur Professionalisierung. Die Leistung der Auszubildenden wird transparenter und ihre Reflektionsfähigkeit sowie Eigenverantwortung werden gefördert. Vor allem beim Übernahmeverfahren schätzen sich die Auszubildenden realistischer bzgl. möglicher zukünftiger Einsatzbereiche ein. Zugleich erhalten Übernahmebereiche wichtige Informationen über die künftigen Mitarbeiter, was auch die Personalplanung und -steuerung unterstützt.

6 Bewertung der heutigen Situation

In der Ausbildung werden vielfältige Ausbildungsmodule und -methoden genutzt, um eine fachliche Qualifizierung und Entwicklung von Kompetenzen sicher zu stellen. Daneben kommt der Lernkultur eine wichtige Bedeutung zu (vgl. Schüßler, 2007). Ein Kompetenzmanagement impliziert eine darauf abgestimmte Bereitstellung von geeigneten Lernformen (vgl. Jochmann, 2007) und Entwicklungsinstrumenten (vgl. Hennecke, 2007). Insofern genießen zusätzliche Ausbildungsmodule und Methoden – wie Open-Space-Angebote, Projektarbeiten, Sozialkompetenz-Trainings oder Planspiele – mit einem intensiven Handlungsbezug und Aktivierungsgrad eine hohe Akzeptanz (vgl. Becker, 2005b; Bröckermann & Müller-Vorbrüggen, 2006). Die Umsetzung des Konzeptes mit den o. g. Kompetenz- und

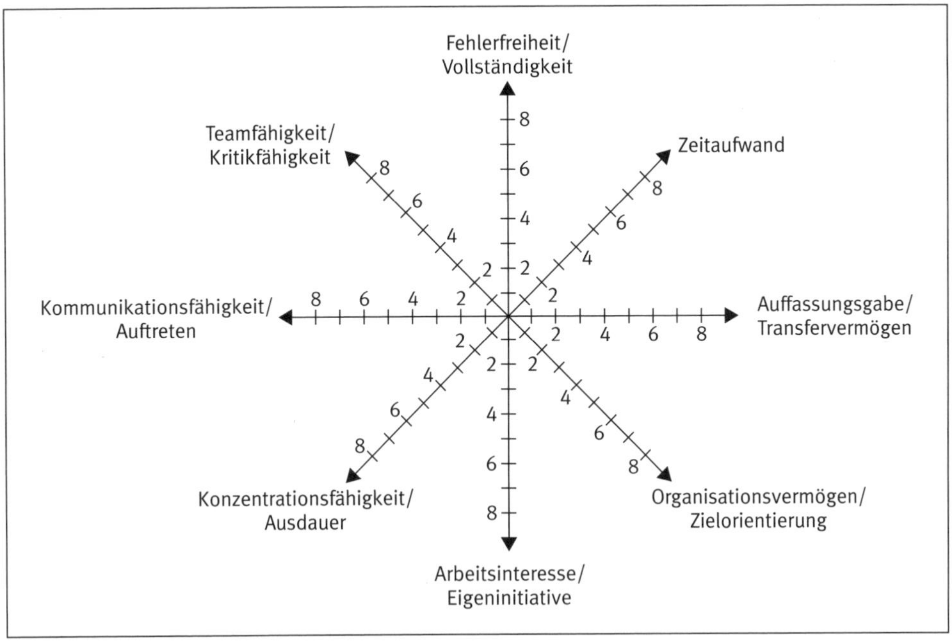

Abb. 2: Reflexionsspinne des Beurteilungs- und Entwicklungssystems (BEst)

Trainingsmodulen erfolgt bis heute, aufgrund der monetären und personellen Bedarfslagen, in mehreren Phasen:

1. Phase: Entwicklung der methodischen und sozialen Kompetenzen
- Pädagogische Einführungswoche, Neuausrichtung auf Vertriebsorientierung,
- Integration einer Methodikwoche mit Präsentations- und PC-Training,
- Einführung eines freiwilligen Workshops »Lerntechniken«,
- Kunden- und Serviceerfahrung durch Training und Praxiseinsatz.

2. Phase: Entwicklung der persönlichen Kompetenzen
- Ausrichtung des Auswahlverfahrens auf die genannten Kompetenzkriterien,
- Nutzung eines auf Ausbildungsprofile abgestimmten Kompetenz-Testverfahrens,
- Integration einer pädagogischen Aufbau-Woche (Outdoor) zur Ausbildungsmitte,
- Anpassung des Übungsfirmenkonzeptes an die Kompetenzentwicklung,
- Integration überfachlicher Planspiele (einzelne Projekte erfolgreich durchgeführt),
- Initiierung der Projektmethode und Durchführung neuer Projektarbeiten/ -themen,
- Einführung eines Workshops »Lernen lernen« zur selbständigen Lernstruktur.

3. Phase: Evaluierung der individuellen Kompetenzentwicklung
- Einführung eines dialogischen Beurteilungs- und Entwicklungssystems,
- Durchführung reflexiver Standortbestimmungen (Kompetenz-Analysen),
- Ausbildungsgespräche nach festgelegten Zeitpunkten bzw. Ausbildungsphasen,

- Einführung einer Standortbestimmung vor Beginn des Übernahmeprozesses,
- Integration eines Kompetenz-Checks zur Analyse der individuellen Stärken,
- Qualifizierung der Fachausbilder mit Fokus auf die Kompetenzentwicklung.

4. Phase: Konsolidierung der Lernkultur zur Selbständigkeit
- Weiterentwicklung des Übungsfirmenkonzeptes und von Vertriebseinsätzen,
- Koordinierung von Azubi-Arbeitsgruppen als interne IT-Beratungs-Teams,
- Module zur Entwicklung einer »selbständigen Lernkultur«, z.B.:
  - Integration weiterer Projektarbeiten (Umweltprojekt, »Anti-Rassismus-Training, Social-Day, Berufsinformationsveranstaltungen, Corporate Citizenship),
  - Intensivierung von e-Learning-Programmen zum selbstgesteuerten Lernen,
  - Einsatz individueller Förderprogramme/Lerngruppen: Azubi-Nachhilfegruppen, Teilnahme an Ausbildungswettbewerben (Bankenklassen Award).

5. Phase: Dokumentation der Kompetenzentwicklung und Qualitätssicherung durch ein HR-Kennziffernsystem (z.T. in Planung)
- Datenverwaltung zu dem Beurteilungs- und Entwicklungssystem,
- Integration von standardisierten Kriterien für das Übernahmeverfahren,
- Nutzung bildungsrelevanter Daten für das vorhandene Bildungscontrolling,
- Definition von Zielgrößen, regelmäßiges Matching und ggf. notwendige Anpassung der Kennziffern in einem HR-Cockpit auf Konzernebene,
- Weiterentwicklung zu einem »Learning Value Managementsystem«, um den Wertschöpfungsbeitrag durch Evaluation, Qualitätsentwicklung und Bildungscontrolling für das Unternehmen messbar und kommunizierbar zu machen.

6. Phase: Nutzung der vorhandenen Personalsoftware und eventuelle Einbindung in eine Wissensbilanzierung (in Diskussion)
- Aufbau eines standardisierten konzernweiten Kompetenz-Qualitätsmanagements,
- Verbesserung, Anpassung und Ausbau von ausbildungsspezifischen Kennziffern,
- Konzipierung und Integration einer (ausbildungsrelevanten) Wissensbilanzierung (vgl. Bornemann & Reinhartd, 2008),
- Bewertungs- und Messansätze zum Thema »Humankapital«, Aufbau eines Human-Capital-Index (vgl. u.a. Becker, 2005a; 2008; Marr & Schloderer, 2007).

Nach Beratung mit den Mitbestimmungsgremien, der Sichtung möglicher Praxismodule, einer Personalbedarfsplanung und Budgetgenehmigung wurden die Ausbildungsbausteine und deren zeitliche Einbindung analysiert. Neben der Neukonzipierung einzelner Module (Lernen lernen, Projektgrundlagen und »Kompetenz-Check«) und einer ständigen Arbeitsgruppe »Qualität der Ausbildung« (zur Entwicklung und Qualitätssicherung), ist die permanente Einbindung der Ausbilder und des Betriebsrates sowie der Jugend- und Auszubildendenvertretung (JAV) wichtig. Besonders die gemeinsame Durchführung von Strategie-Workshops erwies sich für diesen mehrjährigen Veränderungsprozess als hilfreich. In der o.g. Arbeitsgruppe wurden dazu die einzelnen Instrumente (Auswahlverfahren, Beurteilungs- und Entwicklungssystem) und Ausbildungsmodule (Kompetenz-Check, Sozialkompetenz-Woche) regelmäßig ausgewertet, weiterentwickelt und angepasst.

7 Erfolgsfaktoren

Die generelle Notwendigkeit von Evaluationen bei der Einführung und Weiterentwicklung von Bildungsprozessen ist unumstritten und könnte in der Ausbildung zu einem Maßstab für das Qualitätsmanagement werden (vgl. Wottawa & Thierau, 2003; Elster, Dippl & Zimmer, 2004; Schüßler, 2007). Insofern sind im Vorfeld die neuen Ausbildungsmodule auf bereits evaluierte Ergebnisse beleuchtet worden. Der Einführung lief somit stets eine Theoriebildung voraus, die mit den Mitbestimmungsgremien und den Ausbildern abgestimmt worden ist. Die Einführung einzelner Kompetenzmodule wurde durch Erfahrung anderer Unternehmen und durch die Integration bereits erfolgreich praktizierter Kompetenzmodule begünstigt (vgl. u.a. Hoffmann, 2003). Dabei kam es besonders darauf an:

- **Kompetenzmanagementsystem:** Integration eines schlüssigen Kompetenzmodells für alle Berufsbilder und eines ganzheitlichen Kompetenzmanagementsystems mit darauf abgestimmten Instrumenten (vom Auswahlverfahren über den gesamten Ausbildungsverlauf bis zur Übernahme).
- **Beurteilungssystem:** Sinnvolle Einschätzung der Entwicklungen von Qualifikationen und Kompetenzen mit Hilfe des Beurteilungs- und Entwicklungssystems (BEst) durch die (Fach-)Ausbilder. Förderung der Feedback-Kultur und der reflexiven Kompetenzen durch das dialogische Prinzip und der Selbst- und Fremdeinschätzung von Auszubildenden und Fach-Ausbildern.
- **Projektarbeiten:** Integration moderner Projekt-Tools und Methoden. Nutzung standardisierter Projektauswertungen (für die nächste Projektgruppe) und Checkliste zur Vorbereitung und Durchführung von Projekten. Vorab Vermittlung der notwendigen methodischen Grundlagen in einem Grundlagen-Workshop.
- **Kompetenzanalyse:** Individuelle Entwicklung der Auszubildenden und Berücksichtigung formaler und informell erworbener Kompetenzen anhand einer arbeitsplatzspezifischen Kompetenzanalyse. Auszubildende erhalten eine Rückmeldung zu ihrem persönlichen Ausbildungsstand und ihrer Entwicklung. Reflexion und Selbsteinschätzung bilden einen wichtigen Bestandteil für die verbleibende Ausbildung und Übernahmephase. Insofern ist dieses Modul ein gutes Analyse- und Förderinstrument für ein integriertes Kompetenzmanagement, was verschiedene Kompetenzstudien bestätigen können (vgl. Cuvry, 1999; 2000).
- **Kompetenz-Check:** Verbesserung der Selbstkompetenz und der Selbst- und Fremdwahrnehmung unter Begleitung eines externen, psychologischen Coaches. Die Nachhaltigkeit konnte anhand des Kompetenz-Reflexions-Inventars (KRI) und unter Einbeziehung einer Kontrollgruppe nachgewiesen werden (vgl. Kauffeld, Grote & Henschel, 2007). Die empirischen Messungen zeigen vor allem Verbesserungen der Selbstkompetenz mit den Kriterien »Verantwortungsübernahme« und »Initiative«, »Veränderungsinteresse« sowie »Selbstmanagement« (vgl. Kauffeld, Reinecke & Hennecke, 2009). Der Wechsel zwischen Beobachter- und Teilnehmerrolle sowie die mehrmaligen Beobachtungs-Rückmeldungen, können die Entwicklung der Selbstkompetenzen zusätzlich verstärken (vgl. Görn, 2002; Görn et al, 2002). Auch die Rückmeldungen der Teilnehmer bestätigen den Inhalt und die Zielsetzung (vgl. Hennecke, 2008b).
- **Sozialkompetenz-Woche**: Integration von erfahrungsbezogenen Handlungen, wie sie auch im erlebnispädagogischen Kontext angewendet werden (vgl. Heckmair & Michl,

1993; Kölsch & Wagner, 1998). Der Fokus liegt auf sozialen Interaktionen und gruppendynamischen Prozessen. Kompetenzen, wie Kommunikation, Kooperations- und Konfliktfähigkeit, werden entwickelt, wobei auch die Spaß- und Erlebnis-Faktoren nicht zu kurz kommen. Diese Faktoren können aus dem Zusammenhang von Herausforderungen, Abwechslung, Erlebnisintensität und dem vorherrschenden Gruppenbezug beeinflusst werden (vgl. Hennecke, 2010). Der Nutzen von Outdoor-Elementen wird in vielen Studien zur beruflichen Bildung unterstrichen (vgl. u. a. Jagenlauf, 1994; Amesberger, 1992; Bress, 2000). Zudem werden jugendspezifische Bedürfnisse nach Kommunikation und gruppendynamischen Aktionen angesprochen (vgl. Opaschowski, 2008b).

Insofern stellen reflektierende, handlungsorientierte Methoden und aktivierende Elemente im In- und Outdoorbereich einen wichtigen Eckpfeiler für eine ganzheitliche Kompetenzentwicklung in der Ausbildung dar, die auch von den Auszubildenden nachgefragt bzw. positiv und attraktiv bewertet werden. Insbesondere die curriculare Verknüpfung und eine auf Kompetenzen abgestimmte Lernkultur mit reflexiven Instrumenten über den gesamten Ausbildungsverlauf stellen wesentliche Erfolgsfaktoren dar, die es weiter zu entwickeln gilt (vgl. Hennecke, 2008a; 2010).

8 Ausblick

Im Konzernverbund der Postbank AG ist es für die BHW Bausparkasse besonders von Bedeutung, die berufliche Erstausbildung zu einer selbständigen Lernkultur mit möglichst vielen handlungsorientierten Anforderungen zu entwickeln. Hierbei soll das formale Wissen, das für die bankkaufmännische Ausbildung weiterhin wichtig bleibt, nicht vernachlässigt, sondern methodisch-didaktisch in einer ganzheitlichen Kompetenzentwicklung vernetzt werden. Insgesamt kann eine *ganzheitliche Kompetenzentwicklung* in der Ausbildung so vielerlei Erfolgsfaktoren beeinflussen:

1. **Unterstützung der Personalsteuerung und -entwicklung**. Förderung aller vier Kompetenzbereiche der Auszubildenden und frühzeitige Identifizierung ihrer Stärken für eine zukünftige Tätigkeit. Eine Kompetenzentwicklung stellt wichtige qualitative und quantitative Informationen zur *Personalsteuerung, -planung* und *Nachfolgebesetzung* zur Verfügung (vgl. Becker, 2005a; Jochmann, 2007). Sie bildet eine wichtige Prozessschnittstelle zum »Strategic Workforce Management« (vgl. Kern & Ries, 2009) und liefert Antworten auf die Fragen: Welche *Anzahl* von Auszubildenden lernen in welchen *Ausbildungsberufen*, in welcher *Qualität*, zu welchem *Zeitpunkt*, an welchen *Standorten* aus und können an das *Unternehmen* gebunden werden, d. h. stehen dem Unternehmen im Sinne der Nachwuchskräfteentwicklung mit hoher Wahrscheinlichkeit zur Verfügung?

2. **Nachhaltige Förderung und Unterstützung der Auszubildenden**. Die Verantwortlichen müssen sich auch im Sinne der Persönlichkeitsentwicklung bei den Auszubildenden mit dem Aufbau von Lebensperspektiven auseinandersetzen, um ihnen eine berufliche Orientierung und Perspektive zu bieten (vgl. Beinke, 2010). Erste Ansätze liefern einige

Bundesländer, in denen Schüler mit Hilfe von Kompetenz-Checks oder Profilmethoden ihre Interessen und Stärken herausarbeiten können und so wichtige Impulse zur persönlichen biografischen Entwicklung und zur Berufsorientierung erhalten (vgl. MAGS NRW, 2006; Deutsches Institut für Erwachsenenbildung, 2006; Bundesagentur für Arbeit, 2011). Hierbei geht es insbesondere auch um die Nutzung von informell erworbenen Kompetenzen für den Arbeitsmarkt (vgl. Gillen, Elsholz & Meyer, 2010). An diese Erfahrungen sollten Unternehmen anknüpfen und – wie dargestellt – mit Kompetenz-Checks und Reflektionsmethoden Auszubildenden Hilfestellungen für ihren Beruf und ihre Zukunft geben. Ebenso sollten Unternehmen eine »eigenverantwortliche Leistungskultur« berücksichtigen, die von Auszubildenden zumeist akzeptiert wird und einer Unterforderung entgegenwirkt (vgl. u.a. Pfromm, 1997; Cube von, 1997, 2006; Opaschowski, 2008b). So wird eine berufliche Ausbildung einen Beitrag dazu leisten können, junge Menschen zu »Persönlichkeiten« mit einer gesunden psychischen Reife und damit einhergehender Arbeitsfähigkeit zu entwickeln (vgl. Winterhoff & Thielen, 2010).

3. **Integration einer Kompetenzbilanzierung bzw. eines Wissensmanagements.** Obwohl es um den Ansatz einer Humanbilanzierung ruhiger geworden ist (vgl. Becker, 2008), wird eine Kompetenzentwicklung nur dann einen qualitativen und quantitativen Wert erhalten, wenn Kompetenzen evaluiert und qualitativ gemessen werden können (vgl. Hasebrook et al., 2004). Unter den Stichworten »Wissens- bzw. Humanbilanzierung«, »International Accounting Standards« (IAS) oder »Human Potenzial Index (HPI) hat dieser Aspekte vor allem in der Finanzdienstleistungsbranche eine höhere Bedeutung erhalten. Schlussendlich auch, um die fachliche Qualität der Mitarbeiter in Ratings und für die Bewertung des Risikomanagements zu berücksichtigen. Die Bewertung von Wissen und der Mitarbeiterqualifizierung wird zukünftig die HR-Bereiche stärker beschäftigen. Hierbei muss – zur Darlegung der zur Verfügung stehenden Leistungsressourcen in einem Unternehmen (vgl. Holtbrügge, 2007) – das Thema Ausbildung mit einbezogen werden. So sollte an der Nutzung einer vorhandenen *Personalsoftware* zur nachhaltigen Dokumentation von Kompetenzen und Ressourcen weiter gearbeitet werden (vgl. Hennecke, 2007). Eine Personalsoftware mit Self-Service-Funktion kann dafür alle persönlichen bzw. bildungsrelevanten Daten erfassen. Der Auszubildende sieht dabei seine Daten ein und reflektiert diese. Der Entwicklungsbetreuer bzw. Ausbilder wiederum erfasst die Beurteilungen, Leistungskontrollen, Berufschulnoten und sonstigen Hinweise (Beteiligung an Messen, Projekten usw.), um mit diesen Informationen das Ausbildungsgespräch zu führen, Perspektiven für den Auszubildenden sowie Folgerungen für das Unternehmen abzuleiten und somit die Personalplanung und -steuerung direkt mit zu unterstützen.

4. **Kompetenzmanagementsystem als Marke und Bindungsinstrument.** Personalmarketing und Unternehmensbindung gewinnen im Rahmen der Demografie weiter an Bedeutung. Ein ganzheitliches Kompetenzmanagementsystem stellt zukünftig ein wesentliches Attraktivitätsmerkmal für Unternehmen dar (vgl. Becker, 2005b; Beck, C. 2009b). Auszubildende spüren, dass in sie investiert wird und sie einen Wertnutzen für das Unternehmen stiften. Günstige Arbeitsbedingungen und ein ausgeprägtes Selbstwertgefühl der Mitarbeiter erhöhen schließlich auch die Motivation der Auszubildenden. Daraus resultiert letzten Endes ein gutes *Employer-Branding* mit einer hohen

Mitarbeiterzufriedenheit und einer geringen Mitarbeiterfluktuation (vgl. u.a. Rump & Eilers, 2005; Towers Perrin, 2008).

Eine *kompetenzbasierte Ausbildung* kann so zu einer werbewirksamen *Marke* entwickelt werden (vgl. Bünnagel, 2010). Sie trägt zum Wettbewerbsvorteil bei, um den *demografischen Herausforderungen* zu begegnen, dem drohenden *Fachkräftemangel* aus eigener Unternehmenskraft entgegenzuwirken und ein internes *Talent-Management* zu etablieren (vgl. Hewitt, 2008; BCG, 2008; Kienbaum, 2009; 2010). Insofern stellt eine *ganzheitliche Kompetenzentwicklung einen strategischen Erfolgsfaktor* für die Ausbildung dar. Dieses hat weniger etwas mit pädagogischen Präferenzen zu tun, sondern spiegelt zukünftig den modernen Wettbewerb um die »besten Mitarbeiter« wider (vgl. Jochmann, 2007).

Literatur

Althauser, U., Schmitz, M. & Venema, C. (2008). *Demografie – Engpass Personal. Antworten, Strategien und Konzepte im Umgang mit knappen Ressourcen.* Köln: Luchterhand.

Amesberger, G. (1992). *Persönlichkeitsentwicklung durch Outdoor-Aktivitäten. Untersuchung zur Persönlichkeitsentwicklung und Realitätsbewältigung bei sozial Benachteiligten.* Frankfurt a.M.: Afra.

Arnold, R. & Schüßler, I. (1998). *Wandel der Lernkulturen. Ideen und Bausteine für ein lebendiges Lernen.* Darmstadt: Wissenschaftliche Buchgesellschaft.

Autorengruppe Bildungsberichterstattung (2010). *Bildung in Deutschland 2010. Ein indikatorengestützter Bericht mit einer Analyse zu Perspektiven des Bildungswesens im demografischen Wandel.* Bielefeld: W. Bertelmann Verlag. Verfügbar unter: http://www.bmbf.de/pub/bbb_2010.pdf [30.10.2011].

Bauer, H.-G., Brater, M., Büchele, U., Dufter-Weis, A., Maurus, A., & Munz, C. (2007). *Lern(prozess) begleitung in der Ausbildung. Wie man Lernende begleiten und Lernprozesse begleiten kann* (2. Aufl.). Bielefeld: W. Bertelsmann Verlag.

BCG – The Boston Consulting Group (2008). *Creating People Advantage. Bewältigung von HR-Herausforderungen weltweit bis 2015* (Executive Summery auf Deutsch). Boston.

Beck, C. (2009a). *Personalmarketing 2.0: Vom Employer Branding zum Recruiting.* Köln: Luchterhand.

Beck, C. (2009b). Attraction – Arbeitgeberattraktivität. In: W. Jäger & A. Lukasczyk (Hrsg.). *Talent Management. Strategien, Umsetzung, Perspektiven* (S. 69–78). Köln: Luchterhand.

Beck, J. & Wellershoff, H. (1993). *Sinneswandel. Die Sinne und die Dinge im Unterricht* (2. Aufl.). Frankfurt a.M.: Cornelsen Scriptor.

Becker, M. (2005a). *Personalentwicklung. Bildung, Förderung und Organisationsentwicklung in Theorie und Praxis* (4., aktual. Aufl.). Stuttgart: Schäffer-Poeschel.

Becker, M. (2005b). *Systematische Personalentwicklung. Planung, Steuerung und Kontrolle im Funktionszyklus.* Stuttgart: Schäffer-Poeschel.

Becker, M. (2008). *Messung und Bewertung von Humanressourcen. Konzepte und Instrumente für die betriebliche Praxis.* Stuttgart: Schäffer-Poeschel.

Becker, M. & Schwertner, A. (Hrsg.) (2002). *Personalentwicklung als Kompetenzentwicklung.* München: Rainer Hampp.

Beinke, L. (2009). *Berufsvorbereitung und Berufseinstieg. Schwierigkeiten Jugendlicher beim Übergang von der Schule in die Berufsausbildung.* Frankfurt a.M.: Peter Lang.

Berufsakademie Weserbergland e. V. (2002). *Projektdokumentation »Neustrukturierung der Ausbildungsrekrutierung«.* Hameln: Berufsakademie Weserbergland e. V.

BIBB (Bundesinstitut für Berufsbildung) & Bertelsmann Stiftung (Hrsg.) (2011). Reform des Übergangs von der Schule in die Berufsbildung. Aktuelle Vorschläge im Urteil von Berufsbildungsexperten und Jugendlichen. In: *Reihe Wissenschaftliche Diskussionspapiere.* Verfügbar unter http://bibb.de/veroeffentlichungen/de/publication/ seriesitem/id/8 [30.01.2011].

Birg, H. (2006). *Die ausgefallene Generation. Was die Demographie über unsere Zukunft sagt* (2. Aufl.). München: C. H. Beck.

Bolz, N. (1997). *Die Sinngesellschaft.* Düsseldorf: Econ.

Bongard, H. W. (1991). Erwerb von sogenannten Schlüsselqualifikationen in der betrieblichen Berufsausbildung. In: U. Degen, B. Seyfried & P. Wordelmann (Hrsg.), *Qualitätsverbesserung in der betrieblichen Ausbildungsgestaltung. Fragen und Antworten* (S. 53–59). Berlin: BIBB.

Bornemann, M. & Reinhartd, R. (2008). *Handbuch Wissensbilanz. Umsetzung und Fallstudien.* Berlin: Erich Schmidt Verlag.

Brater, M. (2003). dm-Drogeriemarkt. LidA – lernen in der Arbeit. In: G. Cramer (Hrsg.), *Jahrbuch Ausbildungspraxis 2003* (S. 148–154). Köln: Deutscher Wirtschaftsdienst.

Brater, M. & Bauer, H. G. (1990). Schlüsselqualifikationen – der Einzug der Persönlichkeitsentwicklung in die berufliche Bildung? In: H. Herzer u. a. (Hrsg.), *Methoden der betrieblichen Weiterbildung* (S. 51–69). Eschborn: RKW.

Bress, H. (2000). Erlebnispädagogik in der betrieblichen Ausbildung. Wirkungen und Transfer – Ein Praxisbericht. In: A. de Cuvry u. a. (Hrsg.), *Erlebnis Erwachsenenbildung. Zur Aktualität handlungsorientierter Pädagogik* (S. 264–278). Neuwied: Luchterhand.

Bress, H. (2009). Persönlichkeitsentwicklung in der Ausbildung. In: K. Schwuchow & J. Gutmann (Hrsg.), *Jahrbuch Personalentwicklung 2009* (S. 301–308). Köln: Luchterhand.

Bröckermann, R. & Müller-Vorbrüggen, M. (Hrsg.) (2006). *Handbuch Personalentwicklung. Die Praxis der Personalbildung, Personalförderung und Arbeitsstrukturierung.* Stuttgart: Schäffer-Poeschel.

Buchner, D. (Hrsg.) (2000). *Outdoor-Training. Wie Manager und Teams über Grenzen gehen.* Wiesbaden: Gabler.

Bullinger, H.-J. & Buck, H. (2007). Demografischer Wandel und die Notwendigkeit, Kompetenzsicherung und -entwicklung in der Unternehmung neu zu betrachten. In: W. Jochmann & S. Gechter (Hrsg.), *Strategisches Kompetenzmanagement* (S. 61–77). Berlin: Springer.

Bundesagentur für Arbeit (Hrsg.) (2011). *Perspektive 2025: Fachkräfte für Deutschland.* Nürnberg. Verfügbar unter: http://www.arbeitsagentur.de/zentraler-Content/ Veroeffentlichungen/Sonstiges/Perspektive-2025.pdf [30.01.2011].

Bünnagel, W. (2010). Personalentwicklung als Marke. *Personalführung, 8,* 31–33.

CH-Q (Schweizerisches Qualifikationsprogramm zur Berufslaufbahn) (Hrsg.) (1998). *Maßnahmen zur Erfassung und Anerkennung von Erfahrungen und Kompetenzen.* Zürich: Gesellschaft CH-Q.

Cube, F. v. (1997). *Fordern statt verwöhnen. Die Erkenntnisse der Verhaltensbiologie in Erziehung und Führung* (10. Aufl.). München: Piper.

Cube, F. v. (2006). *Lust an Leistung. Die Naturgesetze der Führung.* Sonderausgabe. München: Piper Verlag.

Cuvry, A. de (1999). Subjektorientierte Bedarfsanalyse. Kompetenzanalyse in der Weiterbildung. *GdWZ, 10,* 227–228.

Cuvry, A. de (2000). Erfahrung Kompetenzanalyse – mehr als eine Bedarfserhebung. In: A. de Cuvry u. a. (Hrsg.), *Erlebnis Erwachsenenbildung. Zur Aktualität handlungsorientierter Pädagogik* (S. 327–337). Neuwied: Luchterhand.

DaimlerChrysler AG (1999). *Ausbildung im Dialog. Das ganzheitliche Beurteilungsverfahren für die betriebliche Berufsausbildung.* Konstanz: Christiani.

Deitering, F. G. (2001). *Selbstgesteuertes Lernen* (2. Aufl.). Göttingen: Verlag für Angewandte Psychologie.

Deters, J. & Wollsching-Strobel, P. (2004). Weiche Faktoren entscheiden. *Personal, 10,* 46–50.

Deutsches Institut für Erwachsenenbildung (DIE) u. a. (2006). *Profilpass. Gelernt ist gelernt. Dokumentation eigener Kompetenzen und des persönlichen Bildungswegs.* Bielefeld: W. Bertelsmann.

DGFP (Deutsche Gesellschaft für Personalführung) (2009). Klagen über mangelnde Ausbildungsreife. Bericht von der Ausbilderleitertagung in Ludwigshafen 2009. *Personalführung, 2,* 18–19.

Dietl, S. (2008). Anforderungen an didaktische Modelle der Ausbildung. In: S. Dietl (Hrsg.), *Ausbildung erleben. Jeder lernt und keiner merkt es – bewährte Lernmodelle in der Praxis* (S. 19–32). Köln: Luchterhand.

Dietl, S. & Höschle, U. (2008). Employability durch Ausbildung. Auswirkungen, Konsequenzen und Konzepte. In: P. Speck (Hrsg.), *Employability – Herausforderungen für die strategische Personalentwicklung* (3. Aufl.) (S. 89–102). Wiesbaden: Gabler.

Dietl, S. & Speck, P. (2003). *Strategisches Ausbildungsmanagement. Berufsausbildung als Wertschöpfungsprozess.* Heidelberg: Sauer.
DIHK (Deutscher Industrie und Handelskammertag e.V.) (2010). *Mitarbeiter dringend gesucht! Fachkräftesicherung – Herausforderung der Zukunft.* Berlin. Verfügbar unter: http://www.dihk.de/ressourcen/downloads/ub_fachkraefte.pdf [30.01.2011].
Dorn-Seiffert, A. (2003). Schwierige Zeiten für Azubis. *Bankmagazin, 10*, 58–59.
Elster, F. (2003). Beurteilung selbstorganisierter Lern- und Arbeitsprozesse in Juniorfirmen. In: F. Elster, Z. Dippl, Z. & G. Zimmer, G. (Hrsg.), *Wer bestimmt den Lernerfolg?* (S. 25–42.). Bielefeld: W. Bertelsmann.
Elster, F., Dippl, Z. & Zimmer, G. (2003). *Wer bestimmt den Lernerfolg? Leistungsbeurteilung in projektorientierten Lernarrangements.* Bielefeld: W. Bertelsmann.
Erpenbeck, J. & Heyse, J. (2007). *Die Kompetenzbiographie. Wege der Kompetenzentwicklung* (2. Aufl.). Münster: Waxmann.
Erpenbeck, J. & Rosenstiel, L. von (Hrsg.) (2003). *Handbuch Kompetenzmessung – Erkennen, verstehen und bewerten von Kompetenzen in der betrieblichen, pädagogischen und psychologischen Praxis.* Stuttgart: Schäffer-Poeschel.
Frackmann, M. & Tärre, M .(2009). *Lernen und Problemlösen in der beruflichen Bildung. Methodenhandbuch.* Bielefeld: W. Bertelsmann.
Frey, K. (1990). *Die Projektmethode* (3. Aufl.). Weinheim: Beltz.
Friedrichs, H. (2003). Entdecke die Möglichkeiten: Die »Toolbox Kompetenzentwicklung«. *Personalführung, 4*, 44–47.
Furkel, D. (Red.) (2010). Die Nachwuchslücke. *Personalmagazin, 8*, 14–16.
Gessler, M. (2006a). Das Kompetenzmodell. In: R. Bröckermann & M. Müller-Vorbrüggen (Hrsg.). *Handbuch Personalentwicklung. Die Praxis der Personalbildung, Personalförderung und Arbeitsstrukturierung* (S. 23–41). Stuttgart: Schäffer-Poeschel.
Gessler, M. (2006b). Selbstorganisiertes Lernen und lernende Organisationen. In: R. Bröckermann & M. Müller-Vorbrüggen (Hrsg.) (2006), *Handbuch Personalentwicklung. Die Praxis der Personalbildung, Personalförderung und Arbeitsstrukturierung* (S. 195–212). Stuttgart: Schäffer-Poeschel.
Görn, A. (2002). *Optimierung des Assessment-Center-Verfahrens in der Personalentwicklung auf der Grundlage theoretischer Erkenntnisse der Lern- und Leistungsmotivationsforschung.* Berlin: Tenea.
Görn, A., Spinath, B., Hennecke, M. & Stiensmeier-Pelster, J. (2002). *Assessment-Center als Methode moderner Personalentwicklung. Ein Leitfaden für die Praxis.* Landau: Verlag für Empirische Pädagogik.
Graf, A. (2006). Selbstmanagement. Kompetenz der Zukunft. In: R. J. Zaugg (Hrsg.), *Handbuch Kompetenzmanagement. Durch Kompetenz nachhaltig Werte schaffen.* (247–254). Stuttgart: Haupt.
Hasebrook, J., Zawacki-Richter, O. & Erpenbeck, J. (Hrsg.) (2004). *Kompetenzkapital. Verbindung zwischen Kompetenzbilanz und Humankapital.* Frankfurt a. M.: Bankakademie Frankfurt a. M.
Heckmair, B. & Michl, W. (1993). *Erleben und Lernen. Einstieg in die Erlebnispädagogik.* Neuwied: Reinhardt.
Hennecke, M. (2007). Kompetenzentwicklung in der Ausbildung bei BHW. In: S. Grote, S. Kauffeld & E. Frieling (Hrsg.), *Kompetenzmanagement. Grundlagen und Praxisbeispiele* (S. 75–110). Stuttgart: Schäffer Poeschel Verlag.
Hennecke, M. (2008a). Kompetenzentwicklung in der Ausbildung: Mode oder Methode? In: K. Schwuchow & J. Gutmann (Hrsg.), *Jahrbuch Personalentwicklung 2008* (S. 108–119). Köln: Luchterhand.
Hennecke, M. (2008b). »Standortbestimmung Ausbildung« als persönliches Erleben von Kompetenzen. In: S. Dietl (Hrsg.), *Ausbildung erleben. Jeder lernt und keiner merkt es – bewährte Lernmodelle in der Praxis* (S. 117–138). Köln: Luchterhand.
Hennecke, M. (2010). »Ausbildung und Erlebnisse – Gegensätze oder Chancen für die Ausbildung. In: K. Schwuchow & J. Gutmann (Hrsg.), *Jahrbuch Personalentwicklung 2010* (S. 199–211). Köln: Luchterhand.
Hewitt Associates (2008). *Talent Supply und Employer Branding 2008. Research Highlights.* Wiesbaden.
Hoeckel, K. & Schwartz, R. (2010). *Lernen für die Arbeitswelt. OECD-Studien zur Berufsbildung. Deutschland.* Verfügbar unter: http://www.oecd.org/dataoecd/43/16/ 45938549.pdf [30.01.2011].

Hoffmann, T. (2003). Erfolgreiche Berufsausbildung im Bankgewerbe – das Beispiel GenoAkademie. In: G. Cramer (Hrsg.), *Jahrbuch Ausbildungspraxis 2004* (S. 132–137). Köln: Deutscher Wirtschaftsdienst.

Holtbrügge, D. (2007). *Personalmanagement* (3. Aufl.). Berlin: Springer.

Hurrelmann, K. (1997). *Lebensphase Jugend. Eine Einführung in die sozialwissenschaftliche Jugendforschung* (5. Aufl.). Weinheim: Juventa.

Jagenlauf, M. (1994). Wirkungsanalyse Outward Bound – Ein empirischer Beitrag zur Wirklichkeit und Wirksamkeit der erlebnispädagogischen Kursangebote von Outward Bound Deutschland. In: A. Bedacht, W. Dewald, B. Heckmair, W. Michl & K. Weis, *Erlebnispädagogik: Mode, Methode oder mehr?* (2. Aufl.) (S. 72–95). München: Fachhochschulschriften Prof. Dr. Sandmann.

Jochmann, W. (2007). Strategisches Kompetenzmanagement. In: K. Schwuchow & J. Gutmann (Hrsg.), *Jahrbuch Personalentwicklung 2007* (S. 87–95). Köln: Luchterhand.

Kauffeld, S. (2006). *Kompetenzen messen, bewerten, entwickeln*. Stuttgart: Schäffer Poeschel Verlag.

Kauffeld, S., Grote, S. & Henschel, A. (2007). Das Kompetenz-Reflexions-Inventar (KRI). In: J. Erpenbeck & L. von Rosenstiel (Hrsg.), *Handbuch Kompetenzmessung* (2. Aufl.) (S. 337–347). Stuttgart: Schäffer Poeschel Verlag.

Kauffeld, S., Reinicke, D. & Hennecke, M. (2009). Self-Assessment – ein Reflexionsansatz in der Ausbildung? In: S. Kauffeld, S. Grote, & E. Frieling (Hrsg.), *Handbuch Kompetenzmanagement* (S. 388–408.). Stuttgart: Schäffer Poeschel Verlag.

Kern, D. & Ries, S. (2009). Strategic Workforce Management als Grundlage für Talent Management. In: K. Schwuchow & J. Gutmann (Hrsg.), *Jahrbuch Personalentwicklung 2009* (S. 215–224). Köln: Luchterhand.

Kienbaum (2009). *HR Strategie & Organisation. Kienbaum Studie 2008/2009. Strategie und Organisation des Human Resource Management im deutschsprachigen Raum.* Berlin.

Kienbaum (2010). *HR 2010: Strategie Pole Position. Ergebnisse der HR-Trendstudie. Trends und Entwicklungen in HR und Employer PR*. Gummersbach: Eigenverlag.

Klippert, H. (2000). *Planspiele. Spielvorlagen zum sozialen, politischen und methodischen Lernen in Gruppen* (3. Aufl.). Weinheim: Beltz.

Kölsch, H. & Wagner, F.-J. (1998). *Erlebnispädagogik in Aktion. Lernen im Handlungsfeld Natur*. Neuwied: Luchterhand.

Langhoff, T. (2009). Den demografischen Wandel im Unternehmen erfolgreich gestalten. Eine Zwischenbilanz aus arbeitswissenschaftlicher Sicht. Berlin: Springer.

Lang-von Wins, T. & Triebel, C. (2006). *Kompetenzorientierte Laufbahnberatung*. Heidelberg: Springer Medizin.

Leyhausen, N. (2006). Juniorfirma. In: R. Bröckermann & M. Müller-Vorbrüggen (Hrsg.) (2006), *Handbuch Personalentwicklung. Die Praxis der Personalbildung, Personalförderung und Arbeitsstrukturierung* (S. 365–372). Stuttgart: Schäffer-Poeschel.

Lohmar, G. (2003). Ausbildung als integrativer Bestandteil von PE-Programmen – das Modell Gerling. In: G. Cramer (Hrsg.), *Jahrbuch Ausbildungspraxis 2003* (S. 99–105). Köln: Deutscher Wirtschaftsdienst.

MAGS – Ministerium für Arbeit, Gesundheit und Soziales des Landes NRW (2006). *Kompetenzcheck Ausbildung NRW. Instrumente zur Kompetenzfeststellung*. Düsseldorf: Eigenverlag.

Maßon, J. (2003). Ausbildung im Dialog. In: F. Elster, Z. Dippl, Z. & G. Zimmer (Hrsg.), *Wer bestimmt den Lernerfolg?* (S. 87–94). Bielefeld: W. Bertelsmann.

Maul, D. (2007). Mit Schlüsselqualifikationen zum Vertriebserfolg. In: K. Schwuchow & J. Gutmann (Hrsg.), *Jahrbuch Personalentwicklung 2007.* (S. 287–294). Köln: Luchterhand.

Meier, C. & Seufert, S. (2010). Wertbeitrag messen. *Personal, 12*, 6–8.

Merretz, S. (2010). Ganzheitliche und kompetenzorientierte Personalentwicklung. In: K. Schwuchow & J. Gutmann (Hrsg.), *Jahrbuch Personalentwicklung 2010* (S. 145–150). Köln: Luchterhand.

Mertens, D. (1974). Schlüsselqualifikationen – Thesen zur Schulung für eine moderne Gesellschaft. *Mitteilungen aus Arbeitsmarkt- und Berufsforschung, 7*, 36–43.

Nahrstedt, W., Brinkmann, D., Theile, H. & Röcken, G. (2002). *Lernort Erlebniswelt. Neue Formen informeller Bildung in der Wissensgesellschaft*. Bielefeld: IFKA.

Olk, T. & Strikker, F. (1990). Jugend und Arbeit. Individualisierungs- und Flexibilisierungstendenzen in der Statuspassage Schule/Arbeitswelt. In: W. Heitmeyer & T. Olk (Hrsg.), *Individualisierung von Jugend. Gesellschaftliche Prozesse, subjektive Verarbeitungsprozesse und jugendpolitische Konsequenzen* (S. 159–194). Weinheim: Juventa.

Opaschowski, H. W. (1999).*Generation @. Die Medienrevolution entläßt ihre Kinder. Leben im Informationszeitalter*. Hamburg: Rasch Druckerei und Verlag.

Opaschowski, H. W. (2008a). *Das Moses-Prinzip. Die 10 Gebote des 21. Jahrhunderts*. München: Goldmann.

Opaschowski, H. W. (2008b). *Deutschland 2030. Wie wir in Zukunft leben*. Gütersloh: Gütersloher Verlagshaus.

Parment, A. (2009). *Die Generation Y – Mitarbeiter der Zukunft. Herausforderungen und Erfolgsfaktor für das Personalmanagement*. Wiesbaden: Gabler.

Petkovic, M. (2008). *Employer Branding: Ein marktpolitischer Ansatz zur Schaffung von Präferenzen bei der Arbeitgeberwahl* (2., aktual. Aufl.). Mering: Rainer Hampp.

Pfromm, H.-A. (1997). *Zurück zur Leistungskultur*. Stuttgart: Schäffer-Poeschel.

Phillips, J. P. & Schirmer, F. C. (2005). *Return on Investment in der Personalentwicklung. Der 5-Stufen Evaluationsprozess*. Heidelberg: Springer-Verlag.

Reinhardt, U. (2007). *Edutainment. Bildung macht Spaß* (2. Aufl.). Hamburg: Lit Verlag.

Rieger, J. (1999). *Der Spaßfaktor. Warum Arbeit und Spaß zusammengehören*. Offenbach: Gabal.

Roth, C. (2002). *Auswahl und Qualifizierung von Auszubildenden im Hinblick auf Schlüsselqualifikationen am Beispiel der BHW Holding AG* (unveröffentlichte Diplomarbeit). FH Hildesheim.

Rump, J. & Eilers, S. (2005). Managing Employability. In: J. Rump/T. Sattelberger & H. Fischer (Hrsg.), *Employability Management. Grundlagen, Konzepte, Perspektiven* (S. 13–73). Wiesbaden: GWV Fachverlag.

Rump, J., Sattelberger, T. & Fischer, H. (Hrsg.) (2005). *Employability Management. Grundlagen, Konzepte, Perspektiven*. Wiesbaden: GWV Fachverlag.

Sauer, J. (2000). Lernen im Wandel – Wandel durch Lernen. »Lernkultur Kompetenzentwicklung«. In: QUEM (Hrsg.), *Bulletin, 5*.

Schad, N. & Michl, W. (Hrsg.) (2002). *Outdoor-Training. Personal- und Organisationsentwicklung zwischen Flipchart und Bergseil*. Neuwied: Luchterhand.

Schäfer, E. (2006). *Betriebliche Kompetenzentwicklung. Einführung und Evaluation systematischer Kompetenzentwicklungskonzepte*. Kassel: kassel university press.

Schaper, N. (2004). Fach-, Methoden- und Sozialkompetenz durch arbeitsbezogenes Lernen in der betrieblichen Ausbildung. In: B. S. Wiese (Hrsg.), *Individuelle Steuerung beruflicher Entwicklung. Kernkompetenzen in der modernen Arbeitswelt* (S. 198–222). Frankfurt a. M.: Campus.

Schröder, J.-P. (2005). *Selbstmanagement. Wie persönliche Veränderungen wirklich gelingen* (2. Aufl.). Offenbach: Gabal.

Schüßler, I. (2007). *Nachhaltigkeit in der Weiterbildung. Theoretische und empirische Untersuchungen zum nachhalteigen Lernen*. Baltmannsweiler: Schneider Verlag Hohengehren.

Schwuchow, K. & Gutmann, J. (Hrsg.) (verschiedene Jahrgänge). *Jahrbuch Personalentwicklung*. Köln: Luchterhand.

Shell Deutschland Holding (Hrsg.) (2010). *Jugend 2010. Eine pragmatische Generation behauptet sich*. Frankfurt a. M.: Fischer Taschenbuch.

Sitko, M. (2002). *Über die Möglichkeit, Handlungsorientierung als Konzept auf die Ausbildung der BHW Gruppe zu transferieren* (unveröffentlichte Diplomarbeit). Universität Kiel.

Sonntag, K. & Stegmaier, R. (2005). Lernkultur verstehen, gestalten und messen. *Personalführung, 1*, 22–29.

Staudt, E. & Kottmann, M. (2002). Personalentwicklung auf neuen Wegen I. *Personal, 12*, 40–43.

Staudt, E. & Kottmann, M. (2003). Personalentwicklung auf neuen Wegen II. *Personal, 1*, 38–42.

Stevens, N. (2011). Jugendclub. REWElution am Start. *Personal, 5*, 6–7.

Straka, G. A. (2004). *Kompetenzentwicklung bei Auszubildenden im Bereich Banken (KoBa). Ergebnisse des 1. Workshops* (unveröffentlichtes Manuskript). Universität Bremen.

Straka, G. A. (2005). *Kompetenzentwicklung bei Auszubildenden im Bereich Banken (KoBa). Ergebnisse des 2. Workshops* (unveröffentlichtes Manuskript). Universität Bremen.

Stuber, M. (2009). *Diversity. Das Potenzial-Prinzip. Ressourcen aktivieren – Zusammenarbeit gestalten* (2., aktual. und überarb. Aufl.). Köln: Luchterhand.

Towers Perrin (2008). *Towers Perrin Global Workforce Study 2007–2008 (Deutschland-Report). Was Mitarbeiter bewegt zum Unternehmenserfolg beizutragen – Mythos und Realität.* Frankfurt a. M.: Eigenverlag.

Trost, A. (2009). *Employer Branding. Arbeitgeber positionieren und präsentieren.* Köln: Wolters Kluwer.

Tully, Claus J. (Hrsg.) (2004). Verändertes Lernen in modernen technisierten Welten. Organisierter und informeller Kompetenzerwerb Jugendlicher. In: *Schriften des Deutschen Jugendinstituts.* Wiesbaden: VS Verlag für Sozialwissenschaften.

Viering, J. (2005). Start ins Ausbildungsjahr: Mängel, Missstände und Möglichkeiten. *Süddeutsche Zeitung, Nr. 201 vom 01. September*, 20–21.

Vonken, M. (2005). *Handlung und Kompetenz. Theoretische Perspektiven für die Erwachsenen- und Berufspädagogik.* Wiesbaden: Verlag für Sozialwissenschaften.

Wachsmuth, R. & Lauer, J. (2005). Azubis haben das Lernen verlernt. *Personalwirtschaft, 8*, 10–12.

Wahler, P., Tully, C. J. & Preiß, C. (2004). Jugendliche in neuen Lernwelten. Selbstorganisierte Bildung jenseits institutioneller Qualifizierung. In: *Schriften des Deutschen Jugendinstituts.* Wiesbaden: VS Verlag für Sozialwissenschaften.

Wendel, M & Vater, H. (2009). Personalmanagement und zielgruppenspezifische Kompetenzentwicklung. In: K. Schwuchow & J. Gutmann (Hrsg.), *Jahrbuch Personalentwicklung 2009* (S. 122–129). Köln: Luchterhand.

Wingen, S. (2004). Pass in Sachen Kompetenzen. *Personal, 5*, 6–9.

Winterhoff, M. & Thielen, I. (2010). *Persönlichkeiten statt Tyrannen. Oder: Wie junge Menschen in Leben und Beruf ankommen.* Gütersloh: Gütersloher Verlagshaus.

Wittwer, W. (Hrsg.) (2001). *Methoden der Ausbildung. Didaktische Werkzeuge für Ausbilder* (2. Aufl.). Köln: Deutscher Wirtschaftsdienst.

Wittwer, W. (2002). Handlungsorientierte Methode. In: G. Cramer (Hrsg.), *Jahrbuch Ausbildungspraxis 2002. Erfolgreiches Ausbildungsmanagement* (S. 298–303). München: Deutscher Wirtschaftsdienst.

Wottawa, H. & Thierau, H. (2003). *Lehrbuch Evaluation* (3. Aufl.). Bern: Huber.

Zedler, R. (2004). Die doppelte Lücke. *Personal, 4*, 21–24.

*Volker Casper/Matthias Schönhofer**

Kompetenzmanagement in der Ströer Out-of-Home Media AG

* Dr. *Volker Casper,* Leiter der Personal- und Organisationsentwicklung der Ströer Out-of-Home Media AG.
Matthias Schönhofer, Dipl.-Päd., Teamleiter Training der Ströer Out-of-Home Media AG.

1 Zusammenfassung

Der Außenwerbemarkt in Deutschland ist in Bewegung. Insbesondere die Digitalisierung der Außenwerbung dringt immer mehr in den Fokus. Als Marktführer der Außenwerber in verschiedenen Ländern treibt die Ströer-Gruppe diese Entwicklungen gestaltend voran. Kompetente Führungskräfte und Mitarbeiter sind die Voraussetzung, damit diese Entwicklung gemeistert werden kann. Hierzu wurde ein Kompetenzmanagementsystem entlang der Wertschöpfungskette im Personalbereich auf Basis eines Kompetenzmodells aufgesetzt.

2 Beschreibung des Unternehmens

Die Ströer Out-of-Home Media AG mit ihren Tochtergesellschaften ist der Spezialist für alle Werbeformen, die außer Haus zum Einsatz kommen – von den klassischen Plakatmedien über die Werbung auf Wartehallen und Transportmitteln bis zu modernen digitalen Bewegtbild-Lösungen. Die Unternehmensgruppe vermarktet über 280.000 Werbeflächen und ist Marktführer in Deutschland, der Türkei und Polen. Das breit gefächerte Angebot an Außenwerbeprodukten setzt dabei in Qualität, Innovation und Design bei Werbeträgern und Stadtmöbeln neue Maßstäbe. Ströer Stadtmöbel wurden 27 Mal mit internationalen Preisen ausgezeichnet. Seit 2010 baut Ströer das weltweit größte Bewegtbildnetz mit nationaler Reichweite in der Außenwerbung auf. Hochwertige Screens an frequenzstarken Bahnhöfen bieten einzigartige Werbemöglichkeiten für regionale und nationale Kunden. Die Ströer Out-of-Home Media AG erfährt in den letzten Jahren eine starke Wachstumsphase. Nach der Integration zweier zuvor eigenständiger Außenwerbe-Unternehmen platzierte sich das Unternehmen in 2010 erfolgreich an der Börse. Heute beschäftigt die Ströer-Gruppe zirka 1.700 Mitarbeiter an mehr als 60 Standorten.

3 Ziele des Kompetenzmanagementsystems

Dem Kompetenzmanagementsystem der Ströer-Gruppe liegen eine Reihe grundlegender Anforderungen zu Grunde. Aus unternehmerischer Sicht gilt es, die Marktführerschaften zu stabilisieren und ein organisches Wachstum konsequent voranzutreiben. Ein Kernelement der strategischen Unternehmensziele ist in diesem Rahmen die Positionierung als »attraktiver Arbeitgeber«, um leistungsstarke und innovative Mitarbeiter zu gewinnen und an das Unternehmen zu binden. Das Kompetenzmanagementsystem muss auch für die Auslandsgesellschaften anschlussfähig sein, so dass die kulturelle Integration gefördert und diese Entwicklung konsolidiert werden kann.

Aus Sicht der Personalarbeit bedeutet dies die systematische Verknüpfung aller Personalauswahl- und Entwicklungsaktivitäten mit einem Kompetenzmodell. Im ersten Schritt wurde ein Kompetenzmodell für Führungskräfte entwickelt, das für interne wie externe Stellenbesetzungen, Führungskräfte- und Mitarbeiterentwicklung, High-Performer-Programme, Traineeprogramme, Vorgesetztenbeurteilungen, Zielvereinbarungssysteme etc. zum Einsatz kommt. Es ist aber auch Grundlage für die Entwicklung einer transparenten Karrierewegesystematik und soll so die Nachfolge für strategisch wichtige Funktionsträger sichern.

4 Beschreibung des Vorgehens

Die Erhebung der relevanten Anforderungen, Fähigkeiten und entsprechenden Verhaltensweisen wurde mittels eines aufwendigen Verfahrens auf Basis von persönlichen Interviews realisiert. Zirka 50 Führungskräfte – beginnend beim Vorstand bis hin zu den Teamleitern – sowie Mitarbeiter als auch Vertreter der Betriebsräte, wurden interviewt. Darüber hinaus wurde auch die externe Kundensicht mit einbezogen. Die Interviews thematisierten Ursachen für Leistungsunterschiede (»Hoch- und Minderleister«) bei den Führungskräften in kritischen Führungssituationen. In Orientierung an den Unternehmenszielen und der Strategie wurden dann die notwendigen Kompetenzen für Ströer-Führungskräfte abgeleitet und klassifiziert. Der Fokus lag auf den überfachlichen Kompetenzen, die Ströer-Führungskräfte auszeichnen sollen. Es wurden jedoch ebenso Fachkompetenzen aufgenommen. Die Vielfältigkeit der Fachkompetenzen in den einzelnen Fachbereichen machte eine Reduzierung auf einige »Jobfamilies« schwer. Daher wurde entschieden, den Führungskräften ein eigenes Instrument zur Verfügung zu stellen, welches die wichtigsten Fachkompetenzen benennt und die Ausprägung bei den Mitarbeitern erfasst. Die überfachlichen Kompetenzen wurden zu einem Pool von 20 Kompetenzfeldern zusammengefasst (Grafik 1). Das so entstandene Ströer-Kompetenzmodell wurde anschließend gemeinsam mit Mitarbeitern aus der Konzernzentrale sowie der Region Ost in zwei Workshops überprüft und überarbeitet (vgl. Casper & Grote, 2008).

Die Nutzung des Kompetenzmodells setzt voraus, dass der Status quo der Führungskräfte bezogen auf die notwendigen Kompetenzen erfasst wird. Dazu wurde auf Basis des Kompetenzmodells ein 270°-Feedbackinstrument entwickelt und mit der Einführung des Kompetenzmodells eingesetzt.

5 Beschreibung des Kompetenzmanagementsystems

Das Ströer-Kompetenzmanagementsystem baut auf einem zentralen Grundgedanken auf: Führungskräfte bewegen sich in der Regel in einer Reihe von Spannungsfeldern. Ihr Alltag ist häufig geprägt durch widersprüchliche Anforderungen und sich zumindest partiell ausschließende betriebliche Ziele. Zum Beispiel soll eine Führungskraft eine gute Beziehung zu ihren Mitarbeitern aufbauen, aber gleichzeitig auch eine angemessene Distanz zu Ihnen wahren. Der erfolgreiche Umgang mit solchen Herausforderungen lässt sich nur bewältigen, indem die verschiedenen Aspekte berücksichtigt und Gegensätze ausbalanciert werden. Dies beschreibt ein duales Verständnis von Kompetenzen, die es in Balance zu halten gilt. Die einseitige Betonung eines der Gegensätze birgt die Gefahr der Vernachlässigung des anderen, ebenso notwendigen Aspekts und somit letztlich des Scheiterns (vgl. Grote & Kauffeld, 2007).

Im Kompetenzmodell wurde dieser Grundgedanke aufgegriffen und die erfolgskritischen Kompetenzen zwei Grundimpulsen der Führung zugeordnet: »Stabilisieren« und »Dynamisieren« (vgl. Abbildung 1). Unter dem Pol der Stabilität werden Kompetenzen subsumiert, die auf den Erhalt und die Funktionsfähigkeit von (bestehenden) Prozessen, Strukturen und auch Beziehungen abzielen und so für ein stabiles System sorgen, welches seinen momenta-

Bereichsmanagement

« Stabilisierende Kompetenzen			Dynamisierende Kompetenzen »
Positionierung (des eigenen Bereichs im Unternehmen)	1	2	**Bereichsübergreifendes Denken** (Kooperation, Einbindung, Vernetzung)
Durchblick (Organisation des eigenen Bereichs)	3	4	**Weitblick** (Strategische Entwicklung des Bereichs)
Klassische Kundenorientierung (Flexibilität und Zuverlässigkeit)	5	6	**Strategische Kundenorientierung** (Entwicklung neuer Kunden)
Optimierung (Verbesserung von etwas Bestehendem)	7	8	**Innovation** (Entwicklung von etwas völlig Neuem)

Mitarbeitermanagement

« Stabilisierende Kompetenzen			Dynamisierende Kompetenzen »
Wertschätzung zeigen (Nähe, Verständnis, Anerkennung)	9	10	**Richtung weisen** (Distanz, Autorität, Durchsetzung)
Mitarbeiter mitnehmen (Veränderungen stabilisieren)	11	12	**Tempo** (Umgang mit Komplexität)

Wissensmanagement

« Stabilisierende Kompetenzen			Dynamisierende Kompetenzen »
Ströer-Kompetenz (Verständnis des Unternehmens Ströer)	13	14	**Unternehmertum** (Unternehmerisches Denken und Handeln)
Fachkompetenz (Eigenes Wissen der FK im Fachgebiet)	15	16	**Delegation** (Beauftragung, Weiterentwicklung der MA)

Selbstmanagement

« Stabilisierende Kompetenzen			Dynamisierende Kompetenzen »
Konsequenz (Glaubwürdigkeit, Verlässlichkeit, Integrität)	17	18	**Eigeninitiative** (Engagement, Selbstorganisation, »Self-Starter«)
Fokus (Orientierung auf das Wesentliche)	19	20	**Offenheit** (für Neues, Veränderung, Feedback)

Abb. 1: Überfachliche Kompetenzfelder des Ströer-Kompetenzmodells

nen Zustand beibehält, auch wenn Störungen von außen einwirken. Ein Vorteil des Begriffs »Stabilisieren« liegt darin, dass er eine hohe Übereinstimmung mit dem Alltagsverständnis in Unternehmen aufweist. Die Einzelkompetenz »Durchblick« beschreibt zum Beispiel die Fähigkeit, klare Zuständigkeiten im eigenen Fachbereich zu verteilen. Eine effiziente Organisation, die Bewahrung stabiler Prozesse und gewissenhafte Arbeit an den Schnittstellen des eigenen Verantwortungsbereichs sind Charakteristika dieser stabilisierenden Kompetenz.

Konträr, jedoch in einem komplementären Verhältnis, stehen entsprechende dynamisierende Einzelkompetenzen, die auf Veränderungen, Erneuerung und Deregulierung zielen. Diesem Pol liegt die Idee von Triebkraft und Veränderung zu Grunde. So bezeichnet »Weitblick«, als Pendant zum »Durchblick« die Fähigkeit zur Entwicklung von Ideen, Konzepten und Maßnahmen für die Zukunft und enthält ein starkes Moment der Veränderung. Dynamisierende Kompetenzen wirken gegen das Erstarren von Organisationen durch Ordnung. Konkret geht es im Ströer-Kompetenzmodell z.B. um Ideen, Konzepte und Maßnahmen für die Zukunft des eigenen Verantwortungsbereichs und letztendlich des gesamten Unternehmens.

Im Sinne des Verständnisses: Um in der Balance zu führen, sind wesentliche Einzelkompetenzen der Kompetenzpaare »Stabilität« und »Dynamik« notwendig, um erfolgreich auf heterogene Anforderungen an einen Fachbereich reagieren zu können und widersprüchliche Situationen zu bewältigen. Das Verharren auf einem Pol wird den komplexen Situationsanforderungen, denen Führungskräften ausgesetzt sind, nicht gerecht und hat negative Auswirkungen auf das gesamte Unternehmen, welche sich letztendlich als Kosten niederschlagen. Unternehmen, die nur auf Dynamik abstellen, binden große Ressourcen, um den Auswirkungen der Dynamik auf Strukturen und Prozesse gerecht zu werden. Sie kommen nur schwerlich in eine Phase der Optimierung von Strukturen und Prozessen, die für ein günstiges Verhältnis von Ertrag und Aufwand notwendig sind. Unternehmen, die im Extremen auf Stabilität setzen, verlieren sich in Standards, die mit hohem Aufwand implementiert und erhalten werden müssen. Gleichzeitig senken sie ihren Flexibilitätsgrad und können nur träge auf neue Anforderungen reagieren. Der Lösungsansatz ist, etwas von beiden Polen auf die jeweilige Situationsanforderung anzuwenden: Ein etwas mehr an Dynamik, wenn Dynamik gefordert ist – ein etwas mehr an Stabilität, wenn Stabilität gefordert ist. Führung in der Balance ist demnach kein statischer Ansatz, sondern bewegt sich im erfolgreichen Fall in einem anforderungsgerechten Kontinuum.

Neben dem Balanceansatz berücksichtigt das Modell die Annahme, dass der übermäßige Einsatz einer Kompetenz zu einem abnehmenden Grenznutzen führt. Zwei Beispiele: (1) »Analytische Fähigkeiten« sind grundsätzlich positiv zu bewerten, ihre übertriebene Anwendung könnte jedoch in Detailverliebtheit oder Problemorientierung münden. (2) »Durchsetzungsfähigkeit« wird von Führungskräften gefordert. Eine zu hohe Orientierung auf Durchsetzung kann hingegen zu Akzeptanzverlust bei den Mitarbeitern und zur eigenen Isolation führen. Im Kompetenzmodell werden daher in den jeweiligen Kompetenzfeldern die Verhaltensmuster in einer geringen, wünschenswerten und zu hohen Ausprägung klassifiziert.

Ein weiteres Merkmal des Ströer-Kompetenzmodells ist die unmittelbare Einbindung von Personalentwicklungsmaßnahmen für die jeweilige Einzelkompetenz, die dem Prinzip der arbeitsnahen Kompetenzentwicklung folgen. Konsequenterweise stellen externe Seminare nur eine unter vielen Möglichkeiten für die Entwicklung der Mitarbeiter dar. Ein 13-teiliger Instrumentenkatalog (vgl. Abbildung 2) ist mit dem Kompetenzmodell verknüpft. Zu diesen Instrumenten stehen entsprechende Leitfäden, die der Vorgesetzte nutzen kann, zur Verfügung. Informationen zu »Was sind die Regeln einer kollegialen Beratung?« oder »Wie bereite ich meinen Mitarbeiter auf einen Kongressbesuch vor?« sind so aufbereitet, dass die Führungskraft nach einem Selbststudium diese unmittelbar einsetzen kann. Grundsätzlich stehen die Mitarbeiter der Personalentwicklung als Sparringspartner bereit, wenn Führungskräfte in diesem Zusammenhang Unterstützung benötigen.

Art der Maßnahme	Beschreibung	Beispiele
Was kann ich mit meinem Vorgesetzten angehen?		
Führungsmaßnahmen (zwischen Vorgesetztem und Führungskraft) (VG-FK)	VG-FK betreffen die Verstärkung und Veränderung des Führungsprozesses.	– Regelmäßige Feedbackgespräche zwischen VG und FK – Kommunikation von Zielen, Prioritäten und Hintergründen durch VG an FK – Tandem-Coaching des VG und der FK
Interne Lern- und Austauschprozesse (ILA)	ILA ist ein Sammelbegriff für arbeitsintegrierte Lern- und Beratungsprozesse. Lern- und Erfahrungsprozesse zwischen Ströer-Führungskräften stehen im Vordergrund.	– Hospitation in anderen Abteilungen – Seminare von Mitarbeitern für Mitarbeiter – Kollegiale Beratung durch Führungskraft der gleichen Ebene – Patenmodell mit ausländischen Ströer-Mitarbeitern
Workshop (WS) a) Teilnahme b) Organisation und Moderation	WS umfassen abteilungsinterne oder -übergreifenden Treffen von MA und FK, bei denen Sachthemen im Vordergrund stehen.	– Themenzentrierter Workshop – Prozesskettenworkshop – Schnittstellenworkshop – Trendworkshop – Projektreviews (Rückblick)
Arbeitsgestaltungsmaßnahmen (AG)	AG betreffen die Umstrukturierung und Optimierung von individuellen Tätigkeiten.	– Job-Rotation – Job-Enlargement, Job-Enrichment – Stellvertreterregelungen
Lernen mit und von externen Kunden (KN)	KN fasst gemeinsame Aktivitäten mit Kunden oder in der Organisation des Kunden.	– Feedback von Kunden einholen – Erfahrungsaustausch mit Kunden – Moderierte Workshops mit Kunden
Organisationsentwicklungsmaßnahmen (OE)	OE umfassen strukturelle Veränderungen, die den Fachbereich und ggf. das ganze Unternehmen betreffen (mit Einfluss auf Zuständigkeiten und Prozesse).	– Bereitstellen von Informationssystemen – Analysen durchführen (z.B. H-FMEA) – Kontinuierlicher Verbesserungsprozess (KVP)
Was kann ich mit der Personalabteilung angehen?		
Seminare (SE)	SE umfassen Seminare, Trainings und Schulungen.	– Führungskräftetraining – Konfliktmanagement – Zeit- bzw. Selbstmanagement – Train-the-Trainer-Seminar
Moderierte Fallarbeiten (FA)	FA sehen die Möglichkeit vor, eigene Fälle, Probleme, schwierige Führungssituationen zu schildern und sich Anregungen, Lösungsideen, Außenperspektiven von Kollegen einzuholen.	– Fallstudien – Schwierige Situationen – Schwierige Führungssituationen – Kollegiale Supervision
(Kurz-) Mentoring (ME)	ME wird durch einen ehemaligen hochrangigen Mitarbeiter oder einer erfahrenen Führungskraft der Ströer Gruppe durchgeführt.	– Mentoring zu spezifischen Themen – Kontinuierliche Begleitung über einen längeren Zeitraum – Kurze Einsätze zu spezifischen Themen
Coaching (CO)	CO ist ein individueller, zeitlich begrenzter Beratungsprozess durch einen Berater oder »Coach«.	– Coaching zu spezifischen Themen – Führungscoaching (Allgemein) – Persönlichkeitscoaching – Tandem-Coaching des VG und der FK
Was kann ich als Mitarbeiter angehen?		
Selbststudien und Selbstreflexion (SEL)	SEL umfassen alle selbst organisierten und selbst gesteuerten Lernprozesse einschließlich der Selbstreflexion.	– Literaturstudien – Studien von Online-Tools (z. B. Web-based Trainings) – Studien von Zeitschriften, Büchern etc. – Selbstreflexion anhand von Leitfragen – Toolkenntnisse erarbeiten (z. B. Worktogether)
Führungsmaßnahmen (zwischen Führungskraft und ihren Mitarbeitern) (FK-MA)	FK-MA betreffen die Gestaltung und Verbesserung der Zusammenarbeit der Führungskraft und ihrer Mitarbeiter.	– »Day-today-Feedback« von Mitarbeitern einholen (im Tagesgeschäft) – Themenspezifische Mitarbeiterbesprechungen – Teamentwicklungsmaßnahmen
Externer fachlicher Austausch und Ideensammlung(EFA)	EFA umfasst über Seminare hinaus gehende Maßnahmen, wie Besuche von Kongressen, Tagungen etc.	– Kongresse, Fachtagungen, Messen – Netzwerke mit anderen Unternehmen etc.

Abb. 2: Personalentwicklungsmaßnahmen des Ströer-Kompetenzmodells

Die Zusammenführung der verschiedenen Komponenten zu einem einheitlichen, praxisnahen Kompetenzentwicklungstool zielt auf die Anwendung durch die betroffenen Führungskräfte selbst. Das heißt, Struktur und Inhalt müssen dem Arbeitsalltag und den praktischen Anforderungen gemäß formuliert und übersichtlich aufbereitet werden. Die Einzelkompetenzen erhalten daher, neben einer allgemeinen Definition, verschiedene anschauliche Verhaltensmuster zur Identifizierung der vorliegenden Situation und Ausprägung. Die Beschreibungen der Verhaltensmuster sind das Ergebnis der Interviews in der Entwicklungsphase des Modells, so dass alltagsnahe Beschreibungen der Führungsarbeit in das Modell eingeflossen sind. Auf diese Weise wurde verhindert, dass die Führungskraft konkretes Verhalten abstrakten Begrifflichkeiten und Bewertungsskalen zuordnen muss.

Im vorliegenden Beispiel wurden zwei Verhaltensmuster der Kompetenz »Richtung weisen« ausgewählt (vgl. Abbildung 3). Die Vorschläge für Entwicklungsmaßnahmen sind unterteilt in Maßnahmen der (1) Eigenentwicklung, (2) Maßnahmen in Kooperation mit der Führungskraft und (3) der Personalentwicklung. Ein Bogen mit Leitfragen bietet der Führungskraft Hilfestellung bei der Auswahl des richtigen Maßnahmenbereichs und der entsprechenden Entwicklungsmaßnahme (vgl. Casper & Grote, 2008). Mit diesem kann sie eruieren, ob z.B. »Maßnahmen mit dem Vorgesetzten« im Falle ihres Mitarbeiters und dessen spezifischer Situation überhaupt ein passendes Weiterbildungsformat sein können. Oder, ob sie nicht besser eine andere Maßnahme aus dem Vorschlagsangebot wählen sollte. Solche Hilfsfragen sind z.B.: »Geht es um den Erwerb von Wissen, also die kognitive Vermittlung von Fach- und Managementwissen? Gibt es Voraussetzungen für die Kompetenzentwicklung des Mitarbeiters, die nur durch den Vorgesetzten zu erfüllen sind? Gibt es Wechselwirkungen zwischen Vorgesetztem und Mitarbeiter, die nur gemeinsam sinnvoll bearbeitet werden können?«

10 Richtung weisen (Distanz, Autorität, Durchsetzung)
Die Führungskraft geht Probleme und Missstände proaktiv an. Sie fordert und fördert Leistung von ihren Mitarbeitern. Sie motiviert ihre Mitarbeiter. Wenn es erforderlich ist, scheut sie keine Kritik. Bei Konflikten nutzt sie Konfliktmanagementstrategien erfolgreich.

Das Ströer-Kompetenzmodell basiert auf vielschichtigen Anforderungen und einem komplexen Verständnis von Personalentwicklung und -management. Gleichwohl hat es sich als Instrument in der Praxis und der Anwendung zu bewähren. In diesem Sinne dient das detaillierte »Herunterbrechen« eines Kompetenzfeldes in konkrete Verhaltensbeispiele der übersichtlichen Orientierung und der spezifischen Entwicklung kleiner Verhaltenssequenzen. Die Überzeugung, die diesem Vorgehen zu Grunde liegt, lautet: Personalentwicklung ist keine einmalige »Generalüberholung«, sondern ein kontinuierlicher Entwicklungs-Prozess der kleinen Maßnahmen. Die Schlüsselpersonen für eine erfolgreiche Personalentwicklung sind nicht die Personalentwickler oder die Trainer – es sind die Vorgesetzten und ihre Mitarbeiter, die in der Verantwortung stehen. Es liegt an ihnen, gezielte Fördermaßnahmen einzuleiten und zu unterstützen. Das heißt: Entwicklung bedeutet Arbeit, die Ressourcen

10. Richtung weisen

	(zu) geringe Ausprägung	gewünschte Ausprägung	(zu) hohe Ausprägung
A	Kommt zu oft zur Einschätzung »es läuft doch alles«	Geht Probleme und Missstände unter Einbeziehung von Konfliktmanagement-Strategien proaktiv an; ist sich im Klaren, was in einer Situation die Unternehmensinteressen sind und setzt sich dafür ein; tritt überzeugend auf; geht nicht den bequemen Weg und schleppt Missverständnisse mit sich herum, indem er Leistungsdefizite bei MA schnell und offen anspricht; zeigt eine gesunde Skepsis; sucht nach Lösungen; trifft notwendige, klare Entscheidungen; überprüft auch Übereinstimmung von MA und Arbeitsplatz	Vertritt einseitig nur Unternehmensinteressen
	Maßnahmen		
	Was kann ich als Mitarbeiter selbst angehen?	**Was kann ich mit meinem Vorgesetzten angehen?**	**Was kann ich mit der Personalentwicklung angehen?**
	FK-MA Feedback durch Mitarbeiter	VG-FK Gemeinsames Verständnis über (gefährdete) Bereichsinteressen VG-FK Gemeinsames Verständnis über zu lösende Probleme, Missstände VG-FK Gemeinsames Verständnis über notwendige Entscheidungen ILA Erfahrungsaustausch mit Kollegen ILA Erfahrene Ströer-Führungskraft als Mentor ILA Kollegiale Beratung	SE Seminar »Konfliktmanagement« SE »Feedback« SE Kurzschulung / Informationsveranstaltung Arbeitsgestaltung GMP »Selbstmanagement« CO Externes Führungscoaching zu schwierigen Führungssituationen FA Fallarbeit »Herausfordernde Führungssituationen managen«
	(zu) geringe Ausprägung	**gewünschte Ausprägung**	**(zu) hohe Ausprägung**
B	Geht nur Themen an, die ohne Widerstand von MA zu lösen sind	Fordert und fördert Leistung von MA; erläuert und begründet notwendige Ergebnisse; beachtet Zielvereinbarungs- und Delegationsregeln	Überfordert »verschleißt« MA (»Koste es, was es wolle«) und verliert die Bindung zu MA
	Maßnahmen		
	Was kann ich als Mitarbeiter selbst angehen?	**Was kann ich mit meinem Vorgesetzten angehen?**	**Was kann ich mit der Personalentwicklung angehen?**
	SEL Selbststudium »Delegationsregeln«	VG-FK Gemeinsames Verständnis über notwendige Leistung von Mitarbeitern ILA Kollegiale Beratung zu schwierigen Führungssituationen	SE Seminar »Konfliktmanagement« SE Seminar »Delegation« GMP »Ziele und Leistung

Abb. 3: Einzelkompetenz »Richtung weisen«

bindet, die zu allererst für den operativen Arbeitsalltag vorgesehen sind. Führungskräfte und Mitarbeiter müssen sich demnach aktiv für ihre eigene Entwicklung bewusst entscheiden und in der Hektik des Arbeitsalltags konsequent umsetzen. Dies ist eine besondere Herausforderung für alle, da grundsätzlich Arbeitsergebnis vor Entwicklung steht.

Um diesen Punkt zu verdeutlichen, wurden für die Einführung des Modells zwei Grundsätze definiert und in der Einführungskommunikation immer wieder prominent platziert. Sie lauten:

- **Grundsatz 1:** Jeder Vorgesetzte ist verantwortlich für die Entwicklung seiner Mitarbeiter. Im Zielvereinbarungsgespräch werden die Entwicklungsziele und die damit verbundenen Personalentwicklungsmaßnahmen im Dialog zwischen Führungskraft und Mitarbeiter vereinbart und festgehalten. Zum Jahresende wird der Zielerreichungsgrad überprüft. Dabei wird die kontinuierlich stattfindende Führungskräftebeurteilung die notwendigen Daten liefern.
- **Grundsatz 2:** Mitarbeiterentwicklung bedeutet aus Mitarbeitersicht »gefordert und gefördert« zu werden. Personalentwicklung ist keine Serviceleistung des Unternehmens, sondern eine auf die Zukunftssicherung des Unternehmens hin ausgerichtete Entwicklungsarbeit. Dies hat zur Konsequenz, dass insbesondere arbeitsplatznahe Entwicklungsmaßnahmen im Vordergrund stehen.

6 Bewertung der heutigen Situation

Das Kompetenzmodell ist die Basis des Ströer-Kompetenzmanagementsystems. Es hat Eingang zu einer Reihe von Instrumenten entlang der Wertschöpfungskette im Personal vom Personalbedarf über das Recruiting bis hin zum Talent- und Performancemanagement gefunden. Erst in diesem Zusammenspiel entfaltet das Kompetenzmodell seine gewünschte Wirkung: Eine an den Kundenanforderungen und den strategischen Zielen ausgerichtete Kompetenzentwicklung der Mitarbeiter. Gegenwärtig hat es den Status eines »Lexikons« erreicht. Bei Bedarf greifen Führungskräfte und Mitarbeiter auf das Modell zu, um einen adäquaten Lösungsansatz für eine spezifische Führungsanforderung und die damit verbundenen Kompetenzen zu finden. Im Personalbereich wird es als Fundament für neue Entwicklungskonzepte genutzt. In der jüngeren Vergangenheit wurden über das Kompetenzmodell der Führung hinaus weitere funktionsspezifische Kompetenzmodelle entwickelt. Beispielsweise für Vertriebsmitarbeiter oder Regionalleiter. Die grundlegenden Bausteine: »Balanceansatz« sowie »Über-/Unterzeichnung« finden sich in diesen Modellen ebenfalls wieder.

7 Erfolgsfaktoren

Die Entwicklung eines Kompetenzmodells allein reicht nicht aus. Es muss in ein Kompetenzmanagementsystem überführt werden, das die Steuerung der Personalentwicklung und die Ausrichtung aller Personalentwicklungsinstrumente (Zielvereinbarung, Führungskräftebeurteilung, Recruitment, etc.) erlaubt. Das Kompetenzmanagementsystem darf nicht als Selbstzweck betrieben werden, sondern ist strikt an den Zielen, Strategien, Vorgaben des Vorstands und den Marktanforderungen auszurichten. Und es muss von den Adressaten auch verstanden und (richtig) angewendet werden können. Voraussetzung dafür ist eine entsprechend intensive Implementierungsphase, die alle vorhandenen Kommunikationskanäle in einer Organisation nutzt.

Wie die Erfahrung zeigt, führt eine solche Einführungs- und Informationsphase nicht bei allen Vorgesetzten zur intensiven Nutzung des Kompetenzmodells. Einige Führungskräfte messen dem Thema Personalentwicklung keine hohe Priorität bei oder verstehen das Modell ausschließlich als »Nachhilfe für Problemfälle« unter Mitarbeitern. Dem Aspekt des Kompetenzmanagements wird diese Haltung jedoch nicht gerecht und dies ist auf lange Sicht problematisch. Wie sich gezeigt hat ist es sinnvoll, die betroffenen Führungskräfte im Unternehmen bei der eigenen Anwendung des Kompetenzmodells zu begleiten und gemeinsam im Rahmen des 270°-Feedbacks Schritt für Schritt die entsprechenden Lösungen für die Führungskräfte-Entwicklung abzuleiten. So können die Informationen »aufgefrischt« werden, Unklarheiten ausgeräumt und nicht zuletzt wichtiges Feedback für das Kompetenzmodell selbst gewonnen werden.

Darüber hinaus erweist es sich als sehr wirkungsvoll, den Umgang mit dem Kompetenzmodell im Rahmen des Kompetenzmanagements fest in der Führungskräfteentwicklung zu verankern. Im »General Management Program« der Ströer-Gruppe wird dies in einem spezifischen Modul umgesetzt, so dass Mitarbeiter, die am Anfang ihrer Führungslaufbahn stehen, für ihre Rolle im Kompetenzmanagement sensibilisiert und in der Anwendung des Modells geschult werden.

Ein weiterer Erfolgsfaktor mit hohem Wirkungsgrad ist der Einsatz der bestehenden Modelle im Inhouse-Training. Dazu nutzen die Inhouse-Trainer die Modelle als Grundlage für die inhaltliche Ausgestaltung der Inhouse-Trainings und der anschließenden Evaluation der Bildungsbausteine. In diesem Zusammenhang nehmen die Inhouse-Trainer eine transformierende Rolle für die Verankerung der Modelle in der Organisation ein.

8 Ausblick

Aus Sicht der Personalentwicklung reiht sich das Thema Kompetenz in die Kette »Potenzial« – »Kompetenz« – »Wissen« ein. Während das Thema »Wissen« sich relativ einfach mit dem Thema »Kompetenz« verknüpfen lässt, da Mitarbeiter in ihren Verhaltenssequenzen immer wieder auf Wissensbausteine zurückgreifen müssen, ist der Lückenschluss zum Potenzial weitaus schwieriger zu gestalten. Die Schwierigkeit liegt darin begründet, eine valide, im Unternehmenskontext vom Aufwand her adäquate Potenzialdiagnostik, mit einem Kompetenzmodell zu verknüpfen. Nachdem das Kompetenzmanagement sich in vielerlei Hinsicht in der Ströer-Gruppe etabliert hat und positive Kompetenzentwicklungen der Mitarbeiter zu beobachten sind, steht dieser Lückenschluss nun an. Der Ansatz hierfür ist eine stärkenorientierte Personalentwicklung, um die darauf aufbauenden Entwicklungsmodelle einem Potenzialdiagnose-Instrument zu Grunde zu legen. Ein solches Instrument könnte eine Aussage darüber treffen, ob notwendiges Potenzial für eine bestimmte Kompetenzentwicklung beim Mitarbeiter gegeben ist und die Aussichten auf Erfolg der Entwicklungsmaßnahmen den Aufwand rechtfertigen.

Literatur

Casper, V. & Grote, S. (2008). Ein Modell für Balance. Kompetenzmanagement bei der Ströer AG. *managerSeminare, 126*, 72–79.

Erpenbeck, J. (1997). Selbstgesteuertes, selbst organisiertes Lernen. In: Arbeitsgemeinschaft Qualifikations–Entwicklungs–Management (Hrsg.), *Kompetenzentwicklung '97: Berufliche Weiterbildung in der Transformation – Fakten und Visionen* (S. 309–316). Münster: Waxmann.

Flanagan, J. G. (1954). The critical incident technique. *Psychological Bulletin, 51*, 327–358.

Fontin, M. (1997). *Das Management von Dilemata. Erschließung neuer strategischer und organisationaler Potentiale.* Wiesbaden: Deutscher Universitäts Verlag.

Fromm, E. (1954). *Psychoanalyse und Ethik.* Zürich: Diana Verlag.

Grote, S. & Kauffeld, S. (2007). Stabilisieren oder dynamisieren: Das Balance–Inventar der Führung. In: J. Erpenbeck & L. v. Rosenstiel (Hrsg.), *Handbuch Kompetenzmessung* (2., überarbeitete und erweiterte Aufl., S. 317–336). Stuttgart: Schäffer Poeschel.

Kauffeld, S. (2006). *Kompetenzen messen, bewerten, entwickeln. Ein prozessanalytischer Ansatz für Gruppen.* Stuttgart: Schäffer-Poeschel.

Neuberger, O. (2002). *Führen und führen lassen.* Stuttgart: Enke.

Pascale, R. T. (1991). *Managen auf Messers Schneide: Spannungen im Betrieb kreativ nutzen.* Freiburg: Haufe.

Rosenstiel, L. von (Hrsg.), *Handbuch Kompetenzmessung – Erkennen, verstehen und bewerten von Kompetenzen in der betrieblichen, pädagogischen und psychologischen Praxis.* Stuttgart: Schäffer-Poeschel.

*Andrea Jackmuth-Scheele/Hubert Sonntag**

Kompetenzmanagement an der Universität zu Köln

* *Andrea Jackmuth-Scheele*, Leiterin Personalentwicklung an der Universität zu Köln.
Hubert Sonntag, Gesellschafter und Geschäftsführer im HATTINGER BÜRO für Personal- und Organisationsentwicklung.

1 Zusammenfassung

Seit 2005 befindet sich die Verwaltung der Universität zu Köln in einem konsequenten Veränderungsprozess ihrer Führungskultur. Dieser Prozess wurde unter fortlaufender Einbindung der Führungskräfte von Kanzler und Vizekanzlerin der Universität initiiert und begleitet. In Workshops wurden gemeinsame Führungsgrundsätze entwickelt und in einem Kompetenzmodell für Führungskräfte umgesetzt. Dieses Kompetenzmodell ist heute die Basis für alle Führungsinstrumente (Mitarbeitergespräch, Personalauswahl, etc.) und die Kompetenzentwicklung aller Führungskräfte. Da die Kultur – wie in vielen öffentlichen Verwaltungen – traditionell eher von struktureller Führung geprägt ist, ist dieser auf persönliche Kompetenz ausgerichtete Ansatz ein erheblicher Veränderungsprozess für alle Beteiligten. Das konkrete Vorgehen, die Beteiligten und die ersten Erfahrungen werden hier geschildert.

2 Beschreibung der Universität zu Köln

Die Universität zu Köln ist eine der ältesten und größten Hochschulen Europas. Sie genießt ein hervorragendes internationales Renommee aufgrund der hohen Qualität ihrer Lehrangebote und ihrer wissenschaftlichen Leistungen. Die Mission der Universität zu Köln ist es, Wissen zu schaffen, zu bewahren und zu vermitteln, ihren Studierenden und dem wissenschaftlichen Nachwuchs eine erstklassige Bildung und wissenschaftliche Lehre zu bieten sowie Spitzenforschung anzuregen und zu fördern, die insbesondere die sich ständig verändernden gesellschaftlichen Herausforderungen in den Blick nimmt.

Die Universität zu Köln hat sechs Fakultäten mit einem breiten Spektrum wissenschaftlicher Disziplinen. Auf dieser Basis hat sie international herausragende Profilbereiche entwickelt.

Die Lebens- und Naturwissenschaften sind durch zwei Fakultäten vertreten: die Medizinische Fakultät und die Mathematisch-Naturwissenschaftliche Fakultät mit ihren Fachbereichen Biologie, Chemie, Geographie und Geowissenschaften, Mathematik und Physik. Die beiden Fakultäten profitieren seit langem von ihrer hervorragenden Zusammenarbeit. Innovative und international wettbewerbsfähige Forschung findet in vielen Forschungsgebieten statt, etwa bei der Erforschung altersassoziierter Erkrankungen, in der molekularen Evolutionsbiologie und den Pflanzenwissenschaften, der Quartärforschung und der statistischen Physik. Drei interdisziplinäre Zentren, das *Zentrum für Molekulare Medizin Köln*, das *Cologne Center for Genomics* und das *Zentrum für Integrierte Onkologie,* verbinden die Grundlagenforschung direkt mit translationaler Forschung.

Die Geistes- und Gesellschaftswissenschaften sind durch vier Fakultäten vertreten. Die Philosophische Fakultät verfügt über ein breites und umfassendes Spektrum an Fachrichtungen und hat viele erfolgreiche Forschungsschwerpunkte entwickelt, z. B. in antike Kulturen, Mittelalterforschung, Literaturwissenschaften und außereuropäische Sprachen und Kulturen, und dabei speziell in der Afrikaforschung und der kontrastiven Linguistik. Eine Reihe von Forschungseinrichtungen der Fakultäten genießt darüber hinaus aufgrund ihrer wissenschaftlichen Leistungen auch international einen hervorragenden Ruf, wie etwa das Thomas-Institut, das Husserl-Archiv und die Kölner Arbeitsstelle für Digitale Archäologie.

Die Wirtschafts- und Sozialwissenschaftliche Fakultät sowie die Rechtswissenschaftliche Fakultät erfreuen sich dank ihrer hervorragenden anwendungsorientierten Forschung eines ausgezeichneten Renommees und zählen in ihren Forschungsgebieten zu den besten 6 Einrichtungen in Deutschland. Die beiden Fakultäten pflegen enge Verbindungen zu etwa 30 An-Instituten. Hierzu gehören auch »Public Private Partnerships« wie etwa das Energiewirtschaftliche Institut und das Zentrum für Finanzmarktforschung Köln.

Seit einiger Zeit wird die Grundlagenforschung in den Kernbereichen quantitative und experimentelle Ökonomie und internationales Recht ausgebaut. Die Humanwissenschaftliche Fakultät wurde im Jahr 2007 gegründet und hat bereits jetzt erfolgreiche Forschungsschwerpunkte entwickelt, z.B. in interkultureller Bildung und Sozialpsychologie. Außerdem zählt ihr Fachbereich »Sonderpädagogik und Rehabilitation« zu den größten Zentren Europas. Die Fakultät hat sich zum Ziel gesetzt, die Bildungsforschung als einen ihrer Profilbereiche weiterauszubauen.

Die Universität zu Köln hat insgesamt 6.100 Beschäftigte mit ca. 1.600 nichtwissenschaftlichen Mitarbeitern. Davon arbeiten ca. 500 Mitarbeiter in der Zentralen Hochschulverwaltung (vgl. Abbildung 1)

3 Ziele des Kompetenzmanagementsystems

Die Personalentwicklung als Dienstleister in der Verwaltung und für den wissenschaftlichen Bereich betrachtet ein systematisches Kompetenzmanagement als Basis, um die bereits spürbaren aktuellen und absehbaren HR-Herausforderungen innerhalb der Universität zu Köln adäquat bewältigen zu können:

- Der kulturelle Change-Prozess an der Universität zu Köln – sowohl in der Verwaltung »von der Verwaltung zur Gestaltung« als auch in Wissenschaft und Lehre beim Ausbau von Managementstrukturen und -kompetenzen – erfordert nachhaltige Einstellungs- und Handlungsveränderungen bei Mitarbeitern und Führungskräften. Die Personalentwicklung unterstützt die dafür notwendige Kompetenzentwicklung durch die Planung von Maßnahmen für Mitarbeiter und Führungskräfte.
- Durch die zunehmende Bedeutung von Eigenverantwortung (z.B. durch Hochschulfreiheitsgesetz, Modellversuch Liegenschaftsmanagement, Einführung SAP/Kaufmännisches Rechnungswesen, etc.) sind die Anforderungen an die Mitarbeiter, insbesondere auch an die Führungsleistung der Führungskräfte, enorm gestiegen. Hier ist Unterstützungsbedarf zur Kompetenzentwicklung deutlich erkennbar.
- Die Anpassung der internen Strukturen und Prozesse an diese Entwicklungen hat Auswirkung auf die betroffenen Mitarbeiter und Führungskräfte. Hier ist aus der Sicht der Universität zu Köln Prozessunterstützung erforderlich.
- Trotz wirtschaftlich angespannter Lage wird sich der »Kampf um Talente« bei der Personalrekrutierung noch verschärfen. Hier müssen die Strategien der Personalentwicklung angepasst werden.
- Die Einführung des TVL (Tarifvertrag für den Öffentlichen Dienst der Länder) bietet für den Hochschulbereich Möglichkeiten zur Entwicklung von Führungsinstrumenten, die Leistungsorientierung unterstützen.

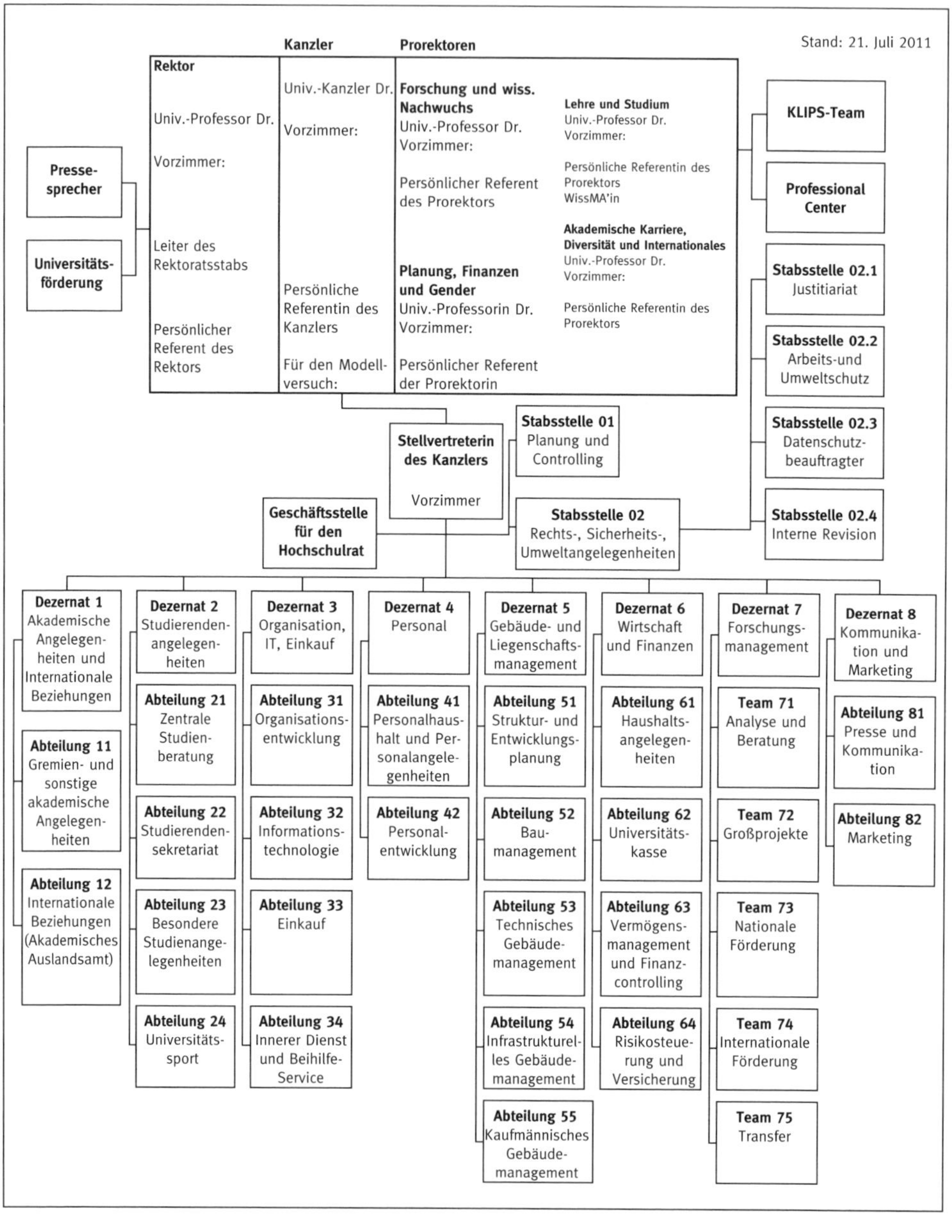

Abb. 1: Organigramm der Zentralen Hochschulverwaltung der Universität zu Köln

Die Personalentwicklung hat ihr Selbstverständnis von der Rolle des »Organisators von Weiterbildung« verändert hin zum strategischen Partner des Führungskreises, um als interne Berater proaktiv Konzepte und Maßnahmen für wesentliche Herausforderungen zu entwickeln und zu implementieren (vgl. Abbildung 2).

Was umfasst Personalentwicklung für uns?

Bildung	Förderung	Organisationsentwicklung
– Berufsausbildung – Weiterbildung	– Auswahl und Einarbeitung – Arbeitsplatzwechsel – Nachfolge- und Karriereplanung – Leistungsbeurteilung – Coaching – ...	– Teamentwicklung – Begleitung von Struktur- und Prozessoptimierungen – Begleitung von Veränderungsprozessen
per Weiterbildungskatalog	mittels Beratung und Konzeption	Uni als lernende Organisation
Personalentwicklung im engen Sinne = Bildung	Personalentwicklung im weiteren Sinne = Bildung + Förderung	Personalentwicklung im weiteren Sinne = Bildung + Förderung + Organisationsentwicklung (OE)

(in Anlehnung an Becker 2005)

Abb. 2: Selbstverständnis der Personalentwicklung der Universität zu Köln im Rahmen von Kompetenzmanagement

4 Beschreibung des Vorgehens

Das Kompetenzmodell in der Verwaltung der Universität zu Köln ist noch relativ jung (seit Ende 2009). Der Entstehungsprozess bis zur Verabschiedung des Modells war bereits ein wichtiges Teilziel auf dem Weg zu einer geklärten und transparenten Führungskultur. In Abbildung 3 werden die einzelnen Etappen bis zur Verabschiedung des Modelles kurz skizziert:

Abb. 3: Ausbildung einer gemeinsamen Führungskultur in der Verwaltung

4.1 Am Anfang stand das Leitbild

2005 wurde das Leitbild der Verwaltung von der Verwaltungsleitung (Kanzler, Vizekanzlerin) und den Dezernenten erarbeitet. In diesem Leitbild (vgl. Tabelle 1) sind u.a. grundsätzliche Aussagen zur Führungskultur in der Verwaltung getroffen worden.

Leitbild (Auszug: Miteinander und Führung)

Unsere Identifikation
Die Identifikation der Mitarbeiterinnen und Mitarbeiter mit den Zielen und Aufgaben der Verwaltung der Universität sowie deren Motivation sind maßgeblich für unseren Erfolg. Unter anderem verdeutlicht eine einheitliche Außendarstellung diese Haltung.

Unser Miteinander
Wir gestalten unser Miteinander offen, respektvoll, tolerant und vertrauensvoll. Mitarbeiter und Führungskräfte sind zusammen dafür verantwortlich, dass die gemeinsame Arbeit in einem Klima erfolgen kann, das durch Selbständigkeit, Verantwortungsbereitschaft, Kreativität und auch Spaß an der Arbeit geprägt ist. Wichtig hierfür sind eine passive und aktive Kritikfähigkeit im Sinne einer konstruktiven Zusammenarbeit und die Anerkennung der jeweiligen Arbeit. Dafür ist es erforderlich, dass der internen Kommunikation und Information ausreichend Raum und Zeit eingeräumt wird. Gemeinsame Aktivitäten fördern das Miteinander.

Unser Führungsverständnis
Das Verhalten unserer Führungskräfte ist mitarbeiterorientiert und soll vereinbarten Grundsätzen folgen. Wir erwarten von ihnen Engagement sowie fachliche, methodische und soziale Kompetenz. Die Führungskräfte sollen bei der Verteilung der Aufgaben die Mitarbeiterinnen und Mitarbeiter angemessen und aktiv einbeziehen; an der Gestaltung der Aufbau- und Ablauforganisation sind sie aktiv zu beteiligen. Im Vertrauen auf die Fähigkeiten und Erfahrungen der Mitarbeiterinnen und Mitarbeiter und unter Berücksichtigung ihrer Eignung und Interessen sollen die Vorgesetzten sie fordern und fördern. Eine kontinuierliche Personalentwicklung der Mitarbeiter ist eine wichtige Aufgabe jeder Führungskraft und relevant für den Erfolg der eigenen Arbeit und der Organisation insgesamt.

Unsere Verantwortung
Alle Planungen und Handlungen der Verwaltung und ihrer Mitarbeiterinnen und Mitarbeiter haben nicht nur innerhalb der Universität, sondern auch darüber hinaus eine gesellschaftliche und soziale Relevanz. Diese zu erkennen, zu kommunizieren und einen Ausgleich zwischen den rechtlichen, finanziellen, gesellschaftlichen und sozialen Anforderungen sowie den Einzel- und Gesamtinteressen herbeizuführen, liegt in unserer Verantwortung.

Köln, im Juni 2005

Tab. 1: Ein Auszug aus dem Leitbild der Universität zu Köln

Dieses Leitbild stellte die maßgebliche Initiative für die nachfolgenden Maßnahmen dar.

4.2 Workshops zur Führungskultur/Mitarbeitermotivation

Im Rahmen von Workshops mit allen Führungskräften zum Thema »Motivation der Mitarbeiter« im Jahre 2007 wurden deutlich u.a. folgende Handlungsfelder für die Entwicklung der Führungsarbeit an der Universität zu Köln identifiziert:
- die Verkürzung und Vereinfachung von Entscheidungswegen,
- die Entwicklung von Anreizsystemen,

- die Einführung des Mitarbeitergesprächs,
- der Ausbau von Erfahrungsaustausch zwischen den Abteilungsleitern.

Es wurde festgestellt, dass das bestehende Führungsverhalten sehr heterogen, d.h. ohne unterstützende Führungsstandards war und es daher große Unterschiede in der Art des Umgangs mit Mitarbeitern, Kollegen oder Kunden gab.

Neben unterschiedlichen »Führungsstilen« war auch das Verständnis über die wesentlichen Führungsaufgaben sehr heterogen. Mancher sah sich eher als herausgehobene Fachkraft, denn als Führungskraft, was aufgrund der häufigen Aufstiegswege vom Top-Experten zur Führungsrolle auch nur plausibel erschien. Ein einheitliches Rollen- und Werteverständnis als Führungskraft war nicht vorhanden.

Als Konsequenz daraus wurde das Ziel formuliert: Mitarbeiter müssen sich darauf verlassen können, dass Führungskräfte nach einem gemeinsamen Führungsverständnis und abgestimmten sowie transparenten Kriterien handeln. Bei aller (auch gewollten) Unterschiedlichkeit von Führungskräften muss Führung in einer Organisation kalkulierbar sein.

4.3 Entwicklung von Führungsgrundsätzen

Führung zu thematisieren, sich Gedanken über die Aufgaben und Kompetenzen von Führungskräften zu machen, Führungsgrundsätze und Führungsinstrumente – wie z.B. das Mitarbeitergespräch – einzuführen, war der Anspruch und der konsequente nächste Schritt auf dem mit der Leitbildentwicklung begonnenen Weg. Zu einer guten Führung sollten sowohl Grundsätze gehören, an denen sich sowohl Führungskräfte als auch Mitarbeiter orientieren können, als auch deren Konkretisierung in Form von abgestimmten Führungsaufgaben und transparenten verbindlichen Kompetenzen.

Im Rahmen des Entwicklungsprozesses war es für die Leitungsebene ein wichtiges Ziel, als Träger und Mentor der Führungskultur voran zu gehen und eine aktive Rolle als Gestalter des Changeprozesses einzunehmen.

Darüber hinaus sollte mit Führungsgrundsätzen (vgl. Abbildung 4) eine nachvollziehbare Brücke zwischen dem Leitbild und dem Führungskompetenzmodell der Verwaltung geschlagen werden.

Der Top-Down initiierte Prozess startete mit einem Kick-off-Workshop aller Dezernenten gemeinsam mit Kanzler und Vizekanzlerin, unterstützt durch externe Moderation. Als erste Konkretisierungsstufe des Leitbildes entstanden die gemeinsamen Grundsätze zur Führungsarbeit in der Verwaltung. Diese Führungsgrundsätze fokussieren diejenigen Themen, die für die Weiterentwicklung der Verwaltung erfolgskritisch sind und eine gemeinsame Ausrichtung erfordern.

4.4 Priorisierung der wesentlichen Führungsaufgaben und -kompetenzen

Nach dem Commitment zu den Grundsätzen leiteten Verwaltungsleitung und Dezernenten wesentliche Führungsaufgaben ab, die das Rollenverständnis – auf der Grundlage der Leit-

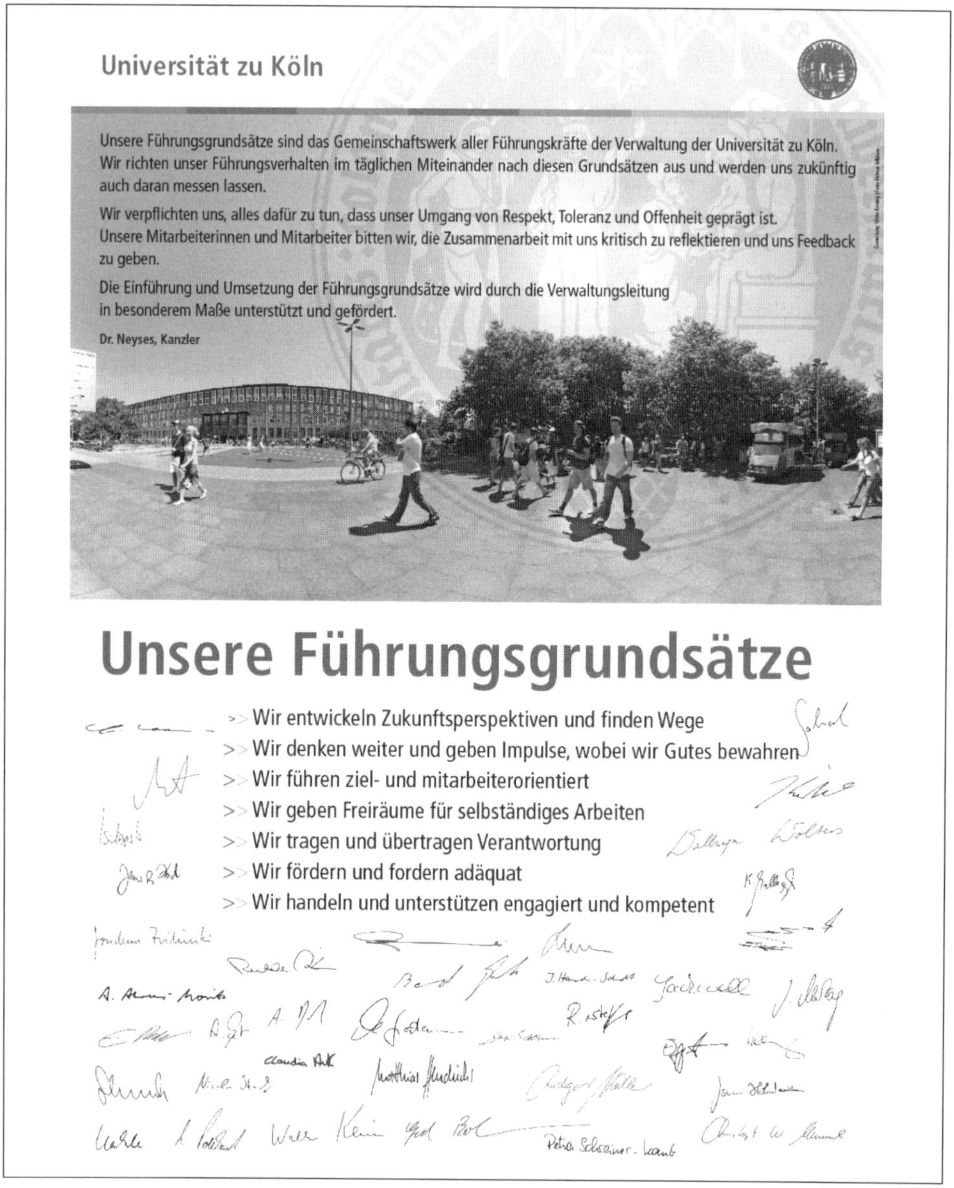

Abb. 4: Führungsgrundsätze der Verwaltung Universität zu Köln

linien – konkretisieren (vgl. Abbildung 5, Spalte 3). Zu diesen Aufgaben erarbeiteten die Beteiligten im nächsten Schritt die erfolgsrelevanten Kompetenzen, d.h. die Kompetenzen, die für die erfolgreiche Umsetzung der jeweiligen Aufgaben besonders wichtig sind (vgl. Abbildung 5, Spalte 2). Diese Zusammenstellung von Führungsaufgaben und Kompetenzen bildet das Anforderungsprofil an die Führungskräfte in der Verwaltung.

① Kompetenzbereich	② Relevante Kompetenz	③ Führungsaufgaben aus DEZ-WS	④ Konkretisierung im AL-WS
Ziel- und ergebnisorientiert handeln	– Aufgabenorientierung – Projektmanagement – Arbeitsplanung	Eindeutige Ziele und Aufgaben definieren Eindeutige Ziele und Aufgaben vereinbaren Kontrollieren Aufzeigen von Konsequenzen Zeitmanagement	Rahmen vorgeben Eindeutige Tätigkeitsbeschreibungen erstellen und aktualisieren Mechanismen zur Kontrolle entwickeln (organisatorische Kontrolle) Mit Hilfe von Zahlen Ziele nachhalten Arbeitsergebnisse der MA sehen Qualität sicherstellen Verantwortung der MA aktivieren => Selbstkontrolle

Abb. 5: Ergebnisse aus dem Workshop zum Kompetenzbereich »Ziel- und ergebnisorientiert handeln«

In nachfolgenden Workshops mit der nächsten Führungsebene (Abteilungsleiter) wurden die Führungsgrundsätze vertiefend reflektiert, im Detail angepasst und anschließend bestätigt (die gemeinsame Unterschrift symbolisierte ausdrücklich das Commitment aller Führungskräfte). Die von der Dezernentenebene hergeleiteten Führungsaufgaben und -kompetenzen wurden weiter konkretisiert (vgl. Abbildung 6, Spalte 4). Letztlich entstanden auf diese Weise sechs Aufgaben- bzw. Kompetenzfelder mit insgesamt 23 Kompetenzen aus zwei Workshops mit ca. 40 Führungskräften.

① Kompetenzbereich	② Relevante Kompetenz	③ Führungsaufgaben aus DEZ-WS	④ Konkretisierung im AL-WS
Menschen fördern und entwickeln	– Delegationsfähigkeit – Mitarbeiterorientierung – Coachingkompetenz	Möglichkeiten, Fähigkeiten und Interessen der MA kennen Berufliche und persönliche Entwicklung fördern Fähigkeiten und Erfahrungen der MA nutzen	Mitarbeitergespräche durchführen Informeller Austausch »Lösungs«- Angebote unterbreiten MA in Entscheidungsprozesse integrieren Aufgabengebiete an die Fähigkeiten der MA anpassen

Abb. 6: Ergebnisse aus dem Workshop zum Kompetenzbereich »Menschen fördern und entwickeln«

4.5 Fertigstellung des Kompetenzmodells

Die Personalentwicklung erhielt aus dem Dezernenten-WS den Auftrag (vgl. Zitat unten), aus allen abgeleiteten Führungsaufgaben und -kompetenzen nach Abschluss des Abteilungsleiter-Workshops ein Kompetenzmodell mit entsprechenden Operationalisierungen zu formulieren:

Auftrag der Verwaltungsleitung an die Führungskräfte und die Personalentwicklung am Ende der Workshops:

»Die Führungsaufgaben werden mit Ihren Konkretisierungen von Personalentwicklung aufbereitet, dass sie als Orientierung für Ihren Führungsalltag genutzt werden können (z. B. auch im Gespräch mit Ihrem Vorgesetzten, um Schwerpunkte zu definieren). Die hier von Ihnen beschriebenen und im Dezernentenworkshop erarbeiteten Führungskompetenzen werden von PE zu einem Kompetenzmodell zusammengestellt. Dieses Modell soll zukünftig u. a. als Grundlage für Ihre individuelle Weiterbildung und aller Führungsinstrumente dienen«.

Bei der Zusammenführung der abgeleiteten Führungskompetenzen in ein »formgebendes« Kompetenzmodell galten folgende Kriterien:

- Keine Clusterung der Grundkompetenzen, da das dem Geist des Herleitungsprozesses widersprechen würde,
- Zuordnung der Grundkompetenzen zu einer begrenzten Anzahl an Kompetenzfeldern, die einer eingängigen Logik und Struktur für alle Beteiligten folgt,
- Verknüpfung des Kompetenzmodelles mit den Führungsgrundsätzen,
- Formulierung der Kompetenzfelder nicht nach Sachlogik (Soziale Kompetenzen, methodische Kompetenzen, etc.), sondern entsprechend der strategischen Ziele in der Führungsarbeit (Strategisches Kompetenzmodell).

4.6 Verabschiedung des Kompetenzmodelles für Führungskräfte

Ende 2009 wurde das Kompetenzmodell in der Dezernentensitzung verabschiedet. Die Darstellung des Modelles verdeutlicht neben den strategischen Führungs-Kompetenzfeldern auch die Einbettung in die Führungs-Grundsätze und seinen Anspruch für die Führungsarbeit (vgl. Abbildung 7).

5 Beschreibung des Kompetenzmanagementsystems

Das Kompetenzmodell ist bislang ausschließlich für die Führungskräfte der Verwaltung der Universität zu Köln gültig und soll mittelfristig nach entsprechender Erfahrung und bedarfsgerechter Anpassung auch im wissenschaftlichen Bereich als Unterstützung eingesetzt werden. Es entstand im Zuge der gemeinsamen Arbeit aller Führungskräfte (Kanzler, Vizekanzlerin, Dezernenten, Abteilungsleiter) in der Verwaltung (vgl. Kapitel 4).

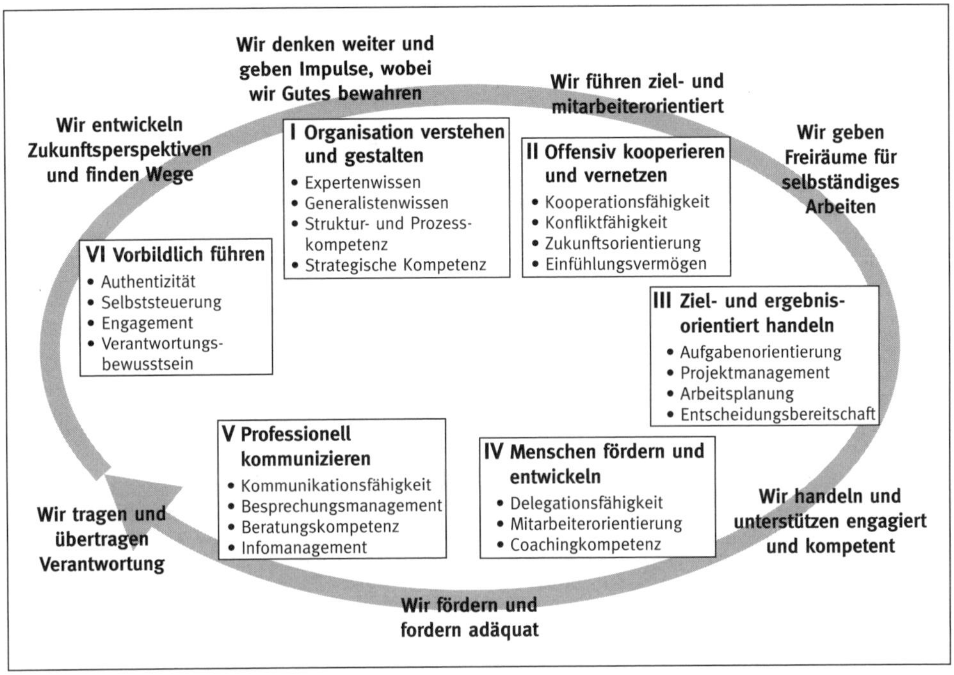

Abb. 7: Kompetenzmodell mit Führungsgrundsätzen

5.1 Aufbau und Struktur des Systems

Das Modell umfasst insgesamt sechs Kompetenzfelder bzw. -dimensionen. Die Dimensionen sind »strategisch« formuliert. Sie forcieren Kompetenzbereiche, die für die Führungsarbeit in der Verwaltung aktuell priorisiert sind, um den Changeprozess einer serviceorientierten Verwaltung nachhaltig fort- bzw. umzusetzen (vgl. Tabelle 2).

Kompetenzfelder	Kernanforderungen an diese Kompetenz
Vorbildlich führen	– Glaubwürdigkeit im eigenen Verantwortungsbereich durch Vorleben der Uni-Führungskultur. – Erwartungen und Anforderungen an Kollegen und Mitarbeiter überzeugend selbst praktizieren.
Menschen fördern und entwickeln	– Die Kompetenzentwicklung der eigenen Mitarbeiter im Einklang mit den Anforderungen zu gestalten. – Die Kompetenzentwicklung der Mitarbeiter systematisch zu begleiten und zu unterstützen.
Professionell kommunizieren	– Ein transparentes und effizientes Informationsmanagement im eigenen Verantwortungsbereich sicherstellen. – Die Kommunikationsstrukturen und -kultur als zentrales Führungsinstrument entwickeln und nutzen.

Kompetenzfelder	Kernanforderungen an diese Kompetenz
Offensiv kooperieren und vernetzen	– Die Fähigkeit und Bereitschaft über den eigenen Tellerrand zu schauen und innovative Lösungen zu suchen. – Die Bereitschaft und Fähigkeit, Kooperationen mit anderen Bereichen aufzubauen und den Pool an verschiedenen Erfahrungen für weiterführende Lösungen zu nutzen.
Ziel- und ergebnisorientiert handeln	– Im eigenen Verantwortungsbereich den Rahmen für eine konsequente Zielorientierung zu schaffen. – Sicherzustellen, dass Ziele effizient fixiert, verfolgt und umgesetzt werden.
Organisation verstehen und gestalten	– Tiefe sowie Breite der Kenntnisse zu Dienstleistungen, Strukturen und Prozessen in eigenen und angrenzenden Bereichen. – Die Fähigkeit Prozesse, Dienstleistung und Strukturen, strategisch geleitet, ständig weiterzuentwickeln.

Tab. 2: Übersicht über die Kompetenzfelder der Universität zu Köln

5.1.1 Die Grundkompetenzen im Modell

Jedes der sechs Kompetenzfelder definiert sich über drei bis vier Grundkompetenzen. Insgesamt umfasst das Modell 23 Kompetenzen (vgl. Abbildung 8). Damit ist der Umfang der Grundkompetenzen hoch. Da diese Anzahl an Grundkompetenzen allerdings aus einem gemeinsamen Herleitungs-/Arbeitsprozess aller Führungskräfte resultierten (vgl. Kapitel 4), wurden aus Akzeptanzgründen keine weiteren Zusammenfassungen vorgenommen.

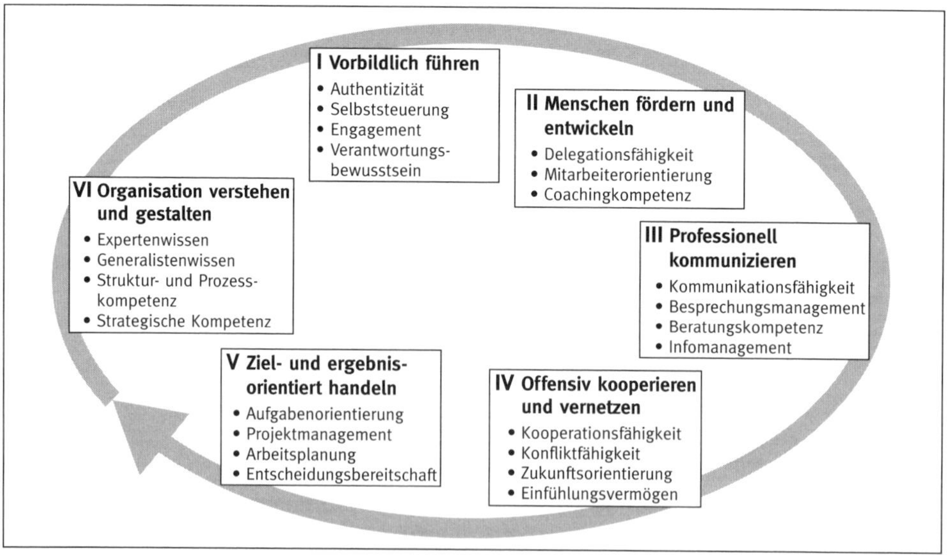

Abb. 8: Führungskompetenzmodell der Verwaltung der Universität zu Köln

5.1.2 Definition und Skalierung der Grundkompetenzen

Allen Grundkompetenzen wurden ca. drei bis vier »beobachtbare« Operationalisierungen zugeordnet, die das Verhaltensspektrum der Grundkompetenz deutlich machen und vor dem Arbeitshintergrund in der Verwaltung repräsentativ sind. Nach diesem Ansatz wurden alle Kompetenzfelder definiert (vgl. Tabelle 3):

Kompetenzbereich/ Bereich des Kompetenzprofils	**Kompetenzen** Welche Grundkompetenzen sind diesem Kompetenzbereich zugeordnet?	**Woran kann man die Kompetenz im Alltag beobachten?** Beispiele, woran Sie im Alltag die Ausprägung der Kompetenz erkennen können.
Vorbildlich führen	① Authentizität	– Schafft Vertrauen und Glaubwürdigkeit durch persönliche Wirkung. – Wirkt echt, stimmig und berechenbar in seinem Auftreten und Handeln. – Bringt die eigene Persönlichkeit mit seiner Rolle in Einklang.
	② Selbststeuerung	– Erkennt Stresssituationen und setzt sich für sich und andere stressreduzierende Maßnahmen um. – Auch in Stresssituationen zugänglich bzw. souverän sich steuern. – Setzt sich mit dem eigenen Verhalten & Handeln konstruktiv auseinander (Selbstreflexion).
	③ Engagement	– Kann sich für Aufgaben und Themen begeistern. – Begeistert auch andere für Aufgaben und Ziele. – Reagiert flexibel auf Veränderungen. – Zeigt sich in arbeitsintensiven Phasen belastbar.
	④ Verantwortungsbewusstsein	– Hält sich an Termine und Vereinbarungen. – Zeigt sich gegenüber der Universität und seinen Mitarbeitern loyal. – Ist bereit, Entscheidungen zu treffen und die Folgen zu verantworten. – Verfolgt stringent und beharrlich die gesetzten Ziele.

Tab. 3: Operationalisierung der Kompetenzen

5.1.3 Ausrichtung als reines Führungskompetenzmodell

Zum aktuellen Zeitpunkt ist das Kompetenzmodell noch ausschließlich für die Führungskräfte der Verwaltung konzipiert. Es wurden auch keine Spezifikationen für die unterschiedlichen Führungsebenen vorgenommen, da die Wirkung des Modells durch zusätzliche Modelle nicht verwässert werden sollte. Allerdings gibt es Überlegungen, mittelfristig weitere Kompetenzmodelle für Mitarbeiter ohne Führungsverantwortung bzw. für Fachkräfte/Experten mit schnittstellenübergreifender Verantwortung (laterale Führung) herzuleiten (vgl. Kapitel 8).

5.2 Schritte zur Anwendung des Kompetenzmodelles

Gleichzeitig wurden konkrete Maßnahmen zur Weiterentwicklung der Führungskompetenzen/-kultur auf Basis des verabschiedeten Modells entschieden. Als nächster Schritt wurde die Entwicklung eines Tools für Fördergespräche beschlossen. Da gleichzeitig – auch im Rahmen des neuen TVL (Tarifvertrag für den Öffentlichen Dienst der Länder) – die Einführung des Führungsinstrumentes »Mitarbeitergespräch« empfohlen wurde, lag es nahe, das Kompetenzmodell als entscheidende Feedback-Grundlage für Führungskräfte in dieses Instrument zu integrieren.
Weiterhin wurde auch die Entwicklung eines »verwaltungs- bzw. universitätsspezifischen« modularen Führungskräfte-Entwicklungsprogramms für erfahrene Führungskräfte vereinbart; – ein Novum, da Führungsentwicklung zuvor ausschließlich individuell und mit unterschiedlichen Anbietern (vor allem durch die Hochschulübergreifende Fortbildung »HüF«) realisiert wurde (vgl. Abbildung 9).

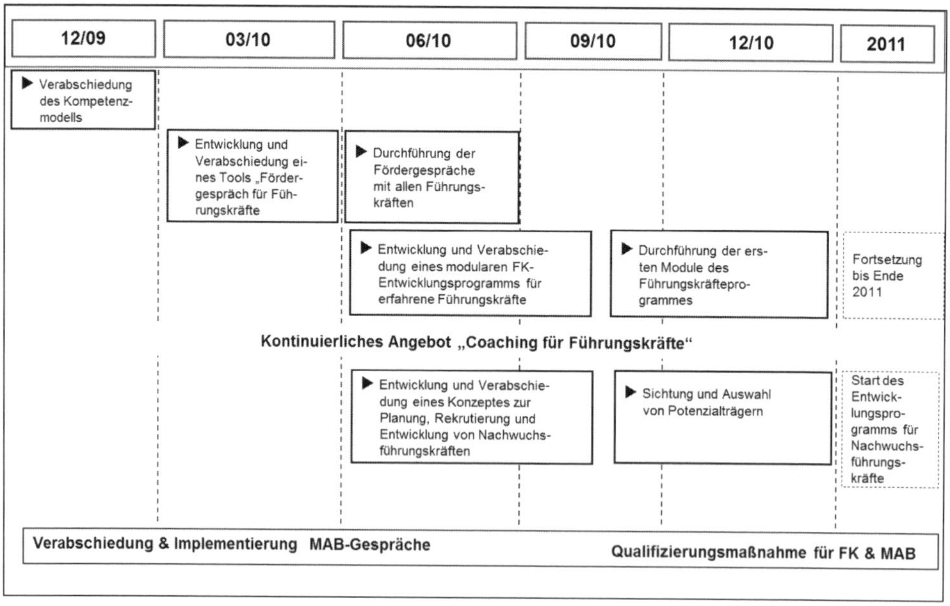

Abb. 9: Phasenplan zur Kompetenzentwicklung

5.3 Erhebung der Kompetenzen

Bislang gab es in der Verwaltung der Universität zu Köln noch kein verbindliches Mitarbeitergespräch. Wie oben bereits genannt (vgl. Kapitel 5.2) wurde mit der Verabschiedung des Kompetenzmodelles die Entwicklung und Implementierung eines Fördergespräches für Führungskräfte beschlossen. Das Gespräch wird einmal jährlich zwischen Vorgesetztem und unterstellter Führungskraft/Mitarbeiter durchgeführt.

5.3.1 Das Mitarbeitergespräch als Feedback- und Förderinstrument

Das Mitarbeitergespräch für Führungskräfte besteht aus einem Feedback- und einem Entwicklungsteil. Im Feedbackteil erhält jede Führungskraft ein Feedback zu den sechs Dimensionen des Führungsmodells von seiner/seinem Vorgesetzten. Es wurde auf ein differenziertes Feedback zu allen 23 Grundkompetenzen verzichtet, um das Gespräch nicht zu überfrachten und die Gesprächsschwerpunkte übersichtlich zu halten. In der Vorbereitung orientiert sich die Führungskraft durchaus an den Grundkompetenzen und führt dann aber diese Eindrücke zu einem Feedback zum gesamten Kompetenzbereich zusammen (vgl. Abbildung 10 und Tabelle 4 unten). Außerdem leitet sie Entwicklungszeile und mögliche Fördermaßnahmen ab.

Zur Vorbereitung auf die erstmalige Durchführung der Gespräche wurden alle Führungskräfte auf die Durchführung der Gespräche in 1-tägigen Workshops qualifiziert. Da der Herleitungsprozess des Kompetenzmodelles bereits sehr auf die Akzeptanz der Beteiligten ausgerichtet war, konnten die Workshops ganz auf die Qualifizierung der Anwender ausgerichtet werden. Dabei stand der Aufbau des Instrumentes, seine Anwendung im Gespräch und die Einbettung in dem gesamten Förderprozess im Vordergrund.

Nachfolgend sind der Auszug eines Vorbereitungsblattes zu einem Kompetenzfeld sowie die Bewertungsanker abgebildet:

<table>
<tr><th colspan="6">MITARBEITERGESPRÄCH MIT MITARBEITERINNEN MIT FÜHRUNGSAUFGABEN</th></tr>
<tr><td colspan="6">Erläuterungen der Führungskompetenzbereiche mit Verhaltensbeispielen:</td></tr>
<tr><td colspan="3">1. vorbildlich führen</td><td colspan="3">Einschätzung 5☐ 4☐ 3☐ 2☐ 1☐</td></tr>
<tr><td>A.</td><td>Authentizität
– Schafft Vertrauen und Glaubwürdigkeit durch persönliche Wirkung.
– Wirkt echt, stimmig und berechenbar in seinem Auftreten und Handeln.
– Bringt die eigene Persönlichkeit mit seiner Rolle in Einklang.</td><td>Anmerkungen/ Anregungen:</td><td>C.</td><td>Engagement
– Kann sich für Aufgaben und Themen begeistern.
– Begeistert auch andere für Aufgaben und Ziele.
– Reagiert flexibel auf Veränderungen.
– Zeigt sich in arbeitsintensiven Phasen belastbar.</td><td>Anmerkungen/ Anregungen:</td></tr>
</table>

MITARBEITERGESPRÄCH MIT MITARBEITERINNEN MIT FÜHRUNGSAUFGABEN					
Erläuterungen der Führungskompetenzbereiche mit Verhaltensbeispielen:					
1. vorbildlich führen			**Einschätzung**		**5☐ 4☐ 3☐ 2☐ 1☐**
B.	**Selbststeuerung** – Erkennt Stresssituationen und setzt sich für sich und andere stressreduzierende Maßnahmen um. – Auch in Stresssituationen zugänglich bzw. souverän sich steuern. – Setzt sich mit dem eigenen Verhalten & Handeln konstruktiv auseinander (Selbst-Reflexion).	**Anmerkungen/ Anregungen**	**D.**	**Verantwortungsbewusstsein** – Hält sich an Termine und Vereinbarungen. – Zeigt sich gegenüber der Universität und seinen Mitarbeitern loyal. – Ist bereit Entscheidungen zu treffen und die Folgen zu verantworten. – Verfolgt stringent und beharrlich die gesetzten Ziele.	**Anmerkungen/ Anregungen:**

Abb. 10: Darstellung eines Kompetenzfeldes im Mitarbeitergespräch (Vorbereitungsblatt)

Gesamteinschätzung	
Übertrifft die Anforderungen in besonderem Maße	Der Mitarbeiter zeigt hervorragende Arbeitsergebnisse und ist ein Leistungsträger. Er denkt über den eigenen Arbeitsbereich hinaus. Seine fachlichen, persönlichen, sozialen Kompetenzen setzt er für übergeordnete Ziele ein und übernimmt Vorbildfunktion.
Übertrifft die Anforderungen	Der Mitarbeiter zeigt sehr gute Arbeitsergebnisse auch bei hohem Schwierigkeitsgrad. Das Führungs- und Fachwissen geht über das Arbeitsgebiet hinaus und/oder die persönlichen/sozialen Kompetenzen sind stark ausgeprägt.
Entspricht voll den Anforderungen	Der Mitarbeiter erfüllt sein aktuelles Aufgabengebiet gut, d.h. der Arbeitsaufwand steht in einem angemessenen Verhältnis zur Zielerreichung. Seine Kompetenzen setzt er optimal ein.
Entspricht im allgemeinen den Anforderungen	Der Mitarbeiter erfüllt seine Aufgaben teilweise schon gut hat z. Zt. aber noch erkennbare Defizite in den Arbeitsergebnissen und/oder dem Einsatz seiner Kompetenzen. Diese Defizite sind in einem absehbaren Zeitraum mit entsprechender Unterstützung auszugleichen.
Entspricht nicht den Anforderungen	Eine Überforderung des Mitarbeiters ist klar erkennbar. Der Mitarbeiter zeigt deutliche Schwächen in den fachlichen, persönlichen und/oder sozialen Kompetenzen. Ein unmittelbarer Handlungsbedarf ist zur kurzfristigen Situationsklärung unbedingt erforderlich.

Tab. 4: Bewertungsskala zur Erfassung der Kompetenzen

5.4 Personalpolitische Umsetzung der Kompetenzeinschätzung

Die Kompetenzeinschätzungen aus den Mitarbeitergesprächen bilden für alle Führungskräfte zunächst die Grundlage für einen realistischen Abgleich von Selbst- und Fremdbild.

Aus den daraus abgeleiteten Bedarfen werden die individuellen Fördermaßnahmen für alle Führungskräfte bestimmt.

Die identifizierten Maßnahmen bilden die Grundlage für die Gestaltung der Entwicklungsprogramme.

Darüber hinaus wird das Kompetenzmodell in den Auswahlprozess für Führungskräfte integriert. Dieses Zusammenspiel von Kompetenzmodell und Kompetenzmanagement in der Verwaltung wird in Abbildung 11 verdeutlicht:

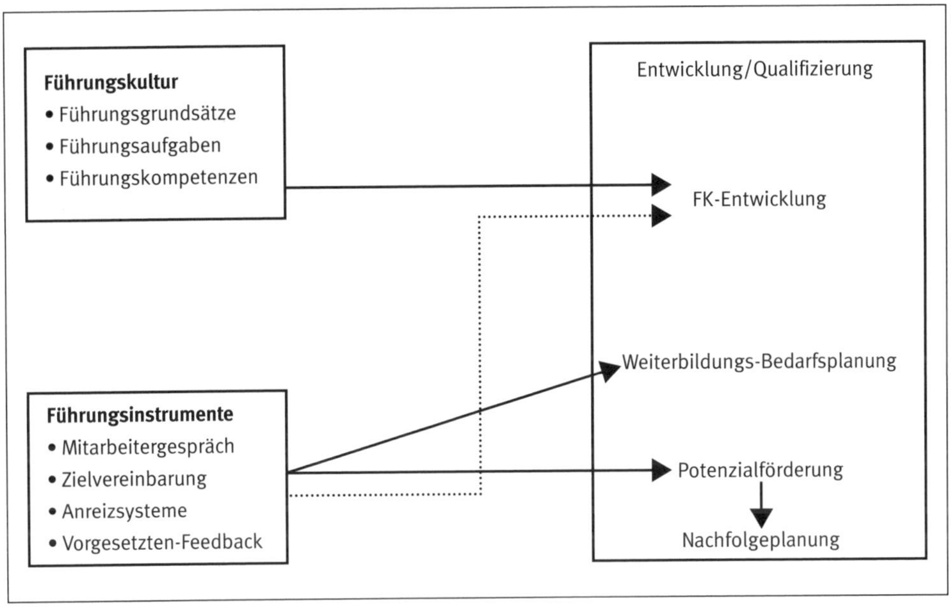

Abb. 11: Aufbau unseres Kompetenzmanagements

5.4.1 Kompetenzentwicklung durch den/die Vorgesetzte(n)

»Menschen fördern und entwickeln« ist eine der sechs Schlüsselkompetenzen für Führungskräfte. Das bedeutet, dass Personalentwicklung nicht Aufgabe einer zentralen Personalentwicklungs-Abteilung ist, sondern eine der Kernaufgaben der Führungskräfte. Die Führungskräfte stehen in der Verantwortung, die Kompetenzentwicklung ihrer Mitarbeiter – und damit auch der unterstellten Führungskräfte – kontinuierlich zu begleiten und zu unterstützen. Dazu zählt zu allererst der Aufbau eines Vertrauensverhältnisses, das einen Coachingprozess des Vorgesetzten überhaupt erst möglich macht. Neben der Ermöglichung von expliziten Trainingsprogrammen in Zusammenarbeit mit der Personalentwicklung, sind aber auch Fördermaßnahmen on und near the job wesentliche Werkzeuge, die jede der Führungskräfte im Coachingprozess einsetzen soll. Innerhalb des Entwicklungsprogrammes für Führungskräfte gibt es ein Modul, das Führungskräfte für diese Aufgabe qualifiziert.

5.4.2 Kompetenzentwicklung durch ein Führungskräfte-Programm

Bislang haben sich interessierte Führungskräfte der Verwaltung individuell in einer überbetrieblichen Weiterbildungsakademie des öffentlichen Dienstes bzw. der Universitäten oder bei anderen Anbietern für ihre Führungsarbeiter weiterqualifizieren können. Die Universität hat mit der Verabschiedung des oben genannten Prozesses den Startschuss für ein eigenes verwaltungs- bzw. universitätsspezifisches Führungskräfteprogramm gegeben, das Führungskräfte speziell für die Anforderungen in der Organisation unterstützt. Das strategische Kompetenzmodell soll Ausgangspunkt für eine Intensivierung der Lernenden Organisation sein, d. h. eben auch, dass Lernen gemeinsam und nicht ausschließlich individuell stattfindet. Das Kompetenzmodell enthält sechs für den Veränderungsprozess wichtige Führungskompetenzen. Auf diese Kompetenzen soll durch das interne Trainingsprogramm in den nächsten Jahren ein besonderer Fokus gesetzt werden.

5.4.3 Schwerpunkte unseres Trainingsprogrammes

Die Module des Trainingsprogrammes orientieren sich nicht an standardisierten Führungstrainings (z. B. Konfliktmanagement), sondern sind aus dem Kompetenzmodell und damit aus den von den Führungskräften ermittelten Bedarfen abgeleitet. Damit soll zum einen inhaltlich der Fokus deutlich auf diese Kompetenzbereiche gelegt und darüber hinaus auch

Beispiele einer Modulbeschreibung

Baustein I: Vorbildlich führen

(Authentizität – Selbststeuerung – Engagement – Verantwortungsbewusstsein)

Zielgruppe:
Führungskräfte mit Personalverantwortung in der Verwaltung

Lernziele:
Die Führungskräfte reflektieren und stärken ihr Rollenverständnis und ihre Wirkung als Führungskraft. Dabei setzen Sie sich in diesem Modul primär nicht mit Führungsinstrumenten, sondern mit den Anforderungen an die Führungsarbeit und den persönlichen Umgang damit auseinander.

Inhalte:
- Eigener und organisationaler Anspruch an die Führungsrolle in der Verwaltung
- Umgang mit Widersprüchen bzw. Dilemmata in der Führungsrolle
- Umgang mit den Erwartungen der eigenen Mitarbeiter
- Glaubwürdigkeit in der Führungsarbeit: Elementare Handlungsprinzipien in der Führungsarbeit
- Resilienz: Regulation von emotionalen Belastungen in der Führungsarbeit

Teilnehmer:
12 max.

Termin, Zeit und Ort:
2 Tage

das Bewusstsein für das Kompetenzmodell als verbindlichen Qualitätsstandard für Führung gefördert werden.

Zu jedem Kompetenzfeld wird ein 2-tägiges Grundlagentraining konzipiert und angeboten. Das Kompetenzfeld »Vorbildlich führen« ist ein für alle Führungskräfte verbindliches Modul. Die anderen Module werden nach Bedarf angeboten, d.h. dass die Entwicklungsempfehlungen aus den Mitarbeitergesprächen die Relevanz eines bestimmten Modules für die einzelne Führungskraft bestimmen. Besteht zu einem Kompetenzfeld noch vertiefender Förderungsbedarf, können einzelne Vertiefungstrainings, Coachingsupport und Beratung durch die Personalentwicklung angefordert werden.

6 Bewertung der heutigen Situation

Der gesamte Prozess der letzten Jahre hat dazu geführt, dass das Thema Führung in der Verwaltung eine deutlich stärkere Beachtung als in früheren Jahren erfährt. Die vielfachen Veränderungsprozesse in der Organisation werden die Führungskräfte auch zukünftig in ihren Führungskompetenzen fordern und damit diese Entwicklung weiter unterstützen.

Da die Dimensionen des Modells aus einem gemeinsamen Erarbeitungsprozess entstanden sind und in ihrer Clusterung als strategisches Modell gemeinsam formuliert wurden, sind die Beteiligten von der aktuellen Gültigkeit bzw. Wirksamkeit des Modelles überzeugt. Allerdings wird auch davon ausgegangen, dass in den nächsten Jahren durchaus andere Kompetenzen in den Vordergrund rücken bzw. vorhandene Kompetenzen auch an Relevanz verlieren können.

Bislang fokussieren sich die Kompetenzeinschätzungen mit dem Kompetenzmodell in besonderer Weise auf das Mitarbeitergespräch. Auch im Rahmen von Auswahlprozessen bildet das Kompetenzmodell eine Beurteilungsgrundlage, allerdings werden die Kompetenzen – je nach Tätigkeitsbereich – weiter spezifiziert und instrumentell multivariant erhoben.

Zur Weiterentwicklung der Führungskultur ist es in den nächsten Jahren ein besonderes Ziel, das Bewusstsein für die Führungsarbeit und dabei besonders für den Feedbackprozess zwischen Führungskraft und unterstellter Führungskraft/Mitarbeiter zu stärken. Unter dieser Zielsetzung ist die absolute Gültigkeit von getroffenen Einschätzungen aus dem Kompetenzmodell hier nicht primär relevant. Sollte mittelfristig auch ein Fokus auf die Messung der Veränderung von Führungsleistung gelegt werden (vgl. Management Improvement-Ansatz), würde die Gültigkeit des Modells und der damit getroffenen Einschätzungen neu geprüft und angepasst werden.

Das Kompetenzmodell soll einen Prozess stützen, der 2005 begonnen wurde – zunächst in der Verwaltung. Deshalb wurde von Anfang an Wert darauf gelegt, dass das Modell aus der Führungsmannschaft heraus entsteht und nicht als fertiges Produkt einer Fachabteilung zur Verfügung gestellt wird. Zentrales Ziel bleibt es, das Thema Führung besprechbar zu machen und als Lernende Organisation auf ein bewussteres und damit höheres Niveau zu bringen. Deshalb ist das Kompetenzmodell in dieser Phase vor allem von kulturprägender Bedeutung und Verbindungselement bzw. Klammer aller Maßnahmen zur Personalentwicklung für Führungskräfte.

7 Erfolgsfaktoren

Im Rückblick auf die vergangenen 5 Jahre seit Initiierung des Change-Prozesses zur Führungskultur sind insbesondere die folgenden vier Aspekte erfolgsentscheidend gewesen:
- die Mitgestaltung und das Commitment durch alle Führungskräfte,
- der fortlaufende Support des Prozesses aus der Leitungsebene,
- die Vernetzung aller Maßnahmen über ein Führungs-Kompetenzmodell,
- ein auf Langfristig- und Nachhaltigkeit ausgerichtetes Vorgehen.

Wie in Kapitel 4 geschildert waren die Führungskräfte in verschiedenen Workshops an fast allen Entwicklungs- und Entscheidungsschritten beteiligt. All diese vorbereitenden Schritte (Entwicklung von Leitbild, Führungsgrundsätze, etc.) waren im Prinzip auch schon Interventionen zur Weiterentwicklung der Kultur, da der Entwicklungsprozess einen gemeinsamen und teilweise durchaus kontroversen Dialog innerhalb der Führungskräfte mit sich brachte. Ebenso unterstützt der vorangegangene gemeinsame Prozess auch die Akzeptanz für die nun stattfindenden Maßnahmen zur Kompetenzentwicklung (wie z.B. das Trainingsprogramm, vgl. Kapitel 5.4.3)

Kanzler und Vizekanzlerin der Universität wirken als Initiatoren und Begleiter des gesamten Prozesses. Ebenso wurde das Vorgehen im erweiterten Führungskreis mit allen Dezernenten diskutiert und gemeinsam entschieden. Der überwiegende Teil der Maßnahmen startete mit einem gemeinsamen Workshop der oberen Führungsebene (Dezernenten) und des Kanzlers bzw. der Vizekanzlerin. Diese Form des Supportes und die Gestaltung als Top-Down-Prozess verdeutlichen immer wieder den Stellenwert des Changeprozesses in der Organisation.

In der Vergangenheit bestand die Personalentwicklung in der Verwaltung tendenziell eher aus unverbundenen Einzelmaßnahmen. Mit der Einführung des Kompetenzmanagementsystems werden nun konsequent alle Weiterentwicklungen oder Neuinitiierungen von Führungsinstrumenten mit dem entwickelten Kompetenzmodell abgestimmt (z.B. Mitarbeitergespräch, Personalauswahlverfahren).

Gerade Veränderungsprozesse, die Kulturveränderungen fokussieren, erfordern ein Vorgehen, das auf Kontinuität und Nachhaltigkeit ausgerichtet ist. Dadurch, dass in den vergangenen Jahren aufeinander aufbauende Maßnahmen entschieden und durchgeführt wurden, ist in der Verwaltung das Thema Führung deutlich in den Fokus gerückt worden.

8 Ausblick

Obgleich der gesamte Prozess 2005 mit der Leitbilddiskussion begonnen hat, befindet sich der Veränderungsprozess zur Führungskultur noch in der Anfangsphase. Diese Phase gilt der Entwicklung von Akzeptanz und Sensibilisierung für die Führungsarbeit in der Verwaltung. In einer Organisation, die – wie viele Organisationen im Non-profit-Bereich – traditionell eher von struktureller Führung geprägt ist, gibt es Signale an vielen Stellen im operativen Alltag, dass die Führungskultur in Bewegung ist und weitere Unterstützung braucht. Nachhaltigkeit bedeutet in diesem Prozess, die Organisation nicht mit Tools und Aktivitäten zu überfordern, sondern die gemeinsam initiierten Maßnahmen ausdauernd zu fördern und das Thema Führungskultur und das damit verbundene Kompetenzmodell immer wieder mit laufenden PE/OE-Maßnahmen in Verbindung zu bringen. Mittelfristig soll ein vertrauensvoller, konstruktiver Feedbackprozess zwischen Führungskraft und unterstellter Führungskraft/Mitarbeiter zur betrieblichen Normalität werden.

Darüber hinaus ist geplant, das Kompetenzmodell im Laufe der nächsten Jahre auf alle Mitarbeiter auszuweiten, z.B. als Grundlage zur mittelfristigen Weiterentwicklung des Mitarbeitergespräches. Ein solches Kompetenzmodell unterscheidet sich sicherlich in einigen Kompetenzfeldern vom Modell der Führungskräfte. Insbesondere das aktuell neu initiierte Nachwuchskräfteprogramm, das neben Nachwuchsführungskräften auch ambitionierte Fachkräfte unterstützen und fördern soll, wird die Herleitung eines auf diese Zielgruppe angepassten Kompetenzmodells, das insbesondere die Anforderungen an den lateralen Führungsprozess herausstellt, erfordern.

Ebenso gibt es im wissenschaftlichen Bereich erste konkrete Schritte zum Aufbau einer strategischen Personalentwicklung und eines bedarfsorientierten Kompetenzmanagements. Parallel dazu nutzen auch Führungskräfte aus Lehre und Forschung das in der Verwaltung angebotene Führungskräfteprogramm.

*Bernhard Oberhauser**

Kompetenzmanagement in der Unternehmensgruppe Theo Müller

* *Bernhard Oberhauser*, Leiter Personalentwicklung der Unternehmensgruppe Theo Müller (Müller-Milch).

1 Zusammenfassung

In diesem Beitrag wird das Kompetenzmanagementsystem der Unternehmensgruppe Theo Müller (Müller-Milch) vorgestellt.

Im Jahr 1999 wurde in der Unternehmensgruppe ein Instrument zur Kompetenzbewertung eingeführt. Grundlage dafür war eine theoretisch fundierte Definition von Kompetenz, wonach Kompetenzen als Selbstorganisationsfähigkeiten zu verstehen sind. Also der Fähigkeit, sich selbst und eigeninitiativ Ziele zu setzen, entsprechend zu handeln und aktiv in neuen Anforderungssituationen zu lernen.

Mit Blick auf die Erfolgsfaktoren der Unternehmensentwicklung wurden unternehmensspezifische Kompetenzen ausgewählt, definiert und durch eine Bewertungslogik ergänzt.

Das Instrument zur Kompetenzbewertung spielt heute eine wesentliche Rolle im Führungsprozess und in der Personalbeschaffung. Ein Kompetenzentwicklungsleitfaden bildet die Grundlage für die Ableitung von aufgaben- und laufbahnbezogenen Entwicklungsmaßnahmen. Kompetenzentwicklung realisiert sich danach nicht nur über klassische Personalentwicklung wie Trainings, sondern gleichwertig über Aufgabenentwicklung, Teamentwicklung und den Führungsprozess selbst.

Ferner wird eine sehr pragmatische und den Führungskräften gut zugängliche Definition von Motivation dargestellt. Schließlich wird noch eine durchaus praktische Unterscheidung zwischen Wissen und Kompetenzen diskutiert.

2 Beschreibung des Unternehmens

Wie ist die Unternehmensentwicklung in den letzten Jahren zu charakterisieren und die damit verbundenen Rahmenbedingungen für die Einführung von Führungsinstrumenten zur Zielvereinbarung und z. B. zur Kompetenzentwicklung?

Die Unternehmensgruppe Theo Müller hat seit 1970 eine rasante Entwicklung erlebt. Im Zentrum stand die Etablierung der Marke »Müller« mit Produkten wie Müller-Milchreis, Müller-Milch, Schlemmer-Joghurt und natürlich der Buttermilch von Müller. Der Aufbau der Marke war gekennzeichnet durch eine hohe Innovationsrate bei Produkten und eine eigenständige Werbestrategie. Parallel wurden seit den achtziger Jahren eigene Tochterunternehmen für Logistik und die Becherproduktion aufgebaut, sowie die Internationalisierung des Unternehmens mit Standorten in England und Italien erreicht. Mitte der neunziger Jahre erfolgte mit der Übernahme der Sachsenmilch in Leppersdorf bei Dresden ein weiterer starker Ausbau der Produktionskapazitäten, nicht nur für Frische-Produkte wie Joghurt, Mischgetränke, Käse und Butter, sondern nun auch für Laktosepulver und Molkeprotein. In den letzten Jahren gewann darüber hinaus zunehmend die Akquisition von Unternehmen an Bedeutung, wie etwa die Übernahme der Marke Weihenstephan im Rahmen einer Bietergemeinschaft und die Übernahme von verschiedenen Herstellern von Sauermilchkäse.

Die Gruppe ist in verschiedene Profitcenter gegliedert, die regional und produktbezogenen spezialisiert sind. Verschiedene Zentralfunktionen für z. B. Forschung und Entwicklung, Qualitätsmanagement und Produktion und Technik sichern den Wissenstransfer und die Nutzung von Synergien.

Zusammenfassend lässt sich die Entwicklung der Unternehmensgruppe Theo Müller als »kontinuierlich dynamisch« charakterisieren. Das Wachstum vollzog und vollzieht sich in drei Bereichen:
- Einführung von Innovationen,
- Eintritt in neue Märkte (Länder)
- Übernahme von Unternehmen

Interessant für die Führungs- und Managementaufgabe ist dabei, dass die Wachstumsschritte häufig so groß waren, dass quasi alle Mitarbeiter in bestimmter Weise in die Realisierung einbezogen waren. Damit war aber ein wesentlicher Faktor für Mitarbeitermotivation und -entwicklung gegeben, der sich mit Aufgabenvielfalt und Aufgabenanreicherung beschreiben lässt (job rotation, job enlargement, job enrichment). So ist die Unternehmenskultur stark geprägt von diesem hohen Wachstum, dem kontinuierlich steigenden Erfolg und einer hohen Motivation für Veränderungen.

Gleichzeitig hat natürlich jeder dieser Wachstumsschritte zu einer Zunahme der Komplexität in den Kooperations- und Kommunikationsprozessen geführt. Die hohe Personenorientierung und die Dominanz direkter und informeller Kommunikation haben sich bis heute erhalten, wurden aber durch eine Reihe von Organisations- und Personalentwicklungsmaßnahmen verändert.

Organisationsprojekte waren u. a.:
- Einführung von SAP R/3 als führende betriebswirtschaftliche Software
- Ausbau der zentralen Geschäftsführungsfunktionen
- Einführung einer zentralen Organisationsstruktur
- Einführung eines zielorientierten Projektmanagementsystems
- Gestaltung von Kernprozessen für Produktentwicklung, Supply Chain, Führung
- Einführung einer Geschäftsbereichsstruktur (Stärkung der dezentralen Verantwortung)

Personalentwicklungsprojekte waren u. a.:
- Unternehmensweite Schulungen im Projektmanagement
- Einführung und mehrmalige Evaluierung eines Zielvereinbarungssystems
- Förderung von Englisch als Weiterbildungsschwerpunkt
- Einführung eines formalisierten Mitarbeitergesprächs (mit Zielvereinbarung, Stellenbeschreibung, Kompetenzfeedback)
- Einführung eines Performancemanagement- und Nachfolgeprozesses
- Einführung eines modularen Führungskräfte-Entwicklungsprogramms

Von den skizzierten Rahmenbedingungen ausgehend werden nachfolgend die Ziele des Kompetenzmanagements in der Unternehmensgruppe Theo Müller dargestellt. Dann wird das genutzte Kompetenzmodell abgeleitet sowie die Kompetenzbewertung und die verschiedenen Wege der Kompetenzentwicklung beschrieben. Schließlich werden der aktuelle Entwicklungsstand des Kompetenzmanagements und Akzeptanzbedingungen diskutiert und es erfolgt ein Blick auf einige verbundene Fragestellungen.

3 Ziele des Kompetenzmanagementsystems

Die Beschäftigung mit Kompetenzentwicklung als eigenständige Unternehmensaufgabe begann in der Unternehmensgruppe Theo Müller im Jahr 1999 mit der Einrichtung einer Abteilung »Personalentwicklung«. Der erste Auftrag für diese Abteilung bestand in der Einführung eines Zielvereinbarungssystems, das zwischenzeitlich über mehrere Evaluationsrunden optimiert wurde und eine breite Akzeptanz im Führungsprozess gefunden hat. Das Zielvereinbarungssystem wurde ergänzt durch Stellenbeschreibungen zur längerfristigen Leistungsvereinbarung und durch ein Kompetenzmodell zur Bewertung und Entwicklung von Leistungsgrundlagen.

Neben der Unterstützung des Führungsprozesses durch Zielvereinbarungen sollte mit den Instrumenten des Kompetenzmanagements eine größere Fundierung, Systematisierung, Vergleichbarkeit und Nachvollziehbarkeit von Maßnahmen im Führungsprozess erreicht werden:

- Fundierung meinte dabei die Etablierung eines gemeinsamen Verständnisses von Kompetenzbewertung und -entwicklung im Führungsprozess, im Wesentlichen aufgrund einheitlicher Definitionen
- Systematisierung bedeutete die Auswahl unternehmensspezifischer, aber zukunftsorientierter Kompetenzen und die Einführung von Instrumenten zum Kompetenzmanagement. Ein Systematisierungsziel war die Einführung eines standardisierten Leitfadens für Mitarbeitergespräche und einer Diskussionsbasis für Anforderungsprofile im Rekrutierungsprozess. Ein weiteres Systematisierungsziel waren Schwerpunktsetzungen in der Personalentwicklung. Das Kompetenzmanagement wurde strategisch ausgerichtet und zielgruppenspezifische Trainings z.B. zum Führungsprozess, Projektmanagement und für Fremdsprachen eingeführt
- So wurden u.a. zielgruppenbezogene Trainings zum Projektmanagement, zum Führungsprozess und für Englisch eingeführt, die das Kompetenzmanagement quasi strategisch ausgerichtet haben
- Diese Herausforderungen waren in der Müller-Gruppe insbesondere durch das schnelle Wachstum wichtig geworden. Unternehmenswachstum ist häufig verbunden mit der Rekrutierung und/oder dem Wechsel von Mitarbeitern innerhalb eines Unternehmensverbundes. Die damit verbundenen Veränderungsentscheidungen erfordern es, Kompetenzen kommunizierbar sowie Bewertungen nachvollziehbar und vergleichbar zu machen. Für die Mitarbeiter wird es zudem wichtig, auch nach Vorgesetztenwechseln eine Stabilität in den Bewertungsmaßstäben zu behalten

4 Beschreibung des Vorgehens

Die Einführung des Kompetenzmanagements in der Unternehmensgruppe Theo Müller vollzog sich in folgenden Schritten:

1. Einführung eines Zielvereinbarungssystems
2. Einführung von Stellenbeschreibungen in den Führungsprozess mit Defintion der Hauptaufgaben und daraus abgeleitet die Kernkompetenzen für die Müller-Gruppe

3. Einführung eines Kompetenzmodells
4. Einführung eines Kompetenzentwicklungsleitfadens
5. Einführung eines Leitfadens für Mitarbeitergespräche (mit Zielvereinbarung, Stellenbeschreibung und Kompetenzbewertung)
6. Vollständige Evaluation der Zielvereinbarungen und Ableitung von Handlungsempfehlungen für Zielvereinbarungen
7. Durchführung von Entwicklungsgesprächen im Rahmen eines Prozesses der Nachfolgeplanung für Schlüsselfunktionen. Ableitung von individuellen Entwicklungsplänen
8. Einführung eines modularen, mehrstufigen Führungskräfte-Entwicklungsprogramms

Der Einführungsprozess wurde von Experten gesteuert und begleitet. Zur Identifizierung Unternehmens- und Fachbereichsbezogener Anforderungen wurden die Führungskräfte zur Diskussion einzelner Aspekte, in Trainings und im Rahmen von Evaluationsschritten mit einbezogen.

5 Beschreibung des Kompetenzmanagementsystems

5.1 Kompetenzmodell

Ausgangspunkte für die Einführung des Kompetenzmodells waren die Arbeit an einem formalisierten Mitarbeitergespräch, das neben der Zielvereinbarung auch ein Stärken- und Schwächenfeedback umfassen sollte, sowie der Wunsch nach einer Diskussionsbasis für Anforderungsprofile im Rekrutierungsprozess. Wie in der nachfolgenden Abbildung dargestellt, unterscheidet das Kompetenzmodell vier Basiskompetenzen, die jeweils über Einzelkompetenzen differenziert werden.

Nach dem Vergleich verschiedener Kompetenzmodelle haben wir uns für eine Arbeit mit dem Kompetenzansatz von Erpenbeck und Heyse (1999) entschieden.

Interessant für die Unternehmensgruppe war dabei insbesondere die Heraushebung der Aktivitätskompetenz, da die hier subsummierten Einzelkompetenzen wie Belastbarkeit, Einsatzbereitschaft, Innovationsfreudigkeit, Optimismus etc. als wesentliche Erfolgsfaktoren für das Unternehmen angesehen wurden.

Weitere Eigenschaften des Kompetenzansatzes mit Relevanz für den Führungsprozess sind:
- **Stärkenorientierung – »in den Stärken steckt die Motivation«.** D. h., das, was wir besser können, machen wir verstärkt und wollen es auch verstärkt machen.
- **Zu starke Ausprägungen von Kompetenzen können zur Schwäche werden.** D. h., das, was wir besser können, machen wir ggf. zu viel und zu oft und sind hier ggf. auch weniger offen für korrigierendes Feedback aus dem Führungsprozess (Beispiele: aus sehr gutem Fachwissen wird zu hohe Detailorientierung; aus hoher Belastbarkeit wird langfristig Überlastung von sich selbst und anderen).
- **Kompetenzen können kompensiert werden (individuell oder im Team).** D. h. für hinreichend komplexe Aufgaben gibt es kein »one best skill profile«. Unterschiedliche

Fach-/Methodenkompetenz:	Aktivitätskompetenz:
zu gering	
lückenhaftes Fachwissen	setzt sich keine eigenen Ziele
⇩	⇩
hoch/stark/optimal	
fachlich perfekt	**aktiv handelnd, treibend**
⇧	⇧
zu stark ausgeprägt	
perfektionistisch, detailorientiert, wenig pragmatisch	hektisch, kurzfristig, aktionistisch
Personale Kompetenz:	**Sozialkompetenz:**
fremdbestimmt, opportunistisch, sprunghaft	kompromisslos, egozentrisch
⇩	⇩
ausgeprägte, reflektierte Wertorientierung	**konsensbereit, partizipativ**
⇧	⇧
idealistisch, Träumer, selbstbezogen	macht nichts allein

Tab. 1: Basiskompetenzen und Ausprägungen im Kompetenzmodell von Erpenbeck und Heyse (1999) (Darstellungsform aus Kompetenzleitfaden der Unternehmensgruppe Theo Müller)

Kompetenzprofile können für die gleiche Aufgabe gleich wirksam bzw. erfolgreich sein. (Beispiel: Fachkompetenzen können durch Sozialkompetenzen kompensiert werden, wenn diese für ein aktives »Fachwissensmanagement« eingesetzt werden.)

- **Kompetenzen sind veränderbar.** D. h. Kompetenzen können grundsätzlich weiterentwickelt werden.
- **Kontextbezogenheit von Kompetenzausprägungen.** Ein häufiges Beispiel ist die Veränderung, d. h. Abnahme der Kommunikationsfähigkeit unter Stress.

5.2 Kompetenzbewertung

Eine wesentliche Anforderung für den Aufbau des Kompetenzmodells der Unternehmensgruppe bestand darin, die »alten« erfolgsassoziierten und kulturbildenden »Mittelstands«-Kompetenzen mit zukünftig stärker relevanten »Konzern«-Kompetenzen zu verbinden. Weiterhin wesentlich war die Handhabbarkeit des Instruments, um eine ausreichende Akzeptanz im Unternehmen zu erreichen. Die Arbeit einer kleinen Arbeitsgruppe aus Personalentwicklung, Unternehmensführung und einem externen Berater bestand insbesondere in der Auswahl der »richtigen« Einzelkompetenzen (siehe Abbildung 1: Das Kompetenzbewertungsinstrument der Unternehmensgruppe Theo Müller). Die Auswahl der relevanten

		Kennzeichnen Sie das Soll-Kompetenzprofil z.B. mit **S**, das Ist-Profil mit **I**.											
	Funktion: Mitarbeiter:	S: nicht relevant f. diese Stelle	I: nicht vorhanden	S: wenig relevant	I: gering ausgeprägt	S: relevant	I: grundlegend ausgeprägt	S: erfolgsentscheidend	I: deutlich ausgeprägt	S: unabdingbar	I: sehr stark ausgeprägt	S: Überausprägung erwünscht	I: positiv überausgeprägt	S: Überausprägung schädlich	I: negativ überausgeprägt
		0		1		2		3		4		5		6	
Fach- / Methodenkompetenz	**Expertise**														
	>> Details Expertise														
	>> Details Expertise														
	Projektmanagement														
	Organisationsfähigkeit														
	Bereichsübergreifendes Denken														
	Systematisch-analytisches Denken														
	Konzeptionell-strat. Fähigkeiten														
Persönlichkeitskompetenz	**Belastbarkeit**														
	Initiative														
	Flexibilität														
	Ergebnisorientiertes Handeln														
	Führungsfähigkeit														
	Verbindlichkeit														
	Ausdauer														
	Veränderungsbereitschaft														
Soziale Kompetenz	**Überzeugungsfähigkeit**														
	Konfliktfähigkeit														
	Netzwerkmanagement														
	Teamfähigkeit														

Abb. 1: Das Kompetenzbewertungsinstrument der Unternehmensgruppe Theo Müller

Kompetenzen erfolgte jedoch nicht systematisch-analytisch, sondern auf der Grundlage eines eher qualitativen Bildes über die Unternehmensgruppe Theo Müller. Die Einzelkompetenzen wurden einem so genannten Kompetenzatlas entnommen, der von Erpenbeck und Heyse zur damaligen Zeit zur Verfügung gestellt worden war. Dieser Kompetenzatlas bestand aus der Zuordnung einer Vielzahl von Einzelkompetenzen zu den vier Basiskompetenzen (vgl. Abbildung 1).

Die Darstellungsform in Abbildung 1 ist der Kern des Kompetenzinstrumentes der Unternehmensgruppe Theo Müller, das im Mitarbeiterjahresgespräch sowie für die Diskussion von Soll-Kompetenzen im Personalbeschaffungsprozess genutzt wird. Der Umgang mit dem Instrument ist u. a. Gegenstand von Führungskräfteschulungen. Das Kompetenzinstrument wird als Bestandteil von Mitarbeitergesprächen eingesetzt. Eine englische Übersetzung liegt ebenfalls vor.

Dem Kompetenzbewertungsinstrument ist eine einleitende Instruktion vorangestellt, die hier zur besseren Lesbarkeit separat in Abbildung 2 dargestellt ist. Alle Kompetenzen sind entsprechend den Beispielen in Abbildung 3 definiert.

Weniger ist mehr. Sie müssen nicht alle Kompetenzen bewerten. Konzentrieren Sie sich im Anforderungsprofil und Feedback auf die wesentlichen.

Soll-Kompetenzprofil (Anforderungsprofil): Bewerten Sie zuerst die Kompetenzen, die für die Aufgaben der Stellenbeschreibung oder die Zielvereinbarung hohe Bedeutung haben (entspricht Ausprägung 4–5). Bewerten Sie dann, ob eine Kompetenz hinderlich für die Aufgabenerfüllung sein könnte. Markieren Sie diese bei einer Ausprägung von 1 oder 2.

Ist-Kompetenzprofil: Schätzen Sie die wesentlichen Kompetenzen Ihres Mitarbeiters/Bewerbers ein, die er tatsächlich in die Arbeit einbringt.

Vergleich Ist-Soll-Profil: Die Übereinstimmungen und Abweichungen des Ist-Kompetenzprofils zum Soll-Kompetenzprofil zeigen die Stärken und Schwächen Ihres Mitarbeiters in Bezug auf seine Aufgaben und Ziele. Dies ist Grundlage für Ihr Feedback und Überlegungen zur Entwicklung des Mitarbeiters im Mitarbeiter-Gespräch bzw. bei neu zu besetzenden Stellen für Ihre Einstellungsentscheidung.

Abb. 2: Instruktion zum Kompetenzbewertungsinstrument

(zu) geringe Ausprägung (eventuell für konkrete Position ausreichend)	**hohe Ausprägung**	**Überausprägung schädlich** (Risiko einer unverhältnismäßigen starken Ausprägung)
1 2	3 4 5	6
Wissen im Fachgebiet		
– lückenhaftes Wissen, dadurch suboptimale Bearbeitung von Aufgaben im Fachgebiet – Beschränkung des Wissens auf Teilgebiete des Faches	A. umfassende bereichsspezifische fachliche und methodische Kenntnisse sowie unterstützendes Allgemeinwissen B. Aufgaben laut Stellenbeschreibung werden effizient und in sehr guter Qualität realisiert C. Ausgeprägte Fähigkeit, Fachwissen auf aktuelle Situationen und Aufgabenstellungen anzuwenden (Pragmatismus/Lösungsorientierung) D. kann Fachkenntnisse (auch für Nicht-Experten verständlich) kommunizieren und präsentieren	– sehr hohes, jedoch stark auf das eigene Fach konzentriertes Wissen (»Fachidiotie«) – zu hohe Detailorientierung und geringe praktische Umsetzung trotz hohen fachlichen Wissensstandards (fehlender Pragmatismus) – Vernachlässigung sozial-kommunikativer Aspekte

Belastbarkeit		
– vorhandene Stärken werden auch unter kurzzeitigen sozialen, seelischen oder körperlichen Belastungen nicht mehr wirksam	A. erlebt Gefühl der Herausforderung und Aktivität bei erhöhten Anforderungen B. auch unter Stress bzw. in komplexen und konflikthaften Situationen werden hohe Leistungen erzielt C. fordert auch unter erhöhten Anforderungen hohe Leistungen von seinen Mitarbeitern und Kollegen, achtet aber darauf, sie nicht zu überfordern D. kennt seine eigenen Ressourcen und Grenzen und setzt seine Kräfte ökonomisch ein	– hält auch an Vorhaben fest, die nicht realistisch sind – Inkaufnahme von Überlastung der Mitarbeiter und Kollegen – unverhältnismäßiger Energieeinsatz auf Kosten der eigenen psychischen oder physischen Gesundheit

Abb. 3: Definition der Kompetenzen (Auszug aus dem Kompetenzentwicklungskatalog)

Bei der Einführung des Instruments für die Kompetenzbewertung zeigten sich u.a. folgende Probleme:

- Die Kombination von Soll-Kompetenzprofil und Ist-Kompetenzprofil in einem Darstellungsblatt erforderte eine mehrmalige Überarbeitung der Instruktion, um die Verständlichkeit zu gewährleisten
- Die diskontinuierliche Bewertungsskala von 1–5 und 6 provoziert ebenfalls einen erhöhten Erklärungsaufwand. Während die Skalenausprägungen 1–4 die klassische »schwach-stark« Differenzierung beschreiben, bedeutet 5 »Überausprägung erwünscht« und 6 »Überausprägung schädlich«
- Die Erklärung, dass jede Stärke auch zu einer Schwäche werden kann, ist in der Regel jedoch aus der Erfahrung und Selbstbewertung heraus zugänglich. Diese Skalendefinition wird in der Regel sehr begrüßt. Sie dient zudem ganz wesentlich der Integration des Motivationsbegriffes ins Kompetenzthema (vgl. hierzu Kapitel 6.2)

5.3 Kompetenzentwicklung

»Bewerte nichts, was du nicht auch verändern kannst!« Dies könnte das Motto für die Führungskräfte sein, von denen in der Unternehmensgruppe Theo Müller gefordert wird, im Mitarbeiterjahresgespräch drei Stärken und drei Schwächen Ihres Mitarbeiters mit Blick auf Aufgabenerfüllung und Zielerreichung zu bewerten. Nach diesem Bewertungsschritt sind sie – per Handlungsempfehlung im Gesprächsbogen – aufgefordert, gemeinsam mit dem Mitarbeiter Maßnahmen zur Kompetenzentwicklung abzuleiten (vgl. Abbildung 4).
Um die Identifikation und Diskussion der Kompetenzentwicklungsmaßnahmen zu erleichtern, stehen Verhaltensbeispiele zur Verfügung. In Abbildung 5 ist dies als Beispiel für die Teilkompetenz Belastbarkeit dargestellt.

3. Kompetenzeinschätzung

Erörtern Sie mit Ihrem Mitarbeiter, warum dieser seine Aufgaben gut und andere weniger gut erfüllt hat. Am besten vergleichen Sie für Ihr Kompetenzfeedback das Soll-Kompetenzprofil für die Funktion mit den tatsächlich von Ihrem Mitarbeiter eingebrachten Ist-Kompetenzen. Konkretisieren Sie Ihr Kompetenz-Feedback mit Verhaltensbeispielen: Bei welcher Aufgabe, unter welcher Rahmenbedingung, ggf. wie oft hat Ihr Mitarbeiter eine bestimmte Kompetenz gezeigt oder gerade nicht gezeigt? Nutzen Sie die Kompetenzbegriffe aus dem Kompetenzprofil und ergänzen Sie diese bei Bedarf.

Nennen Sie (drei) **Stärken** und machen diese an Verhaltensbeispielen fest.

Nennen Sie (drei) **Schwächen** und machen diese an Verhaltensbeispielen fest.

4. Maßnahmen zur Leistungsverbesserung/Weiterentwicklung

Benennen Sie aus Ihrer Sicht Ziele und Maßnahmen zur Entwicklung von Kompetenzen, die sich aus diesem Gespräch ergeben.

Maßnahme	verantwortlich	bis wann gewünscht

Sämtliche Maßnahmen sind vor ihrer Umsetzung mit HR abzustimmen

Abb. 4: Ausschnitt aus dem Gesprächsbogen zum Mitarbeiterjahresgespräch der Unternehmensgruppe Theo Müller (Größenverhältnisse zum Ausfüllen sind geändert)

Belastbarkeit

Fähigkeit, auch bei Stress und unter nicht planbaren Bedingungen die Kontrolle zu bewahren und effektiv zu arbeiten.

- Arbeiten unter Zeitdruck und ungünstigen Bedingungen werden gleichbleibend ruhig und zielorientiert durchgeführt
- Auch in Belastungssituationen werden Prioritäten gesetzt und dementsprechend verfahren
- Fehlende Verhaltensregeln oder ungeklärte Arbeitsprozesse werden offen angesprochen und bis dahin akzeptiert
- Hohe Aufgabenidentifikation führt zu einer Akzeptanz von angemessener Mehrarbeit
- Ambivalente Situationen werden offen angesprochen und ein angemessener Umgang wird vereinbart
- Misserfolge / Rückschläge werden als Chance bewertet und führen zur einer verstärkten Anstrengung
- Frustrationen führen weder zu einer Blockade noch zu Demotivation
- Dauerhafte Überlastung wird konstruktiv angesprochen, ohne in eine negative Haltung zu verfallen

Abb. 5: Auszug aus den Verhaltensbeispielen der Unternehmensgruppe Theo Müller

6 Bewertung der heutigen Situation

Nachfolgend wird auf einige Aspekte eingegangen, die im Einführungsprozess stärker diskutiert worden sind und die die Weiterentwicklung des Instruments sowie der unterstützenden Schulungen beeinflusst haben.

6.1 Vollständigkeit und Vergleichbarkeit in der Kompetenzbewertung

18 Kompetenzen auf einem Blatt »verführen« zur Annahme, dass auch immer alle 18 Kompetenzen bewertet werden müssen (siehe Abbildung 1). Dies kann in einigen Unternehmen ggf. wirklich eine Forderung darstellen. In der Unternehmensgruppe Theo Müller jedoch wurde bewusst auf »Vollständigkeit« verzichtet. Sowohl im Feedbackprozess wie in der Diskussion von Soll-Kompetenzen in der Personalbeschaffung wird von Seiten der Personalentwicklung eher die Beschränkung auf wesentliche Kompetenzen gefordert. Dadurch soll die Priorisierung und Umsetzungsorientierung im Sinne der Ableitung von Kompetenzentwicklungsmaßnahmen gefördert werden. Dennoch ist dieses Prinzip der »erlaubten Unvollständigkeit« ein starker Ansatzpunkt für Kritik, der häufig erläutert werden muss.

Des Weiteren ist die Vergleichbarkeit der Kompetenzbewertung eingeschränkt, wenn nicht immer alle 18 Kompetenzen bewertet werden. Die Kritik setzt dann bei der Schwierigkeit an, Kompetenzprofile für verschiedene Funktionen (Soll-Profil) bzw. für Mitarbeiter (Ist-Profil) zu vergleichen. Beide Kritikpunkte werden deshalb noch mal unter Punkt 8 »Ausblick« aufgenommen.

6.2 Zusammenhang zwischen Kompetenz und Motivation

Selbst erfahrene Manager, ja selbst Personalmanager haben häufig Schwierigkeiten den Motivationsbegriff zu definieren, geschweige denn aus einer individuellen Definition Handlungsentscheidungen abzuleiten. Der Aufklärungswert und Umsetzungswert der hoch verfügbaren Literatur und der Unmenge an (tatsächlich besuchten) Trainings scheint hier begrenzt zu sein.

Mit der Einführung einer »Überausprägung schädlich«-Skalierung (Skalenwert 6) und der Übergangsstufe (5) »Überausprägung sinnvoll« wurde versucht, den schillernden Motivationsbegriff in das Kompetenzmodell der Unternehmensgruppe Theo Müller zu integrieren. Es ist klar, dass jeder Versuch, den Motivationsbegriff allein durch eine Skalendifferenzierung zugänglich zu machen, eine sehr starke Vereinfachung darstellt. Dennoch wurde dieser Weg gegangen, da er sich konzeptionell anbietet und nach Erklärung ein gutes, nachhaltiges Verständnis bei den Führungskräften und Mitarbeitern findet.

Dabei nutzen wir folgende Argumentationskette:

1. Stärken (stark ausgeprägte Kompetenzen) können sich bilden aufgrund
   - langer Erfahrung und aufgrund
   - hoher Motivation, d.h. einem hohen Bedürfnis, etwas Bestimmtes zu tun.

2. Lange Erfahrung führt häufig nicht zu einer Überausprägung von Kompetenzen, sondern nur zu »Seniorität«, die durch die Ausprägungsstufe 4 gut beschrieben ist.
3. Hohe Motivation dagegen kann zur Überausprägung einer Kompetenz führen. Sichtbar wird dies in einem Verhalten, das nicht mehr situationsadäquat eingesetzt wird:
   - gutes Fachwissen wird zu »zu hoher Detailorientierung« in einer Managementfunktion,
   - hohe Belastbarkeit wird zum »Sich-selbst-und-andere-überlasten«,
   - hohe Ergebnisorientierung wird zum »Koste-es-was-es-wolle« etc.
4. Eine Überausprägung von Kompetenzen kann sinnvoll sein für bestimmte Funktionen, etwa die Belastbarkeit und Ergebnisorientierung beim Projektmanager. Andererseits schränken Überausprägungen von Kompetenzen bei einem Mitarbeiter dessen »Führbarkeit« und seine »Steuerbarkeit« ein.
5. Ein Zusammentreffen von motivbasierten Kompetenzen und Aufgabenanforderungen ist die Grundlage für Spitzenleistungen.
6. Eine Nicht-Übereinstimmung von motivbasierten Kompetenzen und Aufgabenanforderungen führt häufig zu Schlechtleistungen und kann nicht mit Training, sondern praktisch nur durch Aufgabenveränderung überwunden werden.
7. Eine Überausprägung von Kompetenzen der Skalenstufe 6 ist langfristig immer kritisch, weil die Reflexionsfähigkeit bezüglich dieser Kompetenzen und dem dadurch bevorzugten Verhalten nicht mehr gegeben ist. Dies ist unter sich ändernden Rahmenbedingungen und gerade in größeren Unternehmen mit vielen Schnittstellen besonders kritisch.

Diese Argumentationskette versucht, Antriebsquellen für Verhalten zu beschreiben und aus dieser Beschreibung Handlungsempfehlungen für Führungskräfte abzuleiten. Sie wird in der Regel gut verstanden und selbständig im Führungsprozess angewandt.

6.3 Integration des Themas Kompetenzbewertung und -entwicklung in den Führungsprozess

Die Kompetenzbewertung in der Unternehmensgruppe Theo Müller wurde nicht als objektives Bewertungsinstrument gestaltet, sondern konsequent als subjektives Reflexionsinstrument im Führungsprozess. Eine objektive, nachvollziehbare und vergleichbare Bewertung wird demgegenüber nur für die vereinbarten Aufgaben und Ziele gefordert. Konsequent wird auch nur für erreichte Leistungen bei Aufgaben und Zielen bezahlt und nicht für vorhandene Kompetenzen. Kompetenzen können nur indirekt über Karriereentwicklung und Leistungsverbesserung zu einem höheren Einkommen führen.

Ein Grundprinzip des Personalmanagements, »bezahlt wird für Leistung, nicht für Qualifikation«, ist im Führungsprozess von Unternehmen keineswegs selbstverständlich. Man erreicht zwar schnell eine offene Akzeptanz dafür, die Umsetzung ist aber umso schwieriger. Häufig dominiert in den Begründungen für überdurchschnittliche Gehaltserhöhungen das »kann-viel«-, »kommuniziert-gut«- und »ist-belastbar«-Argument. In der Unternehmensgruppe Theo Müller besteht die erste Forderung an eine Führungskraft in einer klaren Leistungsvereinbarung für Aufgaben und Ziele. Die Leistungsbewertung ist dann Grundlage für die Vergütungsdiskussion. An die Leistungsbewertung sind hohe Anforderungen bzgl. Begründbarkeit, Nachvollziehbarkeit und Vergleichbarkeit gestellt. Demgegenüber ist die Kompetenzbewertung nur sekundär und streng genommen verzichtbar, solange die Leistungen erbracht werden. Wir halten dieses Führungsprinzip für Industrieunternehmen mit einem hohen Anteil an standardisierten Prozessen für sinnvoll.

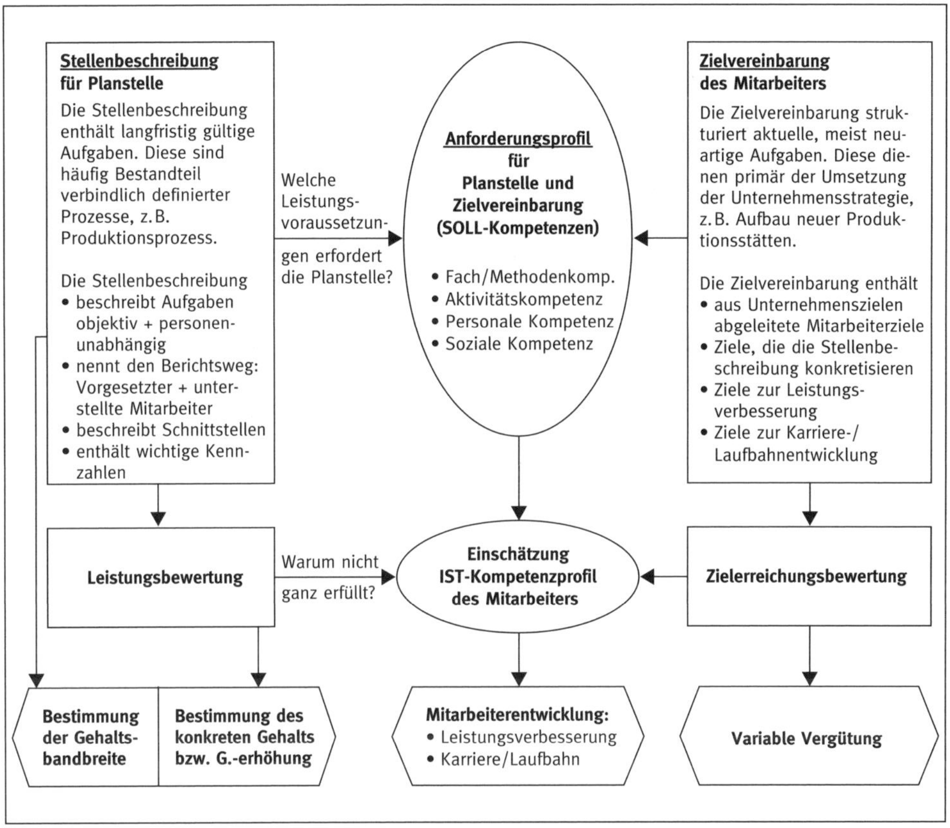

Abb. 6: Überblick über die Führungsinstrumente in der Unternehmensgruppe Theo Müller

6.4 Komplexität von Aufgaben und Ansätze der Personalentwicklung

Die Bewertung der Komplexität von Aufgaben führt zu interessanten Differenzierungen für Konzepte der Personalentwicklung (vgl. Tabelle 2 »Konzepte der Personalentwicklung in Abhängigkeit der Komplexität von Aufgaben im Unternehmen«).

Unter den Bedingungen nicht komplexer Aufgaben, z.B. Aufgaben mit hohem Wiederholungsgrad, erhöht sich die Stabilität der einzusetzenden Leistungsvoraussetzungen. Entsprechend der Definition von Kompetenzen als Selbstorganisationsfähigkeiten sind dann gar nicht mehr Kompetenzen einzusetzen, sondern vor der Aufgabenbearbeitung vermitteltes Wissen. Dies gilt tendenziell für alle standardisierten Prozesse in Unternehmen.

Komplexität von Aufgaben oder Rahmenbedingungen	Ansatzpunkt für Personalentwicklung
geringe Komplexität	(zentralisierte) Prognose einzusetzender Leistungsvoraussetzungen möglich à Ableitung Weiterbildungsangebot für Wissensvermittlung *Motto*: learn then act
steigende Komplexität	– Prognosefähigkeit bzgl. einzusetzender Leistungsvoraussetzungen sinkt – Dezentralisierung der Personalentwicklung wird wichtiger – Maßnahmen zur Wissensvermittlung werden durch Ansätze zur Kompetenzentwicklung ergänzt *Motto*: learning by doing
hohe Komplexität	– Prognosefähigkeit sinkt auch für dezentrale Einheiten – Handeln ist immer ein Handeln in Grenzbereichen – Lernen nicht für Aufgaben, sondern für Umgang mit Komplexität (als Offenheit gegenüber Neuem und Umgang mit Unbestimmtheit) – Dominanz von komplexen Ansätzen der Kompetenzentwicklung jenseits klassischer Weiterbildung *Motto*: doing by learning

Tab. 2: Konzepte der Personalentwicklung in Abhängigkeit der Komplexität von Aufgaben im Unternehmen

Diese Differenzierung von Komplexitätsgraden ist zwar keine Grundlage für die tägliche Arbeit der Personalentwicklung, sie dient jedoch für konzeptionelle Diskussionen bei der Beantwortung von Fragen wie:

- Welche Rolle hat die Personalentwicklung, welche Rolle haben die Führungskräfte bei der Kompetenzentwicklung in einem bestimmten Aufgabenbereich?
- Was können wir in einem bestimmten Aufgabenbereich überhaupt durch Seminare vermitteln?
- Wie und wann lässt sich der Erfolg von Personalentwicklungsmaßnahmen bewerten?

7 Erfolgsfaktoren

Über die Planbarkeit und Übertragbarkeit der nun folgenden Erfolgsfaktoren in anderen Projekten muss der Leser selbst befinden.

- **Top-Down-Ansatz.** Das Top-Management war Auftraggeber, Treiber und Multiplikator für die Einführung des Führungsinstruments Kompetenzbewertung. Management Attention als Erfolgsfaktor für wichtige unternehmensweite Veränderungsaufgaben kann sicherlich am besten verallgemeinert werden.

- **Vernetzter Ansatz.** Durch Vernetzung von Themen entsteht eine wechselseitige Stützung der Instrumente und der damit verfolgten Ziele. In der Unternehmensgruppe Theo Müller dient das Kompetenzmodell bei der Definition von Soll-Profilen im Rekrutierungsprozess, bei der Mitarbeiterbewertung im Jahresgespräch und der Reflexion von Kompetenzen in Entwicklungsgesprächen. Ebenso folgen Diskussionen zu Kompetenzprofilen regelmäßig nach Organisations-, sprich Aufgabenklärungen.
- **Multiple Trainingsansätze** (klassisches Führungskräftetraining, Kurztrainings und Einzelberatung kurz vor den jährlichen Mitarbeitergesprächen, Computer-Based-Training, Muster/Beispiele für die Anwendung, ...).
- **Motivation und Know-how der einführenden Fachabteilung.** Das Thema Kompetenzmanagement hat eine gewisse Komplexität, die sich auch in der wissenschaftlichen Vielfalt zeigt, mit der das Thema bearbeitet wird. Psychologisches Know-how sollte vorhanden sein, sofern das Thema nicht primär mit externen Beratern bearbeitet wird.
- **Kooperation mit Hochschulen und anderen Unternehmen,** um vom aktuellen Stand der Wissenschaft, sowie von »Best Practices« profitieren zu können.
- **Berücksichtigung der im Unternehmen bereits verfügbaren Instrumente** als (kommunizierbare) Ausgangspunkte für Weiter- oder Neuentwicklungen. Insbesondere obere Führungskräfte haben in der Regel Erfahrungen in anderen Unternehmen gesammelt, die ggf. als Widerstand gegen neue Instrumente wirken können.
- **Mehrmalige Evaluation der Anwendung.** Nur so wird der Durchdringungsgrad erhöht und eine Weiterentwicklung möglich.

8 Ausblick

Wir sehen mit dem vorgestellten Ansatz mit Instrumenten zur Kompetenzbewertung und -entwicklung eine akzeptierte und wirksame Unterstützung des Führungsprozesses in der Unternehmensgruppe Theo Müller. Das Zusammenspiel mit weiteren Führungsinstrumenten bietet eine gute Grundlage für einen differenzierten, aufgaben- und mitarbeiterangepassten Führungsprozess. Wir sehen mit den Instrumenten Kompetenzmodell, Stellenbeschreibung, Mitarbeitergespräch und Zielvereinbarung, die »rationale Grundlage« des Führungsprozesses gelegt, die in Schulungen durch kommunikations- und persönlichkeitsorientierte Inhalte ergänzt wird.

Optimierungsmaßnahmen laufen u.a. zur stärkeren Integration von unternehmensübergreifenden Managementtools mit den individuellen Zielvereinbarungen. Ebenfalls ist die stärkere Nutzung von Stellenbeschreibungen bei allgegenwärtigen Prozessklärungsaktivitäten in der Diskussion.

Eine bleibende Herausforderung in der Kompetenzentwicklung ist aus unserer Sicht die Entwicklung der wertmäßigen Grundlagen von Verhalten. Wir spüren dies insbesondere bei Wünschen von Führungskräften nach »mehr Unternehmerkompetenzen«, »mehr Treiberkompetenzen« u. ä. bei ihren Mitarbeitern. Daher wird eine Fokussierung auf generelle Kernkompetenzen erwägt. Diese wären dann verpflichtend und könnten durch weitere, stellenspezifische Kompetenzen erweitert werden.

Darüber hinaus wird noch eine Unterscheidung in »leicht entwickelbare« und »schwer entwickelbare« Kompetenzen diskutiert. Offensichtlich gibt es verfestigte Verhaltensgrundlagen, die der extern stimulierten Veränderung nur schwer zugänglich sind. Hier sinnvolle, dynamisch-konfrontative Trainingskonzepte zu finden ist eine Herausforderung für die Zukunft.

Literatur

Erpenbeck, J. & Heyse, V. (1999). *Die Kompetenzbiographie.* Münster: Waxmann.

*Sven Grote/Simone Kauffeld/Karsten Jädtke/Ekkehart Frieling**

Perspektiven des Kompetenzmanagements

* Prof. Dr. *Sven Grote*, Fachhochschule für angewandtes Management, Erding.
Prof. Dr. *Simone Kauffeld*, Institut für Psychologie der TU Braunschweig.
Karsten Jädtke, Dipl.-Volkswirt und Wirtschaftspsychologe (MA), Frankfurt a. M.
Prof. Dr. *Ekkehart Frieling*, emeritiert, zuvor Vizepräsident an der Universität Kassel.

Als Fazit der bisherigen Unternehmensdarstellungen des vorliegenden Bandes lässt sich feststellen, dass sich eine ausgesprochen heterogene Stichprobe von Unternehmen mit dem Thema Kompetenzmanagement beschäftigt. Das Spektrum reicht von mittelständischen Unternehmen über Konzerne und Geschäftsbereiche von Konzernen unterschiedlichster Branchen. Dabei führen verschiedenste Ausgangssituationen zum Thema Kompetenzmanagement, die von der Unterstützung einer Reorganisation, dem Neuanlauf einer Fabrik bis zur Unterstützung des Unternehmenswachstums reichen. Die Betrachtung der Kompetenzmanagementsysteme zeigt, dass es sich weniger um eine Kombination von feststehenden Instrumenten handelt, sondern um die Systematisierung bestehender, »klassischer« Personalinstrumente mit Ausrichtung auf ein Kompetenzmodell. Nach der Darstellung der bisherigen Entwicklungslinien und der Fallbeispiele geht es um die Frage, welche Perspektiven sich für das Thema Kompetenzmanagement ergeben.

1 Das Seminarangebot: die Fokussierung auf Kompetenzen

Die Wirksamkeit von Weiterbildungsveranstaltungen wird angezweifelt (z.B. Staudt & Kriegesmann, 1999; 2002; Weiß, 1999). Streuverluste und mangelnde Verwertungsmöglichkeiten prägten als Begriffe die Diskussion der Effekte von Weiterbildung. Nach Werner (2006) werden jährlich etwa 27 Mrd. Euro in Weiterbildungsmaßnahmen investiert. Geht man von einer 50%-igen Erfolgsquote bzgl. intendierter Veränderungen aus (vgl. Staudt & Kriegesmann, 2002) können somit etwa 13,5 Mrd. Euro kein nachhaltiger Effekt zugeordnet werden. Im Zusammenhang mit dem betrieblichen Kompetenzmanagement ist eine Perspektive in der Fokussierung des Seminarangebotes, im Sinne einer inhaltlichen Ausrichtung auf Kompetenzen, zu sehen. Diese Überlegung wird an drei Aspekten, der Bedarfsanalyse (1.), dem Seminarkonzept (2.) an sich und dem Transfer von Seminaren (3.), geschildert.

1. **Zur Bedarfsanalyse:** Kompetenz kann als gemeinsamer Nenner im Dialog zwischen Auftraggeber und Personalentwickler bei der Bedarfsanalyse für ein Seminar dienen. Für den Auftraggeber, z.B. eine Führungskraft aus der Linie, können Probleme im Tagesgeschäft, in der Zusammenarbeit, Reibungsverluste zwischen Mitarbeitern oder notwendige Veränderungen in der Abteilung Ausgangspunkt für die Initiierung eines Seminars darstellen. Die Formulierung des Bedarfs kann in der Schilderung auf Verhaltensebene und anhand von (fehlenden) Kompetenzen eine Art »Kristallisationspunkt« finden. Ein unternehmensbezogenes Kompetenzmodell stellt eine gemeinsame Sprache zwischen Auftraggeber und Personalentwicklung sicher, so dass dasselbe unter den Begriffen verstanden wird. Für den Personalentwickler können Kompetenzen einen Ausgangspunkt der Auftragsklärung darstellen (z.B. »Wann und in welchen Situationen fehlen Kompetenzen?«) und als Grundlage für die Konzeption von Seminaren dienen. Kompetenzen werden zum Ausgangs- und Zielpunkt bei der Ausgestaltung von Seminaren. Der Blick auf die beteiligten Unternehmen zeigt, dass Kompetenzen z. T. bereits im Kompetenzmodell mit Seminaren und anderen Maßnahmen zur Kompetenzentwicklung verknüpft wer-

den. Diese können der Linienführungskraft und der Personalabteilung als Grundlage für die Auswahl und Kombination verschiedener Maßnahmen dienen.

2. **Zum Seminarkonzept:** Sonntag und Stegmaier (2006) gelangen auf Grundlage empirischer Studien für persönlichkeitszentrierte und erlebnisorientierte Ansätze der Weiterbildung zu dem Schluss, dass deren Wirksamkeit bislang kaum belegt bzw. deren Transferpotenzial eingeschränkt sei. »Studien, inwieweit ein Transfer auf den betrieblichen Alltag überhaupt gewährleistet ist oder ob Outdoor-Programme nicht nur den Freizeitwert der Veranstaltungen erhöhen, liegen nicht vor« (Sonntag & Stegmaier, 2006, 292). Gruppendynamische Seminare können nicht intendierte, negative Effekte, wie Minderungen des Selbstwertgefühls oder Verhaltensverunsicherungen, mit sich bringen. Der Kontrast zwischen erlebnisreicher Trainingssituation und der Alltagsroutine kann demnach Frustrationseffekte erzeugen. Ein wesentliches Problem dieser Seminaransätze ist, dass sie zu sehr von der Realität abgekoppelt sein können. Der Transfer im betrieblichen Alltag erscheint – aufgrund anderer Normen und Bedingungen – erschwert oder unmöglich. Schließlich ist der Transfer insbesondere im Umfeld der Kollegen schwierig, die nicht an solchen Seminaren teilgenommen haben. Ähnliche Probleme und Fragestellungen dürften sich für »Farbtypenanalysen«, »Persönlichkeitstrainings«, »Erfolgsseminare« etc. ergeben. Demgegenüber lässt sich die Wirksamkeit für problembezogene und authentische Kontexte, wie Verhaltensseminare (»Behavior Modeling«) und Teamentwicklung, deutlich nachweisen (vgl. Sonntag & Stegmaier, 2006). Diese Ergebnisse verweisen auf die Notwendigkeit, Kompetenzen in arbeitsnahen Veranstaltungen und anhand arbeitsnaher Themenstellungen zu entwickeln.

3. **Zum Lerntransfer:** Das Motto »Sind die Teilnehmer zufrieden, gelingt der Transfer von allein« scheint die Seminarpraxis in manch einem Unternehmen zu prägen. Jedoch ist der Schluss von der Zufriedenheit der Teilnehmer auf deren Kompetenzentwicklung vollkommen unzulässig. Der Transfer relevanter Seminarinhalte in die Arbeit ist kein Selbstläufer und geschieht ebenso wenig von alleine wie beim arbeitsintegrierten Lernen (Kauffeld, Grote & Frieling 2009). Nur wenn der Inhalt eines Seminars tatsächlich im Arbeitsalltag erprobt und dauerhaft angewandt wird, werden erworbene Kompetenzen aufrechterhalten bzw. weiterentwickelt. Es stellt sich die Frage, welche Faktoren den Lerntransfer beeinflussen. Neben der Motivation und den Fähigkeiten der Teilnehmer und dem Trainingsdesign ist es notwendig, die Arbeitsumgebung zu betrachten. Das Lern Transfer System Inventar (LTSI; Bates, Kauffeld & Holton, 2005) bildet 16 transferrelevante Faktoren ab und liefert Informationen, wie die Bedingungen am Arbeitsplatz zu gestalten sind, um Trainingsmaßnahmen wirkungsvoller und nutzbarer zu machen. Diese *prozessbezogene* Evaluation stellt die Identifikation von Katalysatoren und Barrieren für den Transfererfolg in den Vordergrund (vgl. Kauffeld, 2010, 111). Im Gegensatz dazu geht es bei der *ergebnisbezogenen* Evaluation um die tatsächliche Wirksamkeit eines Trainingsprogramms. Beispiel für diese Form der Evaluation ist das Maßnahmen-Erfolgs-Inventar (MEI; Kauffeld, Brennecke & Strack, 2009), bei dem über 22 Aussagen die Zustimmung der Teilnehmer, im Anschluss und mit zeitlichem Abstand vom Training, der Erfolg gemessen wird. Durch individualisierte Abfrage wird analysiert, welche Inhalte einer Fortbildung erfolgreich in die Praxis umgesetzt werden konnten (vgl. Kauffeld, 2010, 119/122).

Fazit: Kompetenzmodelle können zu einer Fokussierung des Seminarangebotes, im Sinne einer inhaltlichen Ausrichtung auf Kompetenzen, führen. (1) In der Bedarfsanalyse können Kompetenzen als »Kristallisationspunkt« eine gemeinsame Sprache zwischen Auftraggeber (z.B. Linienführungskraft) und Auftragnehmer (z.B. Personalentwicklung) sicherstellen. Sie können so der Seminargestaltung inhaltliche Richtung geben. (2) Im Hinblick auf die Seminarauswahl muss für Outdoor-Programme, Persönlichkeitstrainings und Erfolgstrainings präzise begründet werden, welche Kompetenzen mit ihnen weiterentwickelt werden sollen. Allein der Hinweis auf die Zufriedenheit der Teilnehmer mit einem Seminar reicht nicht aus. (3) Wird das Gelernte angewandt und helfen Schulungen tatsächlich, besser arbeiten zu können? Der Wirksamkeitsnachweis eingesetzter Trainingsmaßnahmen wird von uns als Element effektiven Kompetenzmanagements gesehen. Denn Kompetenzen bleiben nur dann erhalten, wenn sie auch dauerhaft und regelmäßig angewandt werden.

2 Die »Flucht von der Schulbank« hin zu arbeitsintegrierten Maßnahmen

Angesichts »massiver Streuverluste der institutionalisierten Weiterbildung« sprechen Staudt und Kriegesmann (2002) von der »Flucht von der Schulbank«: »Ob es der Gründer in noch abhängiger Beschäftigung oder der Vorstand in komplexen Projekten ist, ihre Handlungsfähigkeit ziehen sie nicht aus Kursen« (Staudt & Kriegesmann, 2002, 84). Doch wo entwickeln erfolgreiche Führungskräfte ihre Kompetenzen? »Die Schule des Managers scheint der Alltag zu sein.« (Gronwald & Sommer, 1997 zit. aus Staudt & Kriegesmann, 2002, 85). Erfolgreiche Führungskräfte schätzen in der Rückschau Lernen aus Umbrüchen, dosierte Überforderung, die Bewältigung von Verlustsituationen und Situationen außerhalb des Unternehmens als hilfreich für ihre eigene Entwicklung ein. Führungsseminare spielen offenbar keine besondere Rolle. Es dominiert Skepsis gegenüber dem Nutzen seminaristischer Weiterbildung (vgl. Staudt & Kriegesmann, 2002). Diese Ergebnisse korrespondieren mit denen von Erpenbeck und Heyse (1999), die die Kompetenzbiographien erfolgreicher Unternehmer studierten.

Doch inwiefern stehen der Perspektivwechsel von seminaristisch geprägter Weiterbildung zu arbeitsintegrierter Kompetenzentwicklung einerseits und die Einführung von Kompetenzmanagementsystemen andererseits miteinander in Verbindung? In dem vorliegenden Band finden sich mehrere Unternehmen, die zeitgleich zum Kompetenzmanagement über vermehrten Einsatz arbeitsnaher und -integrierter Maßnahmen berichten (Bodensteiner & Neininger, in diesem Band; Oberhauser, in diesem Band; Hennecke, in diesem Band). Seminare und Weiterbildung weisen bereits eine inhaltliche Komponente auf: Man spricht z.B. von einem »Kommunikationsseminar« oder einem »Führungsseminar«, so dass Inhalt (hier: Kommunikation bzw. Führung) und Methode (Seminar) bereits miteinander verknüpft sind. Hingegen gilt es bei einem Patenmodell oder einem internen Mentoring-Modell zu spezifizieren, wozu es benötigt wird: Wer soll etwas lernen? Was genau gilt es zu lernen? Welche Kompetenz wird benötigt? Diese Fragen münden direkt in das Thema Kompetenzmanagement. Maßnahmen zur Kompetenzentwicklung erhalten durch ein Kompetenzmodell eine inhaltliche Richtung.

Wie intensiv nutzen Unternehmen klassische Weiterbildung einerseits sowie arbeitsnahe und -integrierte Maßnahmen zur Kompetenzentwicklung andererseits? Ein Instrument zur Standortbestimmung für Unternehmen stellt die »Checkliste Kompetenzentwicklung mit 60 Maßnahmen« (CLK60+; vgl. Grote, Kauffeld, Dörr, Selke & Frieling, 2003) dar. In Kooperation mit Unternehmen wurden die wichtigsten und gängigsten Maßnahmen zur Kompetenzentwicklung gesammelt, thematisch gruppiert und als ein »Screening«-Verfahren in Form einer Checkliste mit 60 unterschiedlichen Maßnahmen aufbereitet. Diese 60 Maßnahmen werden acht Gruppen zugeordnet (vgl. Tabelle 1): 1. Analyseverfahren, 2. Seminare und seminarähnliche Maßnahmen, 3. Individual- und selbstorganisierte Maßnahmen, 4. Workshops und Review-Verfahren, 5. Vorträge, Kongresse, Messen und Foren, 6. Arbeitsintegrierte und -nahe Maßnahmen, 7. Lernen von und mit Kunden und 8. Kompetenzentwicklungsprogramme und Laufbahnkonzepte (vgl. Grote, Kauffeld, Dörr, Selke, & Frieling, 2003).

Fazit: Oft lassen sich recht umfassende Seminarangebote finden, wenngleich diese nicht für alle Mitarbeitergruppen, also z.B. angestellte und gewerbliche Mitarbeiter, gleichermaßen zugänglich sind. Für viele Unternehmen ergeben sich eher Chancen im Bereich der arbeitsnahen Kompetenzentwicklung als in der Ausweitung der Schulungskataloge. Vergleichsweise wenig ausgeschöpft erscheinen arbeitsintegrierte Maßnahmen wie Patenmodelle, Mentoring-Programme, Hospitationen in anderen Abteilungen etc.

Maßnahmen zur Kompetenzentwicklung	**Welche werden bereits genutzt?**	**Welche sind sinnvoll und sollten genutzt werden?**
I. Analyseverfahren mit Reflexion		
Beurteilungssysteme	☐	☐
Systematisches, formalisiertes Mitarbeitergespräch	☐	☐
Qualifikationsspiegel (Abbildung von Prozess- bzw. Arbeitsschritten und Kennzeichnung, inwieweit Mitarbeiter diese beherrschen)	☐	☐
Qualifikationspässe (systematisierte Abfolge von Tätigkeits- und Qualifizierungsstationen, die auf eine Funktion hin vorbereiten)	☐	☐
Individuelle Entwicklungspläne	☐	☐
Assessment-Center-Verfahren	☐	☐
Führungs-Audits	☐	☐
Vorgesetztenbeurteilung	☐	☐
360°-Feedback für Führungskräfte	☐	☐
II. Seminare und seminarähnliche Maßnahmen		
Fortbildungsseminare/Aufstiegsweiterbildung/Fernunterricht (an Universitäten bzw. sonstigen Einrichtungen)	☐	☐
Fachbezogene Seminare (z.B. EDV, Sprachen etc.)	☐	☐

Maßnahmen zur Kompetenzentwicklung	**Welche werden bereits genutzt?**	**Welche sind sinnvoll und sollten genutzt werden?**
Verhaltenstrainings (z. B. Moderation, Verhandlung, Konflikt, Kommunikation etc.)	☐	☐
Führungstrainings (z. B. Zielvereinbarung, Delegation, Anerkennung und Kritik etc.)	☐	☐
Sprachtraining im Ausland	☐	☐
Train-the-Trainer-Seminare	☐	☐
III. Individual-, selbstorganisierte und EDV-gestützte Maßnahmen		
Intensivtraining durch Einzelbetreuung (z. B. Sprachen)	☐	☐
Coaching durch interne Experten	☐	☐
Coaching durch externe Experten (z. B. erfahrene Mentoren)	☐	☐
Patenmodelle	☐	☐
Lernen im Tandem	☐	☐
EDV-gestützte Selbstlernprogramme (CBT)	☐	☐
Planspiele	☐	☐
Informationssuche im Internet/Intranet	☐	☐
Lesen von Fachzeitschriften, Artikeln, Büchern	☐	☐
IV. Workshops und Review-Verfahren		
Themenzentrierte Workshops	☐	☐
Prozessbegleitende Workshops	☐	☐
Teamentwicklung	☐	☐
Systematische Nachbearbeitung von Meetings in Gesprächsrunden	☐	☐
Systematische prozessbegleitende Auswertung von Projekten	☐	☐
Systematische Auswertung abgeschlossener Projekte (Projektreview)	☐	☐
Learning Networks (Lerngruppen zu bestimmten Themen auf der Basis des Zusammenschlusses interessierter Mitarbeiter)	☐	☐
V. Vorträge, Kongresse, Messen und Foren		
Teilnahme an Vorträgen	☐	☐
Teilnahme an Kongressen und Tagungen	☐	☐

Maßnahmen zur Kompetenzentwicklung	**Welche werden bereits genutzt?**	**Welche sind sinnvoll und sollten genutzt werden?**
Teilnahme an Messen	☐	☐
Teilnahme und/oder Organisation von Foren und Informationstagen	☐	☐
Diskussionsforen im Internet/Intranet	☐	☐
VI. Arbeitsintegrierte oder -nahe Maßnahmen		
Besuche in Betrieben (fremd/eigen; In- und Ausland)	☐	☐
Besuche von Forschungseinrichtungen/Laboren/Testeinrichtungen	☐	☐
Hospitationen für kurze Zeit vor Ort (Kennenlernen eines Bereichs)	☐	☐
Praktikum in einem Betrieb oder einer Institution/ Forschungsstätte	☐	☐
Mitarbeit an Projekt in anderer Institution, Forschungseinrichtung	☐	☐
Kooperation in einem Projekt mit anderen Unternehmen	☐	☐
Training on-the-job (systematisch geplante Abfolge)	☐	☐
Training entlang der Prozesskette	☐	☐
Mitarbeit in Projekten entlang der Prozesskette	☐	☐
Mitarbeit in interdisziplinären Projektgruppen	☐	☐
Auslandsaufenthalt in Konzern-/Tochter-/Zulieferbetrieben	☐	☐
VII. Lernen von und mit Kunden		
Gemeinsame Seminare mit Kunden	☐	☐
Hospitationen für kurze Zeit beim Kunden	☐	☐
Systematische Nachbearbeitung von Meetings in Gesprächsrunden mit Kunden	☐	☐
Systematische prozessbegleitende Auswertung von Projekten mit Kunden	☐	☐
Systematische Auswertung abgeschlossener Projekte mit Kunden(Projektreview)	☐	☐
Learning Networks gemeinsam mit Kunden (Lerngruppen zu bestimmten Themen interessierter Mitarbeiter und Kunden)	☐	☐
VIII. Programme und Laufbahnkonzepte		
Einarbeitungsprogramme für neue Mitarbeiter	☐	☐

Maßnahmen zur Kompetenzentwicklung	**Welche werden bereits genutzt?**	**Welche sind sinnvoll und sollten genutzt werden?**
Trainee-Programme	☐	☐
Förderprogramme für Führungsnachwuchskräfte	☐	☐
Förderprogramme für Fachkräfte (z. B. IT)	☐	☐
Fachlaufbahnen (geplante Abfolge von Stationen, die auf dem Weg zur Fachkraft zu absolvieren sind)	☐	☐
Führungslaufbahnen (geplante Abfolge von Stationen, die auf dem Weg zur Führungskraft zu absolvieren sind)	☐	☐
Projektleiterlaufbahnen (geplante Abfolge von Stationen, die auf dem Weg zum Projektleiter zu absolvieren sind)	☐	☐

Tab. 1: Checkliste Kompetenzentwicklung (vgl. Grote, Kauffeld,, Dörr, Selke & Frieling, 2003, vgl. Kauffeld 2011)

3 Arbeitsgestaltung als Element konsequenten Kompetenzmanagements

Kompetenzen müssen im Arbeitsvollzug angewendet und aktualisiert werden, um sie dauerhaft zu erhalten (z. B. Bergmann, 1996; 2000a; 2000b; Kauffeld, 2006; Kohn, 1981; Ulich, 1994). Deswegen erscheint es konsequent, im Zusammenhang mit Kompetenzmanagement die Ebene der Gestaltung von Arbeitsplätzen zu betrachten. Im Sinne der häufig geforderten Durchgängigkeit von Managementsystemen wäre es nicht schlüssig, nach der Ableitung eines Kompetenzmodells, dessen Umsetzung in kompetenzbasierte Trainingsverfahren sowie Maßnahmen zur Kompetenzentwicklung »abzubrechen«. Seminare und Trainings mögen zur gezielten Entwicklung und zum Aufbau von Kompetenzen geeignet sein, deren dauerhafter Erhalt wird jedoch erst durch ihre regelmäßige Anwendung im Arbeitskontext gesichert. Dieser Zusammenhang verweist auf die Notwendigkeit von lern- und kompetenzförderlicher Arbeitsgestaltung als notwendiges Element konsequenten Kompetenzmanagements.

Sonntag, Schaper und Friebe (2005) beschreiben in einem Überblick Instrumente, mit denen lernrelevante Arbeits- und Organisationsmerkmale erfasst werden können, wie z. B. die Checkliste zur Lernkultur im Unternehmen (Sonntag, 1996) und die Skala zur Erfassung der kontinuierlichen Lernkultur (Tracey et al., 1995).

Empirische Untersuchungen verweisen auf Zusammenhänge zwischen der Lernhaltigkeit der Arbeitssituation aus Sicht der Beschäftigten und dem Selbstkonzept beruflicher Kompetenz (Kauffeld & Grote, 2000a). Gruppenarbeit fördert zudem die Fach-, die Methoden- und die Selbstkompetenz der Mitarbeiter (vgl. Kauffeld & Grote, 2000b). Die Ausprägung der Gruppenarbeit, insbesondere Partizipation und Autonomie, Gruppengespräche und der Kontinuierliche Verbesserungsprozess zeigen bedeutsame Zusammenhänge zur Kompetenz.

Frieling, Bernard, Bigalk und Müller (2006) berichten über die Entwicklung des Lernförderlichkeitsinventar (LFI), einem Verfahren zur Erfassung von Lernpotenzialen in Arbeitstätigkeiten. Damit werden Aspekte wie Selbständigkeit, Variabilität, Komplexität, Kooperation und Kommunikation, Feedback, Information und Partizipation erfasst. Mit dem LFI wird auf handlungs- und tätigkeitstheoretische Ansätze (Hacker, 1983; 1986; 1998; Leontjew, 1977; Tomaszewski, 1978; Volpert, 1983; 1987; 2003) – unter besonderer Berücksichtigung des Konzeptes der vollständigen Tätigkeit von Hacker – Bezug genommen. Es wurden über 1.700 Arbeitsplätze in 60 Betrieben der Automobilzulieferer- und der Verpackungsmittelindustrie untersucht. Die Ergebnisse verweisen auf Zusammenhänge zwischen der Lernförderlichkeit und der Kompetenz der Mitarbeiter. Daraus resultieren signifikante Zusammenhänge zur Fachkompetenz, fast durchgängig signifikante Zusammenhänge zur Methodenkompetenz sowie z. T. Zusammenhänge zur sozialen Kompetenz und zur Selbstwirksamkeitserwartung. Im Hinblick auf unternehmensbezogene Erfolgskriterien zeigt sich, dass Unternehmen mit lernförderlichen Arbeitsplätzen tendenziell geringere indirekte Personalkosten und niedrigere Fehlzeiten im Vergleich zu anderen aufweisen.

Fazit: Da es zur dauerhaften Kompetenzentwicklung der Anwendung im Arbeitsalltag bedarf, erscheint der Zusammenhang zwischen Kompetenzmanagement und Arbeitsanalyse bzw. -gestaltung nicht konstruiert. Das Verhältnis von Kompetenzmodellierungs- und Arbeitsanalyseprojekten wurde in einer Studie eingehend untersucht (Shippmann et al., 2000). Es gilt, methodisch anspruchsvollere, gegenwartsbezogene Arbeitsanalysen einerseits und methodisch schwächere, jedoch zukunftsbezogene und strategiebasierte Kompetenzmodellierungsprojekte andererseits miteinander zu kombinieren. Kompetenzmanagement und lernförderliche Arbeitsgestaltung müssen ineinander greifen.

4 Demografischer Wandel

Der demographische Wandel der Belegschaften nimmt an Bedeutung zu. Dieser zeigt sich in der älter werdenden Gesellschaft, in den geringeren Geburtenraten, in der Zunahme von berufstätigen Frauen, in den Qualifikationsunterschieden der verschiedenen Alterskohorten, d.h. die 20-30 Jährigen sind im statistischen Durchschnitt besser qualifiziert als die 50-60 Jährigen, in der Zunahme von Personen mit Migrationshintergrund und dem späteren Eintritt in das Rentenalter.

Im Kontext des demographischen Wandels steht oftmals die zu erhaltende Beschäftigungsfähigkeit älterer Mitarbeiter (z.B. Mühlbradt, 2005). Die Beschäftigungsfähigkeit leitet sich aus dem Begriff »Employability« ab, welcher zunächst im angelsächsischen Raum weit verbreitet war (vgl. Grote, 2002). Den Kompetenzen und dem Wissen wird beim Erhalt der Beschäftigungsfähigkeit Älterer eine entscheidende Rolle zugeschrieben (z.B. Mühlbradt, 2005). Zudem gilt es, das Wissen älterer Mitarbeiter gezielt zu nutzen, indem es an Jüngere, z.B. mittels Mentoring-Programmen, Lerntandems und kollegialer Beratung, weitergegeben wird. Unternehmen unterscheiden sich, wie systematisch sie die Erfahrung Älterer nutzen (Rathgeb, Madukanya & Mahlau, 2005). Beide Aspekte, der Erhalt der Beschäftigungsfähigkeit und die Nutzung der Erfahrung Älterer, berühren Aspekte des Kompetenzmanagements: Es gilt zu präzisieren, welche Kompetenzen genau im Unternehmen aktuell gehalten werden müssen.

Folgende Herausforderungen ergeben sich für das Kompetenzmanagement im Kontext des demografischen Wandels:

- **Kompetenzentwicklung.** Förderung der Kompetenz im Bereich der altersförderlichen Gestaltung von Arbeitstätigkeiten; d.h. die Arbeitssystemplaner oder die Verantwortlichen von Arbeitsstrukturierungsprozessen müssen dazu befähigt werden, Arbeitstätigkeiten so zu gestalten, dass sie auch in höherem Alter wirtschaftlich sinnvoll ausgeführt werden können.

- **Partizipation.** Befähigung der Beschäftigten zur Partizipation und Beteiligung an kontinuierlichen Verbesserungsmaßnahmen, die das Produkt, den Produktentstehungsprozess und den eigenen Arbeitsbereich betreffen. D.h. eine Beteiligung der betroffenen Mitarbeiter bei der Arbeitssystemplanung ist nur dann effizient, wenn die Mitarbeiter über entsprechende Grundkenntnisse zur ergonomischen Arbeitsgestaltung verfügen.

- **Kontinuierliches Job Rotation.** Um die körperlichen Belastungen auch mit zunehmendem Alter erträglich zu gestalten, ist es sinnvoll ein belastungsorientiertes Job Rotation mit begleitenden Qualifizierungsmaßnahmen schon bei den jüngeren Beschäftigten zu realisieren damit die erforderliche kognitive und physische Einsatzflexibilität über die Jahre erhalten bleibt. In einschlägigen wissenschaftlichen Untersuchungen zur Montage in der Automobilindustrie zeigt sich, dass mit zunehmendem Alter die Anzahl der beherrschten Arbeitsstationen/Arbeitsplätze abnimmt. Die über die Jahre gesammelten Berufserfahrungen reichen also nicht aus, um im Alter flexibel eingesetzt zu werden.

- **Lernförderlichkeit.** Lernförderliche Arbeitsstrukturen sind eine Grundvoraussetzung, um die Einsatzflexibilität der älter werden Belegschaften langfristig zu sichern. Folgende Merkmale kennzeichnen lernförderliche Arbeitstätigkeiten:
  - Die Tätigkeiten sind ganzheitlich zu gestalten, d.h. die Beschäftigten haben einen hinreichenden Einblick in den gesamten Produktentstehungsprozess und können sich darin selbst angemessen verorten,
  - Die Mitarbeiter verfügen über gewisse Entscheidungsspielräume,
  - Die Tätigkeiten sind abwechslungsreich und beinhalten Problemstellungen,
  - Die Arbeitstätigkeit bietet Eingebundenheit und soziale Interaktion,
  - Es bestehen Möglichkeiten zur Weiterentwicklung und zur gegenseitigen Unterstützung.
  - Die zunehmende Standardisierung der Prozesse darf nicht zu einer Einschränkung der Lernförderlichkeit führen.
- **Individualisierung von Personalentwicklungsmaßnahmen.** Da mit zunehmendem Alter die Streuung einzelner Fähigkeiten und Fertigkeiten zunimmt, ist bei der Personalentwicklung auf diese individuellen Unterschiede zu achten. Kompetenzentwicklungsmaßnahmen müssen sich an den individuellen Unterschieden orientieren und

Fachlaufbahnen generieren, die den effizienten Einsatz der einzelnen Person gewährleisten. Für die Personalverantwortlichen bedeutet dies einen erheblichen Mehraufwand und eine Abkehr von Regelungen, die sich ausschließlich am chronologischen Alter orientieren.

Fazit: Kompetenzmanagement gehört nach Meinung von Mitarbeitern der Personalabteilungen ebenfalls zu den wichtigsten Themen für den HR-Bereich in den nächsten Jahren. »Doch die unbarmherzigen Hochrechnungen der Demographen bieten einen überzeugenden Beleg dafür, dass kompetente Mitarbeiter in naher Zukunft eine knapper werdende und damit strategisch an Bedeutung zunehmende Ressource darstellen. Kompetenzmanagement ist die Antwort auf diese strategische Herausforderung« (Nienaber, 2005, 22). Der demographische Wandel in Unternehmen kann zumindest zum Teil als Frage des unternehmensspezifischen Kompetenzmanagements verstanden werden. Es gilt, für jedes Unternehmen zu spezifizieren und zu präzisieren, was genau die entscheidenden Kompetenzen sind und wie diese erworben werden können.

5 Talent Management

Die Unternehmensberatung McKinsey prägte bereits 1998 den Begriff »*War for Talents*«. Demnach führt der demografische Wandel zu einem Mangel an hoch qualifizierten Mitarbeitern, insbesondere Führungskräften. Dieser Ausdruck prägt seit dem die Diskussion u.a. im Personalmarketing. Dieser Mangel wird zukünftig durch das Erreichen des Rentenalters der »Baby-Boomer-Jahrgänge« mit ihrem langjährigen Erfahrungswissen noch stärker spürbar (vgl. Ritz & Sinelli, 2010, 4).

Was wird unter einem Talent verstanden? »Talent« ist ein schillernder und kritisch diskutierter Begriff – bis hin zu dem Vorschlag ganz auf diesen im Personalwesen zu verzichten, weil Talent allein keine Leistung darstelle und nicht zwingend zu Resultaten führe (vgl. Malik, 2004). Dies hat Beratungsfirmen nicht davon abgehalten sich dem »Talentmanagement« zuzuwenden. Ursprünglich scheint es ein »sehr umfassender Begriff gewesen zu sein, welcher sich allgemein auf Elemente wie Ausgleich und Begabung bezog« (Ritz & Sinelli, 2010, 8).

Talent kann entweder als eine Status-Zuweisung für Personen oder als Konstrukt verstanden werden (vgl. Steinweg, 2009). Als Status wird der Begriff in Organisationen oft im Zusammenhang mit jüngeren Mitarbeitern verwendet, die über ein für ihr Alter überdurchschnittliches Können oder besondere Fähigkeiten verfügen. Talentierte Mitarbeiter werden als High Potentials oder Top-Performer bezeichnet (vgl. Steinweg, 2009; Ritz & Sinelli, 2010). Als Konstrukt werden Talente auch als »Ansprechbarkeiten für Handlungsfähigkeiten«, d.h. »Begabungen, die in künftigen – meist positiv bewerteten – geistigen oder physischen Handlungen zum Tragen kommen können« verstanden (vgl. Steinweg, 2009, 204). Diese entfalten sich, wenn die Situation dies ermöglicht und die Person dies will und kann (vgl. Steinweg, 2009). Weiterhin zeichnen sich Talente dadurch aus, dass sie als Handlungsfähigkeiten im Verborgenen liegen und nicht direkt entwickelt werden können (vgl. Erpenbeck & von Rosenstiel, 2009). Ein Talentträger hat somit ein (aktivierbares) Potenzial für das Unternehmen, zunächst für eine bestimmte Position, ob er darüber hinaus Talent hat ist nicht sicher (vgl. Steinweg, 2009). Je nach Definition werden Talente als rar (Erpenbeck & von Rosenstiel, 2009, VI) oder als jedem innewohnend beschrieben (Steinweg, 2009, 6). »Entscheidend scheint bei der Begriffsdefinition zu sein, dass jede Organisation selbst versucht zu ergründen, welcher Personenkreis mit welchen Merkmalen für sie unter den Begriff Talent fällt« (vgl. Ritz & Sinelli, 2010, 8).

Was wird unter Talent Management verstanden? Eine einheitliche Sicht existiert wie so oft nicht. Talent Management, teilweise als Teil des strategischen, teilweise als Element des operativen Managements aufgefasst, befasst sich gezielt mit einer bestimmten Mitarbeitergruppe (vgl. Ritz & Sinelli, 2010) oder umfasst alle Organisationsmitglieder (vgl. Steinweg, 2009). Als wesentliche Ziele des Talent Managements werden die Gewinnung, Identifikation, Bindung und Entwicklung von Talenten unter Berücksichtigung der strategischen und kulturellen Ausrichtung des Unternehmens beschrieben (vgl. Ritz & Sinelli, 2010; Steinweg, 2009). Der abzudeckende Prozess reicht von der Rekrutierung bis zum Ausscheiden aus dem Unternehmen und gegebenenfalls darüber hinaus (z.B. Alumni-Programm). Dabei soll die Organisation die konkreten Anforderungskriterien an ihre Talente kennen bzw. erarbeiten (vgl. Ritz & Sinelli, 2010). Diese Anforderungskriterien stellen die erfolgskritischen Verhaltensweisen dar. Als unabdingbare Voraussetzung für ein systematisches Talent Management wird daher ein Kompetenzmanagement angesehen (vgl. Steinweg, 2009).

Fazit: Die Diskussion um das Talent Management von der Mitarbeitergewinnung bis zu deren Austritt aus dem Unternehmen hat die Diskussion um das Kompetenzmanagement positiv bereichert. Es bestehen Gemeinsamkeiten und Unterschiede zwischen diesen beiden Managementaufgaben. Der Begriff Talent bezieht sich zwar eher auf jüngere Nachwuchskräfte, diese sind jedoch, wie auch Kompetenzen, prinzipiell unabhängig vom Lebensalter. Beide zeigen sich erst im Handeln, d.h. im Erfahrungsbezug, und sind in ihrer Bedeutung eher für komplexere Tätigkeiten relevant (Managementaufgaben). Sowohl Talente als auch Kompetenzen beinhalten darüber hinaus Komponenten individueller Persönlichkeitseigenschaften (vgl. Steinweg, 2009). Das Talent Management sowie das Kompetenzmanagement betrachten den Mitarbeiter als strategischen Erfolgsfaktor. Daher sollten beide Teil der Unternehmensstrategie sein. Für beide sind somit auch klare unternehmensspezifische Definitionen erforderlich. Hierbei ist die Kooperation mit den Linienfunktionen unabdingbar (vgl. Ritz & Sinelli, 2010). Eine weitere Gemeinsamkeit zeigt sich in der Entwicklung eigenständiger Analysetools zur Bestimmung von Talenten (vgl. Steinweg, 2009) und Kompetenzen (Erpenbeck & von Rosenstiel, 2007).

Aber: Während die Handlungsfähigkeit bei Talenten latent vorliegt und sich entfalten kann (vgl. Erpenbeck & von Rosenstiel, 2009), sind Kompetenzen unmittelbar trainier- und aktiv einsetzbar. Ein Talent Management ohne zu Grunde liegendes Kompetenzmanagement erscheint kaum sinnvoll. Ein weiterer Unterschied zeigt sich in der theoretischen Fundierung. Auch wenn eigene Analysetools Anwendung finden ist die theoretische Basis bezüglich der Entdeckung von Talenten im Vergleich zu Kompetenzen bislang geringer. Letztlich zeigen sich Talente in ihrer Kompetenz, d.h. in der Anwendung der »richtigen« Lösungsfähigkeiten im Hinblick auf eine Situation oder Aufgabe, mitunter in ihrer angemessenen Handlungsorientierung. Talente können somit – analog zu Trost (2007) – als nicht formal erlernbare Fähigkeiten, d.h. als Potenzial zur Entwicklung von Kompetenzen angesehen werden (Heyse & Ortmann, 2008, 10). Für Talent- und Kompetenzentwicklung gilt: »Wo es jedoch um die gewollte, gelenkte und geplante Entwicklung von Talenten geht, laufen Talententwicklung und Kompetenzentwicklung praktisch auf das Gleiche hinaus« (Erpenbeck & von Rosenstiel, 2009, VI).

6 Employer Branding

Zwar fehlt bis zum heutigen Zeitpunkt ein allgemein geteiltes Verständnis von Employer Branding (vgl. Sponheuer, 2010), als typisches Ziel wird jedoch gesehen, das Unternehmen als Arbeitgebermarke mit eigenem Profil zu positionieren und dadurch eine Differenzierung in der Wahrnehmung der relevanten Zielgruppen zu erreichen (vgl. Schumacher & Geschwill, 2009, 38). Somit entsteht eine Verknüpfung von Marketing und HR-Management (vgl. Sponheuer, 2010). Marketing steht allgemein für das Ziel durch Markenbildung eine Differenzierung zu erreichen. »Unter Branding wird in der Marketingtheorie der Führungsprozess einer Marke verstanden, welcher die zielgerichtete Analyse, Planung, Umsetzung und Kontrolle aller Aktivitäten bzw. Gestaltungsparameter beinhaltet« (Stotz & Wedel, 2009, 8).

Seit Mitte der 90er Jahre beschäftigt sich die Literatur mit Employer Branding – eine vertiefte wissenschaftliche Betrachtung steht jedoch aus (vgl. Sponheuer, 2010). Für den gegenwärtigen Bedeutungszuwachs werden zwei Faktoren beschrieben. »Zum einen setzt sich in den Unternehmen zunehmend die Erkenntnis durch, dass wirtschaftlicher Erfolg in erheblichem Maße von der Leistungsfähigkeit und dem Commitment der Mitarbeiter abhängt. Zum anderen nimmt die verfügbare Anzahl von Top-Führungs- und Nachwuchskräften kontinuierlich ab« (Sponheuer, 2010, 6).

Beim *externen Employer Branding* geht es um »die Arbeitgeberpositionierung nach außen« und die Kommunikation zu potenziellen Mitarbeitern (vgl. Stotz & Wedel, 2009, 11). Der Vorteil in der Erschaffung einer Arbeitgebermarke liegt in der Entstehung von Anziehungskraft auf diese Zielgruppe (Outside-in Perspektive). Als Beispiel kann die HUGO BOSS AG genannt werden. »Damit sämtliche Maßnahmen die gleiche Sprache sprechen, wurden … die Karriere-Webseite sowie Stellenprofile und -Anzeigen, Messeflyer und andere Werbemittel zur Mitarbeitergewinnung und -bindung sprachlich an die zentralen Werte der Marken und Linien angepasst« (Stotz & Wedel, 2009, 195). Es wird jedoch auch beschrieben, dass eine beschönigende, marketing-lastige und vom Unternehmensalltag losgelöste Darstellung die Glaubwürdigkeit einschränken kann (vgl. Grubendorfer, 2009).

»Das Konzept des identitätsbasierten Markenmanagements geht über die einseitige Wahrnehmung der Marke beim Nachfrager (Fremdbild) hinaus. … Diese analysiert das Selbstbild der Marke aus Sicht der internen Zielgruppen des Markeninhabers und die Entwicklungspotenziale der Marke« (Burmann & Blinda, 2004, 211). Eine Vernachlässigung kann dazu führen, dass im Rahmen des Personalmarketings die falschen Mitarbeiter angesprochen werden, weil extern etwas »verkauft« wird, was intern nicht gelebt wird.

Dies leitet zur *internen* Perspektive des Employer Branding über. Eine dauerhaft glaubhafte Außendarstellung entsteht, wenn Markenstrategie und Unternehmenskultur korrespondieren. Das *interne Employer Branding* soll die Arbeitgebermarke für die Entfaltung von Bindungskraft nutzen (Inside-out Perspektive). Bei der HUGO BOSS AG gilt daher die Erkenntnis: »Das professionellste externe Employer Branding bleibt wirkungslos, wenn neue

Mitarbeiter beim Eintritt in das Unternehmen die Versprechen der Arbeitgebermarke nicht wiederfinden und die anfängliche Begeisterung nachlässt« (Stotz & Wedel, 2009, 196). Die »wichtigsten Werte der Arbeitgebermarke« sollen »unternehmensintern kommuniziert und gelebt werden«, um Mitarbeiter langfristig an HUGO BOSS zu binden und zu »Markenbotschaftern und Fürsprecher für ihr Unternehmen« zu machen, z.B. durch Großraumbüros mit einem zur Marke passenden Ambiente, der frühen Übernahme von Verantwortung durch neue Mitarbeiter und speziellen Leadership-Trainings für Führungskräfte (vgl. Stotz & Wedel, 2009, 196 f.). Es werden zahlreiche Vorteile einer entwickelten Arbeitgebermarke beschrieben, wie u.a. die Gewinnung von passenden Mitarbeitern, die Steigerung von Zufriedenheit, Motivation und Leistung und die Weitergabe positiver Erfahrungen mit dem Unternehmen als Arbeitgeber an interne und externe Zielgruppen des Unternehmens (Sponheuer, 2010, 99).

Beim externen wie beim internen Employer Branding ergeben sich Berührungspunkte zum Kompetenzmanagement. Durch die Übersetzung der Arbeitgebermarke in handlungsleitende Kompetenzen wird konkretisiert, welche Erwartungen an Führungskräfte und Mitarbeiter resultieren. Gestützt wird dies dadurch, dass »die Ergebnisse zahlreicher empirischer Studien einen klaren Zusammenhang zwischen der Mitarbeiterzufriedenheit und der Kundenzufriedenheit belegen. »Die Mitarbeiterzufriedenheitsforschung leistet somit einen zentralen Beitrag zur Erklärung und Optimierung von Unternehmenseffizienz und -effektivität« (Stotz & Wedel, 2009, 142).

Fazit: Ein nachhaltiges Employer Branding bedarf der externen wie der internen Perspektive, denn Unternehmen können nach »außen« glaubhaft nur vertreten, was nach »innen« gelebt wird. Hier ergeben sich quasi zwangsläufig Bezüge zwischen Employer Branding und Kompetenzmanagement. Betriebliche Kompetenzmodelle konkretisieren die Verhaltensanforderungen und -erwartungen, die mit der Arbeitgebermarke korrespondieren.

7 Leadership Branding

Die Entwicklung der einzelnen Führungskraft durch die Vermittlung von »guter« Führung steht nach Ansicht der beiden US-Amerikaner Ulrich und Smallwood zu sehr im Fokus von Unternehmen: »Many firms rely on a competency model that identifies a set of generic traits« (vgl. Ulrich & Smallwood, 2007a, 3). Sowohl »gute« Führung, als auch die Bedeutung des Führungsstiles, von Organisationsstruktur und der jeweiligen Führungssituation sind bereits ausführlich diskutiert (vgl. von Rosenstiel, 2003; 2007). Dies führt dazu, dass Führungskräfte einer Fast-Food Kette und eines Flugzeugbauers prinzipiell dasselbe Führungskräftetraining besuchen, da generische Fähigkeiten vermittelt werden: »Vanilla competency models generate vanilla leadership«. (vgl. Ulrich & Smallwood, 2007a, 3).

Ulrich und Smallwood sehen die Chance, Führung als Werttreiber zu etablieren: »A reputation for developing exceptional managers with a distinct set of talents that are uniquely geared to fulfill customer's and investor's expectations« (Ulrich & Smallwood, 2007a, 3). Der bereits länger gebrauchte Begriff Leadership beansprucht dabei mehr zu sein als Führung im Sinne von »zielbezogener Einflussnahme« (vgl. von Rosenstiel, Molt & Rüttinger, 1995). Er wird als Konzept verstanden, das die ganze Unternehmung und die Art ihrer Führungskräfteentwicklung umfasst (vgl. Ulrich & Smallwood, 2007b). Als markenorientierte Führung soll Leadership Branding eine Synthese zwischen Marketing und Organisationsentwicklung darstellen und einen positiven Einfluss auf die wirtschaftlichen Ziele der Unternehmung haben (Ulrich & Smallwood, 2007a, 10).

Die klare Positionierung der Führungskultur und spezifische Formulierung eines Führungsverständnisses wird als Ziel des Leadership Branding angesehen (vgl. LEA, 2011). In ihrer Funktion werden Marke und Leadership ähnlich betrachtet, »beide sollen Orientierung geben, Sinn stiften, Vertrauen bilden« und »emotionale Bindung herstellen« (vgl. Grubendorfer, 2009, 42). Damit soll markenorientierte Führung als Teil der Unternehmensstrategie zur Orientierung der Führungskräfte dienen und die Glaubwürdigkeit erhöhen (vgl. Grubendorfer, 2009). Führungskräfte können nicht »ihrer Vorbildfunktion gerecht werden, ohne dass gesagt wird, worin sie Vorbild sein sollen« (Grubendorfer, 2010, 22).

Ausgangspunkt des Leadership Branding ist die Markenwahrnehmung durch die Zielgruppen der Organisation, deren Erwartungen erfüllt werden müssen (vgl. Ulrich & Smallwood, 2007b). Diese Wahrnehmung gilt es, in dazu passende Führungseigenschaften und Verhaltensweisen zu übersetzen. Daraus resultieren spezifische Kompetenzen, die die aus Marketingsicht gewünschte Differenzierung des Führungsverhaltens und der Führungskultur ermöglichen. Ulrich und Smallwood charakterisieren diese Kompetenzen als »Leadership Differentiators« (vgl. Ulrich & Smallwood, 2007b, 21/22). Im Gegensatz dazu steht der »Leadership Code«, der die grundlegenden Führungsfähigkeiten beinhaltet (vgl. Ulrich & Smallwood, 2007b, 18 f.).

Leadership Branding unterscheidet sich dahingehend vom Employer Branding, dass es unmittelbar die Führungsebene anspricht, denn im »Fokus der Aufmerksamkeit steht die Synchronisation der Markenversprechen eines Unternehmens mit dem Topmanagement und den Führungskräften als denjenigen, die diese Versprechen erfüllen sollen« (Grubendorfer, 2010, 18). Durch dieses markenorientierte Führungsverständnis soll es auch zu einer Verstetigung der Führungskultur kommen, weil nicht mehr die einzelne charismatische Führungskraft, sondern die Marke und das aus ihr abgeleitete Verhalten für die Führungsmannschaft bestimmend wird (vgl. Grubendorfer, 2009, 44/45). »Leadership brand is the identity of the leaders throughout an organization that bridges customer expectations and employee and organizational behavior« (Ulrich & Smallwood, 2007b, 5).

Als Beispiel für ein Leadership Branding kann IKEA genannt werden. Nach einer von der Leadership Equity Association durchgeführten Studie wird »Führung als kooperativ und unkompliziert … wahrgenommen, was ebenso als sehr gut zur Unternehmenspositionierung passend empfunden wird« (vgl. Grubendorfer, 2009, 45).

Fazit: Aus Sicht des Kompetenzmanagements ergeben sich durch die Betrachtung der Markenwahrnehmung durch Zielgruppen und die damit verbundene Übersetzung in die kompetenzorientierte Entwicklung der Führungskräfte neue Impulse. Bisherige Kompetenzmodelle sind, soweit vorhanden, oft generisch und zwischen den Unternehmen austauschbar. Es erscheint mehr Differenzierung im Sinne einer Positionierung möglich und auch bei Mitarbeitern, Kunden und Investoren könnte eine bessere Identifizierung und Bindung mit dem eigenen Unternehmen erreicht werden. Ein einheitlich wahrgenommenes Führungsverhalten kann die Wiedererkennung im Markt erhöhen. Die bisherigen Kompetenzmodelle könnten mit Blick auf diese Differenzierung genauer analysiert und überdacht werden.

Literatur

Bates, R. A., Kauffeld, S. & Holton, E. F. III. (2005). Toward Construct Validation of a German Version of the Learning Transfer System Inventory. In: M. L. Morris & F. M. Nafukho (Hrsg.), *Proceedings of the Academy of Human Resource Development International Conference* (S. 1327–1334). Bowling Green University, OH: Academy of Human Resource Development (AHRD).

Bergmann, B. (1996). Lernen im Prozeß der Arbeit. In: Arbeitsgemeinschaft QUEM (Hrsg.), *Kompetenzentwicklung`96: Strukturwandel und Trends in der betrieblichen Weiterbildung* (S. 153–262). Münster: Waxmann.

Bergmann, B. (2000a). Kompetenzentwicklung im Arbeitsprozess. *Zeitschrift für Arbeitswissenschaft, 54*, 138–144.

Bergmann, B. (2000b). Arbeitsimmanente Kompetenzentwicklung. In: Arbeitsgemeinschaft Qualifikations-Entwicklungs-Management (Hrsg.), *Kompetenzentwicklung und Berufsarbeit* (S. 11–40). Münster: Waxmann.

Bodensteiner, S. & Neininger, A. (2012). iwis – Kompetenzmanagement in einem mittelständischen Unternehmen der Automobilzulieferindustrie: Lernkultur als Erfolgsfaktor. In: S. Grote, S. Kauffeld & E. Frieling (Hrsg.), *Kompetenzmanagement. Grundlagen und Praxisbeispiele* (2. Aufl.). Stuttgart: Schäffer-Poeschel.

Burmann, Ch. & Blinda, L. (2004). Identitätsbasiertes Markenmanagement als Ansatz-punkt eines ganzheitlichen Markenwertmanagements. In: B. Wirtz & O. Göttgens (Hrsg.), *Integriertes Marken- und Kundenwertmanagement – Strategien, Konzepte und Best Practices* (S. 210–230). Wiesbaden: Gabler/GWV Fachverlage.

Erpenbeck, J. & Heyse, V. (1999). *Die Kompetenzbiographie. Strategien der Kompetenzentwicklung durch selbst organisiertes Lernen und multimediale Kommunikation* (Edition QUEM, Bd. 10). Münster: Waxmann.

Erpenbeck, J. & Rosenstiel, L. von (Hrsg.) (2007). *Handbuch Kompetenzmessung – Erkennen, verstehen und bewerten von Kompetenzen in der betrieblichen, pädagogischen und psychologischen Praxis*. Stuttgart: Schäffer-Poeschel Verlag.

Erpenbeck, J. & Rosenstiel, L. von (2009). Geleitwort. In: S. Steinweg, *Systematisches Talent Management – Kompetenzen strategisch einsetzen*. Stuttgart: Schäffer-Poeschel Verlag.

Frieling, E., Bernard, H., Bigalk, D. & Müller, R.F. (2006). *Lernen durch Arbeit*. Münster: Waxmann.

Gronwald, S. & Sommer, C. (1997). Graue Theorie. *Manager Magazin, 8*, 132–141.

Grote, S. (2002). *Der flexible Mitarbeiter*. München: Herbert Utz.

Grote, S., Kauffeld, S., Dörr, K., Selke, A. & Frieling, E. (2003). Start-Ups die ganz normale Andersartigkeit. Ein- und Aussichten in die New Economy. *Organisationsentwicklung, 2*, 30–38.

Grubendorfer, C. (2009). Leadership Branding. Markenorientierte Führung. In: DPWW Deutscher Preis für Wirtschaftskommunikation (Hrsg.), *Wirtschaftskommunikation 2009...2010. Fachmagazin Reputation Management*, 42–53.

Grubendorfer, C. (2010). Leadership Branding. Wie Führungskräfte Marken leben und kommunizieren. *Personalführung, 3*, 16–23.

Hacker, W. (1983). Zur aufgabenabhängigen Struktur handlungsregulierender mentaler Repräsentationen. In: W. Hacker, W. Volpert, & M. v. Cranach (Hrsg.), *Kognitive und motivationale Aspekte der Handlung* (S. 152–174). Berlin: VEB Deutscher Verlag der Wissenschaften.

Hacker, W. (1986). *Arbeitspsychologie. Psychische Regulation von Arbeitstätigkeiten*. Bern: Huber.

Hacker, W. (1998). *Allgemeine Arbeitspsychologie: Psychische Regulation von Arbeitstätigkeiten*. Bern: Huber.

Hennecke, M. (2012). Ganzheitliche Kompetenzentwicklung in der Ausbildung bei der Postbank Gruppe: Ein strategischer Ansatz, um den demografischen Herausforderungen zu begegnen. In: S. Grote, S. Kauffeld & E. Frieling (Hrsg.), *Kompetenzmanagement. Grundlagen und Praxisbeispiele* (2. Aufl.). Stuttgart: Schäffer-Poeschel.

Heyse, V. & Ortmann, S. (2008). *Talentmanagement in der Praxis*. Münster: Waxmann.

Kauffeld, S. (2006). *Kompetenzen messen, bewerten, entwickeln. Ein prozessanalytischer Ansatz für Gruppen*. Stuttgart: Schäffer-Poeschel.

Kauffeld, S. (2010). *Nachhaltige Weiterbildung – Betriebliche Seminare und Trainings entwickeln, Erfolge messen, Transfer sichern*. Berlin/Heidelberg: Springer.

Kauffeld, S., Brennecke, J. & Strack, M. (2009). Erfolge sichtbar machen: Das Maßnahmen-Erfolgs-Inventar (MEI) zur Bewertung von Trainings. In: S. Kauffeld, S. Grote & E. Frieling (Hrsg.), *Handbuch Kompetenzentwicklung* (S. 55–78). Stuttgart: Schäffer-Poeschel.

Kauffeld, S. & Grote, S. (2000a). Arbeitsgestaltung und Kompetenz. In: Arbeitsgemeinschaft Qualifikations-Entwicklungs-Management (Hrsg.), *Flexibilität und Kompetenz: Schaffen flexible Unternehmen kompetente und flexible Mitarbeiter?* (S. 141–161). Münster: Waxmann.

Kauffeld, S. & Grote, S. (2000b). Gruppenarbeit macht kompetent – oder? In: Arbeitsgemeinschaft Qualifikations-Entwicklungs-Management (Hrsg.), *Flexibilität und Kompetenz: Schaffen flexible Unternehmen kompetente und flexible Mitarbeiter?* (S. 115–139). Münster: Waxmann.

Kauffeld, S., Grote, S. & Frieling, E. (Hrsg.) (2009). *Handbuch Kompetenzentwicklung.* Stuttgart: Schäffer-Poeschel.

Kohn, M. L. (1981). *Persönlichkeit, Beruf und soziale Schichtung.* Stuttgart: Klett-Cotta.

LEA Leadership Equity Association GmbH (2011). *Leadership Branding.* Verfügbar unter: http://www.leadership-branding.de/leadership%20brand-ing.html [03.08.2011].

Leontjew, A. N. (1977). *Tätigkeit, Bewußtsein, Persönlichkeit.* Stuttgart: Klett.

Malik, F. (2004). Talent und Potenzial sind nicht genug. *manager magazin.* Verfügbar unter: http://www.manager-magazin.de/unternehmen/karriere/0,2828,280563,00.html [20.12.2011]

Mühlbradt, T. (2005). Blinde Flecken der demografischen Herausforderung. *Personalführung, 12,* 49–51.

Nienaber, C. (2005). Pflicht und Kür. Kompetenzmanagement-Projekte erfolgreich führen. *Personalmanager, 1,* 22–24.

Oberhauser, B. (2012). Kompetenzmanagement in der Unternehmensgruppe Theo Müller. In: S. Grote, S. Kauffeld & E. Frieling (Hrsg.), *Kompetenzmanagement. Grundlagen und Praxisbeispiele* (2. Aufl.). Stuttgart: Schäffer-Poeschel.

Rathgeb, I., Madukanya, V. & Mahlau, V. (2005). Aufgabenstellung: Ältere Mitarbeiter. *Personalführung, 12,* 45–48.

Ritz, A. & Sinelli, P. (2010). Talent Management – Überblick und konzeptionelle Grundlagen. In: A. Ritz, & N. Thom (Hrsg.), *Talent Management – Talente identifizieren, Kompetenzen entwickeln, Leistungsträger erhalten* (S. 3–23). Wiesbaden: Gabler/GWV Fachverlage.

Rosenstiel, L. von (2003). Grundlagen der Führung. In: L. von Rosenstiel, M. Domsch, & E. Regnet (Hrsg.), *Führung von Mitarbeitern* (5. Aufl.) (S. 3–26). Stuttgart: Schäffer-Poeschel.

Rosenstiel, L. von (2007). *Grundlagen der Organisationspsychologie* (6. Aufl.). Stuttgart: Schäffer-Poeschel-Verlag.

Rosenstiel, L. von, Molt, W. & Rüttinger, B. (1995). *Grundlagen der Organisationspsychologie* (8., überarb. und erw. Aufl.). Stuttgart: Kohlhammer.

Schumacher, F. & Geschwill, R. (2009). *Employer Branding – Human Resources Management für die Unternehmensführung.* Wiesbaden: Gabler/GWV Fachverlage.

Shippmann, J. S., Ash, R. A., Hesketh, B., Pearlman, K., Battista, M., Eyde, L. D., Kehoe, J. & E. P. Prien (2000). The Practice of Competency Modelling. *Personnel Psychology, 53,* 703–740.

Sonntag, Kh. (1996). *Lernen im Unternehmen.* München: Beck.

Sonntag, Kh., Schaper, N. & Friebe, J. (2005). Erfassung und Bewertung von Merkmalen unternehmensbezogener Lernkulturen. In: Arbeitsgemeinschaft Betriebliche Weiterbildung e.V./Projekt Qualifikations-Entwicklungs-Management (Hrsg.), *Kompetenzmessung im Unternehmen* (S. 19–339). Münster: Waxmann.

Sonntag, Kh. & Stegmaier, R. (2006). Verhaltensorientierte Verfahren der Personalentwicklung. In: H. Schuler (Hrsg.), *Lehrbuch der Personalpsychologie* (2. Aufl.), Göttingen: Hogrefe.

Sponheuer, B. (2010). *Employer Branding als Bestandteil einer ganzheitlichen Markenführung.* Wiesbaden: Gabler/GWV Fachverlage.

Staudt, E. & Kriegesmann, B. (1999). Weiterbildung: Ein Mythos zerbricht. Der Widerspruch zwischen überzogenen Erwartungen und Misserfolgen der Weiterbildung. In: Arbeitsgemeinschaft Betriebliche Weiterbildungsforschung (Hrsg.), *Kompetenzentwicklung '99* (S. 17–59). Münster: Waxmann.

Staudt, E. & Kriegesmann, B. (2002). Weiterbildung: Ein Mythos zerbricht (nicht so leicht!). In: E. Staudt u.a. (Hrsg.), *Kompetenzentwicklung und Innovation.* Münster: Waxmann.

Steinweg, S. (2009). *Systematisches Talent Management – Kompetenzen strategisch einsetzen.* Stuttgart: Schäffer-Poeschel.

Stotz, W. & Wedel, A. (2009). *Employer Branding – Mit Strategie zum bevorzugten Arbeitgeber.* München: Oldenbourg Wissenschaftsverlag.

Tomaszewski, T. (1978). *Tätigkeit und Bewußtsein.* Weinheim: Beltz.

Tracey, J.B., Tannenbaum, S.I. & Kavanagh, M.J. (1995). Applying trained skills on the job: The importance of the work environment. *Journal of Applied Psychology 80 (2)*, 239–252.

Trost, A. (2007). Verfügbar unter: http://www.armintrost.de/vortraege/TalentManagement_TROST_SAP_2007-09-20.pdf

Ulich, E. (1994). *Arbeitspsychologie.* Zürich: vdf.

Ulrich, D. & Smallwood, N. (2007a). Building a Leadership Brand. *Harvard Business Review, July–August* (Reprint), 1–11.

Ulrich, D. & Smallwood, N. (2007b). *Leadership Brand – Developing Customer-Focused Leaders to Drive Performance and Built Lasting Value* (Kapitel 1). Boston: Harvard Business School Press.

Volpert, W. (1983). *Handlungsstrukturanalyse als Beitrag zur Qualifikationsforschung.* Köln: Pahl-Rugenstein.

Volpert, W. (1987). Psychische Regulation von Arbeitstätigkeiten. In: U. Kleinbeck & J. Rutenfranz (Hrsg.), *Enzyklopädie der Psychologie, Themenbereich D, Serie III, Band 1 Arbeitspsychologie* (S. 1–42). Göttingen: Hogrefe.

Volpert, W. (2003). *Wie wir handeln – was wir können. Ein Disput als Einführung in die Handlungspsychologie* (3. Aufl.). Sottrum: artefact.

Weiß, R. (1999). Erfassung und Bewertung von Kompetenzen – empirische und konzeptionelle Probleme. In: Arbeitsgemeinschaft Qualifikations–Entwicklungs–Management (Hrsg.), *Kompetenzentwicklung ´99: Aspekte einer neuen Lernkultur* (S. 433–493). Münster: Waxmann.

Werner, D. (2006). Trends und Kosten der betrieblichen Weiterbildung. Ergebnisse der IW-Weiterbildungserhebung 2005. In: IW-Trends. *Vierteljahresschrift zur empirischen Wirtschaftsforschung aus dem Institut der deutschen Wirtschaft Köln, 33(1).* Verfügbar unter http://www.iwkoeln.de/Portals/0/pdf/trends01_06_2.pdf [18.09.08].

Autorinnen und Autoren

Dr. Denis Anić, geb. 1974, studierte Betriebswirtschaft mit juristischem Schwerpunkt und promovierte 2000 in Oldenburg. Aktuell tätig in der Strategischen Unternehmensplanung bei der Volkswagen AG, Wolfsburg. Von 2008–2010 beschäftigt bei der VW Coaching GmbH in Wolfsburg mit den Schwerpunkten Kompetenzmanagement, Nachfolgeplanung und Talententwicklung. 2001 bis 2008 tätig bei Audi in Ingolstadt, ab 2004 als Personalentwickler, von 2005–2008 in der Audi Akademie GmbH. Ab 2009 Lehrender an der Deutschen Universität für Weiterbildung, Berlin.

Melanie Billich-Knapp, geb. 1980, Studium der Psychologie an der Universität Koblenz-Landau. Ausbildung in Systemischer Therapie und Beratung. 2008–2011 wissenschaftliche Mitarbeiterin am Institut für Erziehungswissenschaft, seit 2012 am Institut für Psychologie der Universität Kassel. Forschungsschwerpunkte: Lehrerbildung, Kompetenzentwicklung, Evaluation.

Stella Bodensteiner, geb. 1969, Studium der Psychologie in Dresden, Zusatzausbildung als Personalfachkauffrau IHK, Ausbildung zum systemischen Coach. Seit 1993 in der Personalpraxis tätig und seit 1997 im Bereich Personalentwicklung bei der Joh. Winklhofer Beteiligungs GmbH & Co. KG, München beschäftigt. Seit 2010 als Leiterin Personalentwicklung und Ausbildung. 2008 Gastdozentin an der FH Erding. Arbeitsschwerpunkte: Training, Beratung und Coaching in den Bereichen Personal- und Organisationsentwicklung, Teamentwicklung sowie Potentialdiagnostik.

Dr. Volker Casper, Leiter der Personal- und Organisationsentwicklung der Ströer Out-of-Home Media AG, einem internationalen Außenwerbe-Unternehmen. In seiner Funktion verantwortet er das Kompetenz-, Talent- und Weiterbildungsmanagement sowie das Prozess- und Projekt- (Change-) management. Nach einem Studium der Pädagogik und einem weiteren Studium der Sozialen Verhaltenswissenschaften, Soziologie und Philosophie mit anschließender Promotion an der FernUni Hagen im Fachbereich Arbeits- und Organisationspsychologie übernahm er verschiedene Tätigkeiten als Berater und Trainer.

Dr. Katrin Denison, geb. 1976, Studium der Psychologie in Marburg. 2002–2006 wissenschaftliche Mitarbeiterin am Institut für Arbeitswissenschaft der Universität Kassel. Arbeits- und Forschungsschwerpunkte: Kompetenzentwicklung, Personal- und Organisationsentwicklung, Netzwerke, Mentoring. Promotion an der Universität Kassel. Seit 2007 Beraterin mit einem Tätigkeitsschwerpunkt auf strategischem Talent Management in einer weltweit tätigen Unternehmensberatung in Frankfurt a. M.

Dr. Dirk Eichler, geb. 1973, der ausgebildete Tischler studierte Erziehungs- und Politikwissenschaft sowie Volkswirtschaftslehre an der Freien Universität Berlin. Als wissenschaftlicher Mitarbeiter der Freien Universität Berlin beschäftigte er sich mit Change Management, Organisationsentwicklung sowie Bildungs- und Wissensmanagement und promovierte dort 2007 zum Dr. phil. Von 2007–2012 war er Berater für Personalentwicklung und Kompetenzmanagement bei der Audi Akademie GmbH. Aktuell ist er als Organisationsentwickler bei der AUDI AG tätig.

Prof. Dr. Ekkehart Frieling, geb. 1942, emeritiert, ehemals Vizepräsident der Universität Kassel. Studium der Psychologie Universität München; 1974 Promotion zum Dr. phil. TU München; 1979 Habilitation für das Fach Psychologie Universität München. Ehemals Professur »Arbeitswissenschaft für Technikstudiengänge« an der Universität Kassel. Forschungsfelder: Entwicklung und Nutzung menschengerechter Konzepte zur Gestaltung von Arbeitssystemen, Arbeitsmitteln und -bedingungen sowie von Arbeitsorganisation und Qualifizierung; Entwicklung von Methoden und Instrumenten zur Analyse von Arbeitstätigkeiten; Kompetenzentwicklung und lernförderliche Arbeitsstrukturen; Koordination des DFG-Schwerpunktprogramms »Altersdifferenzierte Arbeitssysteme«.

Prof. Dr. Sven Grote, geb. 1967, Studium der Psychologie in Marburg, Tätigkeit als Organisationsentwickler in einem Automobilunternehmen. Über zweijährige Tätigkeit in einer Unternehmensberatung mit dem Schwerpunkt Personal. 1997–2006 wissenschaftlicher Mitarbeiter am Institut für Arbeitswissenschaft der Universität Kassel. Arbeits- und Forschungsschwerpunkte: Kompetenzmessung, -entwicklung, -management, Personal- und Organisationsentwicklung, Führung, Training und Transfer, Gruppenarbeit, Teams, betriebliche Veränderungsprozesse, Prozessbegleitung. Seit 2007 Professur an der Fachhochschule für angewandtes Management (zu 50%) und Tätigkeit als selbständiger Unternehmensberater.

Marcus Hennecke, geb. 1966, zwölfjährige Führungstätigkeit als Bundeswehroffizier, dabei Studium der Pädagogik an der Helmut Schmidt Universität/Universität der Bundeswehr in Hamburg mit Schwerpunkten Berufs- und Betriebspädagogik, Psychologie und Personalwesen. Referententätigkeiten zu den Bereichen Jugend, Personalentwicklung, Kompetenzmanagement und Ausbildung. Universitäre Projekte zum Thema Personaldiagnostik/-entwicklung. 2001–2006 Ausbildungsleiter BHW Bausparkasse, dabei Einführung eines Kompetenzentwicklungssystems. 2007-2008 Leiter Personalentwicklung (Nichtvertriebsbereiche)/Bildungscontrolling bei der Deutschen Postbank AG. Seit 2009 Leiter Nachwuchskräfteentwicklung und damit verantwortlich für die berufliche Erstausbildung, Executive- und Traineeprogramme.

Andrea Jackmuth-Scheele, geb. 1960, Studium der Germanistik und Philosophie an der Universität zu Köln, langjährige Leitungsfunktionen für Ausbildung, Personal- und Organisationsentwicklung in Industrieunternehmen, seit 2008 Leitung Personalentwicklung an der Universität zu Köln.

Karsten Jädtke, geb. 1969, Studium der Volkswirtschaftslehre an der Universität Bonn (Dipl.-Volkswirt) und Studium der Wirtschaftspsychologie an der Fachhochschule für angewandtes Management in Erding (Master). Über zehnjährige Tätigkeit in der Finanzbranche (Bank, Wirtschaftsprüfungsgesellschaft, Kapitalanlagegesellschaft). Weiterbildungen zum integrierten Coach (ICA) und Projektmanager nach PMI. Seit 2010 freiberufliche Tätigkeit als Coach, Trainer und Berater, Frankfurt a.M. Schwerpunkte: Projektmanagement und Personal- und Organisationsentwicklung. Lehrtätigkeit an verschiedenen Fachhochschulen.

Barbara Kahlert, geb. 1969, Studium der Pädagogik an der Universität-Gesamthochschule Essen. 1996–2001 Tätigkeit als Personalentwicklerin in einem Handelskonzern, Schwerpunkt Führungskräfteentwicklung und interne Zertifizierung. Seit 2001 Mitarbeiterin im Bereich Personalmanagement und -entwicklung im AXA Konzern Deutschland; zunächst Projektleiterin KMS, seit 2006 Schhwerpunkt Change Management.

Prof. Dr. Simone Kauffeld, Dipl.-Psych., geb. 1968, ist Professorin für Arbeits-, Organisations- und Sozialpsychologie an der TU Braunschweig. Nach dem Studium der Psychologie und Betriebswirtschaftslehre in Landau und Marburg, Tätigkeit als Junior Consultant in der Automobilindustrie, Promotion und Habilitation am Institut für Arbeitswissenschaft, Universität Kassel, Gastprofessorin an der City University of New York, Professorin an der Hochschule für Angewandte Psychologie der Fachhochschule Nordwestschweiz und Ausgründung der 4A-SIDE GmbH an der TU Braunschweig.

Dr. Helmut Kolmerer, geb. 1967, Studium der neueren Geschichte, Betriebswirtschaft und Psychologie an den Universitäten Heidelberg, Frankfurt a. M. und Mannheim. Dipl. Psychologe und Promotion zum Dr. phil mit einer Arbeit über Action Learning und Selbstorganisiertes Lernen. 1994–1998 Projektleiter bei der BASF AG; 1998–2000 Fachleiter Personalmanagement Deutsche Leasing AG; seit 2000 im AXA Konzern Deutschland tätig, zunächst als Abteilungsdirektor, von 2002–2007 als Direktor Personal- und Organisationsentwicklung, seit 2007 als Direktor Konzernorganisation und Prozessmanagement. Schwerpunkte: Change Management, strategische PE Instrumente, Six Sigma, Organisationsdesign.

Laurens Lauer, geb. 1985, Studium der Sozialwissenschaften und Volkswirtschaft an der Universität Marburg. Derzeit im Masterstudium der Soziologie in Wien. Seit 2007 begleitend wissenschaftlicher Mitarbeiter der Unternehmensberatung Prof. Dr. Sven Grote.

Stephan Limpächer, geb. 1971, Studium der Psychologie in Nashville und Regensburg. Master für Transaktionsanalyse und mehrere Zusatzausbildungen im Bereich Coaching und Organisationsentwicklung. Seit 1999 bei der Daimler AG am Standort Sindelfingen. Themenschwerpunkte Coaching, Training und Kompetenzentwicklung. Derzeit Leitung des Qualifizierungsmanagements für Forschung & Entwicklung in Sindelfingen. Seit 2001 nebenberufliche, eigene Praxis und Lehrtrainer für Coaching und Führungskräftequalifizierung.

Dr. Alexandra Neininger, geb. 1977, Studium der Psychologie in Würzburg und Marburg. Promotion zum Dr. rer. nat. an der TU Braunschweig. 2004–2006 Tätigkeit in der Personalentwicklung bei Joh. Winklhofer & Söhne GmbH & Co. KG, München. Schwerpunkte: Gruppenarbeit, Training und Teamentwicklung. 2006–2008 Lehrauftrag an der International Management School, Universität Kassel. Seit 2007 Wissenschaftliche Mitarbeiterin am Institut für Arbeits-, Organisations- und Sozialpsychologie der TU Braunschweig. Arbeits- und Forschungsschwerpunkte: Commitment, Kompetenzmessung und -entwicklung, Training und Transfer.

Bernhard Oberhauser, geb. 1968, Ausbildung zum Industriemechaniker, Studium des Wirtschaftsingenieurwesens in München, 1997–2000 Konzernleitungsassistent im Bau- und Immobilienbereich, 2000–2004 Leiter Personalplanung und -entwicklung, 2004–2009 Leiter Technisches Training & MOD (Management & Organisation Development) im Nahrungs-Genussmittelbereich, seit 2010 Leiter Personalentwicklung bei der Unternehmensgruppe Theo Müller GmbH & Co. KG. Schwerpunkte: Performance- und Talentmanagement, Führungskräfteentwicklung und Nachfolgeplanung, Aus- und Weiterbildung.

Christine Ofenloch, geb. 1980, Studium der Psychologie mit dem Schwerpunkt Arbeits- und Organisationspsychologie an der Universität Mannheim. Seit 2008 bei der Commerzbank in Frankfurt a.M. im Bereich Human Resources tätig, dort zunächst als Spezialistin in der Personalentwicklung, später im Talent Management konzeptionell für das Thema Skillmanagement und Potenzialeinschätzung verantwortlich. Seit 2011 als Management Beraterin tätig.

Crina-Maria Petersen, geb. 1980, Studium der Erziehungs- und Sozialwissenschaft an der Universität Stuttgart mit den Schwerpunkten Berufspädagogik und Soziologie. Über zweijährige Werkstudententätigkeit bei der Daimler AG im Bereich Human Resources. 2009 Magisterarbeit bei der Daimler AG, zum Thema »Akzeptanz und Wirksamkeit eines Kompetenzmanagementsystems. Am Beispiel der Daimler AG, Konzernforschung und Mercedes-Benz Cars Entwicklung«. Gegenwärtige Tätigkeit als Bildungsberaterin und Geschäftsführerin eines Speditionsunternehmens.

Kristina Rasel, geb. 1976, Dipl.-Psychologin (TU Darmstadt). Seit 2006 Mitarbeiterin im Personalbereich der GIZ GmbH in Eschborn. In dieser Zeit Mitarbeit in zwei Projekten zur Weiterentwicklung des Personalressourcen-Managements. Seit 2009 Referentin für Personalentwicklung für unterschiedliche interne Kundenbereiche. Schwerpunkte: Trainings und Beratung insb. im Bereich persönlicher und sozialer Kompetenzen, Mitarbeitereinführung.

Daniel Schmitt, geb. 1972, Informatik-Studium an der Fachhochschule Köln mit dem Schwerpunkt Wirtschaftsinformatik. Von 1998–1999 IT-Revisor bei der Versicherungsgruppe der Deutschen Bank. Von 1999–2002 Projektleiter bei der Commerzbank in Frankfurt a.M. für unterschiedliche interne Kundenbereiche im Unternehmensbereich Services und dort verantwortlich für den Aufbau einer Plattform zur Wissensvernetzung. Seit 2002 Projektleiter bei der Commerzbank in Frankfurt a.M. im Bereich Personalentwicklung und dort verantwortlich für den Aufbau und die Einführung von Skillmanagement. Von 2006–2008 Fachbereichsleiter HR Systeme und Prozess, von 2008–2011 Bereichsleiter Executive Beratung und seit 2011 Leiter HR Shared Service Center in der Personalabteilung der Commerzbank.

Matthias Schönhofer, Dipl.-Päd., Teamleiter Training der Ströer Out-of-Home Media AG, verantwortet das Inhouse-Training sowie die elektronische Lernplattform »Ströer-Academy«. Er verfügt über langjährige Erfahrung im Trainings- und Coachingbereich in unterschiedlichen Kontexten. Sein Tätigkeitsbereich erstreckt sich von der Beratung über die Konzeption bis hin zur nachhaltigen Durchführung von Personalentwicklungsmaßnahmen, besonders im Bereich Blended Learning.

Patricia Seeliger, geb. 1963, Studium der Biologie und Umweltrecht in Darmstadt. Zunächst in der Beratung von Umwelt- und Qualitätsmanagementprojekten, dann der Einstieg in die Personal- und Organisationsentwicklung in der Dienstleistungs- und Produktionsbranche. 1997–2002 Niederlassungsleitung der TÜV Akademie Rhein-Main. Danach 7 Jahre die Leitung der Personal- und Führungskräfteentwicklung und des Trainings eines internationalen aufgestellten Medizinprodukte Herstellers. Seit 2010 Gruppenleitung der Führungskräfteentwicklung der GIZ, Gesellschaft für Internationale Zusammenarbeit in Eschborn. Schwerpunkte: Talent Management System, Führung als Funktion, Führungskräfteentwicklung und -Beratung, Qualifizierung.

Hubert Sonntag, geb. 1962, kaufmännische Tätigkeit und Studium der Psychologie in Münster und Aachen, Trainer und Berater mit dem Schwerpunkt Führungskräfteentwicklung und Coaching u. a. bei der Lufthansa Consulting in Köln, seit 1996 Gesellschafter und Geschäftsführer im HATTINGER BÜRO für Personal- und Organisationsentwicklung in Hattingen/Ruhr.

Dirk Venzke, Direktor, geb. 1968 in Kiel, Studium der Volkswirtschaftslehre an der Helmut Schmidt Universität der Bundeswehr in Hamburg (Dipl.-Volkswirt) und Studium der Betriebswirtschaftslehre an der Fernuniversität Hagen mit Schwerpunkt Bank-/Börsenwesen u. Personalwirtschaftslehre (Dipl.-Kaufmann). Zeitsoldat bei der Bundeswehr, in der letzten Verwendung als S6-Offizier verantwortlich für die Fernmelde- und IT-Systeme auf Brigadeebene. Danach Spezialist/Projektleiter bei der Commerzbank in Frankfurt a. M. im Bereich Personalentwicklung und dort insbesondere für das Thema Skillmanagement. Anschließend Leitung HR-IT und danach Leitung HR Specialists (Kompetenzzentrum für Lohnsteuer-/SV-Recht, Wissens- und Qualitätsmanagement) in GM-HR. Parallel hierzu verantwortlicher Projektleiter für die Umsetzung der neuen Zielstrukturen in SAP HR OM im Zuge der Integration der Dresdner Bank. Aktuell Projektleitung des strategischen Gesamtbankprojektes Berechtigungsmanagement Governance.